U0410136

"十二五"普通高等教育本科国家级规划教材
高等学校给排水科学与工程学科专业指导委员会规划推荐教材

给排水工程仪表与控制

（第二版）

崔福义　彭永臻　南军　编著
张杰　主审

中国建筑工业出版社

图书在版编目（CIP）数据

给排水工程仪表与控制/崔福义，彭永臻，南军编著．—2版．
北京：中国建筑工业出版社，2006

“十二五”普通高等教育本科国家级规划教材．高等学校给
排水科学与工程学科专业指导委员会规划推荐教材

ISBN 978-7-112-08050-2

Ⅰ．给… Ⅱ．①崔…②彭…③南… Ⅲ．给
排水系统-自动化仪表-自动控制-高等学校-教材 Ⅳ．TU991

中国版本图书馆 CIP 数据核字（2006）第 035306 号

“十二五”普通高等教育本科国家级规划教材
高等学校给排水科学与工程学科专业指导委员会规划推荐教材
给排水工程仪表与控制
（第二版）
崔福义　彭永臻　南军　编著
张杰　主审
*
中国建筑工业出版社出版、发行（北京西郊百万庄）
各地新华书店、建筑书店经销
霸州市顺浩图文科技发展有限公司制版
北京中科印刷有限公司印刷
*
开本：787×960 毫米　1/16　印张：26　字数：540 千字
2006 年 6 月第二版　　2017 年 8 月第二十五次印刷
定价：**43.00** 元
ISBN 978-7-112-08050-2
（20766）

本书以讲授给排水系统自动化仪器仪表设备、常用控制技术与方法为主，适当地介绍自动控制的基础知识。内容包括：自动控制基础知识，给排水自动化常用仪表与设备，水泵及管道系统的控制调节，给水处理系统控制技术，污水处理系统的专用检测仪表与检测技术，污水处理系统的控制技术等。

本书可作为高等学校给排水科学与工程专业（给水排水工程专业）和环境工程专业的本科生教材，亦可供相关专业的研究生教学使用，也可以供有关工程技术人员参考。

* * *

责任编辑：齐庆梅　王美玲
责任设计：赵明霞
责任校对：张景秋　张　虹

第二版前言

该书是普通高等教育“十五”国家级规划教材。其第一版曾获得国家优秀教材二等奖。在1998年第一版面世之后，我国的给水排水工程专业进行了大规模的改革，提出了将给水与排水相统一的新专业名称“给排水科学与工程”，专业指导委员会颁布了新的本科培养方案，专业的内涵得到扩大、培养内容更加充实、课程体系更加合理，体现了社会发展和科技进步对本专业的要求。新培养方案强调以水质为中心，建立系统、宽广的知识结构，以水质在线检测仪表与监控技术为主要内容的自动化知识就是其中重要的组成部分，而且随着本领域自动化、数字化水平的不断提高，其重要性还在不断加强。为此，在新的培养方案中，将“给排水工程仪表与控制”列为10门主干课程之一，本书就是与之配套的专用教材。根据专业指导委员会关于专业名称的意见，本次再版将书名更改为《给排水工程仪表与控制》。

近年来，给排水在线检测仪表与监控技术得到了快速的发展，应用更加普遍。能实现在线检测的水质参数仪表种类在增加，控制方法与技术在发展，新建水厂几乎无一例外地都要考虑设置不同程度的在线监控系统；不仅水处理过程监控技术得到普遍应用，而且水源水质预警、管网水质监控与管网优化调度技术等都有越来越多的研究与应用。特别是随着水污染的加剧与水质突发事件的频发，水质在线监控技术更加引起人们的重视，这些技术与设备在保障水质安全中发挥着不可替代的作用。在线监控技术与设备已成为给排水系统中不可缺少的组成部分。

正是在此背景下，作者对该书进行了修订。此次再版，除了订正第一版中个别文字错误外，主要充实更新了许多内容。近年来该领域技术与应用的进步，为教材编写提供了较丰富的素材；同时，在内容的选取上，作者也注意进一步加强教材内容的系统化，以便教与学；在内容的深度上，主要考虑本专业本科教学的需要，适当兼顾研究生教学，根据不同的情况讲授内容可酌情选取。作者仍然强调，该书不是一本单纯的讲述自动化知识的教材，而是将自动化与给排水工程密切结合的、站在给排水工艺技术的角度了解和认识自动化监控技术的教材，是此方面的一本入门教材。在教学安排上，建议在学习完水质工程学、给排水管道系统、建筑给排水等主要专业课程后，安排本课程。也建议在教学的实践性环节中，如实习、设计等，适当安排相关的内容，以加深对本课程知识的认识与理解。希望给排水科学与工程专业学生在学习了此教材后，能对相关知识有基本的了解与认识，能初步达到与相关专业沟通、提出对工艺系统的监控要求的目的，或者为在自动化方面的进一步深造奠定基础。

限于作者的水平，书中还会有不少不足、不完善之处，恳请有关专家和使用本教材的老师和同学们批评指正。

本书由中国工程院院士、哈尔滨工业大学张杰教授主审。作者诚挚感谢张杰院士的认真审阅与赐教。在本教材第一版的使用和第二版的编写中，得到了专业指导委员会的大力支持，也得到了全国许多相关院校的支持并获得了很多富有价值的建议，作者对此表示衷心的感谢。书中的素材有相当部分来源于作者多年的研究成果，也有许多内容取自多部有关的著作和大量的论文，在参考文献中难以一一列举，对这些论著的作者也一并表示感谢。

本书由崔福义主编。具体的编写分工是：第1～4章由崔福义、南军执笔，第5、6章由彭永臻执笔。

第一版前言

随着科学技术的发展，给水排水工程技术也在不断进步。特别是近一二十年来，随着微电子、仪器仪表与自动化技术设备的令人瞩目的进步，许多现代科技新成就已越来越多地渗透到给水排水工程技术的各个领域，给水排水工程的仪表化、设备化、自动化有了迅速发展，使之逐步由土木工程型向设备型转化，由传统走向现代化。各种先进的自动监测、自动控制技术设备已在给水排水工程的各个工艺环节以至全系统上获得不同程度的应用，并逐渐成为给水排水工程设施不可缺少的组成部分，成为给水排水系统高效优质运行的重要保障，在生产上取得了十分显著的技术经济效益。

面向21世纪，伴随我国社会经济的持续发展，在传统给水排水工程的基础上，一个新兴的产业——水工业已经形成。水工业源于给水排水工程，又不同于给水排水工程，它在内涵与外延上都有了很大的扩展。水工业是以城市及工业为对象，以水质为中心，从事水资源的可持续开发利用，以满足社会经济可持续发展所需求的水量作为生产目标的特殊工业。水工业是随着水的商品化和产业化生产而逐步形成和完善的新兴工业，它是水的开采、加工、输送、回收及利用的综合产业。水工业科学技术的基本框架是给水排水工程技术的发展和继承，并赋予了社会可持续发展及市场经济的丰富内涵。仪器仪表与自动化系统是构成水工业体系不可缺少的重要内容。可以预言，水工业仪器仪表、自动化系统的发展与应用将成为21世纪水工业工程技术的一个主要增长点。

给水排水工程仪表与自动化技术水平的提高，促进了行业的技术进步，推动了水工业的成熟与发展，同时也对这一领域的工程技术人员提出了更高的要求。作为21世纪的水工业工程技术人员，仅仅掌握本行业的工艺技术（水的加工与输送，即传统的给水排水工程技术）已不能适应形势发展的需要。当前在工程设计、工程施工、运行管理等领域，往往有这样的现象：有的企业盲目照搬国外的方案，花费大量资金建立庞大的自动化系统，但其功能却不符合实际需要，不适合中国的国情，不能解决最迫切需要解决的生产问题；有的企业自动化系统设计、施工等存在诸多问题，达不到预期的要求，只能将耗费大量资金建立的自动化系统束之高阁，仍用传统的人工方式进行生产控制；有的企业不掌握仪表设备的维护技术，错误地认为自动化仪表设备就可以将人彻底解放出来，不需要人来维护，使得这些仪表设备长期以来故障频繁，难以正常工作。凡此种种现象，原因是多方面的，其中一个重要原因是给水排水工艺技术人员不熟悉自动化监控仪表与控制技术，不懂得如何使用、管理这些设备，妨碍了这些技术设备的应用；而仪表与自控专业人员也不了解给水排水工程，不知道在该领域对仪表与自控有哪些需要及适当的解决办法，也就是缺乏给水排水工艺技术同自动化仪表与控制技术的结合，缺乏这两部分专业技术人员的“接口”与交叉。科学技术的进步和发展，多学科的交叉渗透，水工业工程覆盖面的扩展，需要更多的知识面广博的综合型专业人才。水工业工程技术人员掌握一定的现代仪表与控制知识，将有助于促进现代控制新技术、新装备在本工程技术领域的应用，有助于在应用中取得更好的效果、更高的效益，有助于加速水工业工程仪表化、自动化、现代化进程。

在高等教育领域，作为传统的给水排水工程专业，担负着为本行业培养高级专门人才的重任，面对水工业迅速发展的需求，必须积极调整专业设置，进行课程体系、教学内容的改革，努力拓宽学生的知识面，使之建立较为完整的知识体系，才能适应科学技术飞速发展的新形势，迎接21世纪的挑战。加强仪器仪表与自动化系统知识教育，使学生掌握一定的现代控制原理与技术，就是应该采取的措施之一。为此，全国高等学校给水排水工程学科专业指导委员会决定编写出版《给水排水工程仪表与控制》一书，供高校有关专业开设相应课程使用。

此次出版的《给水排水工程仪表与控制》，是作者在总结多年教学经验的基础上编写的。从1990年起，作者在哈尔滨建筑大学的给水排水工程和环境工程专业陆续开设了“给水排水控制技术”课程，编写了教学讲义。随着该领域技术的发展和我们对此课程认识的逐渐深入，教学内容也在逐年丰富与完善。此次出版，作者在内容上又作了较大的调整与充实。在内容选取和编写方法上，作者从给水排水工程专业学生的实际需要及具备的相关知识基础出发，力图站在给水排水工程（水工业工程）工艺技术的角度来介绍相关仪表与控制知识，目的是使本专业学生通过该课程的学习，能够了解有关的仪器仪表的基本原理、特点与应用技术，了解有关的控制技术概况与特点，了解本专业各个工艺环节需要的监测与控制内容、能够采取的技术方法、目前的现状与发展趋势，从而为他们在今后的工作中与相关专业人员的协调与合作提供一个“接口”，为他们从事相关的工作或进一步学习奠定一定基础。

本教材以供给水排水工程专业本科生使用为主，也可以供环境工程专业本科生使用，还兼顾了相关专业研究生学习的需要，根据不同的情况讲授内容可酌情选取。学习本课程之前，要求学生已具备基本的物理学、电工学、电子学、流体力学以及水泵与水泵站、给水工程、排水工程、建筑给水排水工程等技术基础课与专业课的知识。

应当指出，以微电子技术为核心的现代控制技术的发展，各种现代水质及工艺参数监测仪表的发展是日新月异的，现代控制技术在给水排水工程领域的应用更是新兴的、初步的、迅速发展的。《给水排水工程仪表与控制》的编写，亦是一项全新的、具有探索性的工作，没有前人的经验可以借鉴，还需要在使用中不断地完善。特别是限于作者的水平，书中定会有不少不足、不完善之处，恳请有关专家和使用本教材的同志们批评指正。

本书由中国工程院院士、中国市政工程东北设计研究院张杰教授和湖南大学姜乃昌教授初审，由张杰院士主审。两位初审人对本书的初稿进行了认真的审阅、并提出了许多极有价值的意见。在本书定稿过程中，张杰院士又再次进行认真的审阅并赐教，这些意见对该书的修改出版起到了指导性作用。作者在编写、修改该书及讲授相应课程的过程中，还得到了中国工程院院士李圭白教授等老师的热情指教，使作者受益匪浅。在此向上述专家表示由衷的感谢。书中的素材相当部分来源于作者多年的研究成果，也有许多内容取自多部有关的著作和大量的论文，对这些论著的作者也一并表示感谢。

本书由崔福义主编。具体的编写分工是：第1～4章由崔福义执笔，第5、6章由彭永臻执笔。封莉同志绘制了第1～4章的插图，马勇同志为第5、6章的编写做了许多工作，谨致谢意。

目　录

第1章　自动控制基础知识 ………………………………………… 1
1.1　自动控制系统的概念与构成 ………………………………… 1
1.1.1　自动控制系统的概念 ……………………………………… 1
1.1.2　自动控制系统的构成 ……………………………………… 5
1.1.3　自动控制系统的分类 ……………………………………… 7
1.2　传递函数与环节特性 ………………………………………… 11
1.2.1　方块图和传递函数 ………………………………………… 11
1.2.2　典型环节的动态特性及传递函数 ………………………… 14
1.3　自动控制系统的过渡过程及品质指标 ……………………… 21
1.3.1　典型输入信号 ……………………………………………… 21
1.3.2　自动控制系统的静态与动态 ……………………………… 23
1.3.3　自动控制系统的过渡过程 ………………………………… 23
1.3.4　自动控制系统的品质指标 ………………………………… 25
1.4　自动控制的基本方式 ………………………………………… 27
1.4.1　位式控制 …………………………………………………… 28
1.4.2　比例控制 …………………………………………………… 30
1.4.3　比例积分控制 ……………………………………………… 34
1.4.4　比例积分微分控制 ………………………………………… 38
1.4.5　控制方式的选择 …………………………………………… 41
1.4.6　控制参数整定 ……………………………………………… 42
1.5　双位逻辑控制系统 …………………………………………… 46
1.5.1　逻辑代数初步 ……………………………………………… 46
1.5.2　真值表 ……………………………………………………… 51
1.5.3　卡诺图 ……………………………………………………… 52
1.5.4　双位逻辑系统的结构与实现方法 ………………………… 56
1.5.5　逻辑控制系统的建立 ……………………………………… 59
1.6　控制科学与技术的发展 ……………………………………… 61
1.6.1　计算机控制系统概述 ……………………………………… 61
1.6.2　智能信息处理技术 ………………………………………… 64
1.6.3　控制理论的完善与控制技术的发展 ……………………… 66
思考题与习题 ……………………………………………………… 67

第2章 给排水自动化仪表与设备 …… 68
2.1 检测技术基础 …… 68
2.1.1 检测的概念 …… 68
2.1.2 检测仪表的组成 …… 69
2.1.3 仪表的性能指标 …… 71
2.1.4 检测仪表的发展方向 …… 78
2.2 典型水质检测仪表 …… 79
2.2.1 pH值检测仪表 …… 79
2.2.2 电导率检测仪表 …… 83
2.2.3 溶解氧检测仪表 …… 86
2.2.4 浊度检测仪表 …… 89
2.2.5 生化需氧量（BOD）检测仪表 …… 94
2.2.6 化学需氧量（COD）检测仪表 …… 97
2.2.7 紫外（UV）吸收检测仪表 …… 100
2.2.8 总有机碳（TOC）检测仪表 …… 101
2.2.9 总需氧量（TOD）检测仪表 …… 103
2.2.10 余氯在线检测仪表 …… 105
2.3 水质自动监测系统 …… 108
2.3.1 水质自动监测站（点）的选定 …… 108
2.3.2 自动站水样的采集 …… 110
2.3.3 自动监测的项目和仪器的选定 …… 111
2.3.4 数据的传输及处理 …… 112
2.4 工作参数在线检测仪表 …… 113
2.4.1 流量检测仪表 …… 113
2.4.2 压力检测仪表 …… 133
2.4.3 液位检测仪表 …… 137
2.5 可编程控制仪表 …… 142
2.5.1 概述 …… 142
2.5.2 PLC控制系统与电器控制系统的比较 …… 145
2.5.3 PLC的基本组成 …… 149
2.5.4 PLC的工作原理 …… 155
2.5.5 PLC的性能指标与发展趋势 …… 157
2.6 执行设备 …… 159
2.6.1 往复泵及其调节 …… 159
2.6.2 离心泵及其调节 …… 162
2.6.3 调节阀的基本特性 …… 168
思考题与习题 …… 171
第3章 水泵及管道系统的控制调节 …… 173

3.1 调节的内容与意义 …… 173
3.2 水泵—管路的双位控制系统 …… 173
3.3 水泵的调速控制 …… 178
3.3.1 水泵调节的类型 …… 178
3.3.2 水泵的调速方法 …… 180
3.3.3 水泵调速运行的方式 …… 182
3.4 恒压给水系统控制技术 …… 182
3.4.1 变频调速恒压给水技术 …… 182
3.4.2 恒压给水系统压力控制点的位置 …… 184
3.4.3 气压给水系统的控制问题 …… 187
3.4.4 变频调速给水系统中水泵的组合优化 …… 189
3.5 污水泵站组合运行系统 …… 193
3.5.1 控制系统的构成 …… 193
3.5.2 系统软件设计 …… 194
3.5.3 运行效益分析 …… 196
3.6 给水监控与调度系统 …… 196
3.6.1 系统结构和功能 …… 197
3.6.2 数据管理和应用 …… 197
3.6.3 中心调度室的设施 …… 198
3.7 给水监控系统应用实例 …… 199
3.7.1 给水监控系统的技术功能 …… 199
3.7.2 数学模型分析及水泵并联特性动态显示 …… 201
3.7.3 抗干扰问题 …… 202
思考题与习题 …… 203
第4章 给水处理系统控制技术 …… 204
4.1 混凝投药单元的控制技术 …… 204
4.1.1 混凝与混凝控制 …… 204
4.1.2 混凝控制技术分类 …… 206
4.1.3 几种典型的混凝控制技术简介 …… 207
4.1.4 流动电流混凝控制技术 …… 213
4.1.5 透光率脉动混凝投药控制技术 …… 223
4.1.6 絮体影像混凝投药控制技术 …… 231
4.1.7 混凝投药智能复合控制技术 …… 235
4.2 沉淀池运行控制技术 …… 244
4.2.1 技术概况与分类 …… 244
4.2.2 应用实例1 …… 245
4.2.3 应用实例2 …… 246

4.2.4 应用实例3 …… 247
4.2.5 应用实例4 …… 248
4.3 滤池的控制技术 …… 249
4.3.1 滤池控制的基本内容与基本方式 …… 249
4.3.2 虹吸滤池的运行控制实例 …… 249
4.3.3 V型滤池监控系统 …… 252
4.4 氯气的自动投加与控制技术 …… 258
4.4.1 氯投加系统与设备 …… 258
4.4.2 氯气投加的自动控制 …… 260
4.4.3 应用中的一些问题 …… 262
4.5 供水企业监视控制和数据采集（SCADA）系统 …… 263
4.5.1 供水企业SCADA系统概述 …… 263
4.5.2 系统总体结构 …… 264
4.5.3 系统站点组成 …… 268
4.5.4 系统检测及控制功能 …… 273
思考题与习题 …… 276
第5章 污水处理厂的检测仪表与ICA技术 …… 277
5.1 概述 …… 277
5.1.1 安装仪表设备的目的 …… 278
5.1.2 设计与安装仪表设备的要点 …… 278
5.2 污水处理厂的检测项目与取样 …… 279
5.2.1 常规检测项目 …… 279
5.2.2 检测的取样 …… 280
5.3 检测仪表与方法的选择 …… 284
5.3.1 仪表的安装位置与检测对象 …… 284
5.3.2 检测仪表与方法的选择 …… 284
5.4 污水处理厂常用的检测方法与仪表设备 …… 293
5.4.1 流量的检测方法与设备 …… 293
5.4.2 污泥浓度的检测方法与仪表 …… 296
5.4.3 污泥界面的检测方法与仪表 …… 298
5.4.4 有机物的检测方法与仪表 …… 299
5.4.5 呼吸仪的检测原理及其测量方法 …… 301
5.4.6 营养物在线传感器 …… 304
5.4.7 采样系统 …… 306
5.4.8 检测信号的变换方法 …… 306
5.4.9 信号的接收及其仪表设备 …… 309
5.4.10 仪表设备的设置 …… 310

5.5 污水处理系统 ICA 技术及其现状 …… 311
5.5.1 ICA 技术及其运行目标 …… 312
5.5.2 ICA 技术的限制性和促进性因素 …… 313
5.5.3 ICA 技术在国外的应用现状 …… 314
思考题与习题 …… 317
第6章 污水处理厂的监视控制与自动控制 …… 319
6.1 监视控制方式与项目的选择 …… 319
6.1.1 监视控制方式 …… 319
6.1.2 监视控制项目 …… 322
6.2 监视控制仪表设备的选择 …… 323
6.2.1 监视操作仪表设备 …… 324
6.2.2 控制设备 …… 327
6.3 污水处理厂的计算机控制系统 …… 329
6.3.1 计算机控制系统的基本组成与特点 …… 330
6.3.2 计算机控制系统的分类 …… 333
6.3.3 计算机控制系统的规划与设置 …… 337
6.3.4 计算机控制系统的设备选择 …… 340
6.4 污水泵站的自动控制及其设备 …… 341
6.4.1 污水泵站的自动控制 …… 341
6.4.2 污水泵站的远距离监视控制 …… 347
6.4.3 排水泵站计算机控制与管理系统的应用 …… 350
6.5 生物脱氮系统的控制和优化 …… 354
6.5.1 曝气量和 DO 浓度的控制 …… 354
6.5.2 内循环回流量的控制 …… 356
6.5.3 外碳源投加量的控制 …… 357
6.5.4 SRT 和污泥排放量的控制 …… 357
6.5.5 污泥回流量的控制 …… 358
6.5.6 分段进水的控制 …… 359
6.6 厌氧生物处理系统的过程控制 …… 360
6.6.1 厌氧处理工艺的控制目标和主要测定变量 …… 361
6.6.2 pH 值和 E_h 对厌氧消化过程的影响 …… 362
6.6.3 温度对厌氧生物处理的影响 …… 364
6.6.4 厌氧生物处理过程中的监测和控制 …… 365
6.6.5 厌氧消化过程中硫化氢毒性物质的控制 …… 367
6.6.6 厌氧消化过程控制因素 …… 368
6.7 SBR 的控制与优化 …… 370
6.7.1 实现 SBR 法自动控制的必要性 …… 370

6.7.2 SBR法自动控制的策略及意义 …… 372
6.7.3 以DO、pH和ORP作为SBR法的实时控制参数 …… 372
6.7.4 SBR法计算机自动控制系统的研制 …… 377
6.8 生物除磷系统的控制与优化 …… 378
6.8.1 生物除磷系统的主要环境影响因素 …… 378
6.8.2 生物除磷工艺系统的优化设计 …… 380
6.8.3 生物除磷工艺的运行优化 …… 384
6.9 污水处理厂的自动控制及应用 …… 384
6.9.1 污水预处理设施 …… 384
6.9.2 初次沉淀池 …… 385
6.9.3 曝气池 …… 386
6.9.4 二次沉淀池 …… 391
6.9.5 加氯消毒混合池 …… 393
6.9.6 污泥浓缩池 …… 394
6.9.7 厌氧消化池 …… 394
6.9.8 污泥脱水预处理设施 …… 395
6.9.9 脱水机 …… 396
思考题与习题 …… 397
参考文献 …… 399

第1章 自动控制基础知识

1.1 自动控制系统的概念与构成

1.1.1 自动控制系统的概念

在给水排水工程中，自动控制技术起着愈来愈重要的作用。在西方发达国家已出现无人值班的全自动化水厂，节省了大量的人力。在供水管网上采用遥测技术，自动收集各节点的工作参数，可以实现全供水系统自动调度控制，实现运行优化。在给水排水工程中各个局部环节，自动控制技术则有着更为广泛的应用，如建筑内的恒压给水系统，供水、排水泵站的自动控制系统，水处理单元环节的自动控制系统等，比比皆是。但就整体而言，自动控制技术在给水排水工程中的应用仍是初步的。随着自动控制技术与给水排水工程技术的不断进步，给水排水工程自动化的水平必将会不断提高，它将推动水工业技术现代化的进程，并带来更大的社会效益与经济效益。

控制理论分成经典控制理论和现代控制理论两大部分。经典控制理论在20世纪50年代末期已形成比较完整的体系，它以传递函数为基础研究单输入、单输出的反馈控制系统，采用的主要研究方法有时域分析法、根轨迹法和额串法。现代控制理论以状态空间法为基础研究多变量、变参数、非线性、高精度等各种复杂控制系统的理论。近年来，现代控制理论又在大系统工程、人工智能控制等方面继续向纵深发展。

我们所处的时代经常被称为自动化时代，这是以应用于十分复杂的工业过程和系统、能自动运行的机器和设备为标志的。这些自动化过程或现代化的自动化技术构成了控制工程以及过程数据处理的一个很重要的部分。虽然控制工程问题几乎在所有工程技术领域都会遇到，但作为一种特殊的考虑方式，控制工程具有其独特的专业方向，而这个方向之间虽然有很多共性，但相互间也具有十分明显的差异。

控制工程是一个十分强调方法论的专业领域，因此控制工程方法完全是独立于各种应用领域的，它所要处理的问题当然是很类似的。然而它们并不一定是工程问题，它们也可以在非工程性的动态系统，如生物、经济和社会学系统中应用。所以，首先应当很全面地来理解动态系统这一概念，这里我们选择如下定义：

动态系统表示信号处理相传输的一个功能单元（例如，信号可以是能量、材料、信息、资金及其他形式）。其中系统的起因和由此引起的时间上的效果分别作为系统的输入量和输出量来考虑。

所谓自动控制是在人不直接参与的情况下，利用外加的设备或装置（称自动控制装置）使整个生产过程或工作机械（称被控对象）自动地按预定规律运行，或使其某个参数（称被控量）按预定要求变化。现以水池水位控制系统为例，说明自动控制的基本概念。

在图1.1水池中，水源源不断地经阀门流进水池，而由出水管道流出供用户使用。若要求在出水量随意改变的情况下，保持水位高度不变，则可由人工操作实现。操作人员首先测量水池实际水位，并将它与要求值比较，得出偏差，然后根据偏差大小调节进水阀门的开启程度，通过改变进水量使水池水位达到要求值，这是人工操作的过程。由人工完成控制任务的系统叫做人工控制系统。在图1.1中，水池是被控对象，水池水位是被控量。

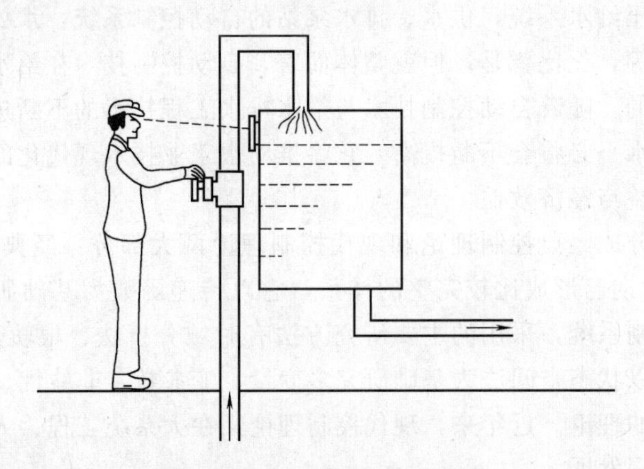

图1.1　人工控制水池示意图

若用自动控制装置代替操作人员完成人工操作过程，则可构成自动控制系统。自动控制装置一般应包括以下几部分：

（1）测量元件。测量被控量的实际值或对被控量进行物理量的变换；

（2）比较元件。将测量结果和要求值进行比较，得到偏差；

（3）调节元件。根据偏差大小产生控制信号，调节元件通常包括有放大器和矫正装置，它能放大偏差信号并使控制信号和偏差具有一定关系（称调节规律）；

（4）执行元件。由控制信号产生控制作用，从而使被控量达到要求值。

图1.2是水池水位自动控制系统的一种形式。这里，浮子是测量元件，连杆起比较作用。电位器输出电压反映水位偏差。放大器、伺服电动机、减速器和阀

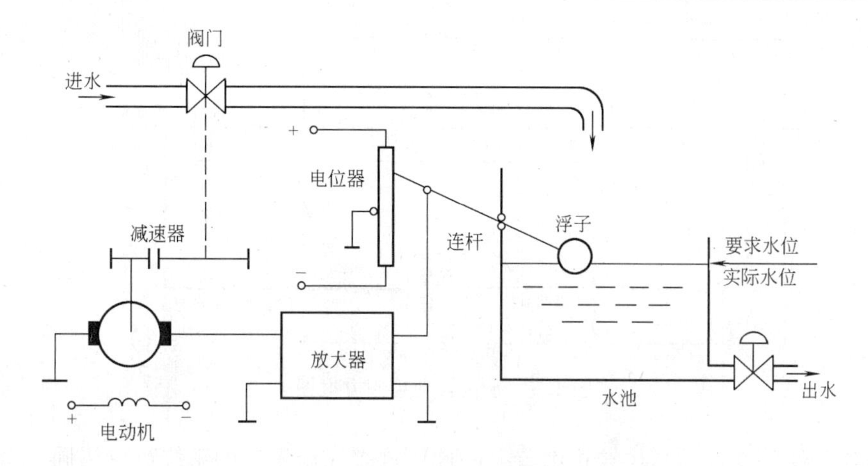

图 1.2　水位自动控制系统示意图

门等起调节和执行作用。由此可见，自动控制系统是由被控对象和自动控制装置按一定方式连接起来的、完成一定自动控制任务的总体。

为了更清楚地表示控制系统的组成以及各组成部分信号传送的关系，常画出控制系统的元件作用图，简称方框图。在方框图中，每个组成部分用一个方框表示，并标上该组成部分的名称，一个方框可以对应于一个元件或一个设备，或几个设备的组合，或一个局部的生产过程，通常称之为环节。信号用箭头表示。方框图中还包含有信号的分支点（表示信号分成多路输出，也叫做取出点）和相加点（表示多个倍号的代数相加）。方框图和生产流程图在形式上有某些相似之处，但它们所表示的内容却有本质的区别。生产流程图中的各个线条，表示了物料流通的来龙去脉，但方框图中的联络线条则表示两个环节之间的信号传递和相互作用关系，而与物料的实际流向无关。

图 1.3 为水位自动控制系统的方框图。在图 1.3 中，图中的箭头方向表示相互作用的因果关系。指向方框的箭头表示环节的输入信号，它是引起该环节变动的原因，背离方框的箭头，表示该环节的输出信号，它是环节在输入信号作用下的变化结果，所以输入信号和输出信号是前因后果的关系。必须指出，信号只能沿箭头方向行进，不能逆行，否则将使输入输出关系紊乱，这也就是方框图的单向传递特性。方框图是研究自动控制系统的有力工具，任何一个自动控制系统都可以用方框图简明扼要地表示出来。

用方框图表示自动控制系统的优点是：只要依照信号的流向，便可将表示各元件或设备的方框连接起来，很容易组成整个系统；与纯抽象的数学表达式相比，它还能比较直观、形象地表示出组成系统的各个部分间的相互作用关系及其在系统中所起的作用；与物理系统相比，它能更容易地体现系统运动的因果关系。需要指出的是：方框图只关心与系统动态特性有关的信息，而不管组成该系

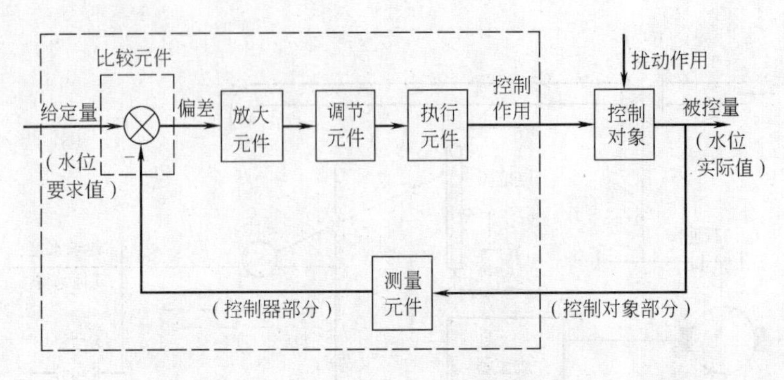

图1.3　水位自动控制方框图

统的各元件、设备的具体结构细节。因此，许多完全不同的系统可以用同一个方框图表示。当然，对于同一个系统，其方框图的表示也并非是惟一的，按照分析研究的目的、角度不同，同一个系统完全可以画出若干种不同的方框图。在以后的学习中，还将看到方框图中列有数学表达式，这是定量地表征该环节特性的数学形式，称为传递函数。

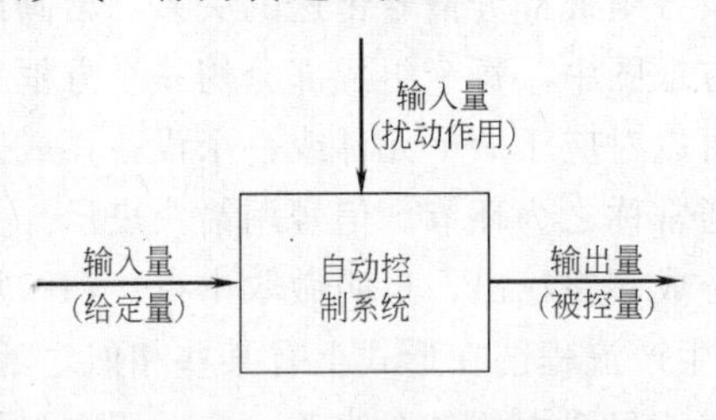

图1.4　控制系统简图

通常，把控制系统的被控量叫做系统输出量。而把影响系统输出的外界输入叫做系统的输入量。一般系统的输入有两类，即给定输入和扰动输入。给定输入决定系统输出量的变化规律或要求值。扰动输入则是系统不希望的外作用，它影响给定输入量对系统被控量的控制。在水池水位控制系统中，水位要求值是给定输入量，而用水量为扰动输入。整个控制系统也可用一个大方框图表示，如图1.4所示。

参照图1.3，可以讨论一般自动控制系统的工作原理。当被控量偏离给定要求值时（通常是给定值发生变化或因扰动作用引起），测量元件测得被测量或经物理量变换后由比较元件将其给定值比较得出偏差。根据偏差大小，经放大、调节、执行等元件后产生控制作用。控制作用使被控量回复到或趋近于要求值，从而使偏差消除或减少。这种通过测量、比较得到偏差，由偏差产生控制作用和由控制作用使偏差消除或减少的原理，就是我们所研究的自动控制系统的工作原理。这种自动控制系统的主要特点是：

(1) 从信号的传送来看，输出量经测量后回送到输入端。回送的信号使信号回路闭合，构成闭环，此回送过程称为反馈，反馈连接方式是负反馈。由负反馈构成闭环是这种自动控制系统的结构特点。

(2) 从控制作用的产生来看，它是由偏差引起。偏差产生的控制作用使系统沿减少或消除偏差的方向运动。由偏差产生控制作用叫做偏差控制。

具有上述两个持点的自动控制系统叫做反馈控制系统、闭环控制系统或偏差控制系统。这一系统的工作原理叫做反馈控制原理。

1.1.2　自动控制系统的构成

为了考察自动控制系统的构成，我们先来考虑一个电加热炉的炉温控制。

图 1.5 是一个手动控制的电加热炉的示意图。从图 1.5 看出，控制的过程主要有三个部分：一是测量炉温，并用眼观察温度计，将读数送至大脑；二是在大脑中将观察读数与给定温度（700℃）比较，并根据比较的结果指挥手臂的动作；三是增加或减小加热电阻丝两端的电压，以使炉温尽可能接近给定值。

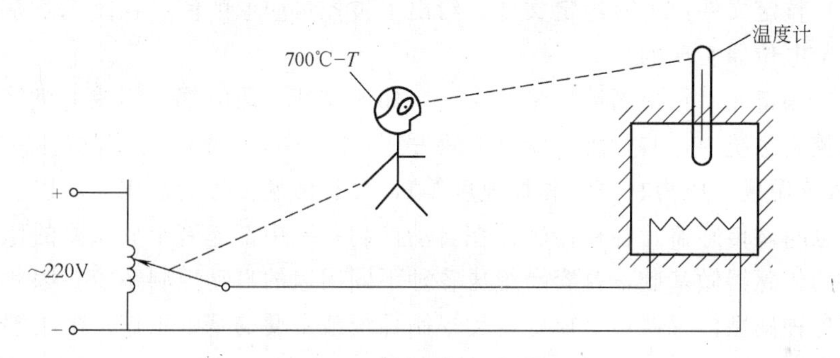

图 1.5　手动控制电加热炉

自动控制的目的就是要在人不直接参加的情况下实现同样的控制目的。为此我们可以建立如图 1.6 所示的自动控制系统。该系统中，炉温通过热电耦测量，并将温度值转换为一个电压值。给定炉温通过一个电位器的电压值反映，这一给定值还可以通过调节可变电阻的大小来改变。通过反向串接，就可以实现人脑中的比较算法。偏差的大小反映了实测炉温与给定炉温的差别，而且它的正负决定了执行机构——电机的转向。显然，执行电机代替了人的手臂。图 1.7 给出了系统构成的框图。

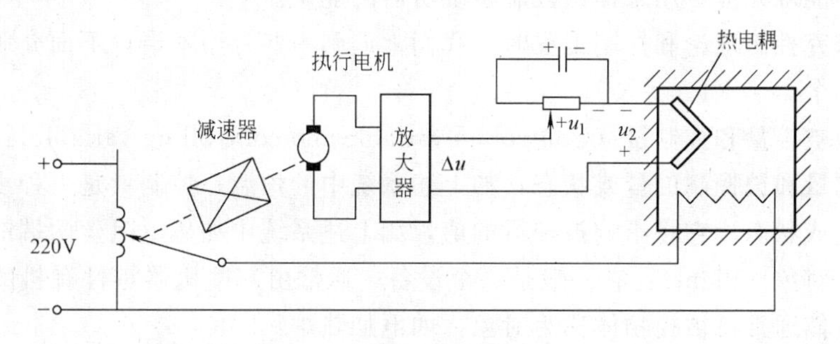

图 1.6　自动控制电加热炉

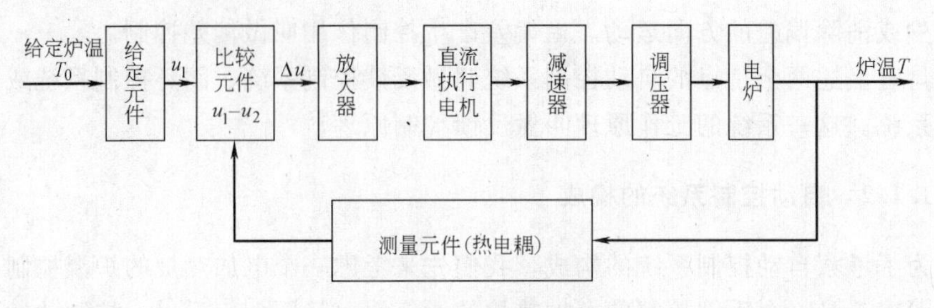

图 1.7　系统构成框图

通过分析这样一个简单的自动控制系统，我们知道，一个自动控制系统主要由以下基本元件构成。

(1) 整定文件：也称给定文件，给出了被控量应取的值。在图 1.2 系统中是通过一个电位器实现的。

(2) 测量元件：检测被控量的大小，如流量计、热电耦、测速电机等。在各种自动控制系统中，测量变送装置的形式多种多样，它们能够敏感各种物理量(例如敏感温度、压力、力矩和加速度等)，并有传送信号的作用。所以，这些敏感装置也叫做传感器。各种传感器在自动控制系统中都起着十分重要的作用，有了精确的传感器做基础，就容易组成各种不同用途的自动控制系统，因此，研究和发展各种新型传感器，是搞好自动控制系统最重要的基础工作。多了解各类传感器的作用，也有助于灵活运用自动控制系统。

(3) 比较元件：用来得到给定值与被控量之间的误差，常用差动放大器、电桥等。在计算机控制系统中，由于直接进行数值计算，不需要特定的比较元件。

(4) 放大元件：用来将误差信号放大，用以驱动执行机构。它可以是电子元件网络，也可以是电机放大器等。

(5) 执行元件：用来执行控制命令，推动被控对象。电机是典型的执行元件。

(6) 校正元件：用来改善系统的动、静态性能，它可以用模拟或数字电路来实现，也可以用计算机程序来实现。

(7) 能源元件：用来提供控制系统所需的能量。

在研究控制理论和控制工程时，我们常遇到一些专用术语，下面介绍其中最常见的几个。

(1) 被控量和控制量（Controlled variable and controlling variable)：被控量是指被测量和被控制的量或状态，如上述系统中的炉温；控制量是一种由控制器改变的量或状态，它将影响被控量的值，如上述系统中加热电阻丝两端的电压。

(2) 对象（Plant)：它一般是一个设备，通常由一些机器零件有机的组合在一起，我们通常将被控物体称为对象，如电加热炉。

(3) 系统（system)：系统是一些部件的组合，这些部件组合在一起，完成一定的任务。系统并不限于物理系统，系统的概念有时是很抽象的，它可以指一个特定的动态现象，如股市或汇率的变化，某国家人口的变化，某地区物种的变迁都可看成动态系统来分析。

(4) 扰动 (disturbance)：扰动是一种对系统的输出量产生不利影响的因素或信号，如果扰动来自于系统内部，称为内部扰动；如果扰动来自于系统外部，则称之为外部扰动。如电加热炉中被加热物体的增多或减少等显然会影响炉温的高低，这种因素对系统来说是一种外部扰动。

1.1.3 自动控制系统的分类

控制系统的类型很多，它们的结构类型和所完成的任务也各不相同。控制系统从信息传送的特点或系统的结构特点来看可分为开环控制系统和闭环控制系统，以及同时具有开环结构和闭环结构的复合控制系统。

1.1.3.1 闭环控制

其方框图如图 1.8 所示。这种控制方式的原理是：需要控制的是受控对象的被控量，而测量的则是被控量和给定值，并计算两者的偏差，该偏差信号经放大后送到执行元件，去操纵受控对象，使被控量按预定的规律变化，力图消除偏差。只要被控量偏离了给定值，无论是干扰影响，还是内部特性参数变化导致的，或是给定值变动，系统均能自动纠正。这种控制方式也称为按偏差调节。显然，该系统从理论上提供了实现高精度控制的可能性。

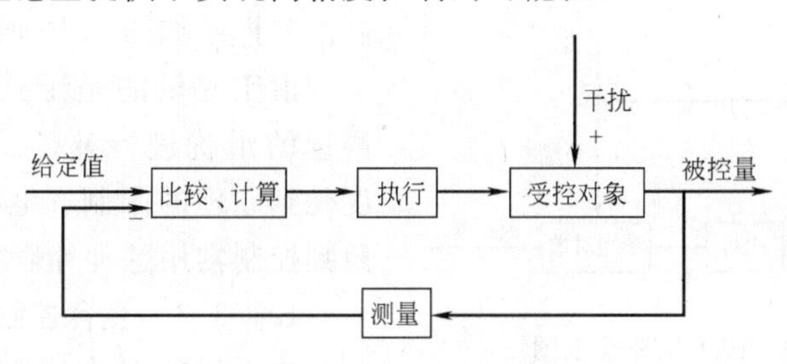

图 1.8 闭环控制框图

把取出的输出量回送到输入端，并与指令信号比较产生偏差的过程，称为反馈。指令信号与被控量相减为负反馈，相加则为正反馈。不做特别说明，一般指负反馈。反馈控制就是采用负反馈并利用偏差进行控制的过程，是自动控制系统中最基本的控制方式，在工程中获得了广泛的应用。

闭环控制有三大特点：信号按箭头方向传递是封闭的（闭环）、负反馈和按偏差控制。因此，闭环控制也称为反馈控制或按偏差控制。

闭环控制的主要优点：控制精度高，抗干扰能力强。缺点是使用的元件多，线路复杂，系统的分析和设计都比较麻烦。

1.1.3.2 开环控制

(1) 按给定值控制

其控制原理是需要控制的是受控对象的被控量，而控制装置只接收给定值，信号只由给定值单向传递到被控量，信号只有倾向作用，无反向联系，称为开环控制。其框图如图1.9所示。

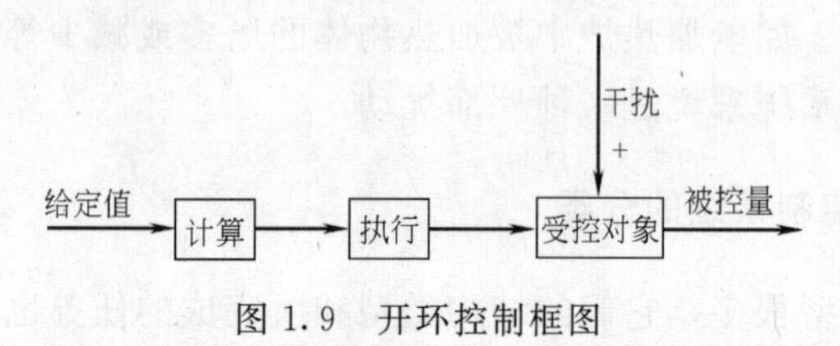

图1.9 开环控制框图

这种控制方式简单，但控制精度低。控制精度完全取决于所用元件的精度和校准的精度，且抗干扰能力差。但由于其结构简单、成本低，在精度要求不高的情况下，有一定的实用价值。一些自动化流水线，如包装机、交叉路口的红绿灯控制、自动售货机等多采用这种控制方式。

必须指出，开环控制和闭环控制之间的基本区别在于有无负反馈作用。

(2) 按干扰补偿

其原理是需要控制的是被控量，而测量的是干扰信号。利用干扰信号产生控制作用，以减小或抵消干扰对被控量的影响，故称为按干扰补偿，也可称顺馈控制。其框图如图1.10所示。

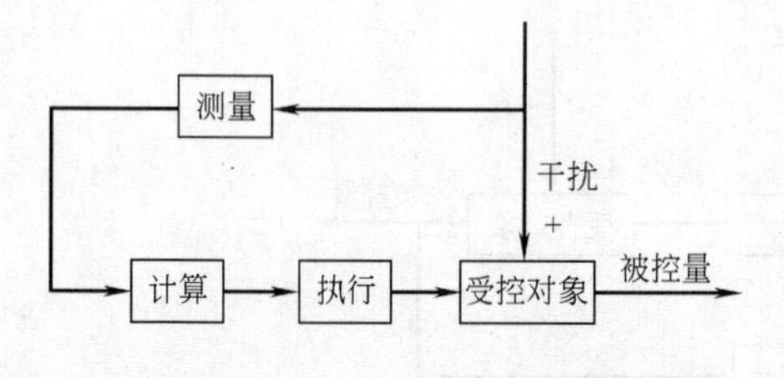

图1.10 按干扰补偿框图

由于测量的是干扰，故只能对可测量的干扰进行补偿。因此，控制精度受到原理的限制。电源系统的稳压、稳频控制常用这种补偿方式。

1.1.3.3 复合控制

按干扰控制方式在技术上较反馈控制简单，但只适用于扰动可测的场合，而且一个补偿装置只适用于补偿一个扰动因素，对其余扰动均不起补偿作用。比较合理的方式是把按偏差控制与按干扰控制结合起来，对主要扰动采用适当的补偿，实现按干扰控制；同时，再组成反馈系统实现按偏差控制，以消除其他偏差。这样控制效果会更好。这种控制方式为复合控制方式，其框图如图1.11所示。

综上所述，自动控制系统是由控制器和受控对象组成的，其任务是使被控量自动跟随指令信号变化；实现方式是闭环控制、开环控制和复合控制；控制器的功能是测量、比较放大和执行。

除上面的按控制方式分类的方法外，自动控制系统还有其他分类方法。例

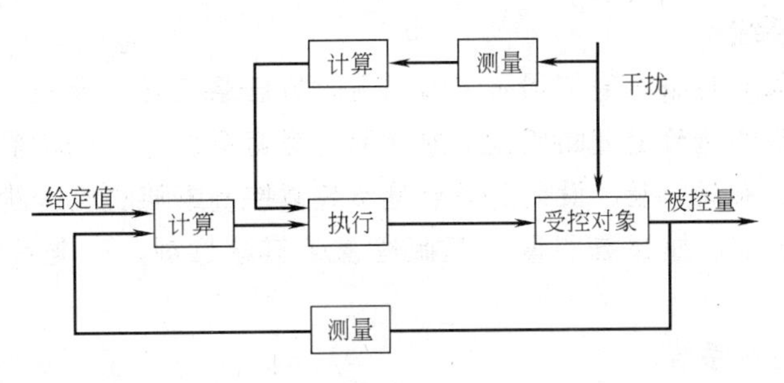

图 1.11 复合控制框图

如，按元件类型可分为机械系统、电气系统、机电系统、液压系统、气动系统、生物系统等；按系统功用可分为温度控制系统、压力控制系统、位置控制系统等；按系统性能可分为线性系统和非线性系统、连续系统和离散系统、定常系统和时变系统、确定性系统和不确定性系统等；按输入量形式可分为恒值控制系统、随动系统和程序控制系统等。为了全面反映自动控制系统的特点，常常将上述各种分类方法组合应用。

1.1.3.4 线性连续控制系统

这类系统可以用线性微分方程式描述，其一般形式为：

$$a_0\frac{\mathrm{d}^n}{\mathrm{d}t^n}c(t)+a_1\frac{\mathrm{d}^{n-1}}{\mathrm{d}t^{n-1}}c(t)+\Lambda\cdots+a_{n-1}\frac{\mathrm{d}}{\mathrm{d}t}c(t)+a_nc(t)$$

$$=b_0\frac{\mathrm{d}^m}{\mathrm{d}t^m}r(t)+b_1\frac{\mathrm{d}^{m-1}}{\mathrm{d}t^{m-1}}r(t)+\cdots+b_{m-1}\frac{\mathrm{d}}{\mathrm{d}t}r(t)+a_mr(t) \tag{1.1}$$

式中，$c(t)$ 是被控量；$r(t)$ 是系统输入量。系数 a_0，a_1，…，a_n，b_0，…，b_m 是常数时，称为定常系统；系数 a_0，a_1，…，a_n，b_0，…，b_m 随时间变化时，称为时变系统。线性定常连续系统按其参据量的变化规律不同又可分为恒值控制系统、随动系统和程序控制系统。

(1) 恒值控制系统

这类控制系统的输入量是一个常值，要求被控量亦等于一个常值。但由于扰动的影响，被控量会偏离给定量而出现偏差，控制系统便根据偏差产生控制作用，以克服扰动的影响，使被控量恢复到给定的常值。因此，恒值控制系统分析、设计的重点是研究各种扰动对被控对象的影响以及抗扰动的措施。在恒值控制系统中，输入量可以随生产条件的变化而改变，但是，一经调整后，被控量就应与调整好的给定量保持一致。图 1.3 水位自动控制系统就是一种恒值控制系统，其给定量是常值。此外，还有温度控制系统、压力控制系统等。在工业控制中，如果被控量是温度、流量、压力、液位等生产过程参量时，这种控制系统则称为过程控制系统，它们大多数都属于恒值控制系统。

(2) 随动系统

这类控制系统的输入量是预先未知的随时间任意变化的函数，要求被控量以尽可能小的误差跟随给定量的变化，故又称为跟踪系统。在随动系统中，扰动的影响是次要的，系统分析、设计的重点是研究被控量跟随的快速性和准确性。

在随动系统中，如果被控量是机械位置或其导数时，这类系统称之为司服系统。

(3) 程序控制系统

这类控制系统的输入量是按预定规律随时间变化的函数，要求被控量迅速、准确地加以复现。如水处理工艺中滤池的反冲洗过程控制就是这类系统。程序控制系统的给定值可用特定的凸轮或曲线板来实现。图 1.12 就是一个例子，图 1.12 (a) 曲线是工艺要求的参数变化规律，图 1.12 (b) 是特定凸轮的形状。程序控制系统和随动系统的输入量都是时间函数，不同之处在于前者是已知的时间函数，后者则是未知的任意时间函数，而恒值控制系统也可视为程序控制系统的特例。

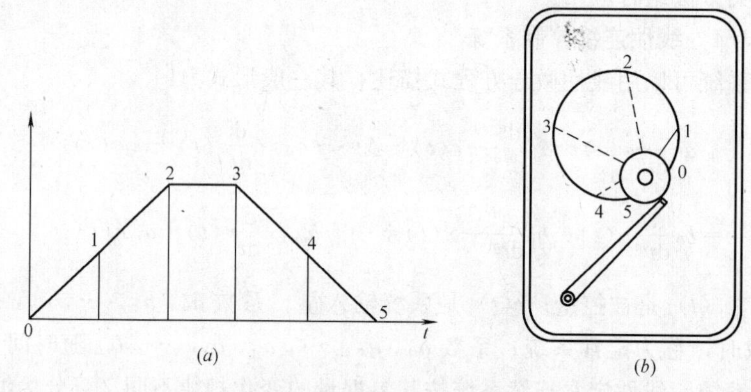

图 1.12　程序给定示意图

(a) 时间程序曲线；(b) 时间程序给定凸轮

1.1.3.5　线性定常离散系统

离散系统是指系统的某处或多处的信号为脉冲序列或数码形式，因而信号在时间上是离散的。连续信号经过采样开关就可以转成离散信号。一般在离散系统中既有连续的模拟信号，也有离散的数字信号。因此，离散系统要用差分方程描述。线性差分方程的一般形式为：

$$a_0c(k+n)+a_1c(k+n-1)+\cdots+a_{n-1}c(k+1)+a_nc(k)$$
$$=b_0r(k+m)+b_1r(k+m-1)+\cdots+b_{m-1}r(k+1)+b_nr(k) \qquad (1.2)$$

工业计算机控制系统就是典型的离散系统。

1.1.3.6 非线性控制系统

系统中只要有一个元部件的输入—输出特性是非线性的，这类系统就是非线性系统，一般用非线性微分方程（或差分方程）描述系统特性。非线性方程的特点是系数与变量有关，或者方程中含有变量及其导数的高次幂或乘积项，例如：

$$y(t)+y(t)y(t)+y^3(t)=r(t) \quad y(t)=r(t)\cos(wt) \tag{1.3}$$

严格地说，实际物理系统中都有不同程度的非线性元部件，例如放大器和电磁元件的饱和特性，运动部件的死区、间隙、摩擦等特性。由于非线性方程在处理上较困难，对于一些非线性程度不十分严重的部件，可采用在小范围内线性化的方法，将非线性控制系统近似为线性系统。

1.1.3.7 SISO 系统和 MIMO 系统

按照输入信号和输出信号的数目，可分为单输入—单输出（SISO）系统和多输入—多输出（MIMO）系统。SISO 系统通常称为单变量系统，这种系统只有一个输入（不包括扰动输入）和一个输出。MIMO 系统通常称为多变量系统，这种系统有多个输入和多个输出。单变量系统可以作为多变量系统的特例。

1.1.3.8 集中参数系统和分布参数系统

如果在系统分析与设计中，可以把一个系统看做是有限多个理想的分立部件的总体，这类系统称为集中参数系统。例如电阻、电容、电感、阻尼、弹簧、质量等。集中参数系统用常微分方程描述。如果系统只能看做是由无穷多个无穷小的分立部件组成，则该系统称为分布参数系统，用偏微分方程描述。例如导线上的电压分布是时间和位置的函数，因此只能用偏微分方程描述，是一个分布式参数系统。

1.2 传递函数与环节特性

1.2.1 方块图和传递函数

自动控制系统中每个组成环节的特性将对控制过程起什么影响？为了达到预定的控制要求，应构成怎样的控制回路？应选择怎样的控制器特性？为了解决这些问题，常应用方块图和传递函数作为分析的基本手段，对自动控制系统进行进一步的分析。方块图和传递函数是自动化理论的重要基础。

在自动控制理论中，常以微分方程的方式描述输出信号与输入信号的关系。例如图 1.13 所示的阻容电路，在输出电压 u_c 与输入电压 u_i 之间有如下关系：

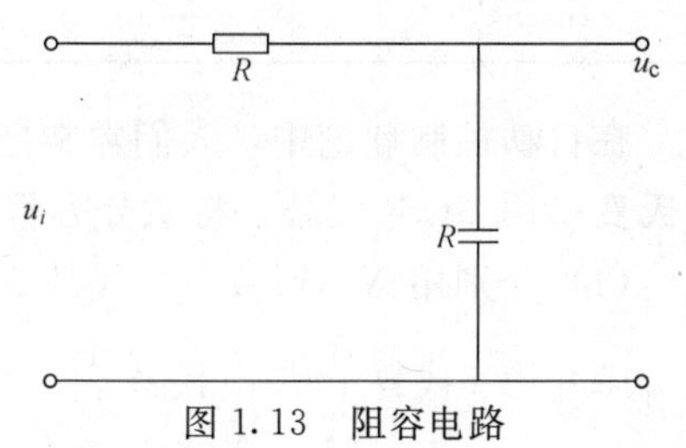

图 1.13 阻容电路

$$\frac{du_c}{dt}=\frac{1}{RC}(u_i-u_c) \tag{1.4}$$

式中　R——电阻；

C——电容。

用微分方程来描述环节或系统的关系，不仅复杂，而且求解十分麻烦。为此，更常见的是进行拉普拉斯变换（简称拉氏变换）。

拉氏变换是一种积分变换，将微分积分函数转化为代数幂函数形式，将微分方程转化为代数方程，是一种简化运算的手段。关于拉氏变换的详细内容可参考有关的数学书籍。在此仅简单介绍它的应用方法。

拉氏变换把一个时间函数 $f(t)$ 变换为另一个复变量 s 的函数 $F(s)$。也正像对于一个数可以找出它的对数值一样，对于一个时间 t 域内的函数 $f(t)$，可以找出它的复变量 s 域的变换式 $F(s)$。例如，对于阶跃函数 $f(t)=A$，它的拉氏变换式是 $F(s)=\frac{A}{s}$，$f(t)$ 与 $F(s)$ 是一一对应的，可以认为 $F(s)$ 是 $f(t)$ 的映像，$f(t)$ 称原函数，$F(s)$ 为像函数。

拉氏变换表示为：$F(s)=L[f(t)]$

拉氏反变换表示为：$f(t)=L^{-1}[F(s)]$

用拉氏变换进行计算时，有现成的变换表可查，见表 1.1。

拉氏变换表　　**表 1.1**

$f(t)=\begin{cases}0 & t\leqslant 0\\ f(t) & t>0\end{cases}$	$F(s)=\int_0^\infty f(t)e^{-st}dt$	$f(t)=\begin{cases}0 & t\leqslant 0\\ f(t) & t>0\end{cases}$	$F(s)=\int_0^\infty f(t)e^{-st}dt$
A	A/s	$e^{-at}t^n$	$n!/(s+a)^{n+1}$
t	$1/s^2$	$e^{-at}\sin\omega t$	$\omega/[(s+a)^2+\omega^2]$
tn	$n!/s^{n+1}$	$e^{-at}\cos\omega t$	$s+a/[(s+a)^2+\omega^2]$
e^{-dt}	$1/s+a$	$\frac{df(t)}{dt}$[即 $f'(t)$]	$sF(s)$
$\frac{1}{T}e^{-\frac{t}{T}}$	$\frac{1}{Ts+1}$	$\frac{d^2f(t)}{dt^2}$[即 $f''(t)$]	$s^2F(s)$
$\sin\omega t$	$\frac{\omega}{s^2+\omega^2}$	$\int f(t)dt$	$\frac{F(s)}{s}$
$\cos\omega t$	$\frac{s}{s^2+\omega^2}$	$f(t-\tau)$	$e^{-\tau s}F(s)$

在自动控制理论中，人们常常把输入信号拉氏变换用 $X(s)$ 代替，输出信号拉氏变换用 $Y(s)$ 代替。将微分方程变为拉氏变换代数方程的方法。

(1) 分别用 $X(s)$、$Y(s)$ 代替 $X(t)$、$y(t)$；

(2) 用 s 代替 $\frac{d}{dt}$ 或 s^2 代替 $\frac{d^2}{dt^2}$；

(3) 用$\frac{1}{s}$代替$\int \mathrm{d}t$；

(4) 常数不变，即 $L[Af(t)]=AF(s)$。

于是图 1.13 所示的阻容环节，其一般拉氏变换式为：

$$(RCs+1)Y(s)=X(s) \tag{1.5}$$

若输入信号 $X(t)$ 是一个幅度 E 的阶跃信号，则

$$Y(s)=\frac{1}{RCs+1}\cdot\frac{E}{s}=-\frac{RCE}{RCs+1}+\frac{E}{s} \tag{1.6}$$

也可查表反变换

$$y(t)=E(1-\mathrm{e}^{-\frac{t}{RC}}) \tag{1.7}$$

分析自动控制系统，应用拉氏变换的方法比用微分方程法要简单，若再配以方块图形式，会更加清楚和简单。

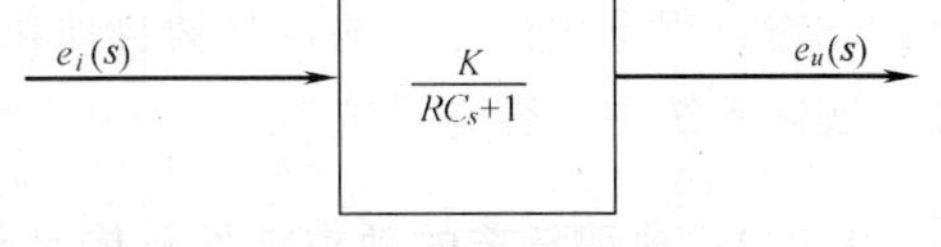

图 1.14　环节方块图

前面曾介绍过方块图，一个方块代表一个环节。在方块中填入微分方程的拉氏变换式，把输出和输入的变换式分别写在方块的输出箭头线和输入箭头线上，就可直接看出各环节的联系，及环节对信号的传递过程，如图 1.14。

方块内的拉氏变换即传递函数。传递函数可用来描述环节或自动控制系统的特性。可以将输入—输出关系一目了然地表示出来。传递函数定义为：一个环节或一个自动控制系统，输出拉氏变换与输入拉氏变换之比。用 $Y(s)$ 代表输出的拉氏变换，用 $X(s)$ 代表输入的拉氏变换，则传递函数可表示为：

$$G(s)=\frac{Y(s)}{X(s)} \tag{1.8}$$

式中　$G(s)$——环节或系统的传递函数。

传递函数方法，实际上就是用以 s 为变量的代数方程，代替了以 t 为变量的微分方程，来表示系统或环节的固有的动态特性。环节的传递函数与外界输入到该环节的输入信号无关，它的形式只决定于环节或系统的内部结构。

式 (1.8) 展示了 $G(s)$、$Y(s)$、$X(s)$ 三者之间的关系。对于已知传递函数的系统或环节，输入一个特定信号 $X(s)$ 时，将式 (1.8) 变为 $Y(s)=G(s)\cdot X(s)$，就可分析出系统或环节的输出随时间变化的规律，这为我们分析系统提供了方法。当系统或环节的物理过程不清，不知其传递函数时，可以输入一特定信号 $X(s)$，通过对输出的观察记录得到 $Y(s)$，再通过式 (1.8)，就可求出该环节或系统的传递函数。这就是利用实验方法求取系统或环节传递函数的过程。如果根

据工程需要，预期得到系统或环节在特定 $X(s)$ 情况下的输出特性 $Y(s)$，可根据式（1.8）构造出这个系统或环节的传递函数，这属于系统设计问题。

关于传递函数的几点说明：

（1）传递函数是经拉氏变换导出的，拉氏变换是一种线性积分运算，因此传递函数的概念只适用于线性定常系统；

（2）传递函数完全取决于系统内部的结构参数；

（3）传递函数只表明一个特定的输入、输出关系。同一系统，取不同变量作输出，以给定值或不同位置的干扰为输入，传递函数将各不相同；

（4）传递函数是在零初始条件下建立的，因此它只是系统的零状态模型，而不能完全反应零输入响应的动态特征，此即传递函数作为系统动态数学模型的局限性。

（5）设定零初始条件，即系统在 $t=0$ 时处于相对平衡状态，各变量对平衡点的增量为零。从这一基准上考察系统被控变量复现给定值的动态过程以及抗干扰的动态过程是切合实际的，是被自动化工程技术人员所接受的，零初始条件在多数实际系统中较容易设置。

1.2.2　典型环节的动态特性及传递函数

自动控制系统乃是一个由一些环节所组成的总体，这些环节的基本功能是测量被控变量，揭示它对给定值的偏移，形成控制信号，放大这类信号，移动控制机构等。

在分析研究自动控制系统时（如研究稳定性或过渡过程时），把自动控制系统按它们的功能或构造来分类并不适宜，应该按其动态特性来分类。从这个观点出发，构造、原理不同的各种元件、装置，有些是可以用相同的微分方程来描述的，因而，它们的传送函数或动态特性也相同。根据这一点，各种自动控制系统的所有环节都可以用为数不多的几种基本典型环节来概括。如果我们能够熟练掌握这些基本环节的动态特性，了解其典型的几种连接方式，在分析自动控制系统时就会非常方便。下面对几种基本的典型环节及其动态特性予以介绍。

1.2.2.1　比例环节

比例环节也称放大环节。图 1.15 所示的杠杆机构、齿轮传动机构及电子放大器都是这种环节的实例。

这种环节的特点是：当输入信号变化时，输出信号会同时以一定的比例复现输入信号的变化，其传递函数：

$$G(S)=\frac{Y(s)}{X(s)}=K \tag{1.9}$$

式中　K——比例系数或称放大系数。它表示输出信号与输入信号间的比值。比

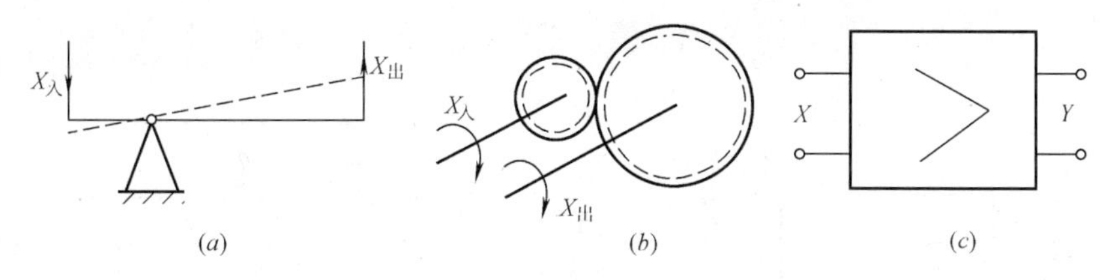

图 1.15　比例环节实例

(a) 杠杆机构；(b) 齿轮转动机构；(c) 放大器

例系数是比例环节的特征参数，在相同输入信号情况下，K 值越大，输出越大。

若在环节的输入端加一个 $X(t)=A$ 的阶跃变化时，输出信号 $y(t)$ 随时间变化的规律如图 1.16 所示。

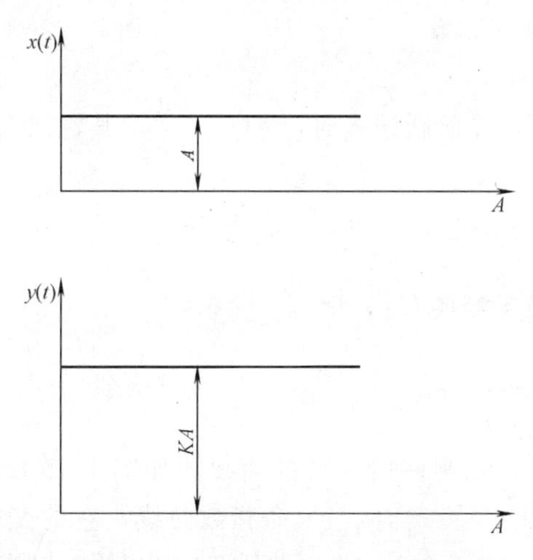

图 1.16　比例环节动态特性

1.2.2.2　一阶环节

一阶环节也称一阶惯性环节。图 1.17 所示是一个自由出水的水池。假设进水量是 Q_i，出水量是 Q_0，当两者相等时，池内液位高度为 L。在某一时刻 Q_i 有了一个阶跃变化 ΔQ_i，槽内液位 L 变化曲线如图 1.18 所示。

阻容电路（图 1.13）的情况与此相似，在输入信号作阶跃变化后，输出参数的变化曲线（亦称阶跃响应曲线、飞升曲线或反应曲线）具有与图 1.18 相同的形状，只是变化速度不一定相同。

其传递函数为：

$$G(s)=\frac{K}{Ts+1} \tag{1.10}$$

更一般地，无论物理过程有何不同，凡具有这种传递函数的环节，称为一阶环节。

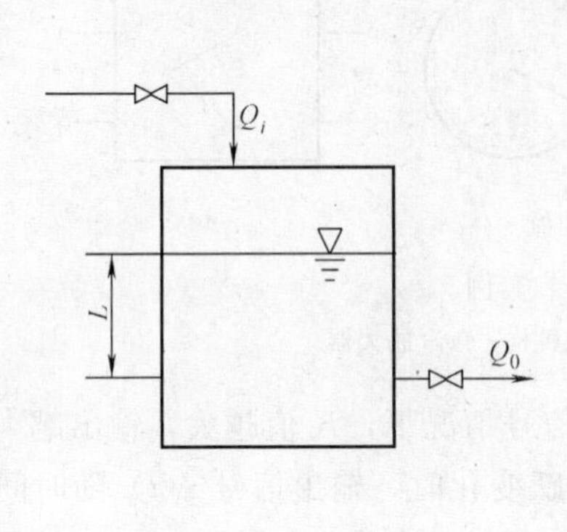

图1.17　单阶水槽

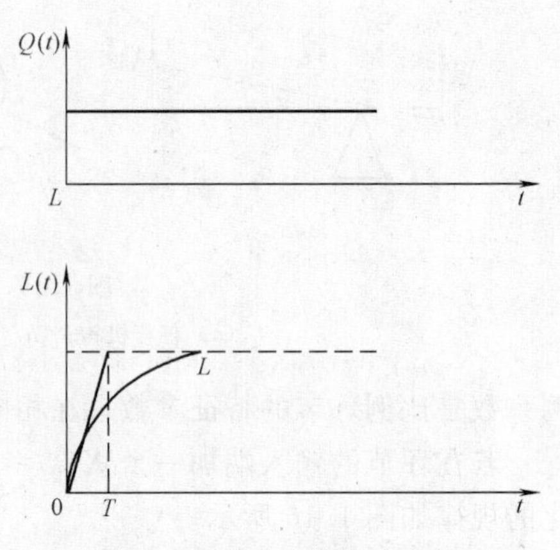

图1.18　单阶水槽反应曲线

当输入信号 $X(t)$ 作阶跃输入时，$X(s)=\frac{A}{s}$，其输出 $Y(s)$ 为：

$$Y(s)=\frac{K}{Ts+1}\cdot\frac{A}{s} \tag{1.11}$$

对上式进行拉氏反变换有：

$$y(t)=L^{-1}\left[\frac{K}{Ts+1}\cdot\frac{A}{s}\right]=KA(1-\mathrm{e}^{-\frac{t}{T}}) \tag{1.12}$$

根据式（1.12）可给出一阶环节的曲线图如图1.19所示。很明显，它是一条指数曲线，它的变化过程平稳，不做周期改变，也称作非周期环节。当输入信号 $x(t)$ 做阶跃变化后，输出信号 $y(t)$ 立刻以最大速度开始变化，曲线斜率最大，而后变化速度开始放慢，并越来越慢，经过相当长的时间后，逐渐趋于平直，最后达到一个新的稳定状态。由数学分析可知，$y(t)$ 的变化速度在 $t=0$ 时刻最大，为 $\frac{KA}{T}$，随着时间变化会越来越慢。当 $t\rightarrow\infty$ 时，变化率为零，$y(t)=KA$ 达到新的稳态值。

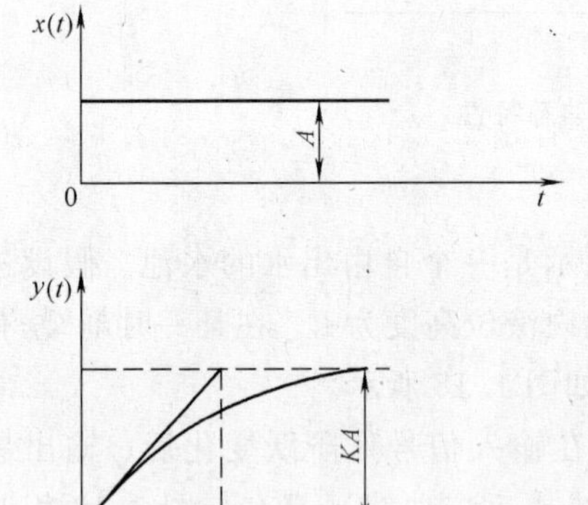

图1.19　一阶非周期环节反应曲线

因此，K 和 T 是两个关键参数，其数值大小直接影响环节输出的大小和变化速度。这两个参数是非周期环节的特征参数。

（1）放大系数 K

它表示输出信号稳态值 $y(t)$ 对输入信号稳态值 $x(t)$ 的比值，K 是环节的静态参数。用终值定理可求得输出终值$\lim\limits_{t\to\infty}y(t)=KA$。

放大系数 K 决定了环节在过渡过程结束后的新的稳态值，在相同输入信号下，K 值越大，达到新的稳态输出值越大。

K 值大小与环节结构形状、尺寸大小及工作特征有关。

（2）时间常数 T

它是环节的动态参数，下面着重分析它的物理意义。

1）当输入 $x(t)=A$ 时，其输出 $y(t)$ 在 $t=0$ 时的速度为：

$$\left.\frac{\mathrm{d}y(t)}{\mathrm{d}t}\right|_{t=0}=\left.\frac{KA}{T}\cdot \mathrm{e}^{-\frac{t}{T}}\right|_{t=0}=\frac{KA}{T} \tag{1.13}$$

若输出信号 $y(t)$ 以此恒速上升，达到稳态值 KA 时所用时间就是 T。T 越大，则输出信号趋向稳态值所需时间越长，环节的反应越慢。因此，T 表征了环节的“惯性”。

为了改善动态性能，提高环节的反应速度，必须减少时间常数 T 值。

2）当输入为 $X(t)=1$，输出 $y(t)$ 实际上沿其指数曲线上升，当 $y(t)$ 到达稳态值的 0.632 倍处时，所历经时间的数值恰好为时间常数 T。由式（1.10）推导得到：

$$y(t)\big|_{t=T}=K(1-\mathrm{e}^{-\frac{t}{T}})\big|_{t=T}=0.632K \tag{1.14}$$

根据式（1.10）还可算出 $t=1T$，$2T$，$3T$，$4T$ 的输出值。当 $t=4T$ 时，输出达稳态值的 98%。一般对非周期环节来讲，可将 $4T$ 视为其过渡过程时间。

各种电、液、气、机、热元件，虽然其物理过程各异，但是它们的时间常数都由阻力与容量所决定。阻力 R 是耗能元件，容量 C 是储能元件，两者的数值决定了时间常数的大小，$T=RC$，这同阻容电路是一样的。

在几个非周期环节串联的情况下，如果某一环节与其他环节相比时间常数很小，可以忽略，就把它当作比例环节来处理，可使问题大为简化。例如在温度调节系统中，调节对象的时间常数可能长达几十分钟，如果采用小惯性热电耦来测量，它作为非周期环节时间常数可能只有 20s～30s，在这种情况下，可把热电耦近似地看做比例环节。

比例环节是当 $T\to 0$ 时的非周期环节。串联环节之间，时间常数之比大于 10∶1，时间常数小的非周期环节可近似地作为比例环节。

1.2.2.3 积分环节

具有如下传递函数的环节称为积分环节：

$$G(s)=\frac{K}{T_i s} \tag{1.15}$$

式中 T_i——积分时间；

K——比例系数。

图 1.20 所示定量排水的水池、电动机等都是具有积分特性的实例。

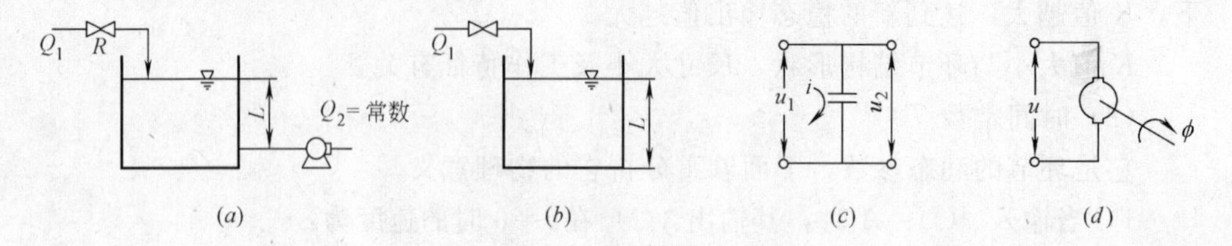

图 1.20 积分环节实例
(a) 定量排水的水槽；(b) 无出水的水槽；
(c) 电容恒流充电；(d) 电动机

当这些环节的输入信号做阶跃变化时，它们的输出信号将等速地一直变化到最大或最小。在图 1.20 中，水池的水由泵定量排出，若进水流量阶跃增加时，进出物料平衡被破坏，进料多于出料，于是物料的积存便使液位不断地增高，直到溢出为止。它的反应曲线如图 1.21 所示。

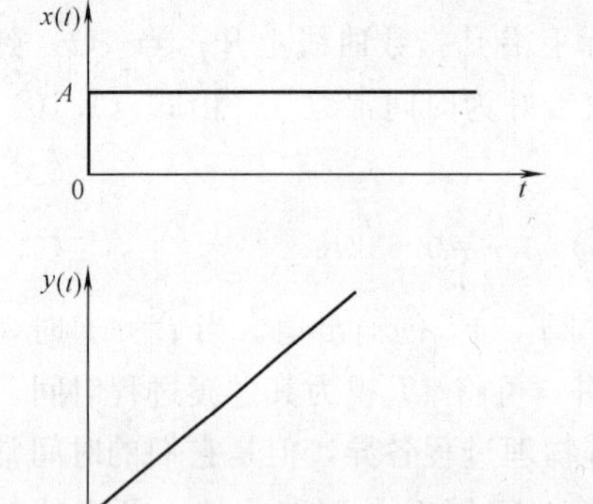

图 1.21 阶跃输入积分环节反应曲线

积分环节的输出与输入间的关系是：

$$y(t) = \frac{K}{T_i}\int x(t)\mathrm{d}t \tag{1.16}$$

从式（1.16）可以看出，积分环节的输出信号正比于输入信号对时间的积分。当 $x(t)=A$ 时，$y(t)=\frac{K}{T_i}A \cdot t$，即只要有输入信号存在，输出信号就一直等速地增加或减小，随着时间而积累变化。积分环节由此而得名。

式（1.16）中 T_i 和 K 分别为积分环节的积分时间和比例系数，它们的物理意义可以从式（1.16）看出。积分环节输出信号的变化速度，即积分速度为：

$$\frac{\mathrm{d}y(t)}{\mathrm{d}t}=\frac{K}{T_i}\cdot x(t) \tag{1.17}$$

当输入信号作幅度为 A 的阶跃变化时，$\frac{\mathrm{d}y(t)}{\mathrm{d}t}=\frac{K}{T_i}\cdot A$ 是一个常量，输出信号是等速变化的。很明显，积分时间 T_i 越短，输出变化速度越快，积分反应曲线越陡。因此积分时间 T_i 反映了积分作用的强弱，T_i 值小，积分作用强。

1.2.2.4 微分环节

(1) 理想微分环节

在理想情况下，微分环节的输出量与输入量的变化速度成正比：

$$y(t)=T_{\mathrm{d}}\frac{\mathrm{d}x(t)}{\mathrm{d}t} \tag{1.18}$$

它的传递函数是：

$$G(s)=T_{\mathrm{d}}s \tag{1.19}$$

式中 T_{d} 称为微分时间常数，是反映微分作用强弱的特征参数，T_{d} 愈大，微分作用愈强。

在阶跃输入信号作用下，微分环节的反应曲线如图 1.22 所示，由于阶跃信号的特点是在信号加入瞬间变化速度极大，所以微分环节的输出信号也极大。但由于输入信号马上就固定于某一个常数，不再变化了，即 $\frac{\mathrm{d}x(t)}{\mathrm{d}t}=0$，因此输出 $y(t)$ 也立即消失，则 $y(t)=0$。显然，在阶跃输入信号下，微分环节的反应曲线只是跳动一下而已，不能明显地反映其特性。为了能明显地突出微分环节的特征，一般采用等速信号作为输入信号，即 $\frac{\mathrm{d}x(t)}{\mathrm{d}t}=m$（常数）。在这种情况下微分环节的输出 $y(t)=T_{\mathrm{d}}\cdot m$，其反应曲线如图 1.23 所示。

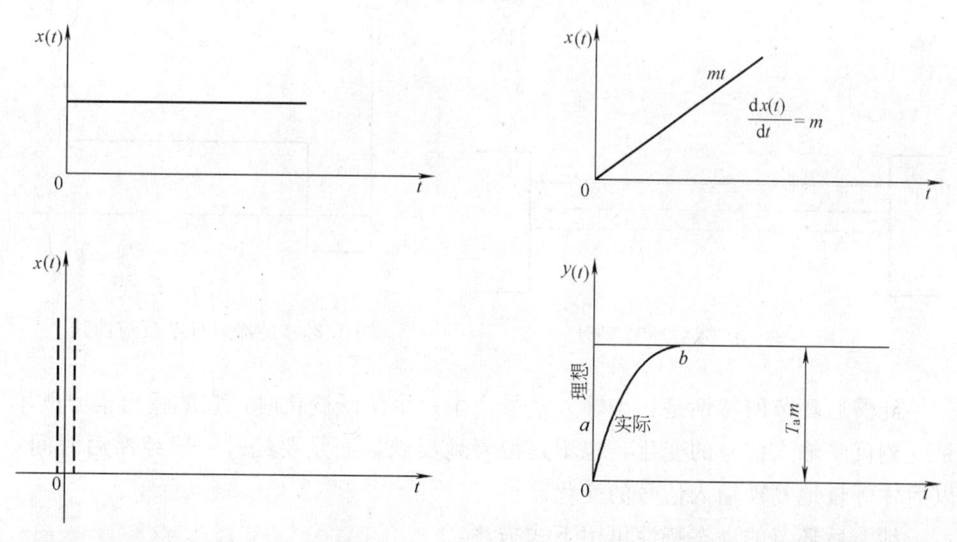

图 1.22 阶跃输入微分环节反应曲线　　图 1.23 等速信号微分环节反应曲线

由此可见，微分作用的输出变化与微分时间和输入信号的变化速度成比例，而与输入信号的大小无关，即输入信号变化速度愈快，微分时间越长，微分环节的输出信号也愈大。在输入信号刚加入的瞬间，其量值还很小，但输出信号却已有较大的变化，起到了超前反应的作用，所以微分环节也称超前环节。

（2）实际微分环节

上面介绍的是理想微分特性。实际上由于运动的惯性作用，输出信号的变化总是有一点滞后的，因此实际微分环节与理想微分环节是有差异的，是具有惯性的环节。从图 1.23 中 a 和 b 两条曲线可以看出这种差异。

1.2.2.5　纯滞后环节

纯滞后环节也是一种常见的环节，如图 1.24 所示的履带输送装置。若在某一时刻，输入流量突然变化 ΔQ_i，由于物料经过履带输送，需要经过一定时间 τ，才能达到输送机另一端的漏斗中，漏斗流出的流量 Q 要经过时间 τ 后才开始变化。这段时间称为滞后时间，$\tau=\frac{l}{v}$，它决定于履带长度 l 和传动速度 v。这种滞后也称距离—速度滞后，其反应曲线如图 1.25 所示。

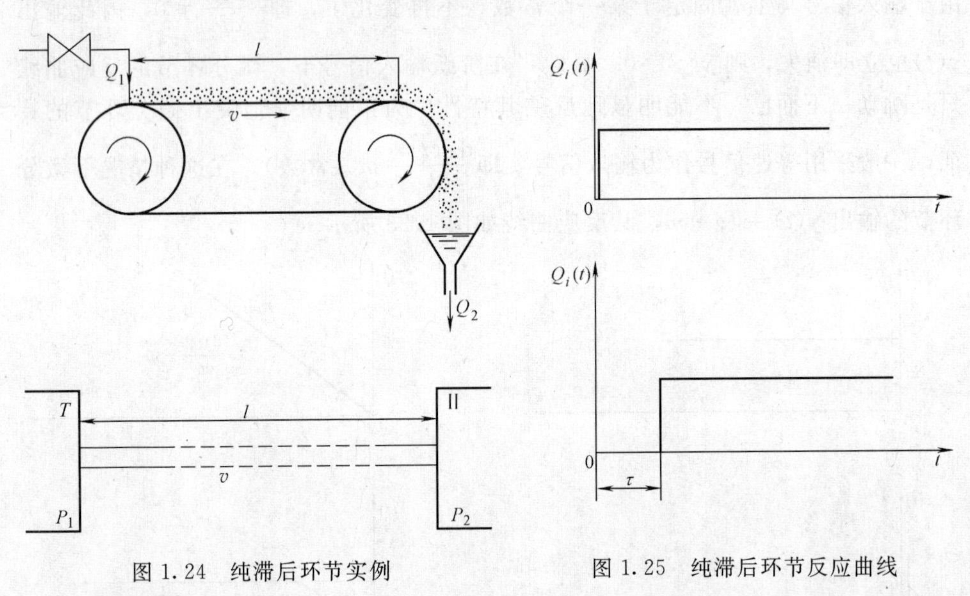

图 1.24　纯滞后环节实例　　　图 1.25　纯滞后环节反应曲线

纯滞后环节的特性是：当输入信号产生一个阶跃变化时，它的输出信号既不是立刻反映输入信号的变化，也不是慢慢地反映，而是要经过一段纯滞后时间 τ 以后才等量地复现输入信号的变化。

纯滞后环节的动态特性可用下式描述：

$$y(t)=\begin{cases}0 & 0\leqslant t\leqslant\tau\\ x(t-\tau) & t>\tau\end{cases}\tag{1.20}$$

这种环节的传递函数为：

$$G(s)=e^{-\tau s} \tag{1.21}$$

式中的 τ 是纯滞后环节的特征参数。

1.3 自动控制系统的过渡过程及品质指标

1.3.1 典型输入信号

一个系统的时间响应，不仅取决于系统本身的结构与参数，而且还同系统的初始状态以及加在系统上的外作用信号有关。实际上的控制系统，它的输入信号和受到的干扰是不同的，甚至事先无法知道，而且，系统的初始状态也会不同。在分析和设计系统时，为了比较系统性能的优劣，对于外作用信号和初始状态做典型化处理。规定控制系统的初始状态均为零状态，即在外作用信号加于系统的瞬时（$t=0$）之前，系统是相对静止的，被控量和各阶导数相对于平衡工作点的增量为零。规定了一些具有特殊形式的试验信号作为系统的输入信号，这些典型的输入信号反映系统的大部分实际情况，还应尽可能简单，便于分析处理，并且应是对系统工作最不利的信号。

(1) 阶跃函数

阶跃函数如图 1.26（*a*）所示，其表达式为：

$$r(t)=\begin{cases}0 & t<0\\ a & t\geqslant 0\end{cases}$$

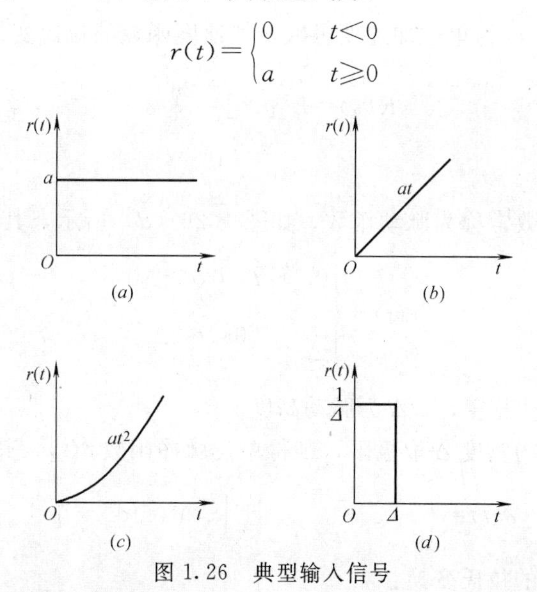

图 1.26 典型输入信号

（*a*）阶跃函数；（*b*）速度函数；（*c*）加速度函数；（*d*）脉冲函数

指令的突然转换，电源的突然接通，负荷的突变等，均可看做阶跃作用。

当 $a=1$ 时，叫单位阶跃函数，记作 $l(t)$，则有：

$$l(t)=\begin{cases}0 & t<0\\1 & t\geqslant 0\end{cases}$$

单位阶跃函数的拉氏变换：

$$a(s)=L[l(t)]=\frac{1}{s} \tag{1.22}$$

（2）速度函数（斜坡函数）

速度函数如图 1.26（b）所示，其表达式为：

$$r(t)=\begin{cases}0 & t<0\\at & t\geqslant 0\end{cases}，a\text{ 为常量}$$

大型船闸匀速升降，数控机床加工斜面时的进给指令均可看做是斜坡作用。当 $a=1$ 时，$r(t)=t$，称为单位速度函数。速度函数的拉氏变换：

$$R(s)=L[at]=\frac{a}{s^2} \tag{1.23}$$

（3）加速度函数（抛物线函数）

加速度函数如图 1.26（c）所示，其表达式为

$$r(t)=\begin{cases}0 & t<0\\at^2 & t\geqslant 0\end{cases}，a\text{ 为常量}$$

当 $a=1/2$ 时，称为单位加速度函数。加速度函数的拉氏变换：

$$R(s)=L[at^2]=\frac{2a}{s^3} \tag{1.24}$$

（4）脉冲函数

实际的脉冲函数常称为脉动函数，如图 1.26（d）所示，其表达式为：

$$r(t)=\begin{cases}0 & t<0,t>\Delta\\\frac{1}{\Delta} & 0<t<\Delta\end{cases}$$

式中，Δ 为脉动宽度，$1/\Delta$ 为脉动高度。

若对脉动函数的宽度 Δ 取极限，则得单位脉冲函数 $\delta(t)$，其数学描述为：

$$\delta(t)=\begin{cases}\infty & t=0\\0 & t\neq 0\end{cases}\quad\text{且}\int_{-\infty}^{+\infty}\delta(t)\mathrm{d}t=1$$

单位脉冲函数的拉氏变换：

$$R(s)=1$$

幅值为无穷大，持续时间为零的脉冲 $\delta(t)$ 在现实中是不存在的，它是数学上的假设，但在系统分析中很有用处。脉动电压信号、冲击力、阵风等可近似看

做脉冲作用。

四种典型单位输入函数间有一定的关系。按单位脉冲函数、单位阶跃函数、单位斜坡函数、单位抛物线函数的顺序排列，前者是后者的导数，如$\frac{\mathrm{d}}{\mathrm{d}t}\left(\frac{1}{2}t^2\right)=t$，$\frac{\mathrm{d}}{\mathrm{d}t}(t)=1$；而后者是前者的积分，如$\int\delta(t)\mathrm{d}t = 1(t)$。因此，在分析线性系统时，只需知道一种输入函数的输出时间响应就可以确定另外一种输入函数的输出响应。

实际应用时采用哪种典型输入信号，取决于系统常见的工作状态。同时，在所有可能的输入信号中，一般选取最不利的信号作为系统的典型输入信号。例如，水位调节系统和温度调节系统，以及工作状态突然改变或突然受到恒定输入作用的系统，都可以来用阶跃函数作为输入信号。

1.3.2 自动控制系统的静态与动态

一个自动控制系统，当被控参数不随时间变化，也即被控参数变化率等于零的状态，称为系统的静态；而把被控参数随时间变化的状态称为动态。

(1) 静态

当一个自动控制系统的输入恒定不变时，既不改变给定值又没有干扰，整个系统就会处于一种相对平衡的静止状态。这时候物料出进平衡，生产稳定，自动控制系统的各组成环节（如变送器、控制器和执行装置）都暂不动作，从记录仪表上看，被控参数变化过程呈一条直线，这时系统就处在静态。

自动控制系统的静态过程是暂时的、相对的和有条件的。

(2) 动态

生产过程中干扰不断产生，自动控制系统的静态随时被打破，使被控参数变化。在工厂的控制室看到记录仪表记录的各种各样形状的曲线，就反映了控制作用克服干扰的过程。在这个过程中，系统诸环节都处于运动状态，所以称为动态。必须指出，在自动化工作中，了解系统静态是必要的，但是了解系统的动态更为重要。干扰引起系统变化后，系统能否再重新建立新的平衡，这是系统的动态情况。因此，研究自动控制系统，重点是研究系统的动态，即自动控制系统的过渡过程。

1.3.3 自动控制系统的过渡过程

自动控制系统在动态过程中被控量是不断变化的，这种随时间而变化的过程称为自动控制系统的过渡过程，也就是系统由一个平衡状态过渡到另一个平衡状态的全过程，或者说是自动控制系统的控制作用不断克服干扰影响的全过程。

生产过程总是希望被控参数保持不变，然而这是很难办到的。原因是干扰的客观存在，系统受到干扰后，被控参数就要变化。典型过渡过程如图 1.27 所示。

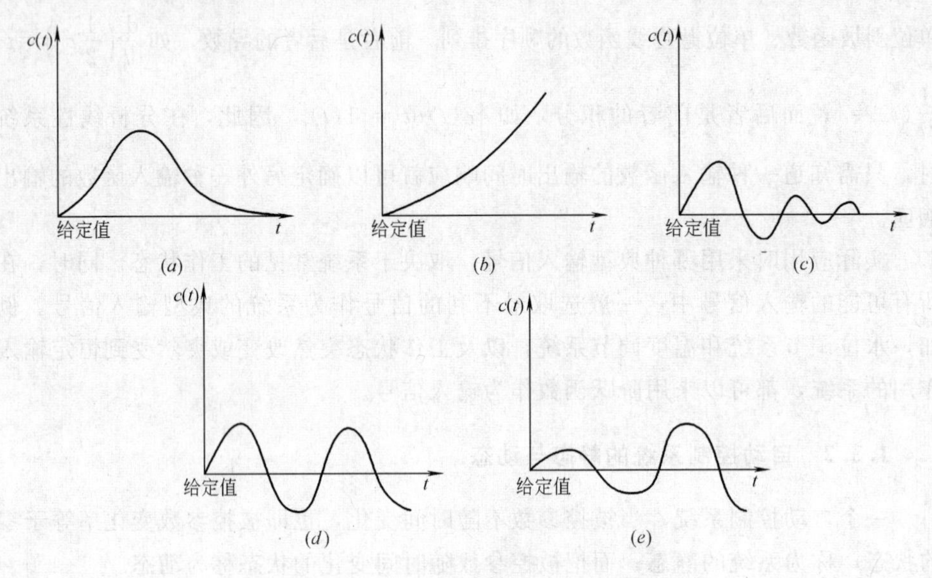

图 1.27　过渡过程的几种基本形式

(*a*) 单调过程；(*b*) 非周期发散过程；(*c*) 衰减振荡过程；(*d*) 等幅振荡过程；(*e*) 发散振荡过程

(1) 单调过程

被控变量在给定值的某一侧做缓慢变化。最后能回到给定值，如图 1.27 (*a*) 所示。

(2) 非周期发散过程

被控变量在给定值的某一侧，逐渐偏离给定值，而且随时间 t 的变化，偏差越来越大，永远回不到给定值，如图 1.27 (*b*) 所示。

(3) 衰减振荡过程

被控变量在给定值附近上下波动，但振幅逐渐减小，最终能回到给定值，如图 1.27 (*c*) 所示。

(4) 等幅振荡过程

被控变量在给定值附近上下波动且振幅不变，最终也不能回到给定值，如图 1.27 (*d*) 所示。

(5) 发散振荡过程

被控变量在给定值附近来回波动，而且振幅逐渐增大，偏离给定值越来越远，如图 1.27 (*e*) 所示。

以上 5 种过程可以归纳为两类：

第一类称为稳定的过渡过程，如图 1.27 (*a*) 和 1.27 (*c*) 所示，它表明当系统受到干扰，平衡被破坏，但经过控制器的工作，被控变量能逐渐恢复到给定值或达到新的平衡状态，这是我们所希望的。

第二类称为不稳定的过渡过程，如图 1.27（*b*）、（*e*）、（*d*）所示。1.27（*b*）、（*e*）所示的过程是被控变量随时间的增长而无限地偏离给定值，一旦超过生产允许的极限值就可能发生严重事故，造成不应有的损失，这样的过渡过程是绝对不能采用的。1.27（*d*）所示的过程是介于稳定和不稳定过渡过程之间的一种临界状态，在实际生产中也把它归于不稳定的范畴，因为这意味着组成系统的各种设备、机构等将不断频繁地来回动作，各种参数也将不断大幅度地来回波动，这在实际生产中一般是不允许的。当然对于某些控制质量要求不高的场合，如果被控变量的波动是在工艺的允许范围之内，有时也有可能采用。

1.3.4 自动控制系统的品质指标

1.3.4.1 对控制系统的要求

自动控制作为重要的技术手段，能够解决哪类性质的工程问题，承担什么样的技术任务呢?

任何技术设备、机器和生产过程都必须按要求进行。例如，要想发电机正常供电，其输出电压必须保持恒定，尽量不受负荷变动的干扰；要想数控机床加工出高精度零件，其刀架的进给量必须推确地按照程序指令的设定值变化；要想热处理炉提供合格的产品，其炉温必须严格地按规定操纵，等等。其中发电机、机床、热处理炉是工作的主体设备，而电压、进给量、炉温则是表征这些设备工况的关键参数。那么额定电压、设定的进给量、规定的炉温就是在设备运行中对工况参数的具体要求。这样我们就可将被操纵的机器设备称做被控对象，将表征其工况的关键参数称做被控变量，而将这些工况参数所希望所要求达到的值称做给定值。不难想象，控制系统的任务就是使被控对象的被控变量按给定值变化。

通常将系统受到给定值或干扰信号作用后，被控变量变化的全过程称为系统的动态过程。

控制精确度是衡量自动控制系统技术性能的重要尺度。一个高品质的控制系统，在整个运行过程中，被控变量对给定值的偏差应该是很小的。考虑到自控系统的动态过程在不同阶段中的特点，工程上常从“稳”、“快”、“准”三个主要方面来要求。

(1)“稳”指动态过程的平稳性

如果控制过程中出现被控变量围绕给定值摆动或振荡，首先振荡应逐渐减弱，如图 1.27（*a*）、（*c*）所示。若要像图 1.27（*b*）、（*e*）呈发散型变化，显然是无法完成控制任务的。其次是振幅和频率都不能过大，应有所限制。

(2)“快”指动态过程的快速性

振荡型过程衰减很慢，或者虽然没有振荡，但被控变量迟缓地趋向平衡状态，都将使系统长时间地出现大偏差。过程的总体建立时间应有所限制，应尽快进入稳态。

“稳”和“快”反应了系统过渡过程的性能，既快又稳，则过程中被控变量偏离给定值较小，偏离的时间短，表明系统动态精确度高。

(3)“准”指动态过程的最终精确度

最终精确度指系统进入平衡工作状态后，被控变量对给定值所达到的控制精确度。“准”则误差小，精确度高，它反映了系统后期稳态的性能。

被校对象不同，对稳、快、准的技术要求也有所侧重，随动系统对“快”要求较高，而温度控制系统对“稳”限制严格。同一系统稳、快、准是相互制约的，提高过程的快速性，常会诱发系统强烈振荡；改善平稳性，控制过程又可能延迟甚至最终精确度也有所下降。正确分析、解决这些矛盾也是自动控制理论着重讨论的重要内容。

1.3.4.2　过渡过程的品质指标

自动控制系统的衰减振荡过程，品质并不一样。为评定衰减振荡过程的质量，常用五个品质指标。

图1.28是干扰作用影响下的过渡过程，图1.29是给定作用影响下的过渡过程。前者是定值控制系统的过渡过程，后者是随动控制系统的过渡过程。用曲线形式表示过渡过程是最直观的办法，这五个品质指标可以在曲线图中清楚地标出。

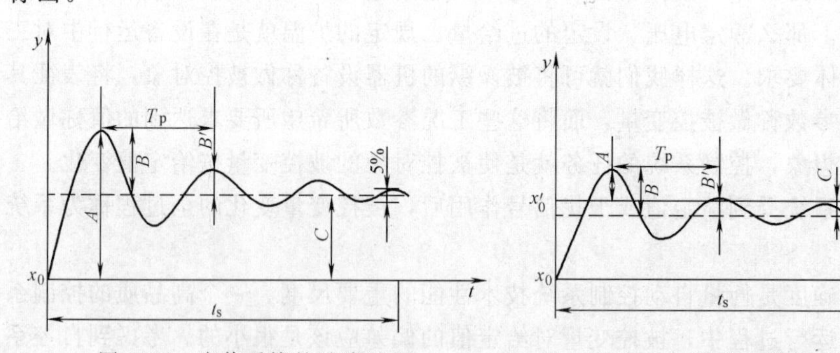

图1.28　定值系统的过渡过程　　图1.29　随动系统的过渡过程

(1) 最大偏差 A

最大偏差是指控制过程中出现的被控参数指示值与给定值的最大差值，在过渡过程曲线的第一个波峰处，图中以 A 表示。它虽是瞬时出现的偏差，但幅度最大，在一些有危险限制的系统，如某些化合物爆炸的温度极限、水处理的供水水质等，最大偏差超过了允许范围，尽管是短时间的，也会产生事故。所以，一般希望最大偏差愈小愈好。

有时也用超调量来表征在控制过程中被控参数偏离给定值的程度，在图中用 B 表示。它是第一个峰值与新稳定值之差。

（2）过渡时间 t_s

从干扰使被控参数变化起，到控制系统又建立新的平衡状态、被控参数重新稳定为止，所经历的这一段时间叫做过渡时间，也称调节时间，在图中用 t_s 表示。严格讲，过程要真正达到稳定需要经过无限长时间，所以实际规定，当被控参数衰减到进入最终稳定值上下 5%的范围之内所经历的时间，就定义为过渡时间 t_s。过渡时间短，表示控制系统能及时克服干扰作用，很快就稳定了，控制品质就高，故希望过渡时间短些为好。

（3）余差 C

余差就是控制过程结束，被控参数新的稳定值与给定值之差。在图中以 C 表示，并且有 $A=B+C$。$C=0$ 的控制过程称为无差调节，$C\neq 0$ 时则称为有差调节。余差的大小反映了自动控制的控制精度。一般要求余差能满足工艺要求就可以了。

（4）衰减比 Ψ

衰减比是衡量调节过程衰减速度的指标，它用过渡曲线相邻两个波峰值的比来表示，如图中的 $B:B'$。衰减比小，过程灵敏，但波动过激，不稳定；衰减比大，过程稳定，但反应太迟钝了。一般认为衰减比为 4∶1～10∶1 为好。在 4∶1 衰减的振荡过程中，大约两个波以后就可以认为是稳定下来了，这是一个适当的过渡过程。而衰减比为 10∶1 时，过渡过程基本上可以认为是只有一个波。

（5）振荡周期 T_p

从一个波峰到相邻的第二个波峰之间的时间称为过渡过程的振荡周期，简称周期，倒数则称频率。在图中周期以 T_p 表示。在衰减比相同条件下，周期与过渡时间成正比。

综上所述，过渡过程的品质指标主要有：衰减比、余差、最大偏差或超调量、过渡时间、振荡周期等。对一个调节系统总是希望能够做到余差小，最大偏差小，调节时间短，回复快。但上述几个指标往往是互相矛盾的。一般讲，抑制最大偏差，就要产生较强的波动；要求余差小，相应的调节过程就要长些。因此，这些指标在不同的系统中其重要性也不相同，应根据具体情况，分清主次，保证重要的指标。

1.4 自动控制的基本方式

若从广义的角度出发，我们可以把控制器、执行器、测量变送器等组成的整体称为控制器。这样一个自动控制系统的组成，就可以简化为由控制器和被控对象所组成，如图1.30所示，图中r_0为给定值，c为来自被控对象的被控变量的测量信号，e为偏差信号。如果系统处于平衡状态，若此时被控变量偏离了给定值，这就产生了偏差信号$e=r_0-c$，控制器接受偏差信号，按一定的控制方式发出相应的控制信号u，驱动执行器产生相应动作，消除干扰对被控变量的影响，使被控变量回到给定值上，当$c=r_0$时，偏差信号$e=0$，系统又进入新的平衡状态。

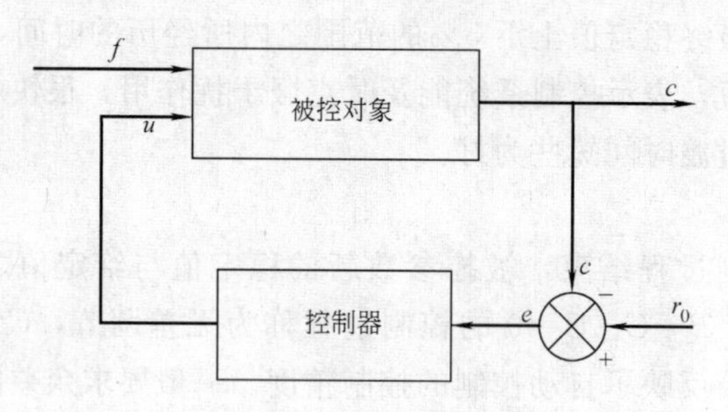

图1.30　控制系统方框图

所谓控制器的控制方式，是指控制器接受了偏差信号（即控制器的输入信号）以后，它的输出信号（即控制器发出的信号）的变化方式。简言之，就是控制器的输入信号$e(t)$与其输出信号$u(t)$的关系。即

$$u(t)=f[e(t)]$$

不言而喻，控制器是人设计的。因此，控制器总要按人们预先设计好的方式来动作，尽管控制器的类型多种多样，它们的结构形式和工作原理也不尽相同，但是，其基本控制方式只有位式控制、比例控制、积分控制、微分控制这4种形式。一般来说，被控对象的动态特性是难以改变的，然而，为了得到满意的控制效果，根据被控对象的要求，选择具有合适控制方式的控制器则是可行的。要选用合适的控制器，首先必须了解这几种控制方式及其特点、适用条件等。本节将对这些不同动作方式的控制器的控制效果，进行分析和比较，其所得结论具有普遍性和通用性。

1.4.1　位式控制

1.4.1.1　双位控制

在给水排水工程中，双位控制仍在大量采用。图1.31（a）是一水池液位控制示意图，工艺要求该水池的液面保持在一定的高度L_0附近。当液面低于L_0，要打开调节阀向水池注水；若液面高于L_0，又要关闭调节阀，停止向水池注水。为实现这一要求，采用图1.31（b）的控制电路。

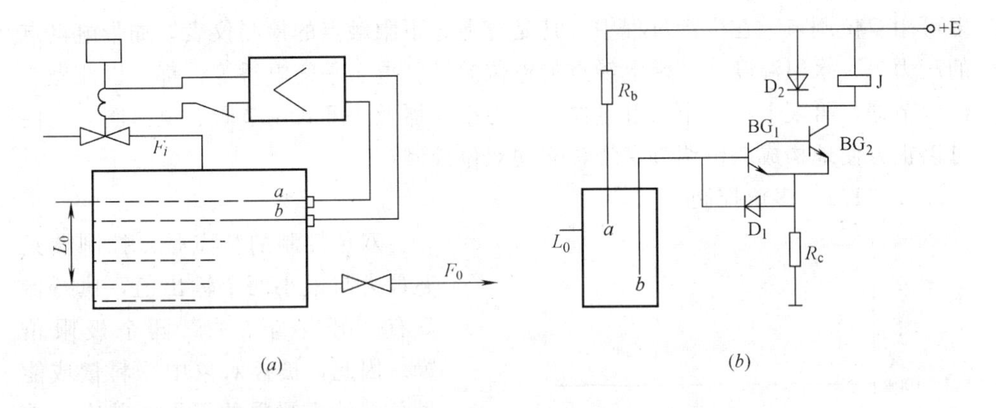

图 1.31 双位控制原理图

(a) 水池液位控制示意图；(b) 双位控制电路图

在水池中安装两只电极，一只安装在底部，另一只安装在 L_0 高度处，利用水导电的特性，配以晶体管开关放大器，实现水池液位控制。

当液位低于 L_0 时，电极 a 和 b 断开，晶体管放大器中的 BG_1、BG_2 截止，继电器 J 释放，利用 J 的常闭触头接通电磁阀，电磁阀吸合，向水池注水。由于进水量大于出水量，液面会不断升高，经历过一段时间后，L 到达 L_0，电极 a 与 b 通过液体连通，BG_1、BG_2 导通，J 吸合，电磁阀回路断电，电磁阀关闭，停止向水池注水。由于水不断地由水池底部放走，所以液位还要下降。当 L 低于 L_0 时，电磁阀又会开启，就这样周而复始的循环下去，使液位 L 在 L_0 附近一极小范围内波动。控制过程如图 1.32 所示。

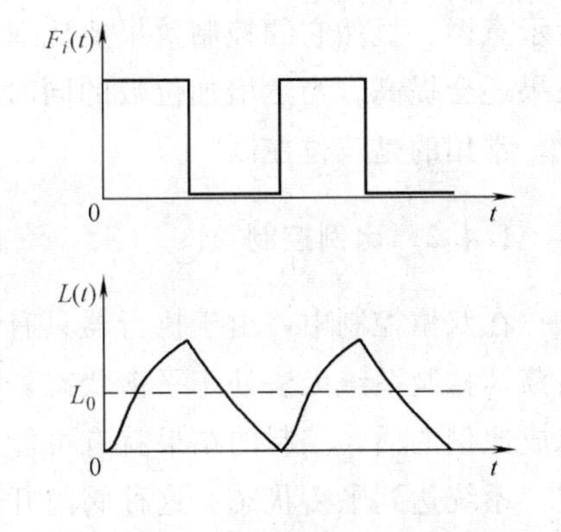

图 1.32 双位控制过程曲线

在这个电路中，电磁阀有全开和全关的两个极限位置，所以把控制电路工作的晶体管放大器称为双位式控制器。

上述双位控制器有一个很大的缺点，它的动作非常频繁，致使系统中的运动部件，如阀杆、阀芯和阀座等经常摩擦，很容易损坏，这样就很难保证双位调节系统安全可靠地运行。再者对于这个具体液面对象来说，生产工艺也并不要求液面 L 一定要维持在给定值 L_0 上，而往往是只要求液面 L 保持在某一个较宽的范围内就可以，即规定一个上限值 L_H 和下限值 L_L，只要能控制液面 L 在 L_H 与 L_L 之间波动，就能满足生产工艺的要求。这是给水排水工程中常见的情况。

水处理实验室中常用的恒温箱的温度控制，各种泵站、水池的液位控制等，多可用双位调节。在生产过程中，凡是有上、下限触点的检测仪表，如带电接点的压力表、水银温度计，带电触点的电位差计、电子平衡电桥等，都可以兼做双位调节器，再配上一些中间继电器、磁力启动器及快开式调节阀、电磁阀等，便可以很方便地构成双位调节系统，实现双位控制。

1.4.1.2　多位控制

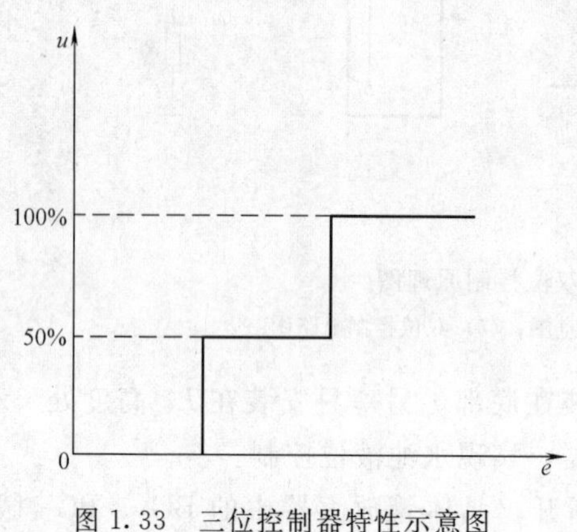

图1.33　三位控制器特性示意图

双位控制的特点是：控制器只有最大与最小两个输出值，执行器只有“开”与“关”两个极限位置。因此，被控对象中物料量或能量总是处于严重的不平衡状态，被控变量总是剧烈振荡，得不到比较平衡的控制过程。为了改善这种特性，控制器的输出可以增加一个中间值，即当被控变量在某一个范围内时，执行器可以处于某一中间位置，以使系统中物料量或能量的不平衡状态得到缓和，这就构成了三位式控制方式。图1.33是三位式控制器的特性示意图。显然它的控制效果要比双位式控制的好一些。假如位数更多，则控制效果还会提高。当然增加位数的同时会使控制器复杂程度增加。所以在多位控制中，常用的是三位控制。

1.4.2　比例控制

在双位控制中，由于执行器只有两个极限位置，被控变量始终在给定值附近振荡，控制系统无法处于平衡状态。如果能使阀门的开度与被控量对给定值的偏差成比例的话，控制的结果就有可能使输出量等于输入量，从而使被控量趋于稳定，系统达到平衡状态。这种阀门开度与被控量的偏差成比例的控制，称为比例控制。换句话说，就是控制器的输出信号与输入信号之间有一一对应的比例关系。比例控制简称 P 控制。

1.4.2.1　比例控制 P

比例控制器的输出与输入成比例，这种控制规律正是比例环节的特性，其传递函数是：

$$G_c(s)=\frac{P(s)}{E(s)}=K_c \tag{1.25}$$

式中　K_c——控制器的比例系数。

由上式可导出，比例控制器的输出为：

$$P(s)=K_c \cdot E(s) \tag{1.26}$$

对上式拉氏反变换有：

$$P(t)=K_c e(t) \tag{1.27}$$

或

$$\frac{dP(t)}{dt}=K_c\frac{de(t)}{dt}$$

式中　$P(t)$——控制器的输出；

$e(t)$——偏差信号。

实际使用比例控制器时，我们所考虑控制器输出都是控制器某时刻输出 $P(t)$ 和正常工作状态下 P_0 的差值。即：

$$P(t)-P_0=K_c(e(t)-e_0) \tag{1.28}$$

令：

$$P(t)-P_0=\Delta P(t)$$

$$e(t)-e_0=\Delta e(t)$$

则有：

$$\Delta P(t)=K_c \cdot \Delta e(t) \tag{1.29}$$

由式（1.29）可以看出，比例控制器有一输入信号 $\Delta e(t)$ 后，其输出 $\Delta P(t)$ 为输入信号 $\Delta e(t)$ 的 K_c 倍。$P(t)$ 随时间的变化规律如图 1.34 所示。

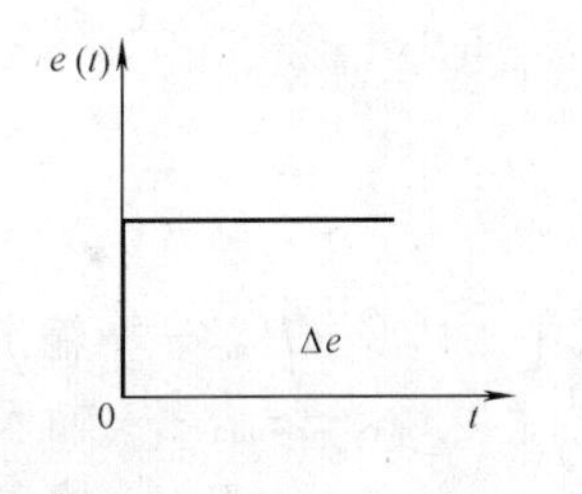

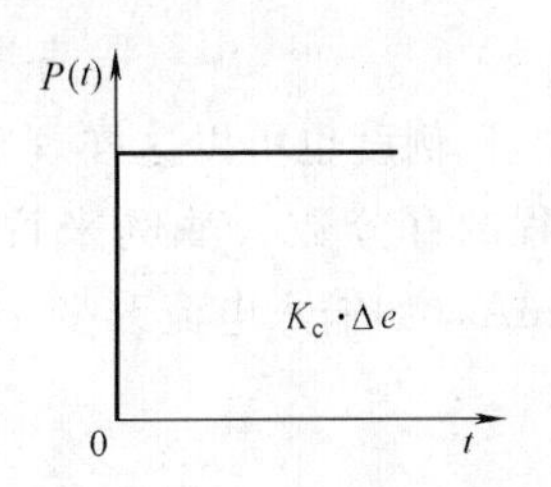

图 1.34　比例控制规律

由式（1.29）还可以看出，比例控制器的输出随输入成比例地变化，时间上没有任何迟延。K_c 是一个不随时间而变的常数。但为满足实际的工作需要，K_c 都制成可调的，一经人工调定，就不再随时间变化。

为了更好地说明比例控制器的控制规律，来看一个实际例子。图 1.35 是常见的浮球阀液位控制系统，它也就是一个简单的比例控制系统。被调参数是水池的液面。水池通过安装在上部的调节阀加水并由底部阀门把水放走。利用浮球、杠杆和调节阀构成一套自动控制装置。当液面升高时，意味着进水量超过出水量，通过浮球和杠杆的作用，使阀杆下移，减少进水量。当液面降低时，通过浮球和杠杆的作用，使阀杆上移，增加进水量。浮球是测量元件，而杠杆就是一个最简单的控制器。从静态看，阀杆位移即控制器的输出与液面偏差即控制器的输入成正比；从动态看，由于浮球、杠杆都是刚性元件，阀杆的动作与液面的变化是同步的，没有时间上的迟延，所以控制器是比例式的。

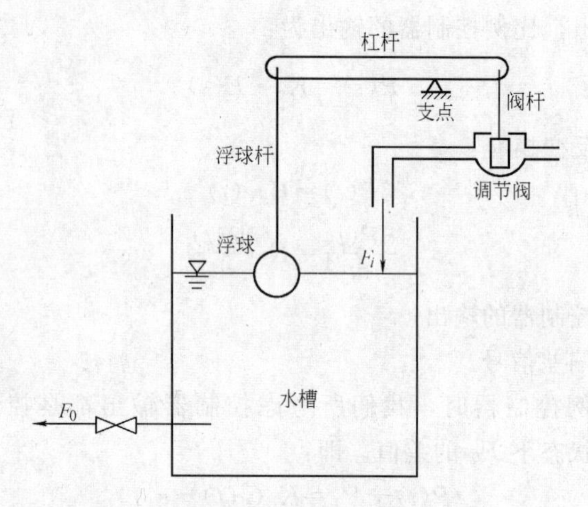

图1.35　简单的比例调节系统示意图

1.4.2.2　比例度 δ

在工业控制器中，通常并不直接使用特征参数 K_c 来描述比例控制作用，而是采用比例度 δ 为参数。比例度是一个相对值，其定义式是：

$$\delta=\frac{\dfrac{\Delta e}{z_{\max}-z_{\min}}}{\dfrac{\Delta P}{P_{\max}-P_{\min}}}\times100\% \tag{1.30}$$

式中　$P_{\max}-P_{\min}$——输出信号的变化范围（例如电动仪表为10mA或16mA）；

$z_{\max}-z_{\min}$——输入信号的变化范围，即量程；

ΔP——输出信号的变化量；

Δe——偏差的变化量。

比例度也可以这样理解：要使输出信号做全范围的变化，输入信号须改变全量程的百分数。举例来说，在Ⅱ型电动控制单元中，信号的变化范围是0～10mA，如输入电流改变1mA而输出电流改变2mA，则

$$\delta=\frac{\dfrac{1}{10-0}}{\dfrac{2}{10-0}}\times100\%=50\%$$

也就是说，在50%比例度下，当输入电流改变全范围的50%，输出电流将做全范围的变化。

关于比例度，有几个概念要说明：

(1) 在单元组合式仪表中，输入和输出信号都是标准信号，式（1.30）可化简为

$$\delta=\frac{\Delta e}{\Delta P}\times 100\% \tag{1.31}$$

（2）因为 $K_c=\frac{\Delta P}{\Delta e}$，所以 δ 与 K_c 存在着反比关系

$$\delta=\frac{1}{K_c}\times 100\% \tag{1.32}$$

δ 越大，比例作用越弱。控制器的比例度大小与输入、输出关系如图 1.36 所示。

1.4.2.3　比例度对过渡过程的影响

前面分析了比例控制器输入对输出的影响。然而这是不够的，更重要的是研究比例度对过渡过程的影响，就是要把控制器放到自动控制系统中，以过渡过程的质量指标作为评定标准，看一下当控制器比例度改变时，对过渡过程的质量指标的影响。

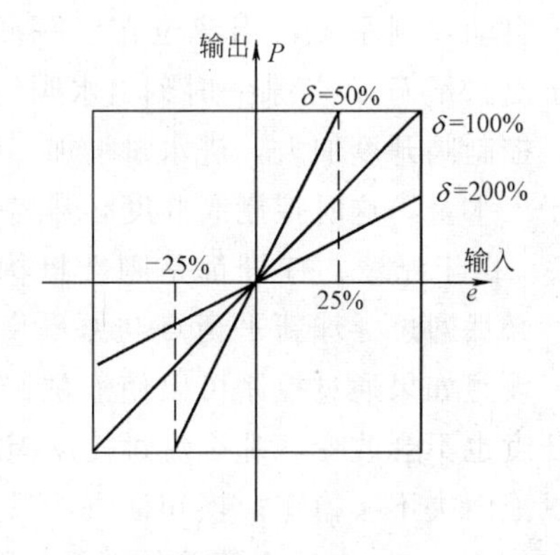

图 1.36　比例度与输入、输出的关系

由于比例度和比例系数成反比关系，为了便于分析这个问题，都通过比例系数来分析。下面通过一个实际例子来看一下比例系数 K_c（比例度）对过渡过程的影响。

设有一自动控制系统，该系统的被调参数 $Y(s)$ 和干扰 $F(s)$ 之间的闭环传递函数为：

$$G(s)=\frac{Y(s)}{F(s)}=\frac{(T_m s+1)(T_0 s+1)}{(T_0 s+1)(T_m s+1)+K_c K} \tag{1.33}$$

对于一个自动控制系统过渡过程的评定包括静态和动态两方面。

（1）静态——余差

当系统受到幅值为 1 的单位阶跃干扰作用后，即 $F(s)$ 为一个 $\frac{1}{s}$ 信号，则系统稳态值余差 C 可用终值定理求得：

$$\begin{aligned} y(\infty) &= \lim_{s\to 0} s\cdot E(s) \\ &= \lim_{s\to 0} s\cdot Y(s)\cdot\frac{K_m}{T_m s+1}\cdot\frac{1}{s} \\ &= \lim_{s\to 0} s\cdot\frac{K_m(T_0 s+1)}{(T_0 s+1)(T_m s+1)+K_c K}\cdot\frac{1}{s} \\ &= \frac{K_m}{1+KK_c} \end{aligned} \tag{1.34}$$

式（1.34）表明，应用比例控制器构成的系统，控制结束余差不为零，即系统是有差系统。余差的大小与 K_c 值关系很大，随着 K_c 值增加，余差将减少，只有当 K_c 值无穷大时，余差才可为零。因此靠增加比例系数来消除余差是不可能的，必须引进积分作用。

为什么比例作用会有余差呢？我们可以做直观解释。比例控制器输出 $\Delta P = K_c \cdot \Delta e$，即只有偏差 Δe 存在，控制器才有输出 ΔP 产生。例如图 1.35 所示的液位自动控制系统，当液位在原平衡点 L_0 处，浮球控制控制阀，使进水量 F_i 等于出水量 F_0。若某一时刻出水阀门开大，F_0 增加了 ΔF_0，液位下降，浮球下降，控制阀开度加大，进水量增加，使液位回升。当系统进入稳态后，进水量又等于出水量，这时控制阀开度必然增加，也即输入水量增加了一个 ΔF_i，克服了 ΔF_0。由于浮球、杠杆都是刚性机构，阀杆的上移必然是浮球下降。ΔF_i 的产生，必然通过浮球新平衡点与原平衡点间位置的差值来获得，这个差值就是余差。设想如果通过控制可以使液位回到原平衡点 L_0，则浮球位置未改变，控制阀开度也不会改变，那么流过控制阀就仍是原 F_i 的水量，即没有增加水量 ΔF_i，所以液面决不会稳定。换句话讲，只要控制作用产生，液面就不会回到原先液面稳定值 L_0 上。由这个简单的例子，可直观看出余差存在的必然性。

（2）动态——过渡过程

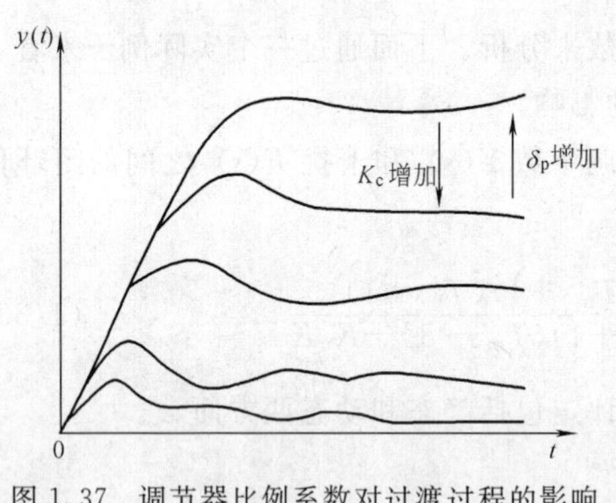

图 1.37　调节器比例系数对过渡过程的影响

控制器比例系数对过渡过程的影响可以图 1.37 表示。

过渡过程动态指标在 K_c 值增大（即 δ 减小）时，变化情况如下：

1）余差下降；

2）振荡倾向加强，稳定程度下降；

3）工作频率提高，工作周期缩短；

4）在干扰作用下，K_c 越大最大偏差越小。

一般来说，比例控制器适用于干扰幅度小，滞后较小，时间常数较长（与滞后时间相比）的对象。通常比例度取值为：压力控制 30%～70%；流量控制 40%～100%；液面控制 20%～80%；温度控制 20%～60%。

1.4.3　比例积分控制

积分环节的特性是当有输入信号存在时，其输出就会一直积累下去，直到极值。利用积分环节构成的控制器就叫积分控制器。在自动控制系统中只要被调参数有偏差，积分控制器就会为消除这个偏差继续控制。控制系统中设置的控制作用都要大于干扰的作用，因此积分控制器就一定可以克服偏差，直到偏差为零时，控制的过渡过程才停止。

1.4.3.1 积分控制规律Ⅰ

积分控制器的控制规律就是控制器输出的变化量与偏差随时间的积分成比例，亦即输出变化速度与输入偏差值成正比。

用数学式来表示积分控制规律：

$$P=\frac{1}{T_i}\int e\mathrm{d}t \tag{1.35}$$

或

$$\frac{\mathrm{d}P}{\mathrm{d}t}=\frac{1}{T_i}e \tag{1.36}$$

式中 e——偏差信号；

T_i——积分时间。

积分控制器的传递函数是：

$$G_c(s)=\frac{1}{T_is} \tag{1.37}$$

从式（1.35）、（1.36）可以看出，当控制器的输入偏差存在时，其输出变化率就不为零，会一直变化下去，直到输入偏差为零，控制器的输出变化率才等于零，控制器的输出稳定在一个数值上，因此，积分控制是无差控制。

在偏差是阶跃信号输入时，积分控制规律特性曲线如图1.38所示。直线斜率反映了输出的变化速度，它与偏差大小成正比，而与积分时间 T_i 成反比。

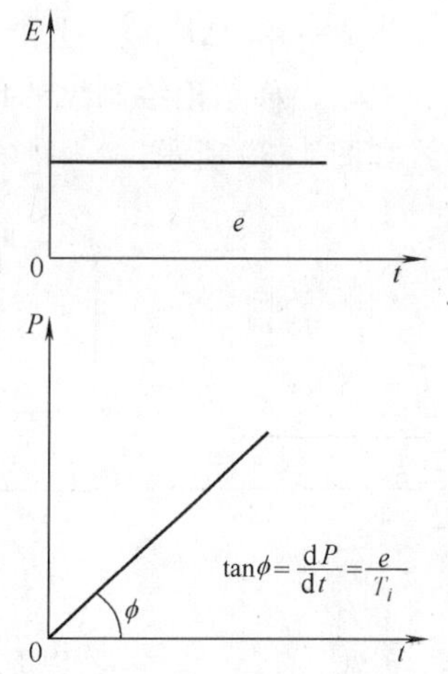

图1.38 积分调节规律曲线

1.4.3.2 比例积分控制规律PI

一个既具有比例作用又有积分作用的控制器称为比例积分控制器。它是在比例作用的基础上，又引入了积分作用，二者之间的关系是比例加积分。

（1）比例积分控制规律

比例积分控制器的输出和偏差的关系是：

$$P-P_0=K_c\left[(e-e_0)+\frac{1}{T_i}\int(e-e_0)\mathrm{d}t\right]$$

$$= K_c(e - e_0) + \frac{K_c}{T_i}\int(e - e_0)\mathrm{d}t \tag{1.38}$$

上式中前一项是比例项，后一项是积分项，即：

$$\Delta P = \Delta P_p + \Delta P_i \tag{1.39}$$

比例积分控制器的传递函数是：

$$G_c(s) = K_c\left(1 + \frac{1}{T_i s}\right) \tag{1.40}$$

或

$$P(s) = K_c\left(1 + \frac{1}{T_i s}\right)E(s) \tag{1.41}$$

式中　K_c——比例控制比例系数；

T_i——积分时间。

若偏差 $e(t)$ 是一个幅度为 A 的阶跃信号，由式（1.38）可导出：

$$\Delta P(t) = K_c\left(A + \frac{1}{T_i}\int A\mathrm{d}t\right) = K_c A + \frac{K_c}{T_i}At \tag{1.42}$$

当 $t=0$ 时刻，$\Delta P(0) = K_c A$；

当 $t \neq 0$ 时刻，$\Delta P(t) = K_c A + \frac{K_c}{T_i}At$；

当 $t=\infty$，$\Delta P(t)$ = 上限（下限）。

根据上面结论绘制出的比例积分控制规律在阶跃信号输入情况下的时间特性曲线如图 1.39 所示。

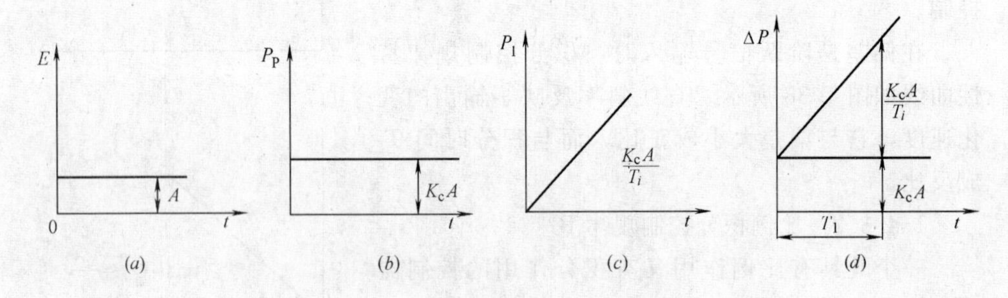

图 1.39　比例积分控制规律特性曲线

（a）阶跃干扰输入；（b）比例输出；（c）积分输出；（d）比例加积分输出

由图 1.39 可看出，比例积分控制器的输出是两部分输出在同一时刻的和。在 $t=0$ 时刻，控制器的输出正好是比例作用，$\Delta P_p = K_c \cdot A$，积分作用为零，但输出变化率 $\frac{\mathrm{d}P}{\mathrm{d}t} = \frac{K_c}{T_i}A$，并不为零，是一恒定速度。随着时间的延续，控制器

的比例作用 $\Delta P_{\mathrm{p}}=KA$ 保持不变，积分作用使输出逐渐上升。输出的变化速度与输入偏差幅值 A 的大小有关，也与积分时间 T_i 有关。

(2) 积分时间及其对输出特性的影响

积分时间 T_i 是比例积分控制规律的特征参数之一，采取如下方法定义。

比例积分控制器当输入幅度为 A 的阶跃信号时，其输出为：

$$\Delta P(t)=\Delta P_{\mathrm{p}}+\Delta P_{\mathrm{I}}=K_{\mathrm{c}}A+\frac{K_{\mathrm{c}}}{T_i}At \tag{1.43}$$

取 $\Delta P_{\mathrm{I}}=\Delta P_{\mathrm{p}}$，并令总输出为 $2K_{\mathrm{c}}A$ 时所用时间为 t'，

则

$$2K_{\mathrm{c}}A=\frac{K_{\mathrm{c}}}{T_i}At'+K_{\mathrm{c}}A \tag{1.44}$$

因此，令 $T_i=t'$，即当积分输出等于比例输出时，积分输出所用的时间 t' 为积分时间 T_i。也就是当控制器的偏差作阶跃变化后，任意时刻记时，积分在单独作用、其输出上升到与比例作用相同时所经历的时间，定义为积分时间。

比例积分控制器输出是比例控制作用与积分控制作用的叠加，对于比例积分作用的特性还可作这样的理解：比例积分控制作用可看成是比例粗调和积分细调作用的组合。粗调及时克服干扰，细调逐渐克服余差，可见，在控制作用上仍以比例为主。

比例积分控制作用可看成是比例系数随时间不断加大的比例作用。由传递函数可看出：

$$G_{\mathrm{c}}(s)=K_{\mathrm{c}}\left(1+\frac{1}{T_i s}\right)$$

时间趋于无穷大 $t\rightarrow\infty$，相当于传递函数中 $s\rightarrow 0$，于是 $G_{\mathrm{c}}(s)\rightarrow\infty$。与纯比例控制相比，相当于 $K_{\mathrm{c}}\rightarrow\infty$。在分析纯比例控制时得到若 $K_{\mathrm{c}}\rightarrow\infty$ 则 $C\rightarrow 0$ 的结论，积分作用相当于使 K_{c} 逐渐加大至无穷，所以能消除余差。

1.4.3.3 积分时间对过渡过程的影响

对于不同的对象，其固有特性不同，为获得理想的过渡过程，应选择不同的积分时间数值与之对应。

时间 T_i 缩短时，将产生下列现象：

(1) 消除余差较快；

(2) 稳定程度下降，振荡倾向加强；

(3) 最大偏差减小。

上述现象如图 1.40 所示。

总之，积分时间过大或过小都不好。积分时间过大，积分作用弱，消除静差

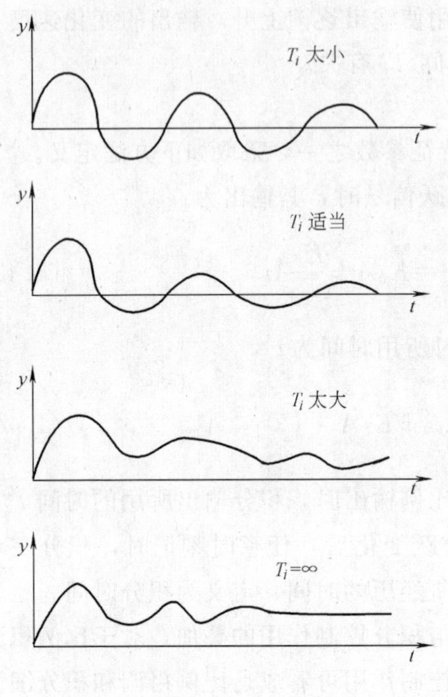

图1.40　积分时间对过渡过程的影响

慢；积分时间过小，过渡过程振荡太剧烈，稳定性降低，动态指标下降。为此，积分时间要按对象特性来选取。对于管道压力、流量等滞后不大的对象，T_i 可选得小些；温度控制对象滞后较大，T_i 可选得大些。一般情况下设置 T_i 的大致范围是：压力控制0～3min，流量控制0.1～1min，温度控制3～10min，液面控制系统常不需用积分。

1.4.4　比例积分微分控制

当广义对象存在较大的容量滞后时，采用微分控制规律，引入了根据偏差的变化趋势来动作的因素，会明显改善控制质量。微分控制规律一般不单独使用，而与比例或比例积分控制规律配合作用。

1.4.4.1　微分控制规律D

微分控制规律是根据被调参数的变化趋势即变化速度而输出控制信号，具有明显的超前作用。它是根据偏差的变化速度而引入的控制作用，只要偏差的变化一露头，就立即动作，这样控制的效果将会更好。微分控制主要用来克服控制对象的大时间常数 T 和容量滞后 τ_c 的影响。对象存在容量滞后和大时间常数的条件下，尽管被调参数开始变化的数值不明显，而变化率却很明显，微分控制器会有较大的输出。对于纯滞后 τ_0 情况就不同了，由于在滞后时间里被调参数变化率为零，微分就起不到控制作用，因此，具有纯滞后的对象利用微分控制器是不可能改善控制效果的。

理想微分环节特性，传递函数为：

$$G(s)=T_d s \tag{1.45}$$

或表示为：

$$P(s)=T_d sE(s) \tag{1.46}$$

对上式进行拉氏反变换：

$$P(t)=T_d\frac{de(t)}{dt} \tag{1.47}$$

式中 $P(t)$——微分控制器输出变化量；

$\frac{de(t)}{dt}$——偏差信号的变化率；

T_d——微分时间。

理想微分控制器在阶跃输入下的特性如图 1.41 所示。从图 1.41 中看出，不管有无输入和它的数值如何，只要输入不改变，微分作用的输出总是零，只有在输入变化时，控制器才有输出，并且输入变化越快，输出的值就越大，这就是微分作用的特点。所以微分控制器是不能作为一个独立控制器使用的，因为在偏差固定不变时，不论其数值有多大，微分作用都停止了，达不到消除偏差的目的。所以通常都是和比例控制器一起使用，构成比例微分控制规律。

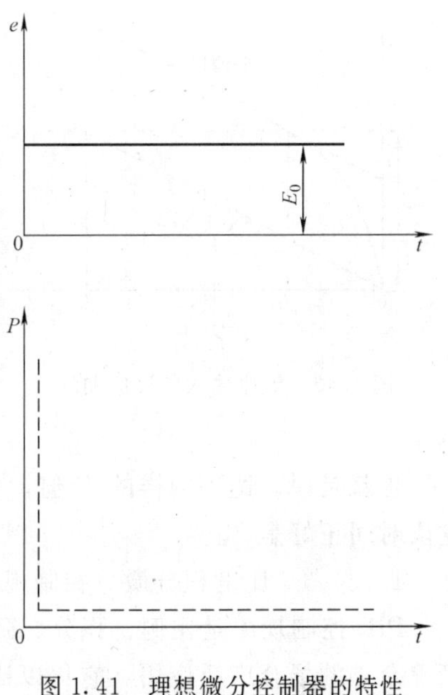

图 1.41 理想微分控制器的特性

1.4.4.2 比例微分控制规律 PD

PD 控制的特性用传递函数表示为：

$$G_c(s)=K_c\frac{1+T_d s}{1+\frac{T_d}{K_d}s} \tag{1.48}$$

当 K_d 较大时，$\frac{T_d}{K_d}s$ 项影响较小，此时作为近似处理，PD 特性可表示为：

$$G_c(s)=K_c(1+T_d s) \tag{1.49}$$

或
$$P(s)=K_c(1+T_d s)E(s) \tag{1.50}$$

上式中 $K_cE(s)$ 是比例项，$K_cT_dsE(s)$ 是微分项。

对上式反变换，有：

$$\Delta P(t)=K_c\left(e+T_d\frac{de}{dt}\right) \tag{1.51}$$

比例微分控制器的特点是具有超前作用的控制规律。它既有和偏差大小成比例的控制作用，又有和偏差变化率成比例的微分作用，有利于克服干扰，降低最大偏差。因此，当对象时间常数 T_0 较大时，常用比例微分控制器。

这里所说的微分作用超前，是与比例控制作用相对而言的。例如，当偏差做

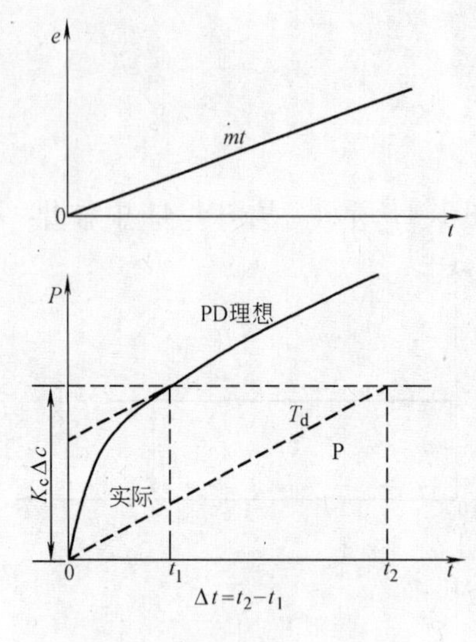

图1.42 等速输入的反应曲线

阶跃变化时，控制器输出会一跃而上，加大了作用量，因此可使最大偏差减小，过渡时间缩短。如要更清楚地看出超前作用，可以令偏差做斜率不变的线性增加，即$\frac{de}{dt}$是一个恒值。纯比例控制作用与比例微分控制作用的变化过程如图1.42所示。将PD特性与P特性相比，输出值要高上一段$\Delta P_d=K_c T_d\frac{de}{dt}$，从时间上看，纯比例作用达到同样的输出值，要多花一段时间。所需经过的时间是：

$$\Delta t=\frac{\Delta P_d}{P_P\text{的变化速度}}=\frac{T_d\frac{de}{dt}}{\frac{de}{dt}}=T_d$$

也就是说，达到同样的P值，比例微分作用比纯比例作用超前一段时间，这段时间正好是T_d。

1.4.4.3 比例积分微分控制规律PID

PID控制规律是比例、积分、微分三种控制规律组合。在容量滞后大而又要消除余差的场合广泛应用。它仍以比例作为基本控制规律，以微分的超前作用克服容量滞后、测量滞后，以积分作用最后消除余差。

(1) PID控制规律的时间特性

比例积分微分控制规律是比例控制、积分控制和微分控制三种控制作用之和。用传递函数表示：

$$G_c(s)=K_c\left(1+\frac{1}{T_i s}+T_d s\right) \tag{1.52}$$

或表达为：

$$\Delta P(t)=\underset{\text{比例项}}{K_c e}+\underset{\text{积分项}}{\frac{K_c}{T_i}\int e\mathrm{d}t}+\underset{\text{微分项}}{K_c T_d\frac{\mathrm{d}e}{\mathrm{d}t}} \tag{1.53}$$

当偏差信号是一个幅度为A的阶跃信号时，PID三作用控制器先是微分起主导作用，而后是比例，最后是积分。由于PID是三种作用之和，因此在图形上也可相加而得到，其输出变化过程如图1.43所示。

(2) PID特征参数及其对过渡过程的影响

一个三作用控制器有比例度 δ、积分时间 T_i 和微分时间 T_d 三个可供选择的特征参数，改变这些参数便可以适应生产过程的不同要求。对于已经设计并安装好的控制系统，主要是通过调整控制器的这三个参数来达到改善控制质量的目的。

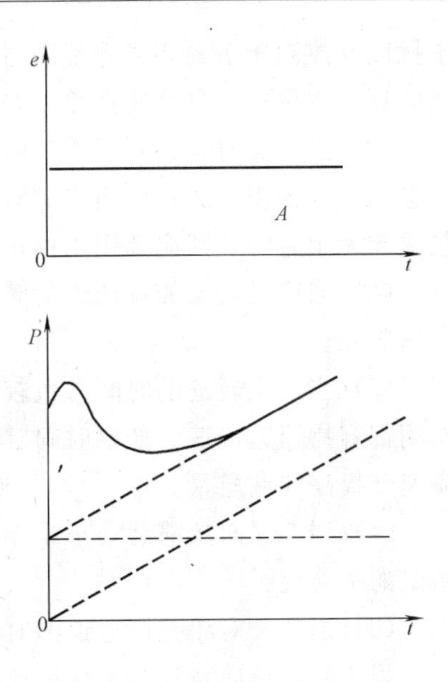

图 1.43 PID 调节规律特性曲线

图 1.44 所示为同一对象在各种不同控制规律作用下的过渡过程曲线比较图。由图中曲线 1 与曲线 3 比较，曲线 2 与曲线 4 比较，可见微分作用能减小过渡过程的最大偏差值和控制时间。从曲线 4 与曲线 3 的比较中，可见积分作用能够消除余差，但是它使过渡过程的最大偏差值及控制时间增大。如果系统的滞后很大，积分作用还会引起振荡。

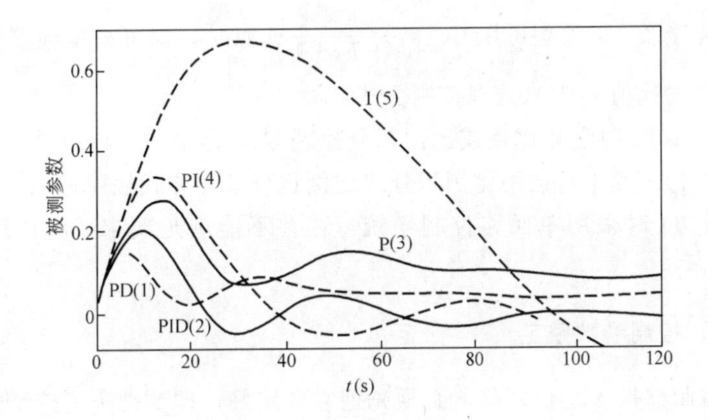

图 1.44 各种调节作用比较

1.4.5 控制方式的选择

前面介绍了几种典型控制方式的优点和缺点，它们各有所长，但也各有其短，虽然 PID 控制器比较完美，但其应用领域受到限制。考虑到生产领域被控对象面大而广，负荷变化也有差别，控制品质要求不尽一致等等问题，如何根据实际生产需要合理选择，适当配备，正确使用控制器，是每个生产企业和工程技术人员应当认真考虑的。那么控制器的控制方式如何选择呢？

总体来说，选择控制器的控制方式，应根据对象特性，负荷变化情况，主要干扰以及控制质量的要求等不同情况，进行具体分析。同时还要考虑经济性和系统的投运方便等，具体选择原则如下：

（1）当广义对象控制通道时间常数较小，负荷变化不大，工艺要求不高时，可选用比例控制方式；而当广义对象控制通道时间常数较小，负荷变化较大，工艺要求无余差时，则应选用比例积分控制方式。

（2）当广义对象控制通道的时间常数较大或容量滞后大时，采用微分作用有良好效果。

（3）当广义通道的时间常数较小，而负荷变化很大时，选用微分作用和积分作用都容易引起振荡。如果时间常数很小时，可采用反微分作用来降低系统的反应速度提高控制质量。

（4）当广义对象滞后很小或噪声严重时，应避免引入微分作用，否则会导致系统的不稳定。

（5）当广义对象控制通道的时间常数很大（或存在较大的纯滞后），负荷变化也很大时，单回路控制系统往往已不能满足要求，应设计其他控制方案，根据具体情况选用前馈、串级、采样等复杂控制系统。

（6）当对象数学模型可用 $G_0(s)=\dfrac{Ke^{-\tau s}}{Ts+1}$ 近似时，则可根据纯滞后时间 τ 与时间常数 T 的比值 τ/T 来选择控制方式，即

当 $\tau/T<0.2$ 时选用比例或比例积分控制方式；

当 $0.2<\tau/T<1$ 时选用比例积分或比例积分微分方式规律；

当 $\tau/T>1$ 时采用单回路控制系统，往往不能满足要求，应选用其他控制方案。

1.4.6　控制参数整定

在把控制器投入运行之前，必须先把它整定好。即要把决定控制作用强弱的控制器特性参数（P，T_I，T_D）放在适当的数值上。这是因为在生产部门中有各种各样的被控对象，它们对控制器的特性会有不同的要求，整定的目的就是设法使控制器的特性能够和被控对象配合好，以便得到最佳控制效果。如果控制器参数整定不好，即使控制器本身很先进，其控制效果也会很差。因此，控制器参数的整定是一个很重要的问题。

在前面讨论了各种类型自动控制器的控制方式和控制效果，可以看到，决定比例控制作用强弱的特性参数是比例度 P（%）；对于比例积分控制器，比例度 P 和积分时间 T_I 是主要特性参数，PID 控制器则有三个特性参数，即 P、T_I、T_D。这些参数对控制效果都有很大影响，都需要认真整定。

各种具体的控制器，在结构上，都有相应的旋钮机构来改变这些整定参数。

在使用自动控制器的时候，首先需解决应把这些旋钮放在什么位置上，即应把这些参数整定到多大才算合适的问题。这是本节所要解决的问题。为此，首先需要说明以下三点：

（1）控制器的特性参数，究竟整定到多大合适，取决于具体被控对象的动态特性。控制器是为被控对象服务的，因此就应该根据被控对象的动态特性来确定控制器参数的整定位置，以求两者很好配合，取得“最佳”控制效果。自动控制器之所以具有很大的通用性，关键就在于它可以通过改变其特性参数来适应各种不同的被控对象。

（2）控制效果怎样才算“最佳”。严格说来，出于各种具体生产过程要求不同，标准也不同，但在一般情况下，可以根据控制系统在阶跃扰动下的控制过程，即被控变量的变化情况来判定控制效果。对控制系统的要求是稳定性、准确性和快速性，稳定性是首先的，在这个前提下，尽量满足准确性和快速性要求。

（3）用什么方法来整定控制器，直到目前提出整定参数的方法有几十种，研究较多的是反应曲线法、扩充频率特性法、比例控制因素法、M圆法、根轨迹法及电模拟法，但是，大部分不能在工程上实际应用，有的甚至不可能进行，就是能够得到动态特性，也出于方法过于繁杂，计算工作量很大，实际应用不便；而且有的方法过于近似，忽略了不少重要因素，大多是根据理想控制器和理想对象来整定参数，所获数据并不可靠。

基于上述情况，本节着重介绍几种工程整定方法，这些方法简单、计算方便，容易掌握，但也存在一定的误差。

1.4.6.1 临界比例度法

临界比例度法，是过去应用较广的一种整定参数的方法。它的特点是可以不需要求得被控对象的特性，而直接在闭合的控制系统中进行整定。

如果一个自动控制系统，在外界干扰作用后，不能回复到稳定的平衡状态，也不发散，而是产生一种等幅的振荡，这样的控制过程称为临界振荡过程，如图

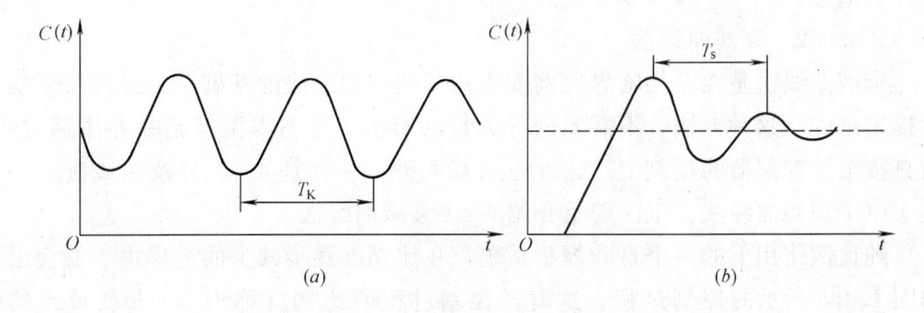

图 1.45 自控系统的控制过程

（a）临界震荡过程；（b）衰减震荡过程

1.45（a）所示，图中 T_K 是被控变量 $c(t)$ 的临界周期；被控变量处于临界振荡过程时，控制器的比例度称为临界比例度 P_K。

临界比例度法整定控制器参数，是在纯比例作用下。在闭合控制系统中，从大到小逐步改变控制器的比例度 P，以便得到上述的临界振荡过程，然后，确定临界比例度 P_K 和临界周期 T_K 的数值，根据表 1.2 所列的经验公式，计算各类控制器相应的各个特性参数值。具体操作步骤如下：

临界比例度法经验公式　　**表 1.2**

控制方式	参　　数		
	比例度 P(%)	积分时间 T_I(min)	微分时间 T_D(min)
P	$2P_K$	$0.85T_K$	
PI	$2.2P_K$	$0.5T_K$	
PID	$1.7P_K$		$\frac{1}{8}T_K1/8$

（1）先通过手动操作器，使工艺状态稳定一段时间。

（2）控制器除比例作用外，其他的控制作用都切除（积分时间放在最大，微分时间放在零处）。

（3）改变控制器的比例度。先是逐步减小控制器的比例度，细心观察输出信号和控制过程的变化情况。如果控制过程是衰减的，则把比例度继续放小；如果控制过程是发散的，则把比例度放大，直到 4～5 次等幅振荡为止，此时的比例度就是临界比例度 P_K。来回振荡一次的时间，亦即从振荡的一个顶点到相邻同相的第二个顶点所需要的时间（min），就是临界周期 T_K。

（4）有了 P_K 和 T_K，就可以根据表 1.2 的经验公式，求出各类控制器的各个参数 P，T_I，T_D 值。

（5）求得具体数值后，先把比例度放在比计算值大一些的数值上，然后，把积分时间放到求得的数值上，如果需要，再放上微分时间。最后，把比例度减小到计算值上。

1.4.6.2　衰减曲线法

衰减曲线法是在总结临界比例度法和其他一些方法的基础上，经过反复实验后提出来的。这种方法，不需要进行大量的凑试，也不需要得到临界振荡过程，而直接求得控制器的比例度。这种方法有两种，一种是 4∶1 衰减曲线法；一种是 10∶1 衰减曲线法。下面着重介绍 4∶1 衰减曲线法。

纯比例作用下的一个自动控制系统，在比例度逐步减少的过程中，就会出现如图 1.45b 所示的控制过程。这时，控制过程的比例度称为 4∶1 衰减比例度 P_S，两个相邻波峰之间的时间，称为 4∶1 衰减的操作周期 T_S。4∶1 衰减曲线法，就是要在纯比例作用下的闭合控制系统中求得 P_S 和 T_S，从而计算出 P，

T_I，T_D。具体整定步骤如下：

(1) 熟悉工艺流程，了解操作指标，掌握控制系统的组成。

(2) 把积分时间放到最大，微分时间放到零，待控制系统稳定后，逐步减小比例度，观察输出信号和控制过程的波动情况，直到出现4：1的衰减过程为止，记下4：1衰减比例带 P_S 和操作周期 T_S。

(3) 根据 P_S 和 T_S，按照表1.3所列的经验公式，求得各类控制器的相应参数的具体数值。

4：1衰减曲线法经验公式 **表1.3**

控制方式	参数		
	比例度 P(%)	积分时间 T_I(min)	微分时间 T_D(min)
P	P_S		
PI	$1.2P_S$	$0.5T_S$	
PID	$0.8P_S$	$0.3T_S$	$0.1T_S$

(4) 先把比例度放到一个比计算值大一点的数值上，然后放上积分时间，再慢慢地放上微分时间，最后把比例度减小到计算值上，观察控制过程，如发现记录曲线不理想，可以进行少量调整。

采用衰减曲线法必须注意两点：

(1) 所加给定扰动不能太大，要根据生产操作要求来定，一般在5%左右，也有例外的情况。

(2) 对于反应快的系统，如流量、管道压力和小容量的液面控制等，要在记录纸上严格得到4：1衰减曲线较困难，一般以被控变量来回波动两次达到稳定，就近似地认为达到4：1衰减过程了。

在实际生产中，根据对象不同要求，有时希望采用10：1衰减曲线法整定，这时整定的步骤与4：1衰减曲线法完全相向，只是所取得的参数及据此计算其他各类控制器特性参数的公式不同罢了。经验数据见表1.4。

10：1衰减曲线法经验公式 **表1.4**

控制方式	参数		
	比例度 P(%)	积分时间 T_I(min)	微分时间 T_D(min)
P	P_S		
PI	$1.2P_S$	$2T_S$	
PID	$0.8P_S$	$1.2T_S$	$0.4T_S$

1.4.6.3 经验法

顾名思义，这种方法是工人师傅几十年操作经验的积累，是目前应用最广的一种整定参数的方法。它是根据生产操作经验和控制过程的曲线形状，直接在闭合的控制系统中逐步地、反复地凑试，最后得到控制器的适合参数。

表1.5所列参数，为经验法提供了基本的凑试范围。但是，应当指出，有些特殊的系统会超出这样的范围。例如，温度系统的积分时间有时长达15min，流量系统的比例度可到200%以上。

经验法经验公式 **表1.5**

控制方式	参数		
	比例度 P(%)	积分时间 T_I(min)	微分时间 T_D(min)
温度	20～60	3～6	0.5～3
流量	40～100	0.1～1	
压力	30～70	0.4～3	
液面	20～80		

1.5 双位逻辑控制系统

双位控制是给水排水工程中广泛采用的一种控制方式。往往是根据某种液位（压力）的高低两种状态，决定水泵的开停、阀门的通断等。这种控制系统较为简单，可以采用计算机进行控制，也可以采用简单的接触器、继电器等通过逻辑组合来实现。后者简单、易维护、成本低，更适合于各种分散的小型设备的控制和建筑给水系统、小型排水泵等。此节将对双位逻辑控制系统的原理进行介绍。

1.5.1 逻辑代数初步

逻辑代数又称布尔代数，产生于19世纪。逻辑代数是一种数学工具，它可以使逻辑判断类似于初等数学中的代数运算，它是实现逻辑控制的基础。

最早在考察电气设备的继电器触点线路时发现，可以用逻辑代数的术语来描述装置的动作。现在已经很清楚，只要决策和策略可用两个相互排斥的代数项描述，那么所有的场合都可以应用逻辑代数工具。

在逻辑代数中，一个变量只能取两个值：0和1，也可称两种状态。在不同的应用中，这两种状态可以代表不同的物理意义。如在电工学（电子学）中，可以用1和0代表线路的通、断，电压的高、低，开关的动作、不动作；在流体力学中，1和0可以代表压力的高、低等。对逻辑变量进行组合、运算，就构成了逻辑代数的运算。

1.5.1.1 逻辑代数的基本运算

(1) 单变量运算

设逻辑变量 a，函数 S，有如下运算。

1)"非"函数

“非”函数执行“反置”运算，表示“相反”、“否定”，表达式为：

$$S=\overline{a} \tag{1.54}$$

“非”函数可以用一个常闭开关符号来代表：—╲⌐，其函数关系相当于图1.46中的电路图。

“非”函数的基本性质如下：

- $\overline{\overline{a}}=a$
- 若 $S=\overline{a}$，则 $a=\overline{S}$
- $\overline{0}=1$，$\overline{1}=0$

2)“是”函数

与“非”函数相反，“是”函数表示“相等”，“相同”，表达式为：

$$S=a \tag{1.55}$$

用开关符号表示“是”函数，则为常开开关：—╱—，其函数关系相当于图1.47的电路图。

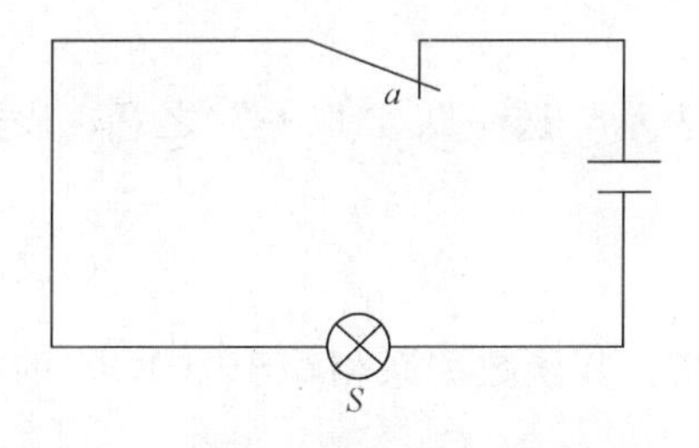

图 1.46 “非”函数

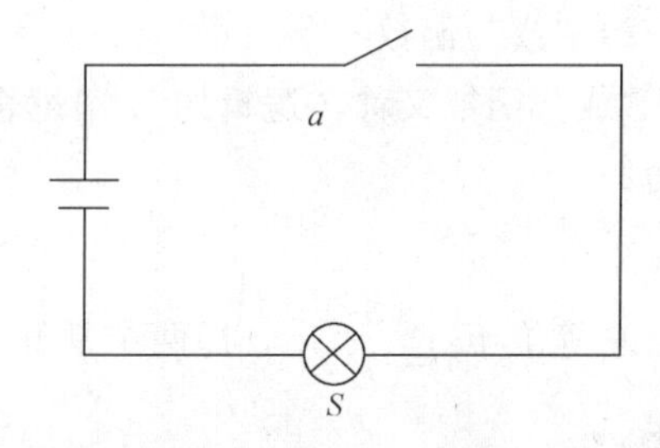

图 1.47 “是”函数

(2) 双变量（多变量）运算

设变量 a、b、c、d……，函数 S，有如下运算。

1)“与”函数

“与”函数又称“逻辑乘”、“相交”，表示“同时”、“共同”，表达式为：

$$S=a\cdot b \tag{1.56}$$

它等价于—╱a—╱b—，即两个常开开关的串联。其函数关系等价于图1.48的电路图。

其基本性质为：

- 置换律 $S=a\cdot b=b\cdot a$
- 结合律 $S=(a\cdot b)\cdot c=a\cdot(b\cdot c)$
- 几个特殊关系

下列表达式与右图的电路对应：

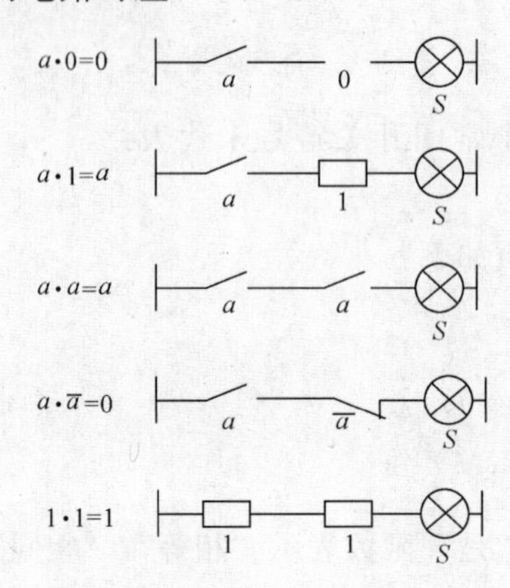

当有 n 个变量时，“与”函数可表示为：

$$S=a \cdot b \cdot c \cdot d \tag{1.57}$$

前述各项性质仍然成立。

2）“或”函数

“或”函数又称“逻辑加”、“逻辑乘”，表示“选一”、“取一”之意，表达式为：

$$S=a+b \tag{1.58}$$

它等价于 a b ，即两个常开开关并联。其函数关系相等于图1.49的电路图。

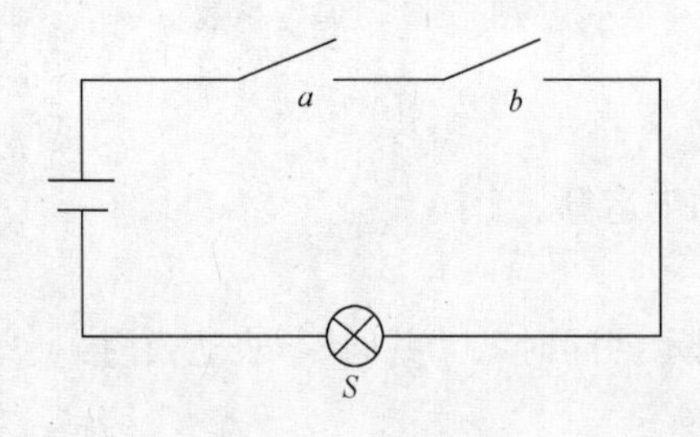

图1.48 “与”函数

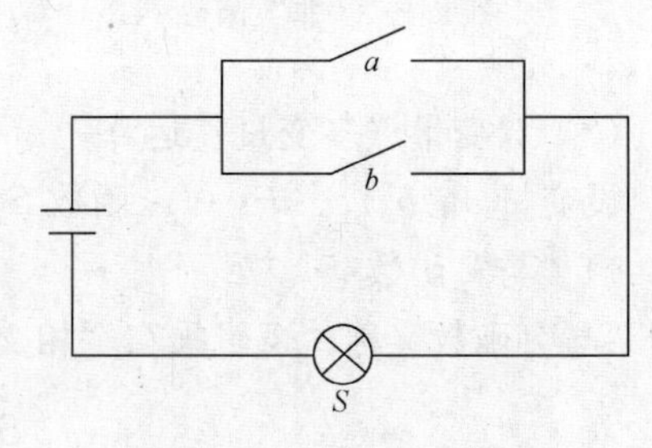

图1.49 “或”函数

其基本性质为：

· 置换律　$S=a+b=b+a$

· 结合律　$S=(a+b)+c=a+(b+c)$

· 几个特殊关系

下列表达式相当于右图的电路图：

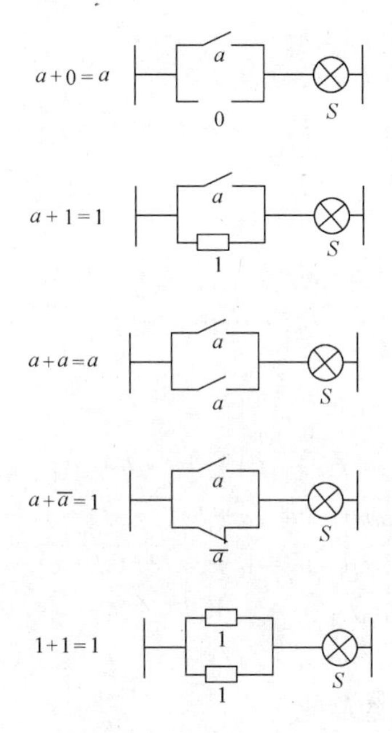

当有 n 个变量时，“或”函数可表示为：

$$S=a+b+c+d+\cdots\cdots \tag{1.59}$$

前述各项性质仍然成立。

1.5.1.2　逻辑代数基本规则

有 n 个逻辑变量，其间可以用逻辑运算符连结，组成表达式，称为逻辑表达式或逻辑方程。这些逻辑变量可以是直接的（a），也可以是反置的（$\overline{a}$）。逻辑表达式的运算有下面一些规则。

（1）分配律

逻辑乘对于逻辑加的分配律：

$$a\cdot(b+c)=ab+ac$$

逻辑加对于逻辑乘的分配律：

$$a+bc=(a+b)(a+c)$$

$$a+bcd=(a+b)(a+c)(a+d)$$

（2）吸收律

有下面的关系：

$$a+ab=a$$

$$a+\overline{a}b=a+b$$

$$a\cdot(a+b)=a$$

$$a\cdot(\overline{a}+b)=a\cdot b$$

（3）反置关系

对于逻辑加，有：

若 $S=a+b$，则 $\overline{S}=\overline{a+b}=\overline{a}\cdot\overline{b}$。

更一般地，若 $S=a+b+c+d+\cdots\cdots$，则 $\overline{S}=\overline{a+b+c+d+\cdots\cdots}=\overline{a}\cdot\overline{b}\cdot\overline{c}\cdot\overline{d}\cdot\cdots\cdots$。

对于逻辑乘，有：

若 $S=a\cdot b$，则 $\overline{S}=\overline{a\cdot b}=\overline{a}+\overline{b}$。

更一般地，若 $S=a\cdot b\cdot c\cdot d\cdot\cdots\cdots$，则 $\overline{S}=\overline{a\cdot b\cdot c\cdot d\cdot\cdots\cdots}=\overline{a}+\overline{b}+\overline{c}+\overline{d}+\cdots\cdots$。

下面举几个例子。

【例 1】 $S=\overline{(a+b)\cdot\overline{c}}=\overline{(a+b)}+\overline{\overline{c}}=\overline{a}\cdot\overline{b}+c$

【例 2】 $S=\overline{\overline{a}b+\overline{c}d}=\overline{\overline{a}b}\cdot\overline{\overline{c}d}=(\overline{\overline{a}}+\overline{b})(\overline{\overline{c}}+\overline{d})=(a+\overline{b})(c+\overline{d})$

【例 3】 $S=\overline{\overline{a}[c\overline{e}+b(\overline{d}+e)]}=\overline{\overline{a}}+\overline{c\overline{e}+b(\overline{d}+e)}$

$=a+\overline{c\overline{e}}\cdot\overline{b(\overline{d}+e)}$

$=a+(\overline{c}+e)(\overline{b}+d\cdot\overline{e})$

1.5.1.3　逻辑关系式的简化

逻辑关系式往往不是最简形式，可以进一步简化。

在工程上，一个逻辑关系式可以代表一个控制系统，它的简化就意味着以最少的元件、装置达到同样的效果。以图 1.50（a）所示电路为例，对应的逻辑关系式为：

$$y=rt+st+ru+su$$

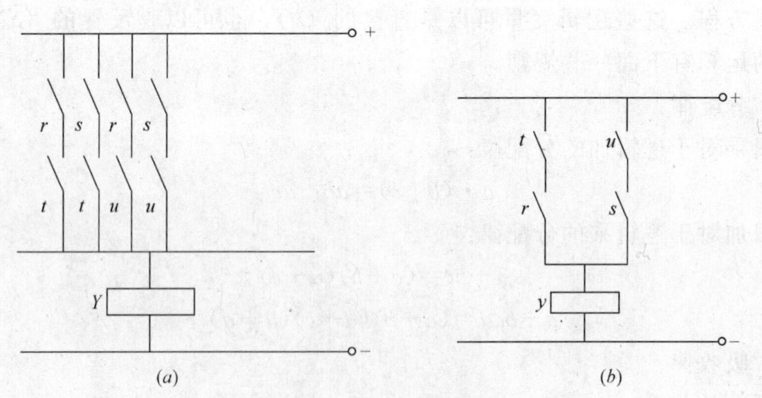

图 1.50　逻辑电路图例

（a）原始电路图；（b）简化电路图

根据前述逻辑代数运算规则，可以简化为：

$$y=(r+s)(t+u)$$

由此得到简化、等效的新电路（图 1.50b）。

逻辑关系式的简化可以用不同方式进行，在此简单的介绍代数法，利用卡诺图图解简化的方法将在后面介绍。

通过代数运算进行简化，主要是利用逻辑运算的基本规则。简化中还宜运用一些技巧。举几例如下。

【例 1】

$$X=\bar{a}b+a\bar{b}+\bar{a}\bar{b}=\bar{a}b+a\bar{b}+\overline{ab}+\overline{ab}$$
$$=\bar{a}(\bar{b}+b)+\bar{b}(\bar{a}+a)=\bar{a}+\bar{b}=\overline{a\,b}$$

该例中，加上了一项已存在项 $\bar{a}\,\bar{b}$，利用了 $a+a=a$ 的性质。

【例 2】

$$X=\bar{a}\,\bar{b}+a\,\bar{c}+\bar{b}\,\bar{c}=\bar{b}(\bar{a}+\bar{c})+a\,\bar{c}+a\,\bar{a}$$
$$=(\bar{a}+\bar{c})(\bar{b}+a)$$

该例中，增加了 $a\,\bar{a}$ 一项，利用了 $a\,\bar{a}=0$ 的性质。

【例 3】

$$X=c(a+\bar{a}b)$$

先求 $\overline{X}=\overline{c(a+\bar{a}b)}=\bar{c}+\bar{a}(a+\bar{b})=\bar{c}+\bar{a}a+\bar{a}\,\bar{b}=\bar{c}+\bar{a}\,\bar{b}$

于是有 $X=\overline{\overline{X}}=\overline{\bar{c}+\bar{a}\,\bar{b}}=c(a+b)$

该例中，先求 $\overline{X}$，然后再利用 $\overline{\overline{X}}=X$ 的性质，求得 X 的简化式。

上述几个例题说明，用代数法简化逻辑表达式需要一定的技巧，还需要准确地运用逻辑运算法则。然而，得到的简化结果是否是最简的，尚难以判断。

1.5.2　真值表

逻辑关系可以用真值表表示。真值表是研究因果问题的一种表格形式，在表中把各种因素全部考虑进去，然后研究其结果。一个逻辑问题若有 n 个变量，在真值表中就有（$n+1$）列，其中包括 n 列变量和 1 列结果；横向有 2^n 项，每 2 项反映一个变量的取值变化（0 或 1）。每一项最后，根据要求在结果列中给出相应逻辑表达式的取值，满足结果的项为“1”，不满足结果的项为“0”，不确定项不填或以“—”表示。真值表不仅可以全面地不遗漏地分析各种可能情况，而且直观清晰，易于写出逻辑问题的布尔代数式。

举几个例子说明真值表的使用。

【例 1】“非”函数的真值表

见表 1.6，第 1 列为变量 a，第 2 列为函数 S。作为“非”函数，变量值为 0，函数值就为 1；变量值为 1，函数值就为 0。该函数仅有 1 个变量，所以真值表共有 2 列；1 个变量只有 2 种取值，所以表中有 2 行。

【例 2】“是”函数的真值表

与上例相似，可以建立“是”函数的真值表，只是由于函数关系的改变而影响了函数 S 的取值（表 1.7）。

【例 3】“与”函数的真值表

设有“与”函数 $S=a\cdot b$，有 2 个变量，其取值就有 2^2 共 4 种可能，所以在真值表中有3列、4行（表1.8）。表中自上而下，先令$a=0$，改变b的值；再令$a=1$，再改变b的值，由此依次得到4种组合。根据逻辑关系，决定每种组合的结果（0或1）。

【例4】“或”函数的真值表

“或”函数真值表的建立与上例类似，只是每种组合运算要依“或”函数的法则确定结果。设有函数$S=a+b$，真值表见表1.9。

例1真值表　　表1.6

a	S
0	1
1	0

例2真值表　　表1.7

a	S
0	0
1	1

例3真值表　表1.8

a	b	S
0	0	0
0	1	0
1	0	0
1	1	1

例4真值表　表1.9

a	b	S
0	0	0
0	1	1
1	0	1
1	1	1

后面陆续还可以看到，由任意一个逻辑表达式都可以建立真值表，反之由任意一个真值表都可以写出相应的逻辑表达式。通过真值表分析建立逻辑表达式是解决实际问题的手段之一。同时也应看到，由真值表所建立的逻辑表达式和设计的电路图，都难以判断是否是最简的。

1.5.3　卡诺图

前面的代数简化法，需要熟练掌握逻辑关系式的基本性质以及一些技巧，得到的简化表达式有时还难以判断是否为最简形式，使用起来不很方便。在此介绍一种图解法——卡诺图，它不仅可以和真值表一样全面不遗漏地表示变量和函数的因果关系，而且还可以使逻辑关系式的简化变得极为容易。

所谓卡诺图，就是按一定规则画出的方块图。图1.51、图1.52、图1.53就分别是常用的1变量、2变量、3变量的卡诺图。图中一个方块就代表变量的一种取值情况。和真值表类似，有n个逻辑变量，在卡诺图中就有2^n个格。例如图1.51中有1个变量a，由$2^1=2$个格组成卡诺图，2个格分别代表变量a的两种可能状态，即0和1，标于格内。当有2个变量a、b时（图1.52），卡诺图就由$2^2=4$个格组成，每个格代表a、b两个变量的一种可能的组合。横向代表a

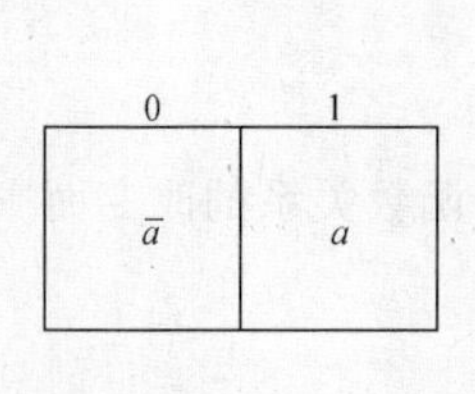

图1.51　单变量卡诺图

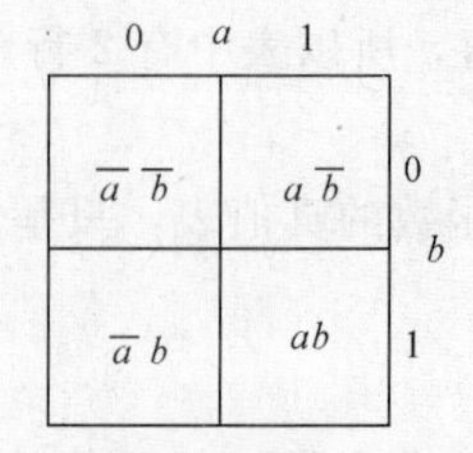

图1.52　双变量卡诺图

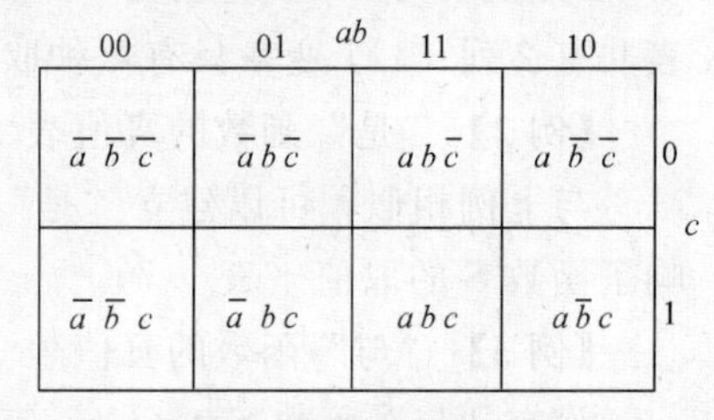

图1.53　3变量卡诺图

的取值（0、1），纵向代表 b 的取值（0、1），分别标于格的上方和右方。当有 3 个变量 a、b、c 时（图 1.53），可画出由 $2^3=8$ 个格组成的卡诺图。图中每个格代表 3 个变量的一种可能组合。横向代表 a、b 的取值（a 在前、b 在后），纵向代表 c 的取值，分别标于格的上方和右方。应注意的是变量取值的变化方法要按图中所标的顺序排列，每次只能改变其中一个变量值，不可任意变动。

利用卡诺图，可以简化已知的逻辑表达式，还可以由一个实际问题建立相应的逻辑表达式。基本方法是：将逻辑关系式或真值表中的各项对应地填入图中，标为“1”，余下的空格填“0”；当相邻的偶数个格（对称的）皆为“1”时，就可将之合并简化为逻辑表达式的一项，其中变量之间为逻辑乘关系，其余“0”项不考虑。按每个合并块尽量大的原则，以卡诺图中每一个合并块为一项，各项之间以逻辑加符号相连，就可得到最简的逻辑表达式。每一项中变量的符号（以变量 a 为例）：如该变量取值发生了变化（合并块中该变量分别出现了 0 和 1），则该变量消去不写；如该变量取值恒为 1，则保留，记为 a；如该变量取值恒为 0，则保留，记为 $\bar{a}$。更一般地，在有 n 个变量的卡诺图中（2^n 个格），若有 2^k 个相邻格（$k\leqslant n$）的值为 1，则可简化为含（$n-k$）个变量的逻辑表达式。这些相邻格应是偶数个，且是对称的。更具体的简化方法通过下面几个例子说明。

【例 1】 简化 $S_1=ab\bar{c}+a\bar{b}\bar{c}+abc+a\bar{b}c+\bar{a}bc$

该例中有 3 个变量，可画出 $2^3=8$ 个格的卡诺图（图 1.54），将式中各项填入对应格内，如第一项 $ab\bar{c}$ 对应于第 1 行第 3 个格。S_1 中的 5 项占了 5 个格，皆记为 1，另外 3 个空格填 0。可组合成两组偶数且对称的组合项，即右侧的 4 项及下侧中部的 2 项。每一个组合就代表了简化的逻辑表达式中的一个逻辑项。

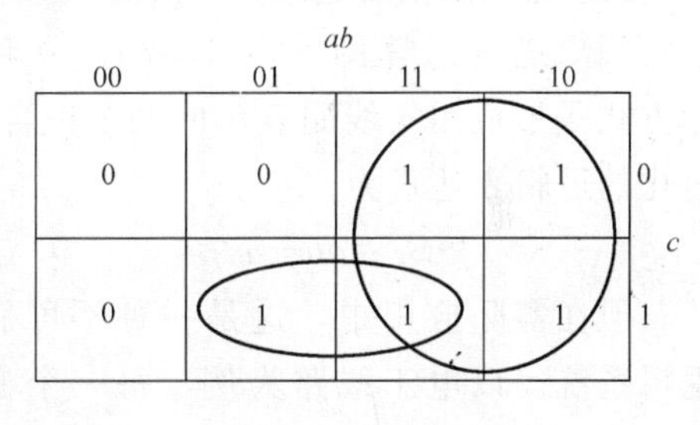

图 1.54 例 1 卡诺图

图中右侧的 4 项 a 的取值总为 1，保留；b 的取值发生变化，在不同格中分别为 0 或 1，消去；c 的取值也发生变化，也消去。故这 4 项只剩下了变量 a。在下侧的另一个组合中，a 的取值分别为 0、1，故消去；b、c 的值未变，始终为 1，保留。于是该项剩下了 b、c 两个变量，以逻辑乘表达。各个组合之间以逻辑和相连接。最终的简化逻辑表达式为：

$$S_1=a+bc$$

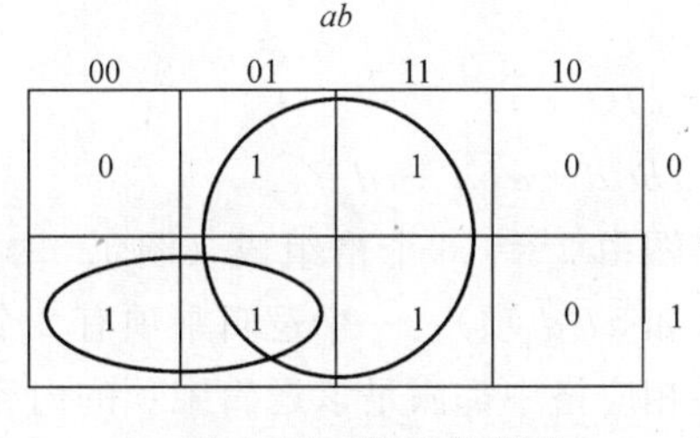

图 1.55 例 2 卡诺图

【例 2】 简化表达式 $S_2=abc+b\bar{c}+\bar{a}c$

该例有 3 个变量，可画出 $2^3=8$ 个格组成的卡诺图（图 1.55），图中每一格代

表一个由3个变量组成的项。$b\bar{c}$项只有2个变量，在图中就要占2个格（第1行第2、3格），这是因为该项中不含变量a，即对a的取值无限制，这两个格都符合该项的逻辑内容。同样，$\bar{a}c$ 项也占2个格。同上例，也可形成2个组合项，并写出简化的逻辑表达式：

$$S_2=b+\bar{a}c$$

【例3】 简化表达式 $S_3=\bar{a}\,\bar{b}\,\bar{c}+a\,\bar{b}\,\bar{c}+\bar{a}\,\bar{b}c+a\,\bar{b}c$

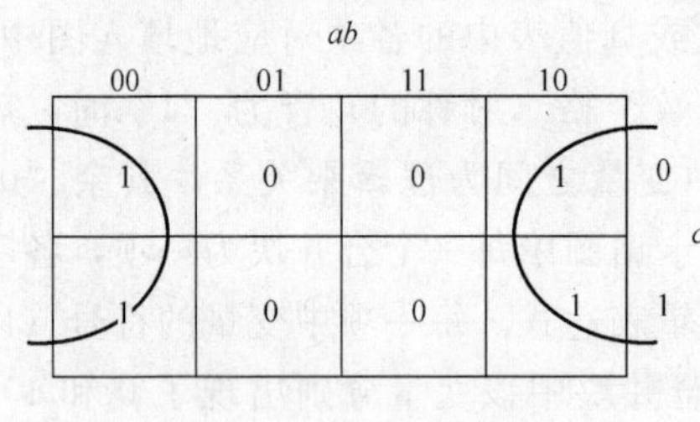

图 1.56 例3卡诺图

画出相应的卡诺图（图1.56）。应注意的是在该图中，最终形成的组合项是一项，即应把卡诺图看成是一个立体球面图的平面表达形式。平面图中的左右两个边在球面图中就是一个公共边，上下两个边也是一个公共边，4个角则是一个公共角。于是图中取值为1的4项就连成一片、组合为一体了。其中a、c都分别取了0、1两种值，可消去，只剩下$\bar{b}$一项。因此简化结果为：

$$S_3=\bar{b}$$

【例4】 简化表达式 $S_4=ab\bar{c}+abc+\bar{a}\,\bar{b}c+\bar{a}bc$

画出逻辑运算图（图1.57）。一种简化方式是形成用实线圈表示的两个组合项，简化的逻辑表达式为：

$$S_4=ab+\bar{a}c$$

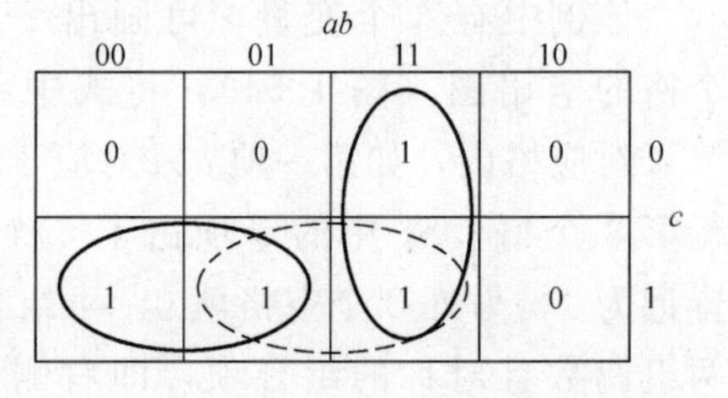

图 1.57 例4卡诺图

但在实际应用中，这是一种不可靠的逻辑系统。以电工线路为例，每一个变量就代表一个开关（常开或常闭）。每个开关在动作过程中，可发生非0非1的中间状态。如图1.58开关a的情况，当中间簧片在左侧为a状态，在右侧为$\bar{a}$状态。但在两个状态切换的短时间中，会出现中间簧片不与任一触点相接触，处于非a非$\bar{a}$状态。这在工程中会影响系统的可靠性。采取的办法是加上重叠（逻辑运算图中虚线组合），于是有新的简化表达式：

$$S_4=ab+\bar{a}c+bc=(a+c)(b+\bar{a})$$

【例5】 简化表达式 $S_5=\bar{a}\,\bar{b}\,\bar{d}+a\,\bar{b}\,\bar{c}\,\bar{d}+a\,\bar{b}c\,\bar{d}+a\bar{b}d+cd$

该例中，有a、b、c、d4个变量，故卡诺图由$2^4=16$个格组成（图1.59）。当一个逻辑乘项有3个变量时，就占2个格（如$\bar{a}\,\bar{b}\,\bar{d}$ 项）；一个逻辑乘项有2个变量时，则占4个格（如cd项），因为在这些相应格中都满足该逻辑乘项的内容要求。按合并原则，可形成3个组合项。其中4个顶点格组合成一项，同样是利用了立体球面图的概念。相应地得到简化表达式为：

$$S_5=\bar{b}\,\bar{d}+a\,\bar{b}+cd$$

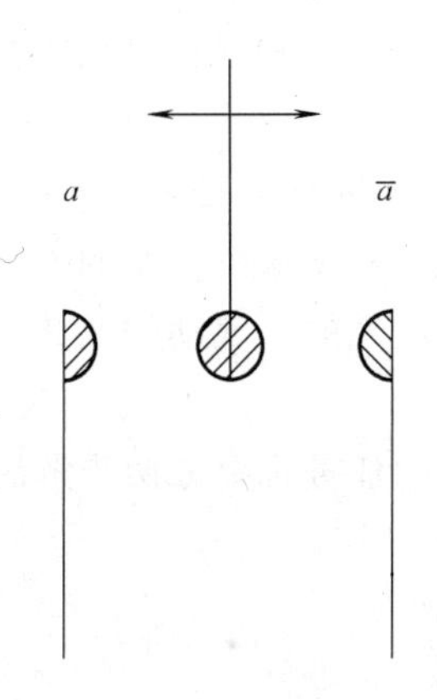

图 1.58　非 a 非 $\bar{a}$ 状态

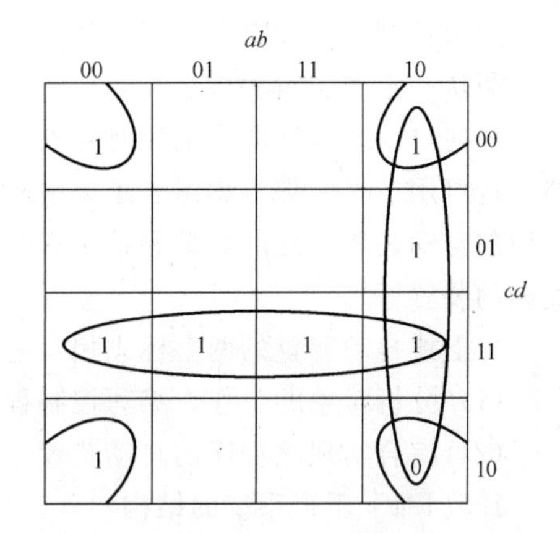

图 1.59　例 5 卡诺图

当变量数更多时，卡诺图画起来就不太方便了，需采用一些分解的办法。例如有 a、b、c、d、e 5 个变量时，卡诺图应有 $2^5=32$ 个格，可以采用下面的办法：按变量 a 的两种取值（0 和 1）分别画出有 b、c、d、e 4 个变量、16 个格的卡诺图，然后再考虑 a 的取值，将表达式组合在一起。

以图 1.60 为例。根据图中情况，当 $a=0$ 时，可以写出 $S_1=\bar{b}d+bce+cde$；当 $a=1$ 时，有 $S_2=bc+\bar{b}de+cde$。于是总的逻辑表达式（不要忘记加上相应的 $\bar{a}$ 或 a，并用代数法做必要的简化）：

$$\begin{aligned}S&=\bar{a}\cdot S_1+a\cdot S_2\\&=\bar{a}(\bar{b}d+bce+cde)+a(bc+\bar{b}de+cde)\\&=abc+\bar{a}bce+\bar{a}\,\bar{b}d+cde+a\,\bar{b}de\end{aligned}$$

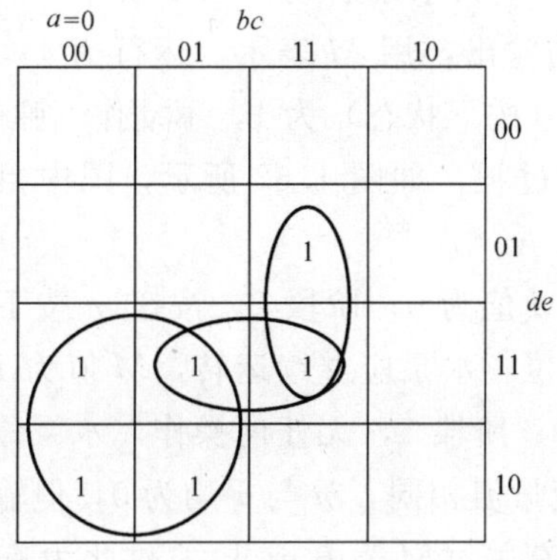

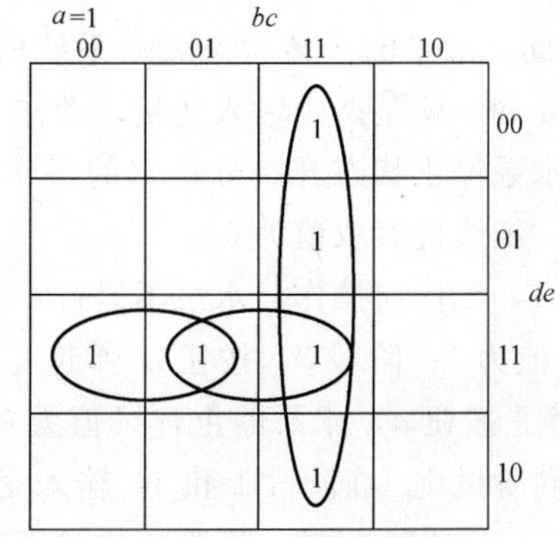

图 1.60　卡诺图的分解

1.5.4　双位逻辑系统的结构与实现方法

逻辑控制是借助自动装置，使从发送器来的有关信号和执行机构的控制作用之间服从一定的逻辑关系。

任何自动装置和所有的物理系统一样，是由两个因素表征的：（1）控制线路，这可用逻辑代数方程组表示成解析的形式；（2）实现这个线路的方法，这与所用的自动装置单元的类型和结构有关（电子的，电气的，气动的及其他继电器类型的装置等）。

与上述自动装置的两个标志相对应，逻辑控制的任务也要分两步解决：

（1）分析对象的工作，编写控制程序；

（2）综合实现该程序的自动装置。

1.5.4.1　逻辑系统的结构

逻辑系统可分为两种结构形式：组合式和记忆式。

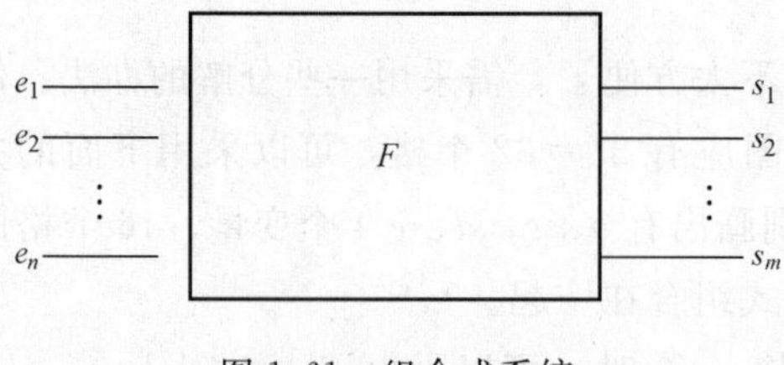

图1.61　组合式系统

设有一个双位系统，输入为 n 个变量的变量组 E（e_1，$e_2 \cdots e_n$），输出为 m 个参数组成的参数组 S（s_1，$s_2 \cdots s_n$），由输入到输出经过了运算过程 F（图1.61）。若任一时刻，在输出与输入之间有一一对应的关系：

$$S=F(E)$$

则将该逻辑系统称为组合式系统。反之，若在某一时刻，系统的输出不仅与输入变量有关，还与系统内部的当前状态有关，则这种逻辑系统就称为有记忆的系统。

可以利用过程分析来判断一个逻辑系统属于哪种结构。例如有一台水泵，由按钮 m 和 a 来控制它的运行。当 m 动作一下，水泵启动；当 a 动作一下，水泵停止。在此，水泵的运转状态就是系统的输出，用 M 表示，运行为1，停止为0；按钮 m 和 a 就是两个输入变量，动作（按下状态）为1，不动作（弹起状态）为0。从水泵停止状态开始分析它的工作过程，如图1.62所示，图中粗线代表取值为1，细线代表取值为0。

阶段1，无任何操作，水泵不运行，M 值为0；阶段2，按钮 m 按下，水泵运转，M 值为1；阶段3，按钮 m 弹起复位，水泵应继续运转，M 值为1；阶段4，按下停止按钮 a，水泵停止，M 值为0；阶段5，无任何操作，水泵停止，M 值为0，同阶段1。在阶段1和3，输入变量值相同，m 与 a 均为0，但输出却不同，与其 $t-1$ 时刻（前一阶段）的状态有关（M 为0或1），故此为有记忆的系统。

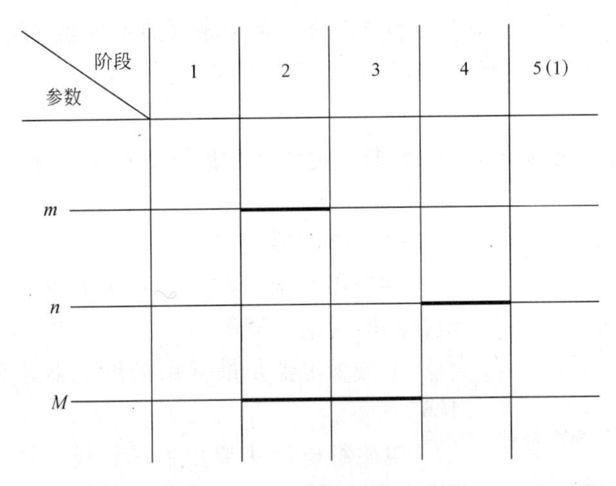

图 1.62 水泵运行过程分析

1.5.4.2 逻辑功能的实现方法

逻辑系统中的变量只有两种取值：0 和 1，分别代表两种状态。这种逻辑变量又称为开关量，可以由多种技术方法实现。

气动技术：气压的高、低；

液动技术：液体的通、断，如水银电接点温度计、液位开关等；

电子技术：利用二极管 P-N 结的单向导通特性，改变其两端电压的高低，就可实现通、断两种状态。$V_A > V_K$，导通；反之，$V_A < V_K$，截止。

对于有记忆的逻辑系统，要增加记忆单元，来表达系统的当前状态。这可以由电子计算机的工作程序容易地实现。对于一些简单的逻辑系统，也可以由各种常规电器元件实现。例如常用的交流接触器、继电器，就是通过电磁技术实现记忆功能的装置（参见下节内容）。

1.5.4.3 常规逻辑控制常用元件及符号

常规逻辑控制系统是由电器元件等装置组合起来进行工作的系统。常用的元件有开关、熔断器、继电器、接触器等。

(1) 开关

常用开关有按钮开关、拨动开关、滑动开关（含行程开关）等。开关中每一个活动接触点叫做一个极，按极的个数可分为单极、双极或多极开关。开关分为

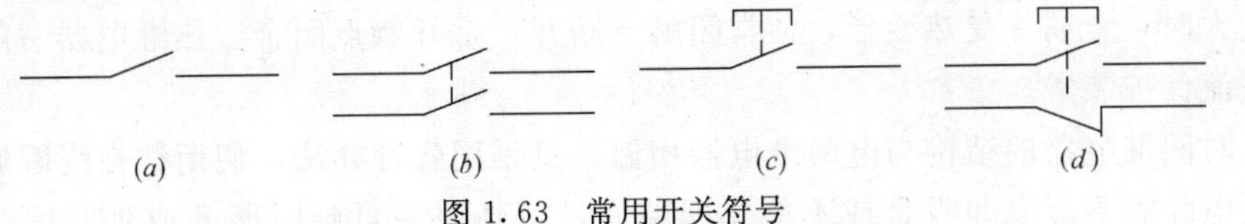

图 1.63 常用开关符号

(a) 单极开关；(b) 双极开关；(c) 常开按钮；(d) 常闭按钮

常开（即平时触点分开，操作后触点闭合）和常闭（即平时触点闭合，操作后触点分开）两种。图1.63所示为几种常用开关的符号。

(2) 熔断器

熔断器的作用是在电流过大时断开电路，保护设备安全。熔断器的图形符号如图1.64所示。

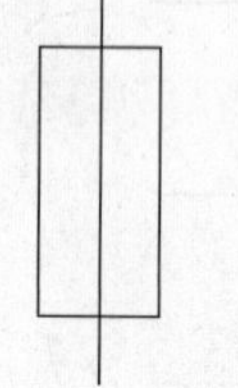

图1.64　熔断器图形符号

(3) 继电器

继电器有很多种，常见的有电磁继电器、热继电器和时间继电器等。

电磁继电器是最常用的继电器，它的结构如图1.65所示。

电磁继电器主要由铁芯、线圈、衔铁、返回弹簧和动、静触点等构成。当线圈中加上规定的电压或电流后，衔铁就会在电磁吸力的作用下，吸向铁芯。衔铁上的动触点就和静触点闭合或断开。图1.65中的继电器有两个动触点和两个静触点。衔铁被磁力吸合时闭合的一对动静触点叫常开触点，因为在线圈断电时是打开着的。衔铁被吸合时打开的一对动静触点叫做常闭触点，因为在线圈断电时它们是闭合着的。

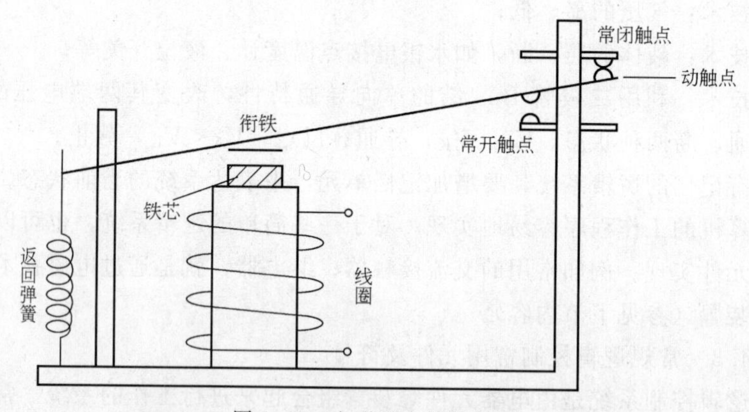

图1.65　电磁继电器结构图

线圈断电后，电磁力消失，衔铁在返回弹簧的作用下返回原位，使常闭触点闭合、常开触点打开。可见它是利用电磁原理设计的开关。

热继电器是将两片热膨胀系数不同的金属片复合在一起，当热继电器通过电流过大时，金属片受热变形，使常闭触点断开，常开触点闭合。热继电器一般用作过流保护装置。

时间继电器的结构与电磁继电器相似，只是用各种办法，使衔铁在线圈通电或断电瞬间不能立即吸合或不能立即释放，达到使触点延时断开或延时闭合的作用。

接触器的工作原理和继电器一样，所不同的是接触器用来通断较大的电流，因而它有若干对容量较大的主触点。常用的是交流接触器，即主触点用来通断的是交流负载。交流接触器的结构及图形符号如图 1.66 所示。

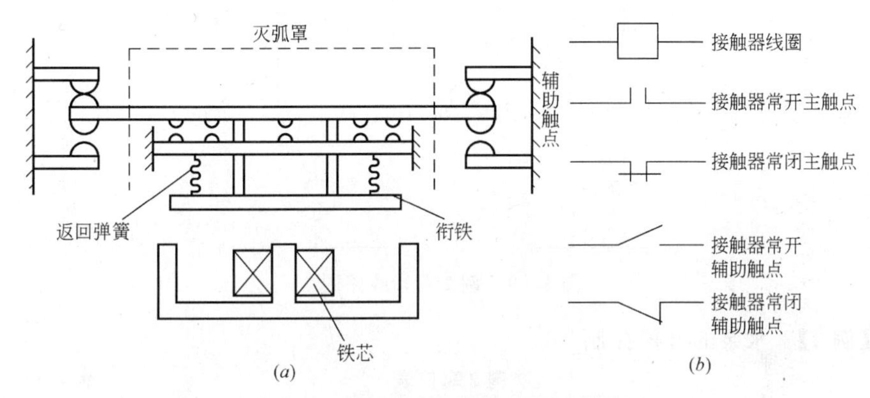

图 1.66 交流接触器结构及图形符号图

(a) 交流接触器结构图；(b) 接触器图形符号

1.5.5 逻辑控制系统的建立

逻辑控制系统在工程中有广泛的应用。例如各种水泵电机的启动控制系统、实验室用的恒温水浴控制系统、电冰箱的制冷控制系统等。

根据对一个具体系统的工作过程分析，利用真值表或卡诺图，就可以建立相应的逻辑表达式，进而建立逻辑控制系统。下面举几个例子说明。

【例 1】 双控开关

有一房间（图 1.67），设房灯 L，希望能在门 1 及门 2 处分别设开关，任意控制灯的开闭。

根据要求，分别设开关 a、b。任一开关动作，都应改变灯 L 的状态（灯亮，L 值为 1；灯灭，L 值为 0）。据此建立真值表（见表 1.10）。

根据该表，不难画出卡诺图（图 1.68）并写出逻辑表达式：

$$L=a\bar{b}+\bar{a}b$$

例 1 真值表

表 1.10

a	b	S
0	0	0
0	1	1
1	0	1
1	1	0

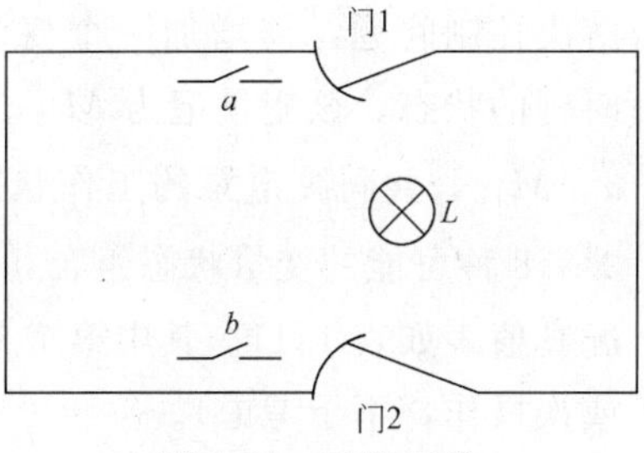

门1 a L b 门2

图 1.67 双控开关

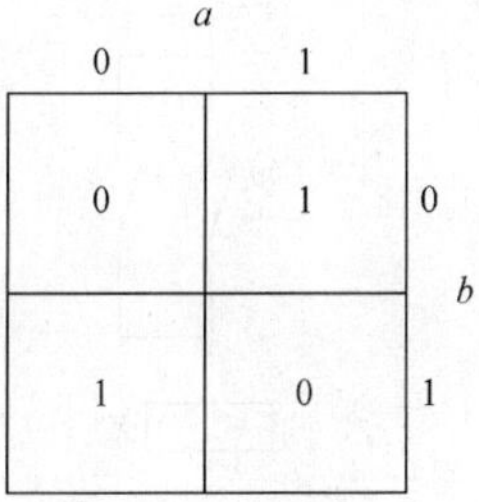

	a=0	a=1
b=0	0	1
b=1	1	0

图 1.68 例 1 卡诺图

于是建立双控开关连接线路（图 1.69）。即采用 2 个双向开关 a、b，就可以解决灯的双控问题。

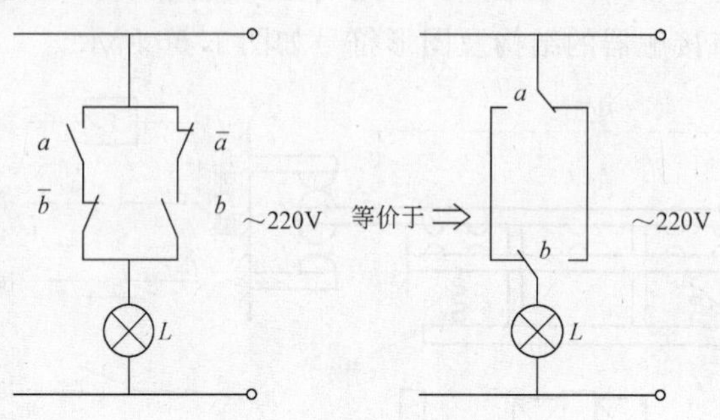

图 1.69　例 1 逻辑线路图

【例 2】　水泵的开停控制

例 2 真值表　　表 1.11

m	a	M_{t-1}	M	m	a	M_{t-1}	M
0	0	0	0	1	0	0	1
0	0	1	1	1	0	1	1
0	1	0	0	1	1	0	—
0	1	1	0	1	1	1	—

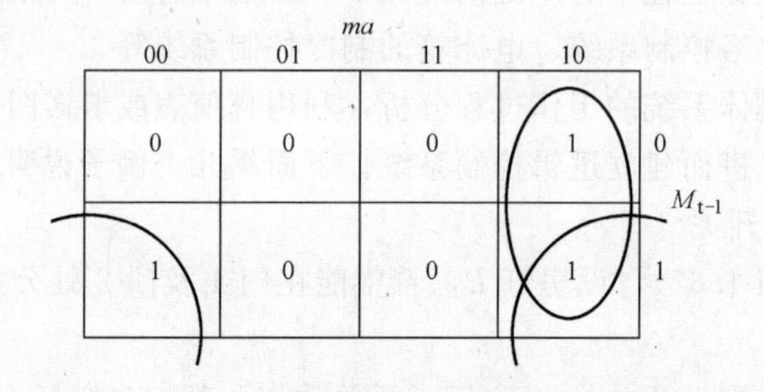

图 1.70　例 2 卡诺图

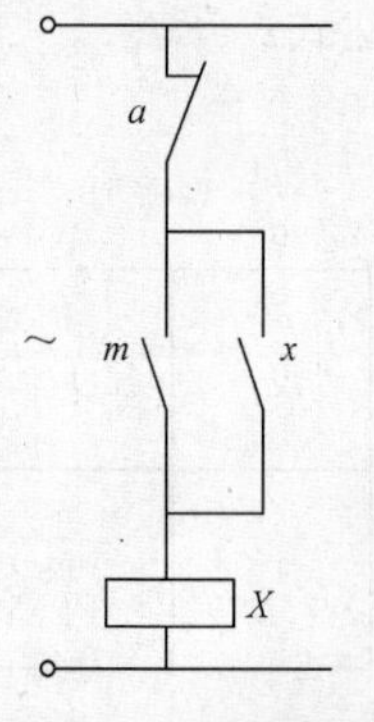

图 1.71　例 2 控制线路

根据前面（见 1.5.2 节）对水泵开停控制工作过程的分析，这是一种有记忆的逻辑控制系统。为了解决控制问题，需增加一个变量，描述系统在 $t-1$ 时刻的状态，该变量记为 M_{t-1}。于是有 3 个变量 m、a、M_{t-1}，共同决定泵的工作状态，即输出 M。共有 $2^3=8$ 种可能的变量状态组合，每种组合下的输出情况真值表如表 1.11。其中第 7、8 两行的情况属故障或误操作，不予考虑）。

在此基础上，不难画出卡诺图（图 1.70）并写出逻辑表达式：

$$M=\bar{a}M_{t-1}+m\bar{a}$$

采用交流接触器可以简单地实现该逻辑表达式的内容。以 X 代表交流接触器的线圈，它的通断就代表了水泵的运行与停止；M_{t-1}用交流接触器的一个常开触点代替，用 x 表示，一旦 X 导通，就有 x 动作（闭合），可以代表水泵的运行状态（开、停）；m、a 分别为常开、常闭按钮开关。于是有：

$$X=\bar{a}x+m\bar{a}=\bar{a}(x+m)$$

相应的控制线路如图 1.71 所示。

1.6 控制科学与技术的发展

1.6.1 计算机控制系统概述

1.6.1.1 计算机控制系统的组成

以计算机为核心构成的数字式控制系统，是控制技术的新成就，已在生产实践中广泛应用。其基本构成如图 1.72 所示。广义来讲，以微处理器为核心的各种智能化控制装置都可以归结到这一类控制系统中来，包括由工业计算机组成的系统、由单板机或单片机组成的系统、由可编程序控制器组成的系统、由智能化专用调节器组成的系统以及由上述各类装置混合组成的系统等。虽然这些装置的配置、功能不同，但其基本的组成部分是相似的，都是通过数字运算完成各种功能的。

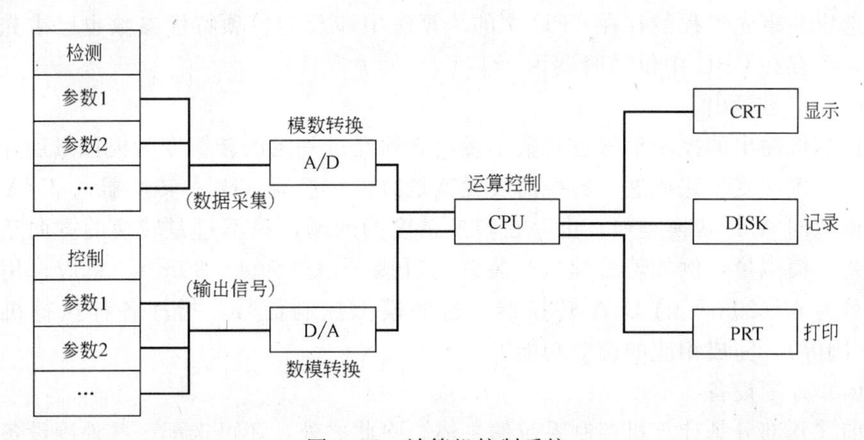

图 1.72 计算机控制系统

计算机控制系统以中央处理器（CPU）为核心构成，包括参数采集、控制运算、信号输出、显示、记录、储存、打印等部分。

(1) 参数采集

在线检测仪表将过程控制需要的各种参数的信号连续不断地输送给计算机。这种连续的输入信号称为模拟量，分为电流信号和电压信号两种模式，通常采用4～20mA、0～10mA、0～10V等规格。然而计算机的特点是进行数字运算，它所能识别的是离散的量，称为数字量。因此需要将这些输入的模拟量经过适当的变换，转换为计算机能够识别的数字量。实现这一过程的装置就称为模数转换器(A/D转换器)，它将连续的模拟量调制为离散的数字量，并以二进制的方式传送。转换器的一项重要指标是分辨率，通常用二进制的“位”表示，代表能识别的数字量的多少。一个n位的转换器，可以将模拟量的全量程转换为2^n个离散的十进制数字。以8位的转换器为例，其能识别的数字量为$2^8=256$个，即0、1、2…255。对于一个全量程为4～20mA的模拟量，经该A/D转换器转换后，即以这256个数字表示，每个数字代表$\frac{(20-4)\text{mA}}{256}=0.0625\text{mA}$。当模拟量为4mA时，对应的数字量为0；模拟量为20mA时，对应的数字量为255；模拟量为8mA时，数字量为$\frac{(8-4)}{0.0625}=64$。数字量只能以十进制整数表示。因此若模拟量为8.01mA，数字量为$\frac{(8.01-4)}{0.0625}=64.16$的整数，仍为64，即尾数0.01mA已低于转换器的识别精度。这就是“位”代表转换器精度的意义。若要求转换器有更高的精度，就要采用更高位的转换器。常用的转换器有8位、12位等几种。

(2) 运算控制

中央处理器(CPU)按照程序给定的控制算法(例如PID)，根据输入参数的数字量进行逻辑运算，得出控制信号输出。控制算法是根据控制过程的特点，人为选定并事先编程贮存在CPU中的。算法中涉及的各项特性参数也已事先整定好，贮存在CPU中供随时调用。

(3) 信号输出

计算机输出的控制信号也是数字量，必须经过一定的转换变为模拟量后才能为执行装置接受。完成这一转换的装置就是数模转换器(D/A转换器)。D/A转换的概念同A/D转换类似，也存在转换精度的问题，只不过是转换的方向是由数字量至模拟量，例如若后续执行装置的可接受信号为4～20mA，就应选用输出信号为4～20mA的D/A转换器。这些模拟控制信号，指挥各种执行机构(泵、阀等)，完成相应的调节功能。

(4) 外围设备

前述几部分是计算机控制系统的主体。除此之外，还可选配一些外围设备配合使用，较常见的有显示器、存储记录装置、打印机等。显示器可以图形、数字、表格等形式反映控制过程、状态，给操作人员提供直观的参考。存储记录装置可以是磁盘(软盘、硬盘)或光盘，以数字形式贮存信息；也可以是磁带等模拟记录方式；还可以用纸带或图形记录仪等，将生产过程的参数变化直接以图形的方式反映出来。打印机则可以将当前或以往的控制数据、图表打印输出，或按需要打印生产报表（日报表、班报表等）。

可编程控制器是一种典型的以微处理器为核心的数字化控制系统。在现行的各种可编程控制器中，A/D、D/A 转换器都是单独的卡件、由用户依需要适当选配。还有一种微电脑工业调节器，将上述各部分组合成一个固定的单元体，可直接接受、输出模拟量。这种工业调节器通常可接受或输出几种规格的模拟量，由用户自行选择，使用起来更加方便。

1.6.1.2 计算机控制系统的典型应用方式

根据计算机在系统中的应用特点和参与控制的形式，计算机控制系统可以分为不同的应用方式。下面简单介绍几种典型的方式。

(1) 操作指示控制系统

在该系统中，计算机对生产过程的各种参数进行巡回检测，并对测量结果做必要的处理，然后通过声光信号或显示、打印输出数据，供操作人员参考，也可以转储或输送给上一级计算机使用。在此系统中，计算机仅作为辅助的检查测量工具和数据采集装置。一般也将此系统称作计算机监测系统。

(2) 直接数字控制系统——DDC (direct digital control)

在 DDC 系统中，计算机对一个或多个被控物理量进行巡回检测，并根据规定的数学模型（控制规律）进行运算，然后发出控制信号，直接控制被控对象。

一台计算机可以控制一个回路，也可以控制多个回路。这是因为一般情况下，计算机的运算速度远高于被控生产过程的运动速度，计算机可以依次对各个回路进行检测控制，从而较好地利用了计算机资源。

(3) 分级控制系统

一个工业生产过程可能规模较大或较为复杂，还可能既存在控制问题，又存在大量的管理问题，因此可采用执行不同功能的各类计算机协调工作，形成分级控制系统。例如一个城市供水系统的自动控制可以在最底层（工艺环节）进行直接数字控制；在水厂进行监督控制，对各工艺环节协调管理、收集数据；在公司管理级负责整个供水系统的生产协调、生产计划、经营决策等。

近 10～20 年来，随着以微处理器为核心的基本控制器的迅速发展，计算机控制系统趋向于采用单元组合方式，根据不同需要灵活组合成一个完整的系统，即所谓集散型控制系统。该系统按“集中管理、分散控制”的方式进行工作，可靠性大大提高。在各个工艺单元大量采用由微处理器构成的基本控制器进行直接数字控制，只有一些必要的信息才通过数据通道送往上一级计算机，减少了信息传输量，降低了对上级计算机的要求，使系统可靠性大大提高，而且易于采用单元组合的方式、根据不同的需要，灵活组合成一个完整的系统，形成所谓分级分布式控制，出现了分散型综合控制系统或分散型微处理机控制系统，简称集散式

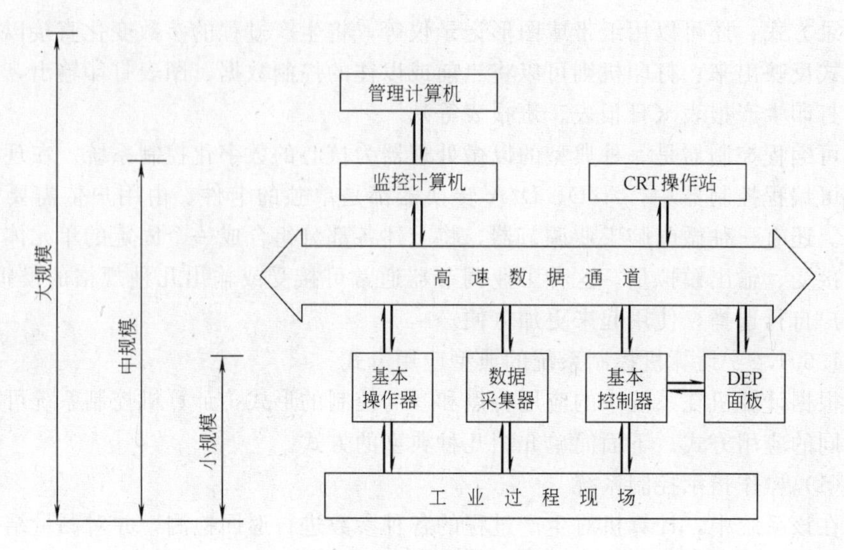

图1.73　集散式控制系统

控制系统，如图1.73所示。

无论何种形式的控制系统，为了确保控制任务的实现，都要求具有高可靠性和可维护性，这是衡量一个计算机控制系统质量的两个重要指标。

所谓可靠性，即是计算机系统能够无故障运行的能力。具体的评价指标是“平均故障间隔时间”，发生故障的间隔时间越长，计算机系统的可靠性就越高。

所谓可维护性，就是指进行维护时方便的程度。从使用计算机的角度，仅仅要求可靠性高是不够的，因为即使计算机的平均无故障时间间隔很长，可是一旦发生故障时，需要很长的时间才能修复，仍将对生产过程产生很不利的影响，所以应该要求计算机有尽量高的可利用率。可利用率即计算机平均故障间隔时间与(平均故障间隔时间＋平均失效时间）的比值。其中，平均故障间隔时间取决于可靠性，而平均失效时间则取决于可维护性。在理论上，计算机系统的可利用率最高值是100％，但实际能达到99.95％（即平均每年失效时间4小时）就可以了。

此外，对于计算机控制系统，还对抗干扰能力、可扩充性、通用性、操作性等有具体要求。

1.6.2　智能信息处理技术

随着许多复杂的社会经济与生态问题和全球网络信息安全问题的出现及对许多复杂系统“涌现”机理的研究，许多科学家对传统的计算机控制理论与非线性分析、随机系统、统计学习、人工智能、认知科学等学科的结合产生了极大兴趣，特别是将人工神经网络、模糊逻辑、遗传计算、专家系统、混沌和其他常规信号信息处理相结合，在新的层次上实现控制的自适应和反馈。

智能控制不同于经典控制理论和现代控制理论的处理方法，它研究的主要目标不仅仅是被控对象，同时也包含控制器本身。控制器不再是单一的数学模型，而是数学解析和知识系统相结合的广义模型，是多种知识混合的控制系统。

1.6.2.1 智能控制系统的基本功能特点

（1）容错性。对复杂系统（如非线性、快时变、复杂多变量和环境扰动等）能进行有效的全局控制，并具有较强的容错能力。

（2）多模态性。定性决策和定量控制相结合的多模态组合控制。

（3）全局性。从系统的功能和整体优化的角度来分析和综合系统。

（4）混合模型和混合计算。对象是以知识表示的非数学广义模型和以数学模型表示的混合控制过程，人的智能在控制中起着协调作用，系统在信息处理上既有数学运算，又有逻辑和知识推理。

（5）学习和联想记忆能力。对一个过程或未知环境所提供的信息，系统具有进行识别记忆、学习，并利用积累的经验进一步改善系统的性能和能力。

（6）动态自适应性。对外界环境变化及不确定性的出现，系统具有修正或重构自身结构和参数的能力。

（7）组织协调能力。对于复杂任务和分散的传感信息，系统具有自组织和协调能力，体现出系统的主动性和灵活性。

1.6.2.2 智能控制的主要研究分支

（1）模糊逻辑控制

传统的控制问题一般是基于系统的数学模型来设计控制器，而大多数工业被控对象是具有时变、非线性等特性的复杂系统，对这样的系统进行控制，不能仅仅建立在平衡点附近的局部线性模型，需要加入一些与工业状况有关的人的控制经验。这种经验通常是定性的或定量的，模糊推理控制正是这种控制经验的表示方法，这种方法的优点是不需要被控过程的数学模型，因而可省去传统控制方法的建模过程，但却过多地依赖控制经验。此外，由于没有被控对象的模型，在投入运行之前就很难进行稳定性、鲁棒性（鲁棒性是自动控制的名词，即 Robust 的音译，表示系统的稳定性）等系统分析。近年来，一些研究者们在模糊控制模式中引入模糊模型的概念，出现了模糊模型。模糊模型易于表达结构性知识，成为模糊控制系统研究的关键问题。

（2）模糊预测控制

预测控制是为适应复杂工业过程控制而提出的算法，它突破了传统控制对模型的束缚，具有易于建模、鲁棒性好的特点，对于解决大滞后对象控制问题是一条有效的途径。模糊建模是非线性系统建模的一个重要工具，也是复杂工业过程控制中广泛使用的方法。把预测控制和模糊推理相结合是很有吸引力的研究方向之一。

（3）神经网络控制

神经网络控制是研究和利用人脑的某些结构机理以及人的知识和经验对系统的控制。一般地，神经网络控制系统的智能性、鲁棒性均较好，它能处理高维、非线性、强耦合和不定性的复杂工业生产过程的控制问题。显示了神经网络在解决高度非线性和严重不确定性系统的控制方面具有很大潜力。虽然神经网络在利用系统定量数据方面有较强的学习能力。但它将系统控制问题看成“黑箱”的映射问题，缺乏明确的物理意义，不易把控制经验的定性知识融入控制过程中。近来，在神经网络自适应控制、人工神经网络的数字设计、新的混合神经网络模型等方面都有一些重要进展，如应用于机器人操作过程神经控制、核反应堆的载重操作过程的神经控制。近年来，神经网络、模糊推理、各种特殊信号的有机结合，还导致了一些新的综合神经网络的出现。例如，小波神经网络、模糊神经网络和混沌神经网络的出现，为智能控制领域开辟了新的研究方向。

(4) 基于知识的分层控制设计

对于复杂控制对象，单一地采用传统控制不能获得理想的系统性能，这时需要智能的控制策略。分层控制恰好体现了这一思想，底层采用传统的控制方法，高层采用智能策略协调底层工作，这就是基于知识的分层控制设计。

1.6.2.3　模糊推理和神经网络在控制应用中的区别

(1) 模糊控制是基于规则的推理，神经网络则需要大量的数据学习样本。在有足够的系统控制知识情况下，基于模糊规则控制较好；如果系统有足够的学习样本，应用神经网络通过学习可得到满意的控制器。

(2) 模糊映射在系统中是集合到集合的规则映射，神经网络则是点到点的映射。模糊逻辑容易表达人们的控制经验等定性知识，而神经网络在利用系统定量数据方面有较强的学习能力。

(3) 神经网络控制将系统控制问题看成“黑箱”的映射问题，缺乏明确的物理意义，因而控制经验的定性知识不易融入控制中。模糊控制一般把对被控对象看做是“灰箱”。

1.6.3　控制理论的完善与控制技术的发展

自从美国科学家维纳于20世纪40年代创立控制论以来，控制科学已经经历了经典控制理论和现代控制理论两个阶段，并进入智能控制理论这一重要发展阶段，尽管还不够成熟。在处理复杂系统控制问题时，传统控制方法对于复杂性、不确定性、突变性所带来的问题总有些力不从心。为了适应不同技术领域和社会发展对控制科学提出的新要求，我们必须发展新的控制模式。国内外控制科学界都在探索新的控制理论，以解决各类复杂系统的控制问题。近年来，越来越多的学者已意识到在传统控制中加入逻辑、推理和启发式知识的重要性，把传统控制理论与模糊逻辑、神经网络、遗传算法等人工智能技术相结合，充分利用人的控制知识对复杂系统进行智能化控制，逐渐形成了智能控制理论的较完整的体系。

一般地，提高系统的智能度主要有两种途径：一是在基于古典精确逻辑的基础上，通过增加并行度来加快系统的演化速度，从而提高系统的智能；二是开发新的高智能的逻辑形式。前者，主要是考虑计算速度，这同样有两种途径，一方面在原有算法基础上开发相应的并行算法；另一方面是设计出高效且具有高并行度的新型算法。后者，主要是从系统本身出发来提高它的智能度，其主要手段是通过对人或高等动物以及自然界的研究中得到一些启示，并应用于新系统的设计中。综合智能信息处理将以神经网络并行分布处理和基于专家系统等人工智能符号逻辑推理为两种重要的基本方式，并与模糊逻辑、进化计算、混沌动力学、信号处理与变换等方法综合集成，特别是软计算（神经网络、模糊逻辑和概率推理）、不确定性推理与自组织及仿生计算等。

今后的控制科学方法需要以一种集成的方式来考虑系统以及相关的设计要求。将控制科学与其他领域密切结合，解决我国经济与社会发展中基础技术科学、工业、农业、能源、国防，乃至国家安全所涉及的控制与自动化的重大基础理论问题，带动社会全面信息化和工业化的一些关键技术的发展。

思考题与习题

1. 自动控制系统的作用是什么？与人工控制系统有什么共同点？有什么差别？

2. 自动控制系统有哪些基本组成部分？各部分的作用是什么？

3. 自动控制系统有哪些形式？

4. 方块图和传递函数有什么作用？

5. 分析各种典型环节的动态特性及其特点。

6. 评价自动控制系统的过渡过程有哪些基本指标？

7. 有哪些常用控制方式？各有什么特点？

8. 比例、积分、微分控制有哪些作用？如何应用？

9. 逻辑代数有哪些基本运算？有哪些基本性质？

10. 真值表如何建立？

11. 卡诺图如何绘制？怎样由逻辑表达式绘制卡诺图、由卡诺图建立或简化逻辑表达式？

12. 如何用逻辑分析的方法解决双位控制问题？

13. 现代控制理论面临的问题是什么？

14. 智能控制系统的基本功能与特点是什么？

第2章　给排水自动化仪表与设备

给排水工程自动化常用仪表与设备，可以分为以下几大类：

(1) 过程参数检测仪表。它包括各种水质（或特性）参数在线检测仪表，如水温、浊度、pH值、电导率、溶解氧等的在线测量装置；给排水系统工作参数的在线检测仪表，如压力、液位、流量等仪表。

(2) 过程控制仪表。以微电脑为核心的各种控制器，如微机控制系统、可编程序控制器、微电脑专用调节器等；常规的调节控制仪表，如各种电动、气动单元组合仪表等。

(3) 调节控制的执行设备。包括各种水泵、电磁阀、调节阀以及变频调速器等。

(4) 其他机电设备。如交流接触器、继电器、记录仪等。

本章将对一些典型仪表设备进行介绍。

2.1　检测技术基础

在人类的各项生产活动和科学实验中，为了了解和掌握整个过程的进展及其最后结果，经常需要对各种基本参数或物理量进行检查和测量，从而获得必要的信息，作为分析判断和决策的依据，可以认为检测技术就是人们为了对被测对象所包含的信息进行定性的了解和定量的掌握所采取的一系列技术措施。随着人类社会进入信息时代，以信息的获取、转换、显示和处理为主要内容的检测技术已经发展成为一门完整的技术科学，在促进生产发展和科技进步的广阔领域内发挥着重要作用。

2.1.1　检测的概念

检测的目的就是为了准确地获取表征被测对象特征的某些参数的定量信息。例如，人的体温的检测，目的就是测定体温的高低，提供必要的数据，有助于医生的诊断。这里，人体或其某个部位，如口腔或腋下就是被测对象，它是指被研究的物体或系统，体温就是被检测参数。被检测参数是指需要数值定量的一些参数或物理量，它含有表征被测对象某些特征的定量信息，例如，温度、压力、时间、长度和重量等。所谓检测就是用实验的方法，借助一定的仪器或设备，把被检测参数与其单位进行比较，求取二者的比值，从而得到被检测参数数值大小的过程。

设被检测参数为 X_0，其单位为 u，二者的比值为 x_0，则检测过程可用数学形式描述如下：

$$x_0 = X_0 / u$$

或
$$X_0 = x_0 \cdot u \tag{2.1}$$

上式称之为检测的基本方程式。式中，数值化后的比值 x_0 称为被检测参数的真实数值，简称为真值。因为在实际求取数值化比值时，只能用有限位数的数字来表示，而真值 x_0 却往往不能用有限位数的数字来表示，而且，在检测过程中必定有各种误差存在，所以被测参数的真值 x_0 只能近似地等于其检测值 x，即检测基本方程式应改写如下：

$$X_0 \approx x \cdot u \tag{2.2}$$

应当注意，被检测参数真值 x_0 或其检测值 x 的大小均与其单位有关，单位愈小，它们的数值愈大。因此，一个完整的检测结果应该包含两部分内容，即所得的检测值 x 与所采用的检测单位 u。

从检测基本方程式可知，检测过程有三要素：一是检测单位；二是检测方法，它是将被检测参数与其单位进行比较的实验方法；三是检测仪器与设备，它是检测过程的具体体现与实施者，是为了求取比值而实际使用的一些仪器设备。有些检测仪器输入的是被检测参数，而输出的就是被检测参数与其单位的比值——检测值。例如，体温计，压力表，激光测距仪等。

通过检测可以得到被检测参数的检测值，然而检测目的还未全部达到，为了准确地获取表征对象特征的定量信息，还要对实验结果进行数据处理与误差分析，估计结果的可靠性等，以便为保证安全生产，提高经济效益，为保证产品的质量，为生产过程的自动化，以及科学研究等提供可靠的数据，至于检测技术，其意义更加广泛，它是指下面的全过程：按照被测对象的特点，选用合适的检测仪器与实验方法，通过检测及数据的处理和误差分析，准确得到被检测参数的数值，并为提高检测精度，改进实验方法及检测仪器，为生产过程的自动化提供可靠的依据。

此外，人们还常用到“计量”一词，计量一般指基准器的研制、量值的传递、计量单位的统一和管理、精密检测技术等方面。就工程实际方面来说，常用检测一词。

2.1.2 检测仪表的组成

检测仪表是将被检测参数与其单位进行比较，并得到其量值大小的实验设备或仪器。检测仪表可以由许多单独的部件组成，也可以是一个不可分的整体。前者多用于复杂的仪表或实验室中，后者多为工业用的简单仪表。不管是简单仪表，或是复杂仪表，原则上它们均是由几个环节所组成。对于简单仪表只不过各个环节的界线不大明显而已。这几个环节是传感器、变换器、显示器以及连接它们的传输通道。检测仪表的方框图，如图2.1所示。

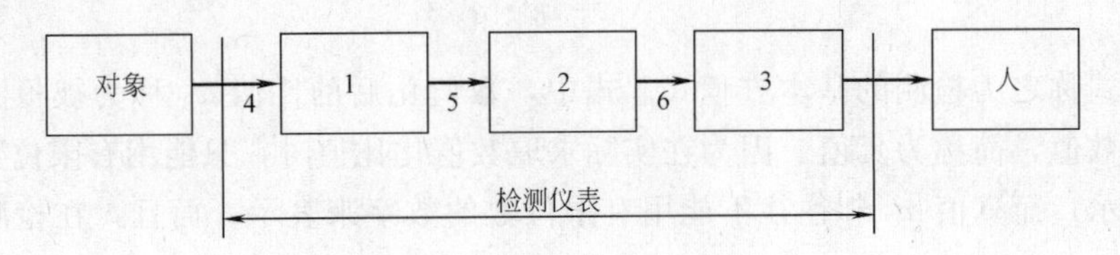

图2.1　检测仪表方框图

1—传感器；2—变换器；3—显示器；4、5、6—传输通道

2.1.2.1　传感器

传感器是检测仪表与被测对象直接发生联系的部分。它的作用是感受被检测参数的变化，直接从对象中提取被检测参数的信息，并转换成一相应的输出信号。例如，体温计端部的温泡可认为是传感器，它直接感受体温的变化，并转换成水银柱高度的变化而输出位移信号。传感器的好坏，直接影响检测仪表的质量，它是检测仪表的重要部件。对传感器有如下要求：

(1) 准确性。传感器的输出信号必须准确地反映其输入量，即被检测参数变化。因此，传感器的输出与输入关系必须是严格的单值函数关系，且最好是线性关系。即只有被检测参数的变化对传感器有作用，非被检测参数则没有作用。真正做到这点是困难的。一般要求非被测参数对传感器的影响很小，可以忽略不计。

(2) 稳定性。传感器的输入、输出的单值函数关系是不随时间和温度而变化的，且受外界其他因素的干扰影响很小，工艺上还能准确地复现。

(3) 灵敏性。即要求较小的输入量便可得到较大的输出信号。

(4) 其他。如经济性、耐腐蚀性、低能耗等。

传感器往往也被称为敏感元件，一次元件等。

2.1.2.2　变换器

它的作用是将传感器的输出信号进行远距离传送、放大、线性化或转变成统一的信号，供给显示器等。例如，压力表中的杠杆齿轮机构将弹性敏感元件的小变形转换并放大为指针在标尺上的转动。又如，在单元组合仪表中，将各种传感器的输出信号转换成具有统一数值范围的标准电信号，使一种显示仪表能够适用于不同的被测参数。

对变换器的要求是：能准确稳定地传输、放大和转换信号，受外界其他因素的干扰和影响要小，即所造成的误差应尽量小。

2.1.2.3 显示器

显示器的作用是向观察者显示被检测数值的大小。它可以是瞬时量的显示、累积量的显示、越限和极限报警等，也可以是相应的记录显示；有的甚至有调节功能去控制生产过程，如 XCT—101 型动圈式双位调节仪表就具有指示、极限报警及双位调节的功能。显示仪表有时也称为二次仪表。

显示器是人和仪表联系的主要环节。它有指示式、数字式和屏幕式三种。

(1) 指示式显示，又称模拟式显示。被检测参数数值大小由指示器或指针在标尺上的相对位置来表示。有形的指针位移或转角用于模拟无形的被检测参数是较方便、直观的。指示式仪表结构简单、价格低廉、显示直观，一直被大量应用。有的还带记录机构，以曲线形式给出被检测参数随时间变化的数据。但这种仪表读数的精度和仪器的灵敏度等受标尺最小分度的限制，且读数会引入主观误差。

(2) 数字式显示。直接以数字形式给出被检测参数的数值大小，也可附加打印设备，打印出数据。数字式显示减少了读数的主观误差，提高了读数的精度，还能方便地与计算机连用，这种仪表正越来越多地被采用。

(3) 屏幕显示。实际上是一种电视显示方式。它结合了上述两种显示方式的优点，具有形象性和易于读数的优点，又能同时在电视屏幕上显示一个被检测参数或多个被检测参数的大量数据，有利于对它们进行比较分析。

2.1.2.4 传输通道

传输通道的作用是联系仪表的各个环节，给各环节的输入、输出信号提供通路。它可以是导线、管路（如光导纤维）以及信号所通过的空间等。信号传输通道比较简单，易被人所忽视。如果不按规定的要求布置及选择，则易造成信号的损失、失真及引入干扰等。例如微量成分分析时，如管路选择不当，会造成信号的大量损失。又如，传输电信号时，若传输导线阻抗不匹配，则可能导致仪表的灵敏度降低，电信号失真等。

2.1.3 仪表的性能指标

仪表的性能指标是评价仪表性能好坏、质量优劣的主要依据；它也是正确地选择仪表和使用仪表，以达准确检测之目的所必须具备和了解的知识。大家知道，在仪表选择和使用不当时，即使选用性能好、质量高的仪表，也不能够得到准确的检测结果。相反情况下，如果选择、使用得当，则精度较差的仪表往往也能够满足检测要求。因此，深入了解反映仪表性能的主要指标，根据要求，正确地选择和使用仪表，对于检测工作者来说是十分重要的。

仪表的性能指标很多，概括起来不外乎技术、经济及使用方面的指标。

仪表技术方面的指标有：基本误差、精度等级、变差、灵敏度、量程、响应时间、漂移等。

仪表经济方面的指标有：功耗、价格、使用寿命等。当然，性能好的仪表，总是希望它的功耗低、价格便宜、使用寿命长等。

仪表使用方面的指标有：操作维修是否方便，能否可靠安全运行以及抗干扰与防护能力的强弱、重量体积的大小、自动化程度的高低等。

显然，上述性能指标的划分也是相对的。在未加说明的情况下，有关性能指标一般指仪表在规定的工作条件（如参比条件）下而言。仪表正常工作时，对于电源电压、频率、温度、湿度、振动、外界电磁场、安装位置等条件，按照仪表的出厂规定，有一定的要求。下面对仪表的一些重要性能指标分别介绍如下。

2.1.3.1　检测范围与量程

在正常工作条件下，仪表可以进行检测的被测参数的范围叫做检测范围，其最低值和最高值分别叫做检测范围的下限和上限。检测范围的表示法是用下限值至上限值来表示。例如，某台秤的检测范围是0～100kg，某温度计的检测范围是－20～＋200℃。

检测的量程是检测范围的上限（$l_{上}$）与下限（$l_{下}$）的代数差，记为$L=l_{上}-l_{下}$。如上述温度计的量程为$L=220$℃。

给出检测范围，便知上、下限及量程。若仅给出量程，便无法判断仪表的检测范围。

如果以被检测参数的真值相对于仪表量程的百分数作为仪表的输入，以指针位移或转角相对于全标尺的百分数作为仪表的输出，分别用横坐标及纵坐标表示，则所得的输入、输出关系曲线称之为标尺特性曲线，如图2.2所示。对于线性标尺，标尺特性曲线为直线，对于非线性标尺，则是曲线。

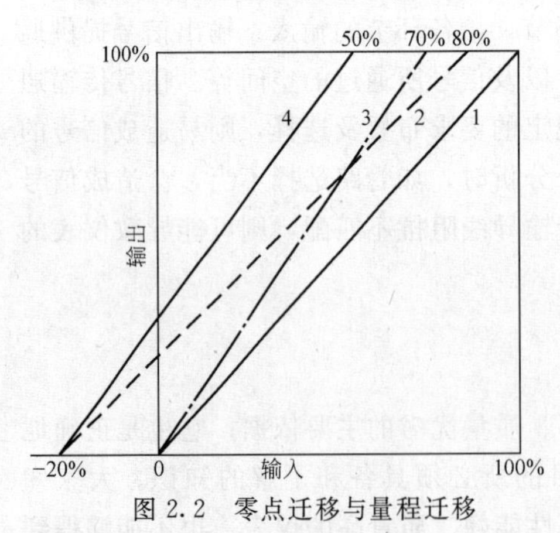

图2.2　零点迁移与量程迁移

在实际使用中常需对仪表的检测范围做适当的改变。改变的方法有两种。一是零点迁移，它将标尺特性曲线平移，如图2.2所示，直线1变为直线2，此时输入零点迁移至－20％，仪表的检测范围变为－20％～80％，但仪表的量程保持不变，仍然是100％。二是量程迁移，它保持输入零点不变，改变标尺特性曲线的斜率，如图2.2所示，由直线1变为直线3，此时量程变为70％，检测范围变为0～70％，仪表的灵敏度也变化了，但其零点保持不变。当然视实际需要，量程及零点可同时迁移，如图2.2所示，直线1变为直线4。

2.1.3.2 仪表的基本误差

基本误差是指仪表在规定的工作条件（参比工作条件）下的误差，仪表的基本误差有如下几种形式：

(1) 绝对误差。仪表的示值 x 与被检测参数的真值 x_0 之间的代数差值称之为仪表示值的绝对误差，符号为 δ，表示为：

$$\delta = x - x_0 \tag{2.3}$$

式中，真值 x_0 可为被检测参数公认的约定真值，也可是由标准仪表所测得的检测值。绝对误差 δ 说明了仪表指示值偏离真值的大小，它能够说明仪表检测的精确度。

在校准或检定仪表时，常采用比较法，即对于同一被检测参数，将标准表的示值 x_0（真值）与被校表的示值 x 进行比较，则它们的差值就是被校表示值的绝对误差。如果它是一恒定值，则是系统误差，它可能是仪表在非正常工作条件下使用而产生的，或其他原因所造成的附加误差。此时仪表的示值应加以修正，修正后才可得到被检测参数的实际值 x_0。

$$x_0 = x - \delta = x + c \tag{2.4}$$

式中，数值 c 称为修正值或校正量。修正值与示值的绝对误差的数值相等，但符号相反，即为：

$$c = -\delta = x_0 - x \tag{2.5}$$

实验室用的标准表常由高一级的标准表校准；检定结果附带有示值修正表，或修正曲线 $c = f(x)$。

(2) 相对误差。仪表示值的绝对误差 δ 与被检测参数真值 x_0 的比值，称之为仪表示值的相对误差 r，r 常用百分数表示：

$$r = \frac{\delta}{x_0} \times 100\% = \frac{x - x_0}{x_0} \times 100\% \tag{2.6}$$

指示值的相对误差比其绝对误差能更好地说明检测的精确程度。如有两组检测值，第一组 $x_0 = 1000℃$，$x = 1005℃$，$\delta = +5℃$，$r = 0.5\%$；第二组 $x_0 = 100℃$，$x = 105℃$，$\delta = +5℃$，$r = 5\%$。由此可见两组的绝对误差虽然均为 $+5℃$，但第一组的相对误差小得多，显然第一组检测比第二组精确。但在评价仪表质量时，利用相对误差作为衡量标准也很不便，因为使用仪表时，一般不应检测过小的量（如靠近检测范围下限的量），而多用在检测接近上限的量如 2/3 量程处。故用下面的引用误差的概念来评价仪表质量更为方便。

(3) 引用误差。仪表指示值的绝对误差 δ 与仪表量程 L 之比值，称之为仪表

示值的引用误差。引用误差 q 常以百分数表示

$$q=\frac{\delta}{L}\times 100\% \tag{2.7}$$

比较式（2.7）及式（2.6）可知：在 q 的表示式中虽利用量程 L 代替了真值 x_0，但分子仍为绝对误差值 δ；当检测值取仪表检测范围的各个示值或在刻度标尺的不同位置时，示值的绝对误差 δ 值也是不同的，因此引用误差仍与仪表的具体示值 x 有关。为此，取引用误差的最大值，既能克服上述的不足，又更好的说明了仪表的检测精度。

（4）引用误差的最大值（或最大引用误差）。在规定的工作条件下，当被检测参数平稳地增加和减少时，在仪表全量程所取得的诸示值的引用误差（绝对值）的最大者，或诸示值的绝对误差（绝对值）的最大者与量程的比值的百分数，称为仪表的最大引用误差，符号为 q_{max}。可表示为：

$$q_{max}=\frac{|\delta|_{max}}{L}\times 100\%=\frac{|x-x_0|_{max}}{L}\times 100\% \tag{2.8}$$

最大引用误差是仪表基本误差的主要形式，故也常称之为仪表的基本误差，是主要质量指标，它很好地说明了仪表的检测精确度。

2.1.3.3　仪表的精度等级

（1）允许引用误差，简称允许误差，符号为 Q。顾名思义，它说明了仪表在出厂时所规定的引用误差的允许值。也即仪表在出厂检验时，诸示值的最大引用误差不能超过其允许值。记为：

$$q_{max}\leqslant Q \tag{2.9}$$

必须注意 q、q_{max}、Q 均是以百分数来表示的，而且比较时一般是取误差绝对值的。

（2）精度等级：工业仪表常以允许的引用误差作为判断精度等级的尺度。人为规定：取允许引用误差百分数的分子作为精度等级的标志，也即用允许引用误差去掉百分号（%）后的数字来表示精度等级，其符号是 G，则 $G=Q\times 100$，或 $Q=G\%$。

各种仪表的精度等级的数字是有一定规定的，工业仪表常见的精度等级见表2.1。

工业仪表常见精度等级　　**表2.1**

精度等级 G	0.1	0.2	0.5	1.0	1.5	2.0	2.6	5.0
允许(引用)误差 $\|Q\|$	0.1%	0.2%	0.5%	1%	1.5%	2%	2.5%	5%
引用误差 $\|p\|$	≤0.1%	≤0.2%	≤0.5%	≤1%	≤1.5%	≤2%	≤2.5%	≤5%

一般情况下，一级精度仪表，表示其允许误差的绝对值，$|Q|=|\pm 1\%|=1\%$，也可省去绝对值符号，简记为 $Q=1\%$；当记为 $Q=\pm 1\%$时，则表示允许误差的变化范围可以从-1%至$+1\%$，其余同此。另外要注意的是：精度等级的标志说明了引用误差允许值的大小，它决不意味着该仪表实际测量中出现的误差。如果认为 1.0 级仪表所提供的测量结果一定包含着$\pm 1\%$的误差，那就错了。只能说在规定的条件下使用时它的绝对误差的最大值的范围不超过量程的$\pm 1\%$。如量程为 100V 的一级电压表，$|\delta|_{max}\leqslant|\pm 1|V=1V$ 或 $q_{max}\leqslant 1\%$。

显然，仪表精度等级的数字愈小，仪表的精度愈高。0.5 级的仪表精度优于 1.0 级仪表，而劣于 0.2 级仪表等。

工业测量中，单次测量值的误差就是用工业仪表的精度等级来估计的（一般取 3δ 作为极限误差）。

由此可见，仪表的精度等级是反映仪表性能的最主要的质量指标。

例如，按毫伏刻度的电子电位差计检验记录见表 2.2。

电子电位差计检验 **表 2.2**

示值 x(mV)	0.00	2.00	4.00	6.00	8.00	10.00
真值 x_0(mV)	0.01	1.98	4.01	5.97	8.04	9.99
绝对误差 δ(mV)	−0.01	+0.02	−0.01	+0.03	−0.04	+0.01
引用误差 Q(%)	−0.1	+0.2	−0.1	+0.3	−0.4	+0.1

由此可得最大引用误差为：

$$q_{max}=\frac{\delta_{max}}{L}\times 100\%=-0.4\%$$

若仪表为 0.5 级精度，则允许误差为 $Q=\pm 0.5\%$，因 $|q_{max}|<|Q|$，故此仪表合格。

2.1.3.4 仪表的灵敏度与分辨率

灵敏度定义为由于仪表输入的变化所引起的输出的变化 Δy 与输入变化量 Δx 之比值。换句话说，仪表的灵敏度是单位输入量的变化所引起的输出量的变化。上述定义中输入与输出的变化量均是指它们在两个稳态值之间的变化量而言。如灵敏度用符号 S 表示，则可记为：

$$S=\frac{\Delta y}{\Delta x}\quad S=\frac{dy}{dx} \tag{2.10}$$

它是输入与输出特性曲线的斜率。如果系统的输出和输入之间有线性关系，则灵敏度是一个常数。否则，它将随输入量的大小而变化，如图 2.3 所示。

一般希望灵敏度 S 在整个测量范围内保持为常数。这样，可得均匀刻度的

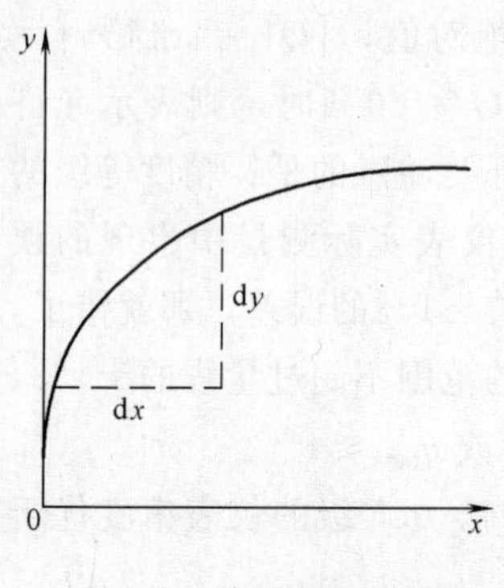

图2.3　检测系统灵敏度

标尺，使读数方便，也便于分析和处理测量结果。

由于输入、输出变化量 Δx 和 Δy 均是有量纲的，所以 S 也是有量纲的。如输入量为温度，$[\Delta x]$=℃。输出量为指针在标尺上的位移，$[\Delta y]$=分格，则 S=分格/℃。如果输入与输出是同类量，则此时 S 可理解为放大倍数。但是仪表的灵敏度比放大倍数的含义要广得多。

如果检测系统由多个环节组成，各环节的灵敏度分别为 s_1、s_2、s_3，而且各环节以图2.4所示的那样串联的方式相连接，则整个系统的灵敏度可用下式表示：

$$S=s_1 \cdot s_2 \cdot s_3 \tag{2.11}$$

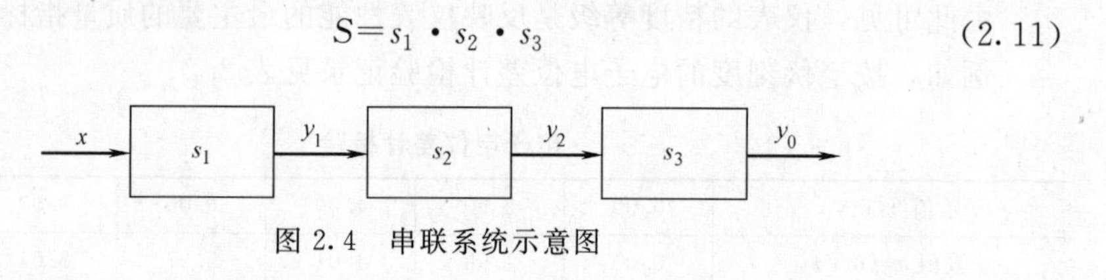

图2.4　串联系统示意图

线性标尺仪表的灵敏度为一常数；非线性标尺仪表的灵敏度为一变量。在标尺各处，S 值不同。当仪表标尺的零点迁移时，标尺零点及仪表测量范围变化，仪表量程及灵敏度不变。当量程迁移时，灵敏度、量程及测量范围均变化，仅标尺零点不变。

仪表灵敏度高，仪表示值读数的精度可以提高，但仪表的灵敏度应与仪表的精度等级相适应，前者应略高于后者。过高的灵敏度提高不了检测的精度，反而会带来读数的不稳定。

分辨率是指检测仪表能够精确检测出被测量的最小变化的能力。输入量从某个任意值（非零值）缓慢增加，直到可以测量到输出的变化为止，此时的输入量就是分辨率。它可以用绝对值，也可以用量程的百分数来表示。它说明了检测仪表响应与分辨输入量微小变化的能力。灵敏度愈高，分辨率愈好。一般模拟式仪表的分辨率规定为最小刻度分格值的一半，数字式仪表的分辨率是最后一位的一个字。

灵敏度与分辨率是说明仪表性能的重要指标。灵敏度越高，分辨率越好，二者也应是相适应的。

2.1.3.5　变差

仪表处在正常工作条件时，令被测量逐渐增加（称之为上行）和逐渐减少（称之为下行），对于仪表的同一示值，上述两次测量值的代数差的绝对值，也即上行读数与下行读数代数差的绝对值被称为变差。设上行读数为 $x_上$，下行读数为 $x_下$，则变差 υ 记为：

$$\upsilon=|x_上-x_下| \tag{2.12}$$

根据定义，若上行误差为 $\delta_上$，下行误差为 $\delta_下$，则变差又可表示为：

$$\upsilon=|\delta_上-\delta_下| \tag{2.13}$$

如果仪表的变差除以量程的结果在允许误差范围之内，则此仪表合格。

变差又称回差，反映在仪表检验时所得的上升曲线和下降曲线常出现不重合的现象。其原因可能是由于仪表内某些元件有能量的吸收，例如弹性变形的滞后现象，磁性元件的磁滞现象；或是由于仪表内传动机构的摩擦、间隙等造成。

2.1.3.6 漂移

一定工作条件下，保持输入信号不变时，输出信号随时间或温度的缓慢变化称之为漂移。随着时间的漂移称为时漂，随着环境温度的漂移称之为温漂。例如，弹性元件的时效，电子元件的老化，放大线路的温漂，热电耦热电极的污染等均为漂移。

漂移能够说明仪表工作的稳定性能，需要长时间运行的仪表，这项指标更为重要。

2.1.3.7 可靠性

现代工业生产的自动化程度日益提高，仪表的任务不仅要提供检测数据。而且以此为依据，直接参与生产过程的控制，因此仪表在生产过程中的地位越来越重要。仪表出现故障往往会导致严重的事故，为此必须加强仪表可靠性的研究，提高仪表的质量。

衡量仪表可靠性的综合指标是有效度，其定义为：

有效度＝平均无故障工作时间/(平均无故障工作时间＋平均修复时间)

对于使用者来说，当然希望平均无故障工作时间尽可能长，同时又希望平均修复时间尽可能短，也即有效度的数值越大越好。此值越接近 1，仪表工作越可靠。

2.1.3.8 响应时间

仪表的响应时间定义为：当仪表输入阶跃变化时，仪表输出从一个稳态到另一稳态值（有些情况下取其 90%）所需的时间。

当仪表输入从一稳态到另一稳态突然变化时，只有经过一定时间稳定之后，才有相应的输出响应。这是因为仪表的传感器响应输入量的变化需要时间，仪表各个环节信号的放大、传输和变换均需有一定的时间。

上面仅介绍了仪表的某些主要性能指标。应当注意，在不同的文献中某些指标的概念可能有差别，有待于统一。有些指标在不同情况下，定义的方法也会有不同，另外专门的仪表还需专门指标等。

2.1.4 检测仪表的发展方向

21世纪是人类全面进入信息电子化的时代。随着人类探知领域和空间的拓展，使得人们需要获得的电子信息种类日益增加，要求加快信息传递的速度和增强信息处理的能力。因而要求与此相对应的信息技术中的三大核心技术——信息采集技术（检测技术）、信息传递技术（通信技术）和信息处理技术（计算机技术）必须跟上人类信息化飞速发展的需要。

21世纪切期，检测领域的主要技术将在现行基础上予以延伸和提高，并加速新一代检测仪表的开发和产业化。

（1）微电子机械系统技术（MEMS）的出现是传统机械加工技术的巨大变革，具有划时代的意义。微电子机械系统技术将成为21世纪检测仪表领域中带有革命性变化的高新技术。采用MEMS制作的微传感器与微系统，具有划时代的微小体积、低成本、高可靠等独特的优点。预计由微检测器、微执行器以及信号和数据处理装置集成的微检测系统将很快进入商业市场。

（2）新型敏感材料将加速开发，纳米材料与技术的发展，微电子、光电子、生物化学、信息处理等各学科、各种新技术的相互渗透和综合利用，可望研制出一批新颖、先进的检测器，如：新一代光纤检测器、生物检测器、诊断检测器、超导检测器、智能检测器以及模糊检测器等。

敏感技术发展的总趋势是小型化、集成化、多功能化、智能化和系统化。检测器将从具有单纯判断功能发展到具有学习功能，最终发展到具有创造能力。其表现如下：

1）检测器的多功能化。检测器的多功能化经历了以下几个阶段：最初是孤立的检测器件，只能检测单一的量；后来把多个不同功能的检测器集成在一起，可以检测多种量；目前检测器的多功能化进展处于把电子线路与检测器集成在一起，能够实现信号处理，以及加上机械结构，使之具有执行功能，甚至把能源也集成在一起，实现有源、智能、多功能检测器系统的阶段。

2）向模糊识别方向发展。从检测器的模式看，微观信息由人工智能完成，感觉信息由神经元完成，宏观信息由模糊识别完成。以往检测器的局限性在于它只见树木不见森林，只见微观不见宏观，未来的神经元加模糊识别传感器将既见树木又见森林。

3）检测器由经典型向量子型转化。以往的检测器由于尺寸大，可以用经典物理很好地描述。随着检测器尺寸的微小型化，量子效应将越来越起支配作用。从波动理论来看，当尺寸大的时候是光波发挥作用，在量子效应起支配作用的范围内，电子波（得布罗意波）将发挥作用。在将来，把两种波统一在一起的统一波（Union Wave）将用来揭示检测器的工作规律。

由数字检测器向模拟检测器发展。目前检测器的转换原理是以数字方式工作的。数字方式的含义并不是说检测量与输出量是数字编码形式，而是指它的检测方式是检测时间轴上的一点（瞬间），空间轴上的一点（零维），是单一检测量。未来的检测器将在时间上实现广延。空间上实现扩张（三维）。检测量实现多元，检测方式实现模糊识别。从这个意义上讲，传感器的识别方式将由数字方式向模拟方式发展。

2.2 典型水质检测仪表

2.2.1 pH 值检测仪表

pH 值是最常用的水质指标之一。它表示水的酸碱性的强弱，而酸度或碱度是水中所含酸或碱物质的含量。

2.2.1.1 pH 测量原理

pH 是氢离子活度的负对数：

$$pH = -\lg\alpha \tag{2.14}$$

式中 α——氢离子活度；

pH——氢离子活度的负对数。其中“p”只表明了在离子和变量之间有一种指数相关的数学关系。带一价正电荷的氢离子存在于全部水溶液中。在稀溶液中，氢离子活度近似等于其浓度。

pH 的测量常用电极电位法，该方法是基于两个电极上所发生的电化学反应。用电极电位法测量溶液 pH 值，可以获得较准确的结果。

电极电位法的原理是用两个电极插在被测量溶液中，如图 2.5 所示，其中一个电极为指示电极（如玻璃 pH 电极），它的输出电位随被测溶液中的氢离子活度变化而变化；另一个电极为参比电极（例如氯化银电极），其电位是固定不变的。上述两个电极在溶液中构成了一个原电池，该电池所产生的电动势 E 的大小与溶液的 pH 值有关，可以

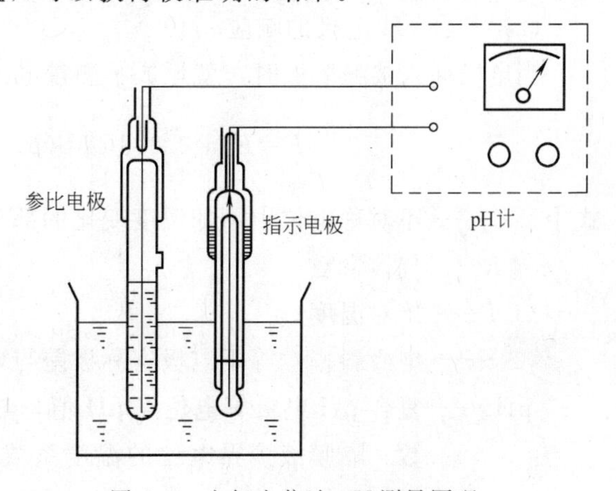

图 2.5 电极电位法 pH 测量原理

用下式表示：

$$E=E^{*}-D\cdot \mathrm{pH} \tag{2.15}$$

式中 E——测量电池产生的电动势；

E^{*}——测量电池的电动势常数（与温度有关）；

pH——溶液的 pH 值；

D——测量电极的响应极差（与温度有关）。

因此，若已知 E^{*} 和 D，则只要准确地测量两个电极间的电动势，就可以测得溶液的 pH 值了。

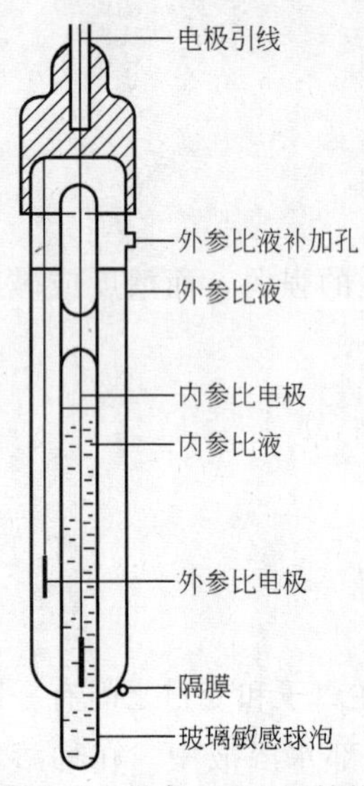

图 2.6 复合 pH 电极结构

根据电极电位法原理构成的 pH 测量系统，都由发送器（即电极部分）和测量仪器（如变送器等）两大部分组成。即对溶液 pH 值的测量，实际上是由发送器所得毫伏信号经由测量仪表放大指示其 pH 值。该发送器所得的毫伏信号实际上就是由指示电极、参比电极和被测溶液所组成的原电池的电动势。

2.2.1.2 复合 pH 电极

工业在线检测 pH 值大都使用复合 pH 电极，因为复合 pH 电极便于安装、标定与使用。

(1) 复合 pH 电极结构

复合 pH 电极结构如图 2.6 所示，它的杆身由内外两个玻璃管构成，其中心为 pH 指示电极，外部为参比电极及参比电解液（也称外参比系统），这种结构不但便于安装与使用，而且外参比液也起屏蔽作用，以防电气干扰作用于指示电极。

(2) 复合 pH 电极的响应

当电极插入被测溶液时，就形成了测量电池系统。复合 pH 电极的响应为：

$$E=E_{\mathrm{s}}+2.303RTS(\mathrm{pH_s}-\mathrm{pH})/F \tag{2.16}$$

式中 E_{s}——不对称电位中不随温度变化的部分，称为等电位点电位；

R——气体常数；

T——绝对温度；

S——电极斜率，等于电极实际极差与理论极差之比；

$\mathrm{pH_s}$——复合 pH 电极等电位点 pH 值，与电极玻璃膜不平衡电位的温度系数、隔膜液接界电位的温度系数及内、外参比液中氯的离子活度不一致性有关；

F——法拉第常数。

2.2.1.3 pH 测量仪表

pH 测量仪表包括 pH 计和 pH 变送器（也称工业 pH 计）。pH 计和 pH 变送器在功能或结构上的差异在于是否具有信号隔离作用。

工业在线检测用的 pH 装置，必须使用具有信号隔离作用的 pH 测量仪表，否则可能造成外参比电位旁路，使外参比极化，造成显示不稳，使测量误差增大。下面主要讨论工业在线用 pH 测量仪表的基本要求与特点。

（1）pH 测量仪表的基本要求

根据 pH 电极的特点，对工业在线用 pH 测量仪表有下列基本要求：

1）计量特性，高输入阻抗，低输入电流，高稳定性，低漂移，低显示误差；

2）调节特性，要求有零点（定位）调节，斜率（灵敏度）调节，温度补偿调节和等电位点调节；

3）使用特性，要求有 pH 显示，信号隔离和电流或电压信号输出。

（2）pH 测量仪表的主要技术指标

1）仪表的输入阻抗

玻璃 pH 电极内阻约几百兆欧，微小电流流过电极就会引起显著的电压降。因此，pH 测量仪表应有足够高的输入阻抗。所谓仪表输入阻抗是指跨接仪表输入端的等效电阻。为了保证测量误差小于千分之一，仪表输入阻抗应大于测量电池内阻（也即 pH 电极内阻）的 999 倍。

2）仪表输入电流

仪表输入电流是由仪器输入端电子器件的泄漏电流所产生的。输入电流一般随输入端电压变化而变化，由于仪器输入电流会在测量电池等效电阻上产生额外电压，从而造成测量误差，例如当仪表输入电流为 1×10^{-12}A 时，将在内阻为 1000MΩ 的 pH 电阻敏感膜上产生 1mV 的额外电压，引起大约 0.015pH 的测量误差。虽然这一误差在电极标定及样品测量两次操作中可以抵消，但由于输入电流和电极内阻会随时间、温度等条件变化而变化，因此 pH 测量仪表的输入电流不得大于 1×10^{-12}A。

3）仪表的稳定性

仪表的稳定性是一项综合性指标，温度对元件器件的影响、电源引起的波动、仪器的抗干扰特点等都将影响仪器的稳定性。仪表不稳定将直接影响到读数的准确度和重现性，特别是用于连续或自动测量的 pH 测量仪器，对稳定性要求更高，性能良好的仪器当电源电压变化±10%或连续使用 24h 后，显示飘移在±2mV（约±0.03pH）以内，高精密度仪器要求此值在±0.5mV（约±0.007pH）以内。

4）仪表的测量范围及分辨率

目前使用的pH仪表测量范围基本上都设计成0～14pH单位，有些设计成分档可调式。对实验室使用的高精度pH计，分辨率可达0.001pH；工业现场中使用的在线pH变送器，分辨率大都为0.01pH或者0.1pH，因为工业现场影响测量pH准确度的因素主要不是仪表的分辨率，而是其他干扰。

5）仪表的信号隔离及信号输出

工业现场中使用的pH测量仪表，必须具有信号隔离功能及信号输出远传的能力，信号输出格式为电压（0～10mV或0～5V）或电流（0～10mA或4～20mA）信号。

（3）仪表的调节功能

1）零点（定位）调节。为使仪表能够校正电极的零点漂移，pH测量仪表通常的零点补偿范围应不小于±60mV。

2）斜率（灵敏度）调节。pH电极的斜率与理论斜率大都有一定的偏差，且随着电极的使用和老化，其斜率也不断变化，为了保证测量的准确性，pH测量仪表的斜率补偿范围应不小于理论值的90%～105%。

3）温度补偿调节。为了校正温度对电极响应极差的影响，pH测量仪表通常都设计有温度补偿调节功能，一般要求温度补偿范围为0～60℃，特殊场合下使用的pH测量仪表，要求温度补偿范围为－20～＋120℃。

4）等电位点补偿。在非等温环境中测量pH，若想准确测量，所使用的pH测量仪表必须具有等电位点调节。

2.2.1.4 pH测量仪表的改进

（1）新型温度补偿pH测量仪表

pH测量仪表的温度补偿通常有手动和自动温度补偿两种，其原理是改变放大器增益或模数转换器的输出。自动温度补偿通常是由铂或镍热电阻与pH电极一起置于被测溶液中，被测溶液温度改变，将引起该热电阻阻值变化，以达到自动温度补偿之目的。这两种温度补偿方法中，手动调节补偿操作较烦，自动温度补偿由于电极温度与热敏电阻温度难于达到平衡一致，因此补偿误差较大。

近年又采用了第三种温度补偿方法，称为“敏感膜电阻对数温度补偿法”，其原理是利用pH玻璃电极内阻（膜电阻）的对数几乎都正比于温度的倒数这一特点，尽管各支电极之间电阻不同，但其温度系数大致都是±0.006pH/℃。因此，若能对pH电极内阻加以测量，就可换算出pH电极敏感球泡的工作温度，从而进行高精度温度补偿。

（2）智能化的pH测量仪表

微处理器的迅速发展必然应用到pH测量系统这一领域。

微处理器增强了测量仪表的功能，简化了操作。这些智能化仪表控制器部分的心脏，是一个微型数据处理器（CPU），在数字存贮器及一些接口电路支持下，整套仪表可以具有以下功能：

1）pH 测量及显示，温度测量及显示，毫伏测量及显示；

2）pH 电极性能参数自动存贮（前 3 次标定数据，包括电极不对称电位、斜率、漂移和膜电阻）及显示；

3）程控标定电极；

4）自动或手动温度补偿；

5）附加显示窗亮度调节；

6）多个电极（最多 4 个）标定与循环使用；

7）pH 电极及温度传感器故障检查与报警；

8）pH 电极性能参数变化的监视与报警；

9）测量参数的电流输出及高低限报警；

10）系统编程；

11）系统组态；

12）通过数字串行通讯接口，与控制器进行信号传递。

2.2.2 电导率检测仪表

由于电解质在水溶液中以带电离子的形式存在，因此溶液具有导电的性质，其导电能力的强弱称为电导度，简称为电导。所谓水的电导率是指电流通过横截面积各为 $1cm^2$，相距 1cm 的两电极之间水样的电导。水溶液的电导率取决于离子的性质和浓度、溶液的温度和粘度等。测定水和溶液的电导，可以了解水被杂质污染的程度和溶液中所含盐分或其他离子的量。电导率是水质监测的常规项目之一。

2.2.2.1 测定方法及原理

溶液中电解质的电导为电阻的倒数，即：

$$S=\frac{1}{R} \tag{2.17}$$

式中 S——电导（Ω^{-1}）；

R——电阻（Ω）。

一般，溶液的电导是用测量电阻的方法来测定的。根据欧姆定律，在温度一定时，电阻与导体的长度（电极间距离）成正比，与导体的截面积成反比，即：

$$R=\rho\frac{L}{A} \tag{2.18}$$

式中 L——电极间的距离（cm）；

A——电极的截面积（cm^2）；

ρ——电阻率（或称比电阻）（$\Omega\cdot cm$），表示两电极间距离为1cm、电极截面为$1cm^2$的体积内溶液的电阻值。

电阻率的倒数称为电导率：

$$k=\frac{1}{\rho} \tag{2.19}$$

式中　k——电导率（或称为比电导），与溶液的性质有关（$\Omega^{-1}\cdot cm^{-1}$）。

由上述各式可得：

$$k=S\frac{L}{A}=SQ \tag{2.20}$$

式中　Q——电导池常数（电极常数），$Q=\frac{L}{A}$（cm^{-1}）。

对于特定的电导仪，有确定的电极常数。根据此电极常数和在此条件下测得的溶液的电导，便可算出溶液的电导率。

从上可知，只要测得溶液的电阻便可知道溶液的电导，所以，测量电导的仪器实际就是测量电阻的仪器。

2.2.2.2　电导仪

电导仪由电导池系统和测量仪器组成。根据测量电导的原理不同，电导仪可分为平衡电桥式电导仪、电阻分压式电导仪、电流测量式电导仪、电磁诱导式电导仪等。

(1) 平衡电桥式电导仪

R_x（电导池）和R_1、R_2、R_3组成四个桥臂，当电桥调至平衡时，则下式成立：

$$R_x=R_1\frac{R_3}{R_2} \tag{2.21}$$

式中　R_1、R_2——均为标准电阻，称为倍率电阻，其比值可为0.1、1、10、100，以适应不同测量范围的要求；

R_3——带刻度盘的标准可变电阻。

测量时，调节R_3，使电桥输出端AB间电压减小至零（由平衡指示器得知），则电桥达到平衡，故从R_3的刻度盘上可以读出被测溶液的电阻（R_x）或电导（S_x）。其原理如图2.7所示。

(2) 电阻分压式电导仪

电阻分压式电导仪其原理如图2.8所示。

被测溶液电阻（R_x）与分压电阻（R_m）串联，接通外加电源后，构成闭合回路，则R_m上的分压（E_m）为：

$$E_m = \frac{R_m E}{R_x + R_m} = \frac{R_m E}{\frac{1}{S_x} + R_m} \tag{2.22}$$

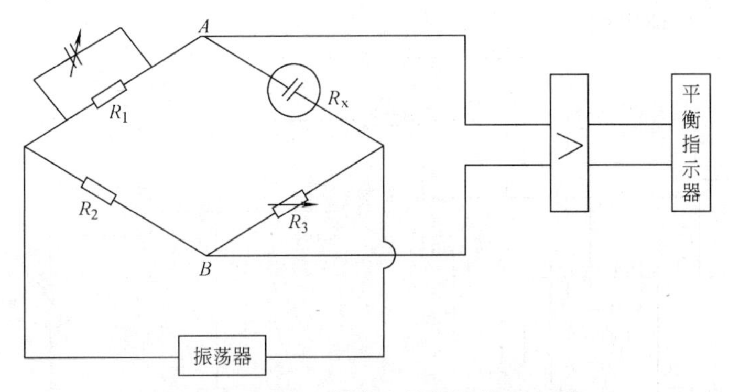

图 2.7 平衡电桥式电导检测仪原理图

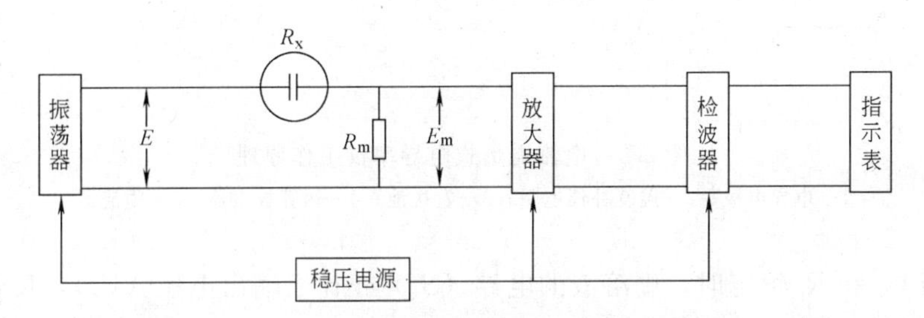

图 2.8 电阻分压式电导仪检测原理图

由上式可知，因为输入电压（E）和分压电阻（R_m）均为定值，则被测溶液的电阻（R_x）或电导（S_x）的变化必将引起输出分压（E_m）的相应变化，所以通过测量 E_m 便可得知 R_x 或 S_x。电导检测仪可直接读出测量结果。

(3) 电流测量式电导率仪

电流测量式电导仪如图 2.9 所示。

运算放大器 4 有两个输入端，其中 A 为反相输入端，B 为同相输入端，它有很高的开环放大倍数。如果把放大器输出电压通过反馈电阻 R_f 向输入端 A 引入深度负反馈，则运算放大器就变成电流放大器，此时流过 R_f 的电流 I_2 等于流过电导池（电阻为 R_x，电导为 S_x）的电流 I_1，即

$$\frac{V_0}{R_x} = \frac{V_c}{R_f} \tag{2.23}$$

$$S_x = \frac{1}{R_x} = \frac{V_c}{V_0} \cdot \frac{1}{R_f} \tag{2.24}$$

式中　V_0——输入电压；

V_c——输出电压；

R_x——溶液电阻；

R_f——反馈电阻。

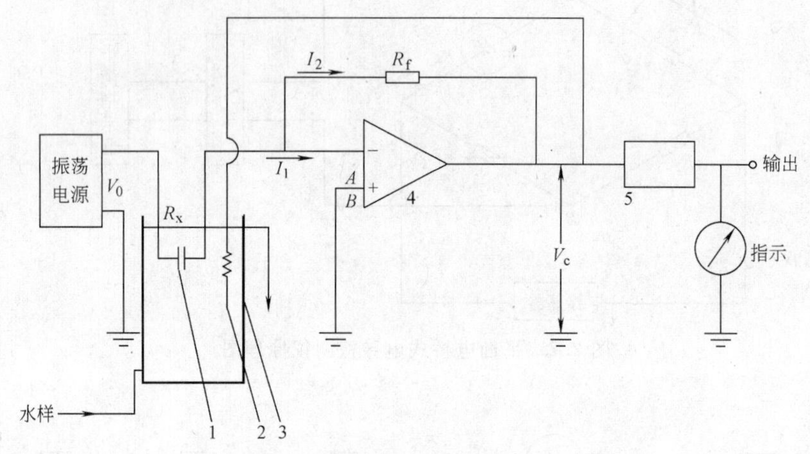

图2.9　电流测量式电导率仪工作原理

1—电导电极；2—温度补偿电阻；3—发送池；4—运算放大器；5—整流器

当 V_0 和 R_f 恒定时，则溶液的电导（S_x）正比于输出电压（V_c），反馈电阻 R_f 即为仪器的量程电阻，可根据被测溶液的电导来选择其值。另外，还可将振荡电源制成多档可调电压供测定选择，以减小极化作用的影响。

2.2.3　溶解氧检测仪表

溶解在水中的分子态氧称为溶解氧。它是水生生物主要的生存条件之一。水中溶解氧的含量与大气压力、水温及含盐量等因素有关。

2.2.3.1　测定方法及原理

测定水中溶解氧的方法有碘量法及修正碘量法和氧电极法。清洁水可用碘量法；受污染的地表水和工业废水采用碘量法或氧电极法。

(1) 碘量法

在水中加入硫酸锰和碱性碘化钾，水中的溶解氧将二价锰氧化成四价锰，并生成氢氧化物沉淀。加酸后，沉淀溶解，四价锰又可氧化碘离子而释放出与溶解氧量相当的游离碘。以淀粉为指示剂，用硫代硫酸钠标准溶液滴定释放出的碘，可计算出溶解氧含量。反应式如下：

$$MnSO_4 + 2NaOH \longrightarrow Na_2SO_4 + Mn(OH)_2 \tag{2.25}$$

$$2Mn(OH)_2+O_2 = 2MnO(OH)_2 \tag{2.26}$$

$$MnO(OH)_2+2H_2SO_4 = Mn(SO_4)_2+3H_2O \tag{2.27}$$

$$Mn(SO_4)_2+2KI = MnSO_4+I_2+K_2SO_4 \tag{2.28}$$

$$2Na_2S_2O_3+I_2 = Na_2S_4O_6+2NaI \tag{2.29}$$

当水中含有氧化性物质、还原性物质及有机物时，会干扰测定，应预先消除并根据不同的干扰物质采用修正碘量法。

(2) 修正碘量法

1) 叠氮化钠修正法。当水样中含有亚硝酸盐会干扰碘量法测定溶解氧，这时可采用叠氮化钠将亚硝酸盐分解后再用碘量法测定。分解亚硝酸盐的反应如下：

$$2NaN_3+H_2SO_4 = Na_2SO_4+2HN_3 \tag{2.30}$$

$$HNO_2+HN_3 = N_2O+N_2+H_2O \tag{2.31}$$

亚硝酸盐主要存在于经生化处理的废水和河水中，它能与碘化钾作用释放出游离碘而产生干扰，即：

$$2HNO_2+2KI+H_2SO_4 = K_2SO_4+2H_2O+2NO+I_2 \tag{2.32}$$

如果反应到此为止，引入的误差尚不大，但当水样和空气接触时，新溶入的氧将和 N_2O_2 作用，再形成亚硝酸盐：

$$2N_2O_2+2H_2O+O_2 = 4HNO_2 \tag{2.33}$$

如此循环，不断地释放出碘，将会引入相当大的误差。

当水样中三价铁离子含量较高时，也会干扰测定，可加入氟化钾或用磷酸代替硫酸酸化来消除这种干扰。

测定结果按下式计算：

$$DO(O_2, mg/L)=\frac{M \cdot V\times 8\times 1000}{V_{水}} \tag{2.34}$$

式中 M——硫代硫酸钠标准溶液浓度（mol/L）；

V——滴定消耗硫代硫酸钠标准溶液体积（mL）；

$V_{水}$——水样体积（mL）；

8——氧换算值。

2) 高锰酸钾修正法。该方法适用于水样中含大量亚铁离子，不含其他还原剂及有机物的情况。用高锰酸钾氧化亚铁离子，消除干扰，过量的高锰酸钾可用草酸钠溶液除去，生成的高价铁离子用氟化钾掩蔽。测量过程同碘量法。

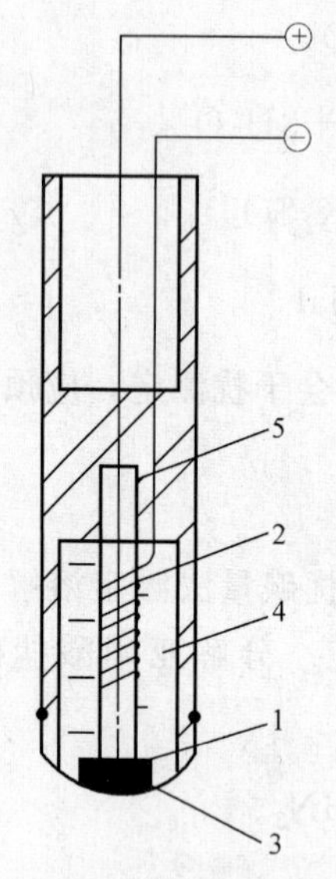

图 2.10　溶解氧电极结构

1—黄金阴极；2—银丝阳极；3—薄膜；4—KCl溶液；5—壳体

(3) 氧电极法

极谱型氧电极的结构如图 2.10 所示。各种溶解氧测定仪均是依据这一原理工作的。由黄金阴极、银—氯化银阳极、聚四氟乙烯薄膜、壳体等部分组成。电极腔内充入氯化钾溶液，聚四氟乙烯薄膜将内电解液和被测水样隔开，溶解氧通过薄膜渗透扩散。

当两极间加上 0.5～0.8V 固定极化电压时，则水样中的溶解氧扩散通过薄膜，并在阴极上还原，产生与氧浓度成正比的扩散电流。电极反应如下：

阴极：$O_2+2H_2O+4e=4OH^-$　　(2.35)

阳极：$4Ag+4Cl^-=4AgCl\downarrow+4e$　　(2.36)

产生的还原电流 $i_{还}$ 还可表示为：

$$i_{还}=K\cdot n\cdot F\cdot A\cdot\frac{p_m}{L}\cdot c_0 \qquad (2.37)$$

式中　K——比例常数；

n——电极反应得失电子数；

F——法拉第常数；

A——阴极面积（mm^2）；

p_m——薄膜的渗透系数；

L——薄膜的厚度（mm）；

c_0——溶解氧的分压或浓度。

电极法测定溶解氧不受水样色度、浊度及化学滴定法中干扰物质的影响，快速简便，适用于现场测定，易于实现自动连续测量。但水样中含藻类、硫化物、碳酸盐、油等物质时，会使薄膜堵塞或损坏，应及时更换薄膜。

(4) 电导测定法

用非导电的金属铊或其他化合物与水中溶解的氧反应生成能导电的离子 Tl^+，反应式如下：

$$2Tl+0.5O_2+H_2O=2Tl^++2OH^- \qquad (2.38)$$

通过测定水样电导率的增量，可求得（换算）溶解氧的浓度。实验表明：每增加 0.035S/cm 的电导率相当于 1mg/L 的溶解氧。此法是测定溶解氧最灵敏的方法之一，也可连续检测。

表 2.3 为各种溶解氧测定方法的技术性能比较。

溶解氧测定方法的比较 表 2.3

方法名称	原 理	特 点	适用范围
碘量法	在水中加入硫酸锰和碱性碘化钾，水中的溶解氧将二价锰氧化成四价锰，并生成氢氧化物沉淀。加酸后，沉淀溶解，四价锰又可氧化碘离子而释放出与溶解氧量相当的游离碘。以淀粉为指示剂，用硫代硫酸钠标准溶液滴定释放出的碘，可计算出溶解氧含量	准确、精密可靠，但受多种杂质干扰	较清洁水
高锰酸钾修正法	用高锰酸钾氧化亚铁离子，消除干扰，过量的高锰酸钾用草酸钠溶液除去，生成的高价铁离子用氟化钾掩蔽	可去除有机物及一些还原性无机物的干扰	$Fe^{2+}>1mg/L$ 的水、受污染的水和生活污水
叠氮化钠修正法	叠氮化钠(NaN_3)在酸性条件下将 NO_2^- 分解破坏	可去除 NO_2^- 的干扰	NO_2^-—N＞0.05mg/L 及 $Fe^{2+}<1mg/L$ 的水、受污染的水和生活污水、经生化处理后的出水
膜电极法	氧敏感薄膜电极由浸没在电解质溶液中的两个金属电极和氧选择性半透膜组成。氧半透膜只允许透过半透膜和其他气体，而几乎完全阻挡水和溶解性固体。透过膜的氧在阴极上还原，产生的扩散电流与水样中氧的浓度成正比，将浓度信号转变成电信号，由电流计读出	不受颜色、浑浊及大多数杂质干扰，快速简便。水样中有氯、溴、碘的气体或蒸汽和二氧化硫时仍有干扰	溶解氧大于0.1mg/L的水样均可适用。尤宜进行水体不同水深和水处理设备运行时的现场连续自动监测
电导测定法	利用非导电元素或化合物与溶解氧反应产生能导电的离子，如氧化氮气与溶解氧生成硝酸根离子，增加电导率，即可求得溶解氧含量	灵敏、准确，但水样须先经离子交换树脂混合床处理以降低原水中的电导率	检测限为几个 μg/L，可监测锅炉管道水中的溶解氧

2.2.3.2 溶解氧监测仪

在水质连续自动监测系统中，广泛采用隔膜电极法测定水中溶解氧。有两种隔膜电极，一种是原电池式隔膜电极，另一种是极谱式隔膜电极，由于后者使用中性内充溶液，维护简便，适用于自动监测系统中，其原理见氧电极法。电极可安装在流通式发送池中，也可浸入于搅动的水样（如曝气池）中。该仪器设有清洗装置，定期自动清洗沾附在电极上的污物。溶解氧连续自动测定原理如图2.11所示。

2.2.4 浊度检测仪表

2.2.4.1 浊度测定与控制的意义

纯净的水，在普通条件下为无色、无味、无嗅之透明液体。在自然界中没有纯净的水，天然水中皆含有杂质。所含杂质如溶解于水中（杂质颗粒大小在

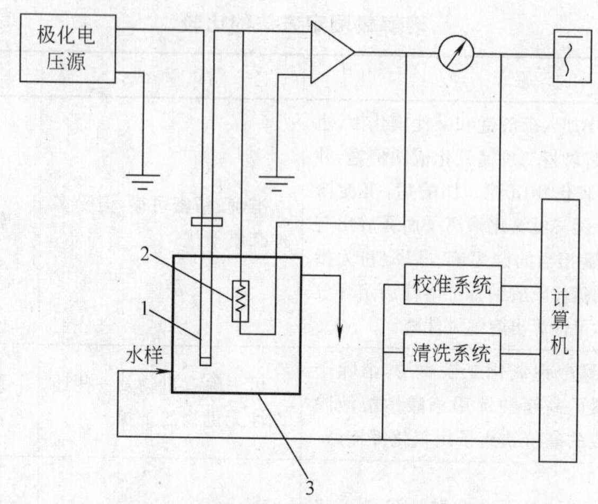

图2.11　溶解氧连续自动测定原理

1—隔膜式电极；2—热敏电阻；3—发送池

10^{-6}mm以下，呈离子和低分子状态时)，将不影响水的透明度。若所含杂质颗粒大小超过10^{-6}mm，如各种有机物质、细菌、藻类、油脂、金属氢氧化物、黏土、砂、砾石等不溶解物，则会影响水的透明度，造成光学的综合现象，遂使人视觉上呈有浑浊的印象。对这一光学现象的度量指标就是浊度。给水排水工程中，在评价水源、选择处理方法、生产过程控制和水质检验等各方面都需要对浊度做严格和精密的测量，特别是在水处理厂制水工序过程中是重要的检测项目。浊度的高低直接关系到供水水质，它不仅与工业产品的质量直接相关，更影响到人民身体健康。据有关医学数据统计表明，出厂水的浊度降低，水中的细菌也按比例下降，特别是需要高余氯才能灭活的病毒在相当程度上是随着浊度的降低而降低的。据统计，随着浊度的降低，供水区居民的肝炎和小儿麻痹症的发病率也随之降低。一个城市的供水人口往往是几万、几十万、甚至几百万，任何时间的出厂水，都有相当大的量是提供人们饮用的。因此，浊度是关系水质卫生安全的重要参数，对水的浊度的准确测量，是非常重要而且很有意义的。

2.2.4.2　浊度的测定方法及基本原理

目前各种类型的浊度仪，全都是利用光电光度法原理制成的。

悬浊液体是光学不均匀性很显著的分散物质。当光线通过这种液体时，会在光学分界面上产生反射、折射、漫反射、漫折射等非常复杂的现象。与液体浊度有关的光学现象有：第一，光能被吸收。任何介质都要吸收一部分在其中传播的辐射能，因而使光线折射透过水样后的亮度有所减弱。第二，水中悬浊物颗粒尺寸大于照射光线的半波波长时，则光线被反射。若此颗粒为透明体，则将同时发生折射现象。第三，颗粒大小小于照射光线的半波波长时，光线将发生散射（或称漫反射、衍射)。由于这些光学现象，当射入试样水的光束强度固定时，透过水样后的光束强度或散射光的强度将与悬浊物的成分、浓度等形成函数关系。根据比尔——朗伯定律和雷莱方程式，可提出如下的函数式：

$$I_t = I_0 e^{-Kdl} \tag{2.39}$$

式中 I_0——射入水样的光束强度；

I_t——透过水样后的光束强度；

K——比例常数；

d——浊度；

l——光线在水样中经过的长度。

$$I_c = PI_0NV^2/\lambda^4 \tag{2.40}$$

式中 I_0——入射光强度；

I_c——散射光强度；

P——比例系数；

N——单位容积内的微粒数；

V——每个微粒的体积；

λ——入射光线的波长。

式（2.40）中 N、V 项代表浊度情况。

以上两个方程式清楚地表示了透射光和散射光强度与浊度的关系。通过光电效应又可将光束强度转换为电流的大小，用以反映浊度。这就是当前各类浊度仪的基本工作原理。

2.2.4.3 浊度仪的分类

浊度仪有不同的分类方法。例如：按照所测浊度范围的高低，可以分为低浊度仪、中浊度仪和高浊度仪；按照表达示数的方式可以分为指针指示式、数字计数式和自动记录式；按照其用途不同，可以分为实验室用（间歇式)、过程监控用（连续式)、高温或高压特殊用途等；按照构造特点，可以分为窗口测定槽式、落流式、振动镜式、积分球式等等。但是，按照浊度测定方法来分类是最为常见的，这可以分为：透射光测定法；散射光测定法；透射光和散射光比较测定法；表面散射光法。

2.2.4.4 浊度仪的基本构造及特点

(1) 透射光测定法

射入液槽的平行测定光束，通过水样受到衰减后到达受光部的光电池或光电管。当液槽通过流动的水样时，则成为连续测定型的仪器。

这种方法结构比较简单，测定范围较广，可以测定高浊度。但其受干扰因素较多，稳定性差。由于液槽窗口玻璃被水样直接接触而污染，以及光源电压波动、灯泡和光电元件的老化、光电元件受温度影响等原因，均会产生误差。同时，光束穿过水样全部长度，受到水样色度的影响大。此外，仪器线性也较差。这些缺点，严重地影响了仪表的各项品质指标。

为了清除窗口玻璃的污垢，可以采用自动清洗的措施。另外，还可以用光束不透过窗口玻璃的结构。落流式就是使测定光束经孔隙透过自上而下的具有一定厚度的带状水流，而没有与水样接触的窗口，所以不会因污染而造成误差。但是，必须注意不要发生水流紊乱和混和气泡等事故，因而这种浊度仪外形要较大些，构造比较复杂。

透射光式浊度仪现已较少采用。

(2) 散射光测定法

来自光源的光束投射到试样水中，由于水中存在悬浊物而产生散射。前已指出，这一散射光的强度与悬浮颗粒的数量和体积（反映浊度情况）成正比，因而可以依据测定散射光强度而知浊度。

按照测定散射光和入射光的角度不同，可以分为90°散射光式、前散射方式和后散射方式。

此方法和前述透射光测定法一样具有测定窗，所以要受窗口污染的影响。同样，可以采用自动清洗或落流式结构来解决。另外，近年又有无测定窗的表面散射光法，这待后面叙述。

散射光法比透射光法能够获得较好的线性，检测感度可以提高（达到0.02NTU以上），色度影响也较小些。这些优点，在低浊度测量时更加明显，因此一些低浊度仪多采用散射光方法而不用透射光方法。

基于散射光测定的各类浊度仪是当前浊度仪的主要形式，国际通用的浊度标准也是以这类浊度仪为基础制定的。

(3) 透射光和散射光比较测定法

这种方法是同时或交替测定透射光和散射光的强度，求出二者之比值来表示浊度的方法。

如果水样中完全没有悬浮杂质，全部的射入光线都能透射而没有散射，浊度即为零。对于有浊度的水样，散射光强度 I_1 将随浊度增大而成比例地提高；而透射光强度 I_2 将反比例地缩小，由于二者向相反的方向差动，则其比值 I_1/I_2 会有较大的变化率。因而这种方法可以提高检测灵敏度，测定感度可以达到0.005NTU。

此方法的优点还有：可以把透射光和散射光的光路做成相等，因而水样色度影响很小；由于使用同一光源和 I_1/I_2 的数学式，补偿了电源变动、光源劣化及环境干扰的影响；窗口接触水样的污染影响也相对减小。另外，可以通过合理地选择接收透射光及散射光的两个光电池的特性及调整两束光路长度等方法，使仪器直线性调整的非常理想。

（4）表面散射光测定法

此方法是把试样水溢流，往溢流面照射斜光，在上方测定散射光的强度来求出浊度。这一方法与散射光法原理相同，但其优点有：

1）因为没有直接接触试样水的玻璃窗口，所以无测定窗污染问题；

2）线性好；

3）色度影响小于散射光法；

4）测定范围广，从 0～2NTU 的低浊度至 0～2000NTU 的高浊度均可以测定。在测定高浊度水样时，可以直接测定而不用稀释。

5）在各种取样流量的范围内都能使用。

6）可以用标准散射板进行校正，日常校正时不用配制标准液。

表面散射光测定的一个主要缺点是：若溶液表面与内部的杂质分布不均匀，就会造成测定误差。例如水中含有少量表面活性剂时，会在水面形成膜，干扰测定。

图 2.12 所示为表面散射式浊度监测仪工作原理图。被测水样进入浊度计本体，去除水样中的气泡后，由顶部溢流流出。顶部经特别设计，使溢流水保持稳定，从而形成稳定的水面。从灯光源射入溢流水面的光束被水样中的颗粒物散射，其散射光被安装在上部的光电池接收，转化为光电流。同时，通过光导纤维装置导入一部分光源作为参比光束输入到另一光电池（图中未画出），两光电池产生的光电流送入运算放大器，并转换成与水样浊度呈线性关系的电信号，用电表指示或记录仪记录。

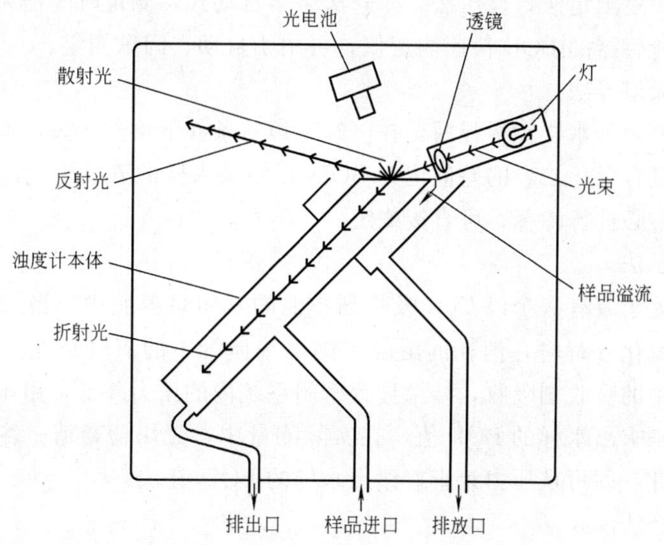

图 2.12 表面散射式浊度自动监测仪工作原理

2.2.4.5　浊度仪的典型产品

表2.4列出了一些典型的在线式浊度仪产品性能指标。

典型在线式浊度仪主要性能指标　　表2.4

型号	测量范围(NTU)	精度	分辨率(NTU)	生产国
1720C	0～100	±2%[(0～30)NTU] ±5%[(30～100)NTU]	0.0001	美国
SS6	0～9999	±5%[(0～2000)NTU] ±10%[(2000～9999)NTU]	0.01[(浊度<100)NTU] 0.1[(浊度100～1000)NTU] 1.0[(浊度>1000)NTU]	美国
Ratio 2000	0～2.0,0～20, 0～200,0～2000	±2%(前3档量程) ±5%(最后一档量程)	优于满量程的0.05%	美国
BSZ-D	0～20	±1%	0.01	中国
BSZ-Z	0～1000	±5%	0.1	中国
BSZ-G	0～9999	±5%～10%	1	中国

2.2.5　生化需氧量（BOD）检测仪表

生化需氧量（BOD）是指在有溶解氧的条件下，好氧微生物在分解水中的有机物的生物化学氧化过程中所消耗的溶解氧量。同时亦包括硫化物、亚铁等还原性无机物质氧化所消耗的氧量，但这部分通常仅占很小的比例。

2.2.5.1　测定方法及原理

BOD的测定方法有五天培养法、检压法、库仑法、微生物电极法等。五天培养法为实验室测定法；检压法、库仑法为半自动式，测定时间仍为五天；微生物膜电极为传感器的BOD快速测定仪，可用于自动、间歇测定。

(1) 五天培养法

其测定原理是水样经稀释后，在(20±1)℃条件下培养5天，求出培养前后水样中溶解氧含量，二者的差值记为BOD_5。如果水样的五日生化需氧量未超过7mg/L，则不必进行稀释，可直接测定。

(2) 检压法

将水样置于装有一个以CO_2吸收剂小池的密闭培养瓶中，当水样中的有机物被微生物氧化分解时，消耗的溶解氧则由气体管中的氧气补充，产生的CO_2又被吸收池中的吸收剂吸收，结果导致密闭系统内的压力降低，用压力计测出的压力降低值来求出水样的BOD值，在实际测量中，先用葡萄糖—谷氨酸标准溶液校正压力计，即可从压力计直接读出水样的BOD值。

(3) 库仑法

库仑法是在检压法的基础上发展起来的一种BOD检测技术。与检压法不同的是，库仑法中微生物氧化分解有机物所消耗的氧由电解产生的氧气来供给和补充，电解槽通过密闭气路的压差由导电溶液的继电回路自动控制，可保持培养瓶上部的氧气的相对稳定状态，这样可使测定的结果更加准确。

（4）微生物电极法

微生物电极是一种将微生物技术与电化学检测技术相结合的传感器，其结构如图 2.13 所示。主要由溶解氧电极和紧贴其透气膜表面的固定化微生物组成。响应 BOD 物质的原理是当将其插入恒温、溶解氧浓度一定的不含 BOD 物质的底液时，由于微生物的呼吸活性一定，底液中的溶解氧分子通过微生物膜扩散进入氧电极的速率一定，微生物电极输出一稳态电流；如果将 BOD 物质加入底液中，则该物质的分子与氧分子一起扩散进入微生物膜，因为膜中的微生物对 BOD 物质发生同化作用而耗氧，导致进入氧电极的氧分子减少，并在几分钟内降至新的稳态值。在适宜的 BOD 物质浓度范围内，电极输出电流降低值与 BOD 物质浓度之间呈线性关系，而 BOD 物质浓度又和 BOD 值之间有定量关系，以此计算出 BOD 值。

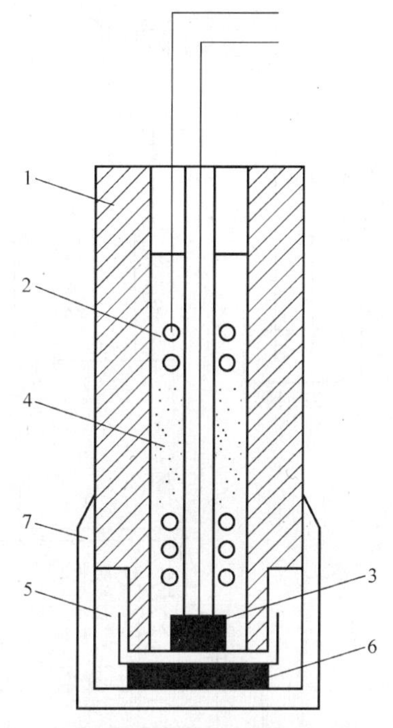

图 2.13 微生物膜电极结构

1—塑料管；2—Ag-AgCl 电极；3—黄金片电极；4—KCl 内充液；5—聚四氟乙烯薄膜；6—微生物膜；7—压帽

2.2.5.2 BOD 监测仪

（1）微生物膜电极 BOD 测定仪

微生物膜电极 BOD 测定仪的工作原理如图 2.14 所示。该测定仪由测量池（装有微生物膜电极、鼓气管及被测水样）、恒温水浴、恒电压源、控温器、鼓气泵及信号转换和测量系统组成。恒电压源输出 0.72V 电压，加于 Ag—AgCl 电极（正极）和黄金电极（负极）上。黄金电极因被测溶液 BOD 物质浓度不同产生的极化电流变化送至阻抗转换和微电流放大电路，经放大的微电流再送至 I/V 和 A/D 转换电路，或 I/V 和 V/F 转换电路，转换后的信号进行数字显示或由记录仪记录。仪器经用标准 BOD 物质溶液校准后，可直接显示被测溶液的 BOD 值，并在 20min 内完成一个水样的测定。该仪器适用于多种易降解废水的 BOD 监测。

（2）库仑法 BOD 测定仪

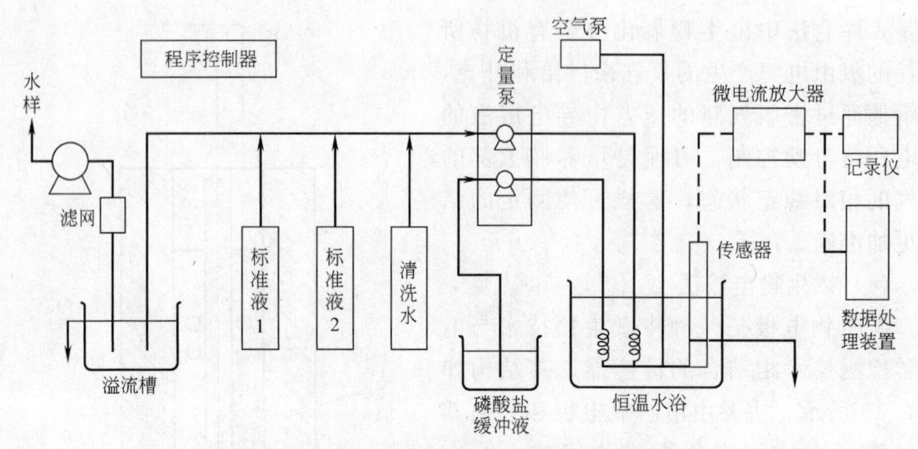

图 2.14 微生物膜电极 BOD 测定仪原理图

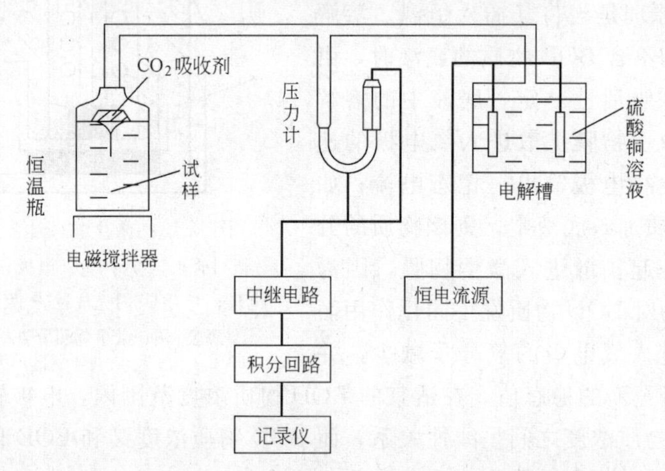

图 2.15 库仑法 BOD 测定仪组件和结构示意图

仪器的结构如图 2.15 所示。将经过预处理的试样置于培养瓶中，并和作为 CO_2 吸收剂的碱石灰一起密封后放在恒温箱内（保持温度（20±1)℃），同时用电磁搅拌器不断搅拌。由于瓶中好氧微生物的作用，水样中所含有机物发生好氧降解，消耗溶解氧而释出 CO_2，培养瓶中装的碱石灰将 CO_2 吸收，同时培养瓶上部空间中的氧气溶入水样以补充消耗掉的溶解氧，结果使瓶内处于减压状态，这种状态被电磁式压力计检出，使中继电路动作，驱动电解装置进行硫酸铜的恒电流电解，由电解产生氧气补充给密闭的培养瓶，当瓶内压力恢复原状时，电解又自动停止。在 BOD 测定时间内，由电解产生的氧量就相应于水样的 BOD 值，可按下式求出：

$$O_2(g)=\frac{16It}{2\times 96487} \tag{2.41}$$

式中 I——电解时的电流强度（A）；

t——电解时间（s）。

2.2.6 化学需氧量（COD）检测仪表

化学需氧量（COD）是指在一定的条件下，氧化1L水样中还原性物质所消耗的氧化剂的量，以氧的mg/L表示。水中还原性物质包括有机物和亚硝酸盐、硫化物、亚铁盐等无机物。

化学需氧量反映了水中受还原性物质的污染的程度。

2.2.6.1 测定方法及原理

测定COD的方法常用重铬酸钾法和酸性高锰酸钾法，分别记作COD_{Cr}和COD_{Mn}（又称高锰酸盐指数）。

（1）重铬酸钾法

定量的重铬酸钾在强酸性溶液中将有机物氧化，剩余的重铬酸钾以邻菲罗啉为指示剂，用硫酸亚铁铵回滴，由实际消耗的重铬酸钾的量，计算水样的化学耗氧量。反应式如下：

$$Cr_2O_7^{2-}+14H^++6e\longrightarrow 2Cr^{3+}+7H_2O \quad (2.42)$$

$$Cr_2O_7^{2-}+14H^++6Fe^{2+}\longrightarrow 6Fe^{3+}+2Cr^{3+}+7H_2O \quad (2.43)$$

（2）酸性高锰酸钾法

水样在酸性条件下，加入高锰酸钾溶液，在沸水浴中加热30min，使水中有机物被氧化，剩余的高锰酸钾以草酸回滴，然后根据实际消耗的高锰酸钾量计算出化学耗氧量。其反应式为：

$$4MnO_4^-+5C+12H^+\longrightarrow 4Mn^{2+}+5CO_2\uparrow+6H_2O \quad (2.44)$$

$$5C_2O_4^{2-}+2MnO_4^-+16H^+\longrightarrow 2Mn^{2+}+10CO_2\uparrow+8H_2O \quad (2.45)$$

$$2MnO_4^-+5C_2O_4^{2-}+16H^+\longrightarrow 2Mn^{2+}+10CO_2\uparrow+8H_2O \quad (2.46)$$

（3）其他测定方法

除上述方法外，测定COD的方法还有密封管法、比色法、氧化还原电位法、滴定法及恒电流库仑法。这些方法所使用的氧化剂和反应原理与COD_{Cr}和COD_{Mn}完全相同，只是在某些方面，特别是检测手段上做了一些改进而已。

1）密封管法。与其他方法不同之处在于是使用密封管，而不是加热回流。测定时将样品和氧化剂及催化剂密封于管中，在150℃下加热2h，使样品中有机物完全氧化，然后测定出氧化剂的剩余量，计算出样品COD。

2）比色法。测定时将水样、$K_2Cr_2O_7$溶液、硫酸及硫酸银置于三角瓶，准确加热回流10min，冷至室温后于600nm处测定Cr（Ⅲ）的吸光度，再根据用COD标准溶液（邻苯二甲酸氢钾）绘制的标准曲线计算出样品的COD值。

3）氧化还原电位滴定法。水样被自动输入到检测水槽，与硫酸溶液、硫酸银溶液及高锰酸钾溶液经自动计量后，被自动输送至氧化还原反应槽，温度调节器将水浴温度自动调节到沸点，反应30min，立即准确注入10mL草酸标准溶液，终止氧化反应。过量的草酸以高锰酸钾溶液回滴，用电位差计测定铂指示电极和饱和甘汞电极之间的电位差，确定反应终点，求出高锰酸钾标准溶液的消耗量，用反应终点指示器将其滴定耗去的容量转为电信号，经运算回路变为COD值。

4）恒电流库仑分析法。首先让水样与0.05mol/L的高锰酸钾混合后在沸水浴中反应30min，在反应终了的溶液中加入Fe^{3+}，将恒电流电产生的Fe^{2+}作为库仑滴定剂，与溶液中剩余的高锰酸钾反应，当反应达到终点时，电解停止。由电流与时间可知电解所消耗的电量。根据法拉第定律，求剩余的高锰酸钾的量，计算出高锰酸钾的实际用量，并换算为COD值及显示读数。测定过程中，水样及试剂加入量均自动计量。

各种检测方法见表2.5。

COD测定方法比较 **表2.5**

方法名称	原 理	特 点	适用范围
重铬酸钾法	水在酸性溶液中加热回流2h，一定量的重铬酸钾氧化水中的还原物质，过量的重铬酸钾以试亚铁灵为指示剂，用硫酸亚铁铵标准溶液滴定	准确，但测定费时	<50mg/L
酸性高锰酸钾法	水样在酸性条件下，加入高锰酸钾溶液，使水中有机物被氧化，剩余的高锰酸钾以草酸回滴，然后根据实际消耗的高锰酸钾量计算出化学耗氧量	操作简便	Cl^-<300mg/L
碱性高锰酸钾法	在碱性溶液中，高锰酸钾氧化水中的还原性物质，酸化后，加入过量的草酸钠溶液，再用高锰酸钾溶液滴定至微红色	操作简便	Cl^->300mg/L
恒电流库仑法	首先让水样与0.05mol/L的高锰酸钾混合后在沸水浴中反应30min，在反应终了的溶液中加入Fe^{3+}，产生的Fe^{2+}作为库仑滴定剂，与溶液中剩余的高锰酸钾反应，当反应达到终点时，电解停止。由电流与时间可知电解所消耗的电量。根据法拉第定律，求剩余的高锰酸钾的量，计算出高锰酸钾的实际用量，并换算为COD值及显示读数	简便、快速，试剂用量少	(0.05～10)mg/L
密封管法	测定时将样品和氧化剂及催化剂密封于管中，在150℃下加热2h，使样品中有机物完全氧化，然后测定出氧化剂的剩余量，计算出样品COD	快速，节省试剂	(50～2500)mg/L
比色法	测定时将水样、$K_2Cr_2O_7$溶液、硫酸及硫酸银置于三角瓶，准确加热回流10min，冷至室温后于600nm处测定Cr(Ⅲ)的吸光度，再根据用COD标准溶液(邻苯二甲酸氢钾)绘制的标准曲线计算出样品的COD值	操作简便，节省试剂	(10～100)mg/L，大批量样品的测定

2.2.6.2 COD测定仪

(1) 库仑法COD测定仪

库仑法COD测定仪的工作原理如图2.16所示。

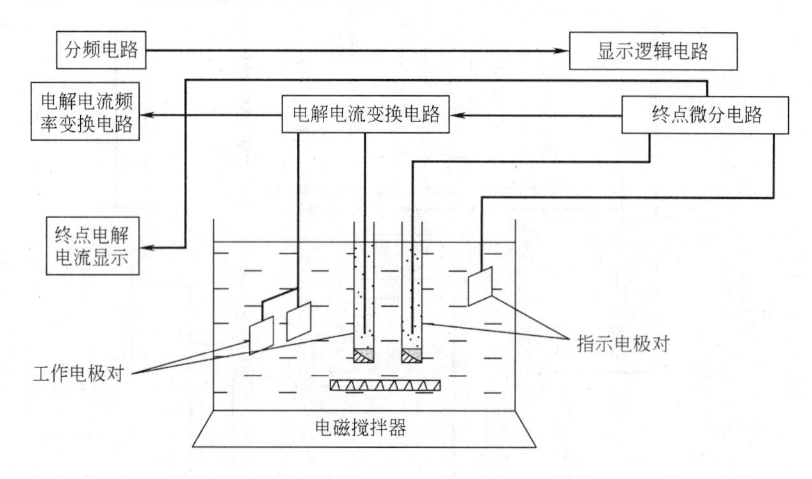

图2.16 库仑法COD测定仪工作原理

由库仑滴定池、电路系统和电磁搅拌器等组成。库仑池由工作电极对、指示电极对及电解液组成。其中，工作电极对为双铂片工作阴极和铂丝辅助阳极（置于充满3mol/L硫酸，底部具有液络部的玻璃内），用于电解产生滴定剂；指示电极对为铂片指示电极（正极）和钨棒参比电极（负极，置于充饱和硫酸钾溶液、底部具有液络部的玻璃管中），以其电位的变化指示库仑滴定终点。电解液为10.2mol/L硫酸、重铬酸钾和硫酸铁混合液。电路系统由终点微分电路、电解电流变换电路、频率变换积分电路、数字显示逻辑运算电路等组成，用于控制库仑滴定终点，变换和显示电解电流，将电解电流进行频率转换、积分，并根据电解定律进行逻辑运算，直接显示水样的COD值。

(2) 高锰酸盐指数自动测定仪

工作原理如图2.17所示。

在程序控制器的控制下，依次将水样、硝酸银溶液、硫酸溶液和0.005mol/L高锰酸钾溶液经自动计量后送入置于100℃恒温水浴中的反应槽内，待反应30min后，自动加入0.0125mol/L草酸钠溶液，将残留的高锰酸钾还原，过量草酸钠溶液再用0.005mol/L高锰酸钾自动滴定，到达滴定终点时，指示电极系统（铂电极和甘汞电极）发出控制信号，滴定剂停止加入。数据采集与处理系统计算出水样消耗的标准高锰酸钾溶液量，并直接显示或记录高锰酸钾指数。测定过程一结束，反应液从反应槽自动排出，继之用清洗水自动清洗几次，将整机恢复至初始状态，再进行下一个周期测定，每一测定周期需1h。

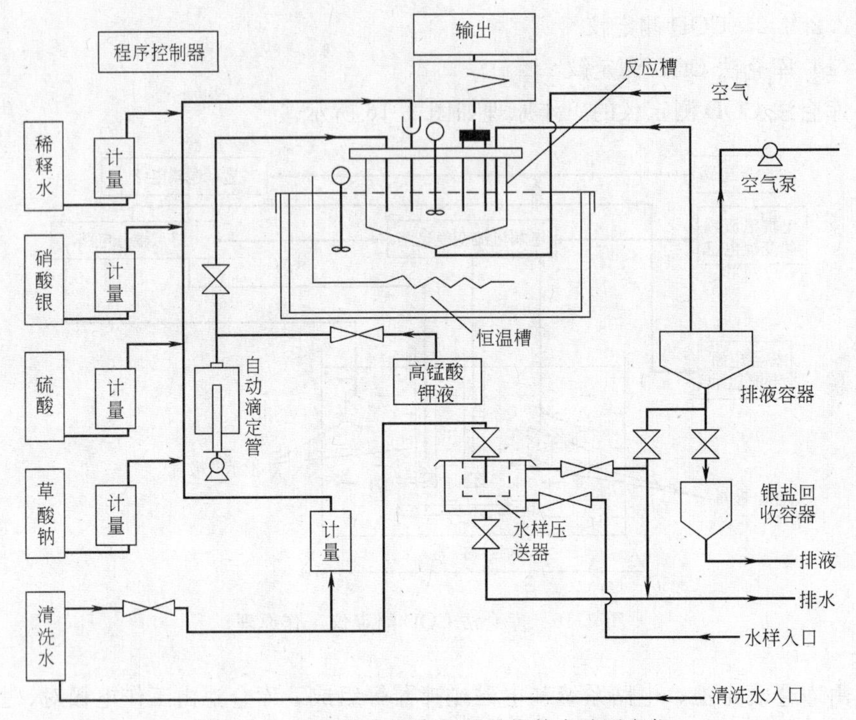

图 2.17　电位滴定式高锰酸盐指数自动测定仪

2.2.7　紫外（UV）吸收检测仪表

由于溶解在水中的不饱和烃和芳香族化合物等有机物对 254nm 附近的光有强烈的吸收，而对可见光吸收甚微。水中的无机物对紫外光吸收也甚微，因此，对特定水域或废水，可根据其对紫外光的吸收大小来反映受有机物的污染程度，这种方法易实现自动化，同时测定的吸光度与 BOD、COD、TOD 之间也有很好的相关性。

(1) 测定方法及原理

分光光度法是选一定波长的光照射被测物质溶液，测量其吸光度，再依据吸光度计算出被测组分的含量。计算的理论根据是“吸收定律”，即朗伯—比尔定律。

朗伯—比尔定律：是指当一束平行单色光通过均匀、非散射的稀溶液时，溶液对光的吸收程度与溶液的浓度及液层厚度的乘积成正比，即：

$$A=KCL \tag{2.47}$$

式中　A——吸光度；

C——溶液浓度；

L——液层厚度；

K——比例常数。

(2) UV（紫外）吸收测定仪

双波长 UV 吸收自动测定仪工作原理如图 2.18 所示。

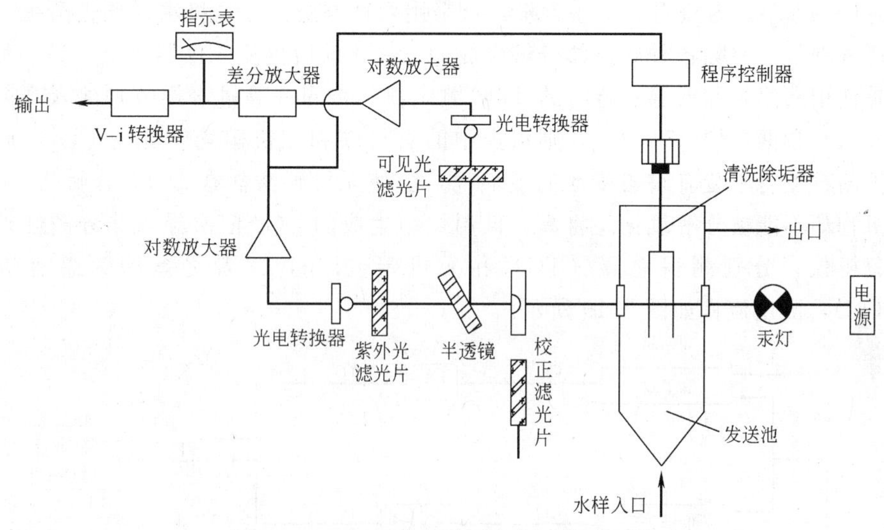

图 2.18　UV 吸收自动测定仪工作原理图

低压汞灯发出约 90%的 254nm 紫外光束，通过水样发送池后，聚焦并射到与光成 45°角的半透射半反射镜上后，将其分成两束，一束经紫外光滤片得到 254nm 紫外光（测量光束），射到光电转换器上，将光信号转换成电信号，它反映了水中有机物对 254nm 光的吸收和水中悬浮粒子对该波长光吸收及散射而衰减的程度；另一束光成 90°角反射，经可见光滤光片滤去紫外光（参比光束）射到另一光电转换器上，将光信号转换成电信号，它反映水中悬浮粒子对参比光束（可见光）吸收和散射后的衰减程度。假设悬浮粒子对紫外光的吸收和散射与对可见光的吸收和散射近似相等，则两束光的电信号经差分放大器做减法运算，这样可消除水中悬浮粒子对有机物测定的影响。差分放大器输出信号即为水样中有机物对 254nm 紫外光的吸光度，消除了悬浮粒子对测定的影响。仪器可直接显示有机物的浓度。

2.2.8　总有机碳（TOC）检测仪表

TOC 是以碳的含量表示水中有机物质总量的一项综合性指标，单位为 mg C/L。TOC 标志着有机物的含量，反映了水中总有机物的污染程度。

(1) 测定方法及原理

目前广泛应用的测定 TOC 的方法是燃烧氧化—非分散红外吸收法，其测定原理是：将一定量水样注入高温炉内的石英管，在 900～950℃温度下，以铂和三氧化二铬为催化剂，使有机物燃烧裂解转化为二氧化碳，然后用红外线气体分析仪测定 CO_2 含量，从而确定水样中碳的含量。

因为在高温下，水样中的碳酸盐也分解产生二氧化碳，故上面测得的为水中的总碳（TC）。为获得有机碳含量，可采用两种方法：一是将水样预先酸化，通入氮气曝气，驱除各种碳酸盐分解生成的二氧化碳后再注入仪器测定。另一种方法是使用高温炉和低温炉皆有的 TOC 测定仪。将同一等量水样分别注入高温炉（900℃）和低温炉（150℃），则水样中的有机碳和无机碳均转化为 CO_2，而低温炉的石英管中装有磷酸浸渍的玻璃棉，能使无机碳酸盐在 150℃分解为 CO_2，有机物却不能被分解氧化。将高、低温炉中生成的 CO_2 依次导入非分散红外气体分析仪，分别测得总碳（TC）和无机碳（IC），二者之差即为总有机碳（TOC），测定流程如图 2.19 所示。

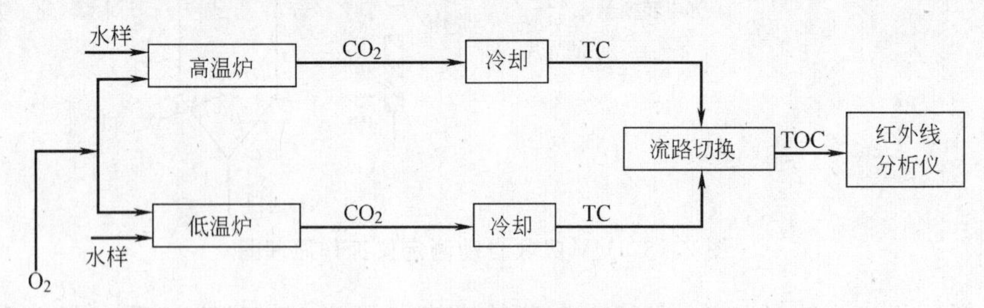

图 2.19　TOC 分析仪流程

有机碳的各种测定方法的比较见表 2.6。

总有机碳测定方法比较　　**表 2.6**

方法名称	原　理	特　点	适用范围
燃烧氧化—非分散红外吸收法	差减法：水样被分别注入高温（900℃）燃烧管和低温（150℃）反应管中，经两管产生的二氧化碳气体依次导入非分散红外检测器中，从而分别测得水中的总碳和总无机碳，两者之差，即为总有机碳。 吹脱法：将水样酸化后曝气（最好用氮气吹脱），使各种碳酸盐分解生成的二氧化碳被驱除后，再注入高温燃烧管中，生成的二氧化碳进入非分散红外检测器中而直接测得总有机碳	操作简便，重视性好，灵敏度高。 曝气时会造成水样中挥发性有机物的损失。因此，测得的结果实际是不可吹脱的有机物	最低检出限为 0.5mg/L
过硫酸盐—紫外氧化法	在紫外线的照射下，水样中的有机碳被过硫酸盐氧化生成二氧化碳，二氧化碳可用非分散红外检测器测定	测定水中痕量有机物快速准确	最低检出限为 0.05mg/L
湿式氧化法	将水样酸化后曝气以去除无机碳，再在高压釜中以 116～130℃用过硫酸盐氧化，生成的二氧化碳用非分散红外检测器测定	不适用于测定挥发性有机物	最低检出限为 0.10mg/L

（2）TOC 监测仪

TOC 自动监测仪是根据非分散红外线吸收法原理设计的，有单通道和双通道两种类型。图 2.20 所示为单通道型仪器的流程图。用定量泵连续采集水样并送入混合槽，在混合槽内与以恒定流量输送来的稀盐酸溶液混合，使水样 pH 达到2～3，则碳酸盐分解为 CO_2，经除气槽随鼓入的氮气排出。已除去无机碳化合物的水样和氧气一起进入 850～950℃的燃烧炉（装有催化剂），则水样中的有机碳转化为 CO_2 经除湿后，用非色散红外分析仪测定，用邻苯二甲酸氢钾作标准物质定期自动对仪器进行校正。图 2.21 所示为双通道型 TOC 自动测定仪的工作原理图。

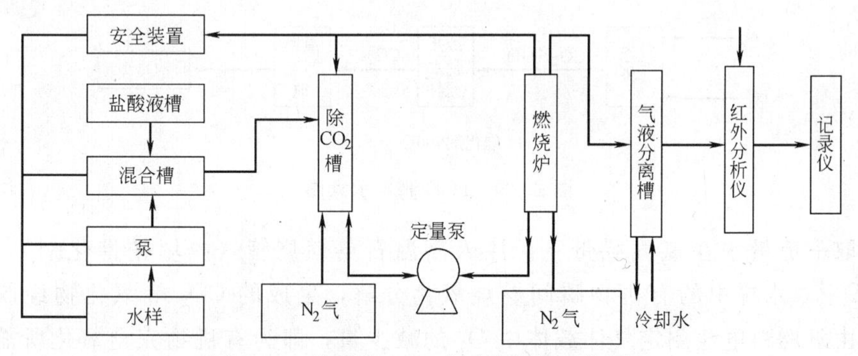

图 2.20 单通道 TOC 自动监测仪工作原理

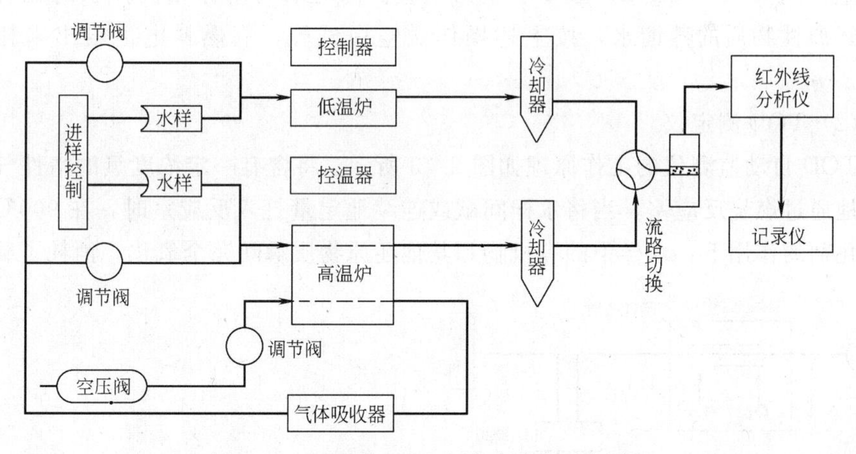

图 2.21 双通道 TOC 自动监测仪工作原理

2.2.9 总需氧量（TOD）检测仪表

总需氧量（TOD）是指水中有机物和还原性无机物在高温下燃烧生成稳定的氧化物时的需氧量，用 TOD 表示，单位为 mg O_2/L。TOD 和 TOC 的比值可以提供水中有机碳种类的大致信息，对于不含氮的有机物（对仅含 C、H、O 三种元素而不含N、P、S的有机化合物，如葡萄糖、醋酸等的习惯称呼）。理论上这一比值为$\frac{O_2}{C}=\frac{32}{12}=2.67$。如果某水样的TOD/TOC为2.67左右，可以认为水中主要的有机污染物是不含氮有机物。若比值大于4.0，则应考虑水样中有多量的含有S、P的有机物存在，因为S、P元素只显示TOD而不显示TOC值。当比值小于2.6时，就应考虑水样中硝酸盐和亚硝酸盐较多的可能性，这是由于它们在高温催化条件下，会放出氧气，而使TOD测量偏低。

(1) 测定方法及原理

TOD分析仪工作流程如图2.22所示。

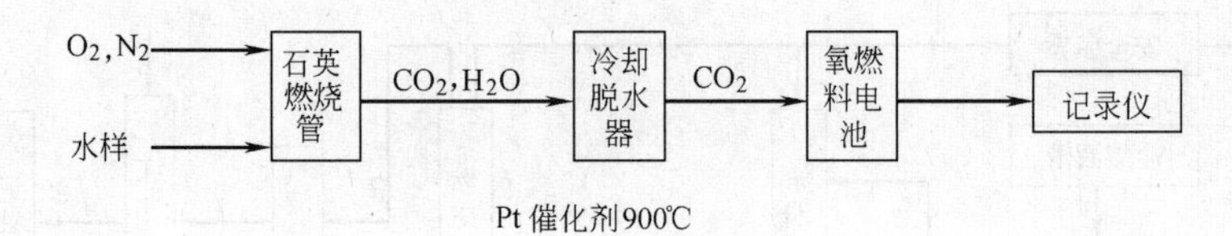

图2.22　TOD测定示意图

取一定量水在氮气载带下，注入高温石英燃烧管（内填铂催化剂），在900℃下，水样中的有机物瞬间燃烧氧化分解，生成的CO_2等氧化物经脱水后，由氧燃料电池测定气体载体中O_2的减少量，即为有机物完全氧化所需要的氧量，用TOD（mg/L）表示。空白试验：同时取与水样相同体积的无有机物和还原性物质的蒸馏水，按上述操作做空白试验，氧燃料电池给出未耗氧信号。

(2) TOD测定仪

TOD自动监测仪的工作原理如图2.23所示。将含有一定浓度氧的惰性气体连续地通过燃烧反应室，当将水样间歇或连续地定量打入反应室时，在900℃和铂催化剂的作用下，水样中的有机物和其他还原物质瞬间完全氧化，消耗了载气

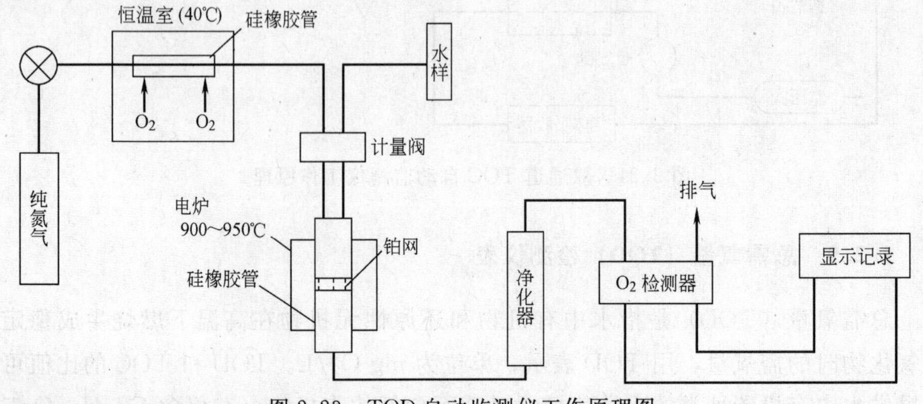

图2.23　TOD自动监测仪工作原理图

中的氧，导致载气中氧浓度的降低，其降低量用氧化锆氧量检测器测定。当用已知 TOD 的标准溶液校正仪器后，便可直接显示水样的 TOD 值。氧化锆氧量检测器是一种高温固体电解质浓差电池，其参比半电池由多孔铂电极和已知含氧量的参比气体组成；测量半电池由多孔铂电极和被测气体组成，中间用氧化锆固体电解质连接，则在高温条件下构成浓差电池，其电动势取决于待测气体的氧浓度。所需载气用纯氮气通过置于恒温室中的渗氧装置（用硅酮橡胶管从空气中渗透氧于载气流中）获得。

2.2.10 余氯在线检测仪表

余氯是保证水质卫生指标的重要参数，也是加氯消毒工艺的基本控制参数。余氯在线分析是进行投氯控制的前提。余氯分析仪的规格基本上是按测量范围划分，一般有 $(0\sim5)\times10^{-6}$、$(0\sim10)\times10^{-6}$、$(0\sim20)\times10^{-6}$ 等。余氯一般采用电极法进行测量。在两个电极之间施加电压，利用电极之间电解产生的氧化还原反应测量氯的浓度。本节以某国外产的微量余氯分析仪为例，对其工作原理与特点进行介绍。

微量余氯分析仪一般装在标准组合柜内，也可挂墙或盘式安装。其工作流程如图 2.24 所示，主要由下列部分构成：采水样系统、加试剂系统、测量传感器、微机处理控制器。

（1）采水样系统

加氯后的水通过取样泵（压力 0.1MPa，水量 $0.5m^3/h$）、取样管、Y 型过滤器、恒位水箱进入自动反冲洗机构和传感器腔室。经测量分析后由排水腔室流入下水道，此流程即为采水样系统。

为保持取样管路、传感器腔室清洁畅通而设置的自动反冲洗机构由电磁阀控制。控制器设定反冲频率和反冲时间，反冲频率 0～48 次/d 可调（出厂设定 24 次/d），若水质好，1～6 次/d 即可；反冲时间 5～30s/次（出厂设定 5s/次），若水质好，5s/次即可。

（2）加试剂系统

在测定前须向水样中投加二氧化碳气体试剂或液体试剂，将其 pH 值调整至 4.3～4.7 范围内，如果水样本身 pH 值为 4～5，可不加试剂。

分别由两个试剂瓶将液体试剂缓冲液和碘化钾供给两个试剂泵，投入恒位水箱前的水样中。测总余氯需加碘化钾，如测污水余氯需另加去污剂。

（3）测量传感器

测量传感器由螺旋状铂测量电极、圆形铂反向电极和银—氯化银基准电极（或称零位电极）构成。当向电极上施加电压时，电极之间发生电解反应，根据电解电流强度就可确定溶液中氯的浓度。此外，测量传感器还设有自动温度补偿

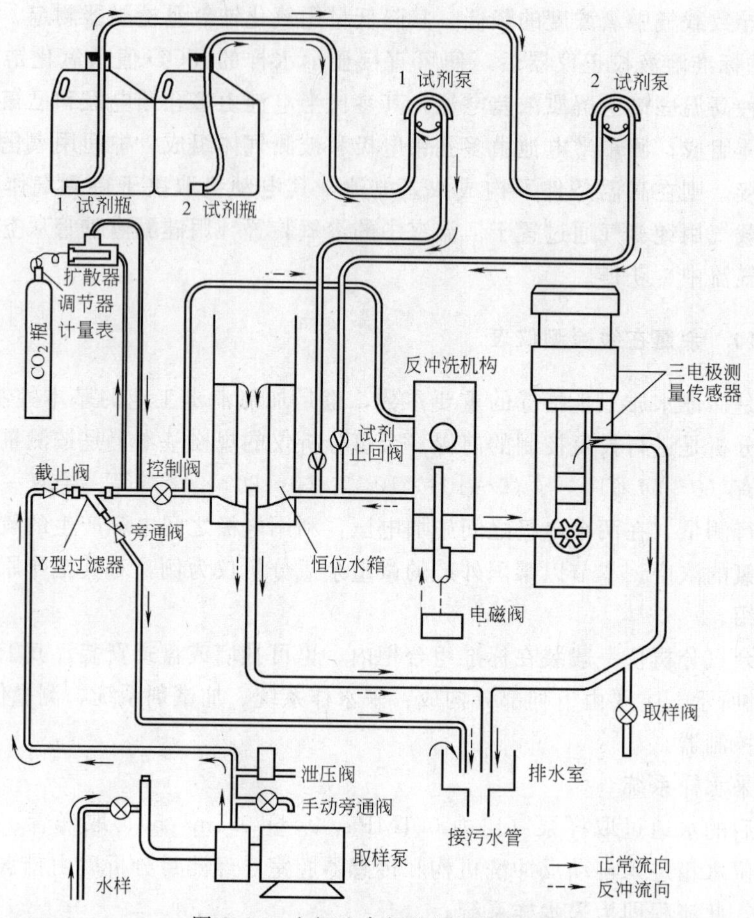

图 2.24　电极法余氯分析工作流程图

电路。

测量传感器装于传感器腔室内，由电机驱动电磁耦合叶轮连续搅动石英砂，撞击电极防止表面结垢，并保持水样定速流动（水样流量约 50mL/min）。连续测量水样，并将毫安信号送至控制器。

(4) 微机处理控制器

微机处理控制器带有触摸式键盘和发光二极管字母数字显示屏，显示及时、迅速，具有巡显功能。各种程序操作简便，只要轻触键盘就可选择、修改项目，显示运行、诊断信息。另具高、低余氯报警和电源显示，如遇电源故障，备用电池工作并调整数据。反冲洗期间，所测未扰动余氯值和毫安输出信号读数可保留 1min。

控制器显示屏上可以显示测量量和仪器工作参数等内容，如自由余氯或总余氯量（mg/L）、水样温度（℃）、传感器电流（mA）、自动反冲洗周期（次/d）、高低余氯报警设定值、试剂投加率（mL/h）等。各项显示、调整及检测均通过屏幕下部按键实现。

微量余氯分析仪具有的三电极测量传感器和微处理器分析机构，可以使监控余氯精度达十亿分之一。且可连续测定自由余氯、总余氯，在连续余氯反馈控制中精度达 10×10^{-9}，为工作人员提供了可靠的分析依据，从而提高水处理加氯系统的监测控制水平。

由于电极法测定余氯电极较昂贵，且设备操作步骤繁琐，目前已有用化学比色法对水中的余氯和总氯进行连续监测的经济型分析仪，具有操作费用低、运行可靠等优点。

例如美国某公司生产的余氯分析仪，采用DPD比色测量方法，使用DPD指示剂和缓冲溶液，通过改变指示剂和缓冲溶液能够测量水中残留的余氯和总氯。当pH值为6.3～6.6时，DPD随着余氯（次氯酸和次氯酸盐）的量的变化变成红紫色。通过简单地更换试剂，也能测量总氯（余氯加上单、双、三氯胺）。往样品中添加碘化钾——样品中的氯将碘离子氧化成碘，然后在pH值为5.1的缓冲溶液中将DPD指示剂氧化成紫红色。每隔2.5min测量一次，读数在0～5mg/L范围内时，结果会显示在三位数的液晶显示器上。分析仪被设计成30d不间断运行，每种试剂每个月用量仅为473mL。

该余氯分析仪如图2.25所示，由几个主要部件组成：线性蠕动泵；色度计；配有非密封固态混合系统，其中包括一个自清洗磁力搅拌器；一个月用量的缓冲液和指示剂等。线性蠕动泵能够精确控制引入的样品和试剂的量，第一个样品通过测量空白吸光度建立零参考点，在测量氯之前补偿样品的色度和浊度，加入指示剂和缓冲试剂，磁力搅拌器将溶液混合，就会发生显色反应，色度计测量透过样品的光线，将得到的色度和参考标准比较，得出测量结果，随后样品室被新的样品充满，每隔2.5min重复一次循环。此外还配有液晶警报器，可以显示超出范围的样品浓度。其输出也可触发外部可自动调节的加氯泵。

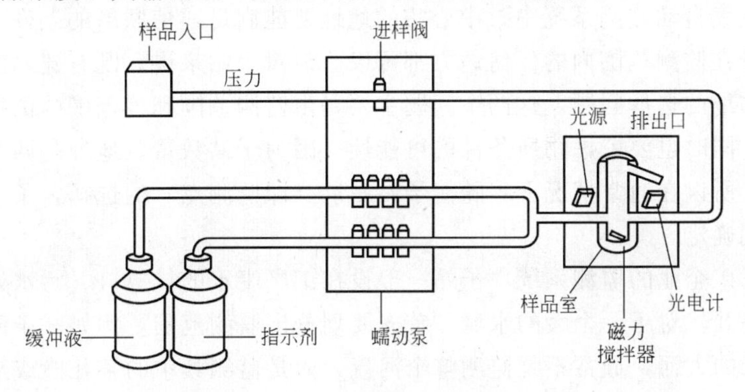

图2.25 比色法余氯分析仪组成示意图

2.3　水质自动监测系统

水体中污染物的浓度，随环境条件如污染源的排放情况、气象和季节等的不同而变化。要及时掌握水体水质的变化情况，对水质作出符合实际的评价，为水质控制提供可靠的依据，就要有足够的具有代表性的监测数据。建立用计算机控制的水质连续自动监测系统，使水质监测发展到一个新的水平。水质连续自动监测系统由一个监测中心（总站）、若干个固定监测站（子站）和信息、数据传输系统（电台）组成。

2.3.1　水质自动监测站（点）的选定

水质自动监测系统是由一个中心站和几个子站组成的。

中心站是整个自动监测系统的指挥中心，它由功能齐全的微型计算机系统和联络用的无线电台组成。它的任务是：向子站发布各种工作指令，管理子站的工作；按规定的时间收集各子站的监测数据，并将其处理，如：计算各种均值、打印各种报表、绘制各种污染物数据图形等；同时为了检索和调用监测数据，还能将各种数据存贮在磁盘上，建立数据资料库。

子站由水样采集装置、检测仪表（包括污染项目的检测仪表和水文气象的检测仪表）、微型计算机（包括外围设备）和本站电台组成。子站的任务是：接受总站的工作指令，对各种监测项目自动进行检测；将测得的监测数据作必要的处理，例如基本值的计算、显示或打印简单报表；将监测数据作短期的存贮，并能按总站的调令，通过无线传输系统将监测数据传送给中心站。

无论是中心站还是子站，它们的工作都是在计算机的管理下自动进行的。因此在建立自动监测系统的同时，都要为中心站和子站的计算机编制所需的工作程序。

水质连续自动监测系统中，中心站的地址要能满足通信联络的条件和交通运输方便，设在监测范围内的任何地方都可以。但对子站来讲，既有建站的数量问题，也有站址的选择问题。这两个问题主要是由监测范围和该范围内的排污情况所决定的，同时也要考虑物质条件的可能性。因为子站数量及地址是两个密切相关的问题，所以在通常情况下，随着子站站址（即监测点）的选择，子站数量也就同时得到确定。

对于工矿企业的监测系统，子站一般设在工厂废水的排放口、污水处理系统的排放口等处。对于一个大的水域，首先要划分出监测范围，例如一条河流特别是源远流长的大河，通常不是监测整个河流，而是监测其中的某几段或某一个区段，即流经城市或工业区前后的一段。布设子站的数量及位置时，至少应包括监测范围内的对照部分、主要污染部分和净化部分三种不同的情况。即在主要污染部分的上游设对照子站，监测本区域污染前的水质情况；在主要污染部分设立污染监测子站，检查本地区或城市对河流的污染程度，并追踪污染情况的变化；在主要污染部分的下游，设立水质自净情况的监测子站，检查水的自净情况以及带给下游的污染物的浓度。所选择的每个子站的监测断面，都要能代表该区段的平均水质，因此应避开污染源的排放口。此外，在主要监测部分，若污染源的分布比较分散，情况又各不相同，又要了解各处的排污对河流的不同影响时，要在适当的地方分别设立子站。但总的来说，子站的数量不宜过多，因为在目前情况下，连续自动监测系统的建设投资还是相当高的，子站数量过多，会给经济上造成较大的负担。

水质自动监测站通常为固定监测站，也没有流动监测站（水质监测车、水质监测船）以辅助固定站的工作，如图 2.26 所示。地面固定站的设置一般设在：

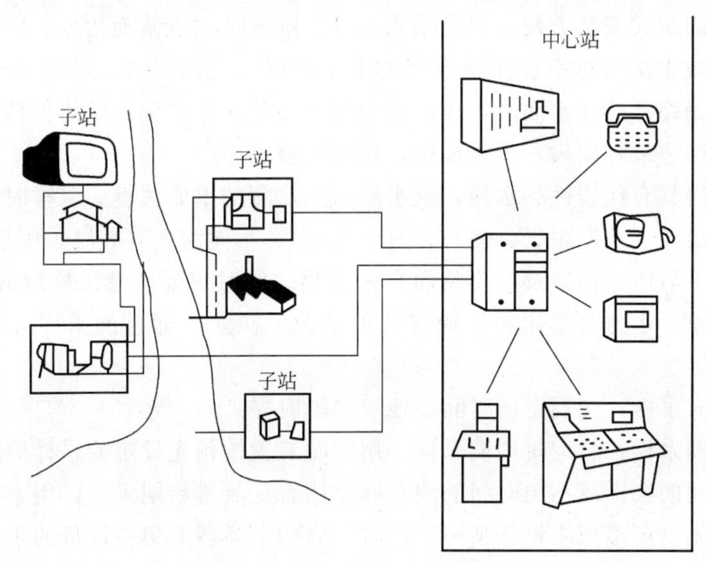

图 2.26　水质自动监测系统示意图

(1) 大型集中式给水系统取水口上游一定距离处，以便监测站发现河水水质有意外的严重污染时，给水部门能有较充分的时间，采取紧急措施。

(2) 对河流水质能造成严重危害的某些工业废水排出口的下游，连续监测工业废水对河流水质的影响，一旦发生偶然事故时，能及时控制污染源，并迅速向下游发出污染预报。

(3) 江、河入海口处，以便观察潮汐对江河水质的影响，或设在江河支流的入口处，以便观察支流对主流水质的影响。

(4) 对国际水域、省际水域，可在国、省界处设立监测站。

(5) 对重要的水产资源的水域或重点水源保护区设立监测站。

为监测饮用水的固定监测站，一般设置在水厂的总入口及总供水口处。

为监测污水及工业废水的固定监测站，一般设置在污水处理厂的总进水口及总排出口。

子站监测室的具体位置，尽可能设在河流两岸的码头或桥头附近，离河床不能太远。这样做，不仅因交通方便而利于器材运输和日常管理，而且也便于安装采样设备，例如依靠桥墩，减少输水管路的长度等。

2.3.2　自动站水样的采集

水质固定监测站是连续工作的，因此水样也要连续采集并供给检测仪器。通常将潜水泵安装在采样位置一定深度的水面下，经输水管道将水样输送到子站监测室内的高位水箱中。潜水泵的安装方式大体可分两种，一种是固定式；另一种是浮动式。固定式安装方便，但是采水深度会随水位的涨落而改变，因此在水位变化大的水域中使用时不能保持恒定的采水深度。浮动式是将水泵安装在浮舟上，因浮舟始终漂浮在水面上，无论水位如何变化，采水深度始终保持不变。水泵安装点至岸边最好架设一个管理桥，以便维修。

能否取得具有代表性的水样，是水质污染监测的重要关键。采样时要注意在河系的不同地点（左岸附近、河心、右岸附近）、不同深度（表层、中层及底质）和不同断面（清洁、污染及净化断面）来采集。同时也要注意采样时间的选择，一般根据气象、水力及沿岸污染源排放的情况来决定。通常的采样方法有以下几种。

(1) 瞬时采样：在规定的时间、地点取瞬时样。

(2) 周期采样：有定时周期采样，用定时装置按预先设定的采样周期，自动采集某一时间的水样或不同时间的混合样。还有定流量周期采样，用累积流量测量装置，预先设定累积流量达某一定值时，启动采样器采集一定量的水样。

(3) 连续采样：有定速连续采样，以恒定流速连续采样可监测水质的偶然污染，但未考虑水流的变化。还有变速连续采样，用比例采样装置，电机的转速是可变的，由水位变动来自动控制，使采集的水样量与流量大小成比例关系。

水质污染固定监测站通常装有连续采样装置，选用可置于水中不同深度的潜水泵，或可随水位涨落保持一定深度的浮动泵，如图2.27所示。

测定所需的水样量，视检测项目的多少和检测方法而定，一般大约是10～20L/min。为了提高响应速度、不产生过大的滞后现象，水泵的实际输水能力应大一些，例如100～200L/min，水压应保持在15m左右。水泵的进水口必须有过滤器，防止堵塞或泥砂的沉积。

从水泵到监测室的输水管道越短越好，以免水质在输送过程中发生变化，特

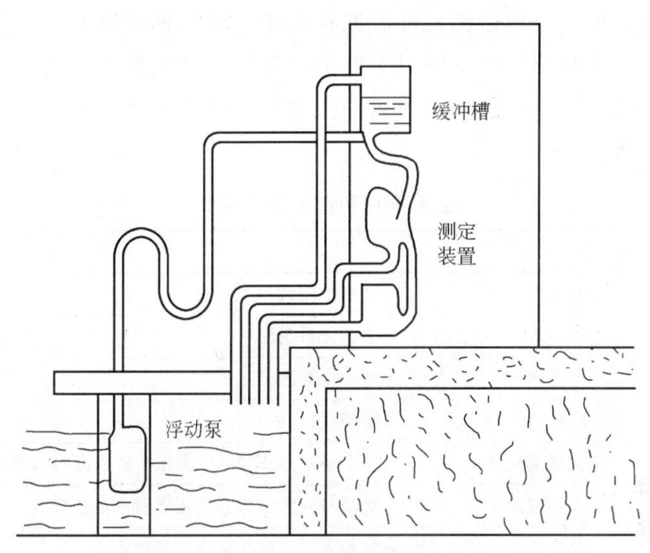

图 2.27 水质自动监测装置图

别是溶解氧的变化，输水管道的长度一般不超过 5～25m。管道要避光安装，以防藻类的生长和聚集。

由于河流、湖泊等天然水中总是或多或少的携带着各种漂浮物和泥砂，即使在进水口安装有过滤器，也不可能完全杜绝输水管道及配水槽的堵塞现象，因此仍有可能发生因堵塞造成的缺测事故。一个比较好的办法是安装两套水泵及输水装置，采用交替使用的办法，定期对停止使用的一套装置用清洁的自来水或压缩空气进行反向冲洗。

水样经输水管道送至监测室的高位水槽后，泥砂就沉积在槽底，澄清水则以溢流方式分配到各检测仪器的检测池中，多余的水经排水管道排放出去。

固定监测站内，还可设立短期存贮水样的装置，可按预定的周期或根据总站的指令，将当时的水样保存在 0～5℃的低温箱中，作为处理某些特殊情况的备用水样。

另外，为了对水质污染成分进行控制测定，在水质自动监测站内通常设有自动取水装置。此装置内放有 12 个 2L 的取水瓶，并存贮于冰箱中，控制温度在0～5℃，取样程序由石英钟预先设定每隔 30min、60min、90min、120min 等时间间隔取样一次，或接受中心计算机的指令，在任何需要取样的时间内进行取样。

2.3.3 自动监测的项目和仪器的选定

水污染的监测项目是很多的。其中，作为综合指标的常见监测项目有：水温、浑浊度、pH 值、电导率、溶解氧、化学需氧量、生化需氧量、总需氧量和总有机碳等。单项污染物的监测项目包括：氟化物、氯离子、氰离子、砷、酚、铬和重金属等。每一个项目都可能有几种测定方法，然而某些监测项目和方法还不能用于连续自动监测系统。所以要监测的项目，必须有合适的自动检测方法和仪器。表2.7列出了目前已被水质自动监测系统所采用或可能被采用的监测项目及有关自动检测方法。

监测项目和自动检测方法　　表2.7

监测项目		检测方法
综合指标	水温	热敏电阻或铂电阻法
	浑浊度	表面光散射法
	电导率	电导电极法
	溶解氧	隔膜电极法
	化学需氧量	$K_2Cr_2O_7$ 或 $KMnO_4$ 湿化学法或流动池紫外吸收光度法
	总需氧量	高温氧化法—库仑法或燃料电池法等
	总有机碳	气相色谱法或非色散红外吸收法
单项污染物浓度	氟离子	氟离子电极法
	氯离子	氯离子电极法
	氰离子	氰离子电极法
	氨氮	氨离子电极法
	铬	湿化学自动比色法
	酚	湿化学自动比色法或紫外线吸收光度法

水污染自动监测系统的监测项目，决定于建站的目的和任务，也与自动检测方法的成熟程度有关。一般只选择上述监测项目中一部分，通常以监测水污染的综合指标为主，有时还可根据需要增加某些其他项目。但总的来看，在现有水污染连续自动监测系统中，浓度监测项目还是比较少的，原因之一是检测污染物浓度的自动化检测仪器还比较少，特别是重金属的自动化检测仪器更缺少。现有浓度检测仪器在性能方面还存在一些缺陷，在一定程度上限制了它的使用。

用于水污染固定监测站的所有检测仪器都应具有连续自动测定性能；仪器的响应速度要快、性能要稳定可靠；被检测的参数值都应以对应的电信号输出。

2.3.4　数据的传输及处理

各水质监测站检测出的污染物数据，用有线或无线电信号传到监测中心站。中心站设有计算机及各种外围设备，收集各子站的实测数据；计算时平均、日平均、月平均值，打印报表，绘制各种污染曲线、图形，累积存贮数据；向各监测子站发送开机、停机、校正、检误、取水等遥控指令，以及向工厂排放源或水系下游发出污染警报或预报。

水污染连续自动监测系统，不仅用于环境水域如河流、湖泊等的水质监测中，同时也用于工厂企业供排水系统水质污染的监测中。例如我国在黄浦江等河流与宝钢、武钢等大企业的供排水系统已建立了或正在建立水污染连续自动监测系统。这些水污染自动监测系统的建立，为我国继续建立水污染自动监测系统积累经验。

对水质污染连续自动监测要比对空气污染进行连续自动监测要困难很多。这是由于污染水质的污染物种类繁多、成分复杂、干扰严重，需要一系列的化学前处理操作，而且水质污染往往是痕量的，须要建立各种提取方法及各种痕量分析方法。所有这些均为连续自动监测技术带来了一系列困难。基于上述原因，水质污染连续自动监测技术首先是那些能够反映水质污染的综合标度的项目，建成连续自动监测，以及时发现水质是否已经污染或是否出现异常，然后再逐步增加具体污染项目的连续自动监测来确定具体污染物的污染程度，在后一步未实现以前，仍采用实验室方法取样测定，并大力发展实验室监测分析操作自动化。

总之，目前世界上已建成的水质污染自动监测系统是各种各样的，有全自动联机系统，也有半自动脱机系统。但大部分是以监测水质污染的综合指标为基础的。污染物成分的监测只有几个项目，从实际运行情况来看，该系统对于连续监测水质的动态变化是有效的，有些系统还可以对水质下游作出污染预报。其存在的主要问题是水质连续监测仪器长期运行的可靠性尚差，一般同时运行率仅达70%，故障经常出在传感器沾污及采样器堵塞上，另外的问题是对水质污染监测的项目尚有限。

2.4 工作参数在线检测仪表

2.4.1 流量检测仪表

在给水排水系统中，流量是重要的过程参数之一。无论在给水排水工艺过程中，还是在用水点，流量的检测为生产操作、控制以及管理提供依据。

在工程上，流量是指单位时间内通过管道某一截面的物料数量。在给水排水工程中常用的计量单位为体积流量，即单位时间内通过某一过水断面的水的体积，用“m^3/h”、“L/h”等单位表示。

2.4.1.1 流量计的种类

用来测量流体流量的仪表叫流量计。目前，工业上测量流量的方法很多，包括如下的类型。

(1) 节流流量计

节流流量计是利用节流装置前后的压差与平均流速或流量的关系，根据压差测量值计算出流量的。节流流量计的理论依据是流体流动的连续性方程和伯努利方程。节流装置的种类很多，其中使用最多的是同心孔板、流量喷嘴和文丘里管等。节流流量计是使用非常广泛的流量计。

(2) 容积流量计

容积流量计的原理是，使流体充满具有一定体积的空间，然后把这部分流体送到流出口排出，类似于用翻斗测量液体的体积。流量计内部都有构成一定容积的"斗"的空间。这种流量计适合于体积流量的精密测量。常用的容积流量计有往复活塞式、旋转活塞式、圆板式、刮板式、齿轮式等多种形式。

(3) 面积流量计

面积流量计结构简单，广泛地用于工业测量。其工作原理是利用浮子在流体中的位置确定流量。当浮子在上升水流中处于静止状态时，其位置与流量存在关系。最常用的面积流量计是圆形截面锥管和旋转浮子组合形式，即所谓转子流量计。

(4) 叶轮流量计

置于流体中的叶轮是按与流速成正比的角速度旋转的。流速可由叶轮旋转的角速度获得，而流体通过流量计的体积将从叶轮旋转次数求得。叶轮流量计即利用这一原理而广泛地用作风速仪、水表、涡轮流量计等。叶轮流量计的指示精度高，可达到0.2%～0.5%。

(5) 电磁流量计

当导体横切磁场移动时，在导体中感应出与速度成正比的电压，电磁流量计就是按照这条电磁感应定律求得流体的流速和流量的。

(6) 超声波流量计

超声波流量计的测量原理是多种多样的。实用的方法有传播速度差法、多普勒法等。超声波流量计是目前发展很快、得到广泛应用的流量测量装置。

(7) 量热式流量计

流体的流动和热的转移，或者流动着的流体和固体间热的交换，相互间有着密切的关系。因此，可以由测量热的传递、热的转移来求得流量、流速。这类形式的流量计称为量热式流量计，一般用于气体流量的测量。较为常见的是热线风速仪。

(8) 毕托管

由流体力学可知，流体中的动压力与流速和流体的密度有关。因此可以通过压力的测量来确定流量。毕托管就是利用这一原理制成的流量测量装置。

(9) 层流流量计

流体流动中由于粘性阻力会导致压力减小，层流流量计正是利用了这一点。层流流量计可以用来测量微小流量和高黏度流体的流量。

(10) 动压流量计

在管路中装有弯管或在流束中安装有平板等时，由于它们的存在会使流体的流动方向变化，流量计可以通过测出流体的动量来测量流量。动压板流量计、弯管流量计、环形流量计等都属于这类流量计。这种流量计构造简单，在管道中不需安装节流装置等，因此可以对含有微小颗粒的流体流量进行测量。

(11) 用堰、槽测量流量

用堰、槽测量流量，是测量明渠流量时的典型方法。测量流量用堰的种类有三角堰、矩形堰、全宽堰等；槽的类型有文丘里水槽、巴氏计量槽等。这一类测流装置的原理在流体力学书籍中都有介绍。

(12) 质量流量计

随着温度、压力的变化，流体的密度会发生变化，在温度、压力变化大的流体中，往往达不到测量体积流量的目的。这样，便希望用质量流量计来测质量流量。质量流量计有很多种类，大致可分为两大类：直接检测与质量流量成比例的量，这是直接型质量流量计；用体积流量计和密度计组合的仪器来测量质量流量，这是间接型质量流量计。

(13) 流体振动流量计

在所谓流体力学振动现象的振动中，其振动频率与流速或流量有对应关系，可以利用这种原理来测量流量。涡街流量计、涡流进动流量计、射流流量计等都属于这种类型的流量计。这种流量计是较新发展的流量计，其应用范围正在迅速扩大。

(14) 激光多普勒流速计

是利用激光的多普勒效应测量流量的方法。这种流量计具有非接触性测量、响应快、分辨率高、测量范围宽等优点，但也有光学系统调整复杂、实用性差、价格高等缺点。受上述缺点所限，目前应用于流量测量不多，大多是作为流速计使用。

(15) 标记法测流量

用适当的方法在运动的流体中做个标记，通过测此标记的移动来测量流量的方法称之为标记法。属于标记法的测量流量方法有：示踪法，如盐水速度法、加热冷却法、放射性同位素法、染料法等；核磁共振法；混合稀释法等。这些方法都是在一些特殊情况下用来测量流量。

下面主要介绍在给水排水生产过程中常用的几种典型流量计。

2.4.1.2 差压流量计

差压流量计是目前工业上使用历史最久和应用最广泛的一种流量计。

从流体力学可知，流体在管道中流动时，具有动能和位能，并在一定条件下可以相互转换，但是其总能量是不变的。对于不可压缩的理想流体来说，当流体充满水平管道流动时，其能量方程为：

$$\frac{P}{\gamma}+\frac{v^2}{2g}=\mathrm{const} \tag{2.48}$$

式中　v——管道平均流速；

γ——流体重度；

p——静压力。

式（2.48）为理想流体的伯努利方程，式中的第一项表示流体的压力位能，第二项表示流体的动能。

差压式流量计是以伯努利方程和连续性方程为理论根据，通过测量流体流动过程中产生的差压来测量流量的。如图2.28所示，差压流量计主要由节流装置（如孔板）和差压计等两部分组成，流体通过节流装置（孔板）时，在节流装置的上、下游之间产生压差，从而由差压计测出差压，流量愈大，差压也愈大，流量和差压之间存在一定关系，这就是差压流量计的工作原理。

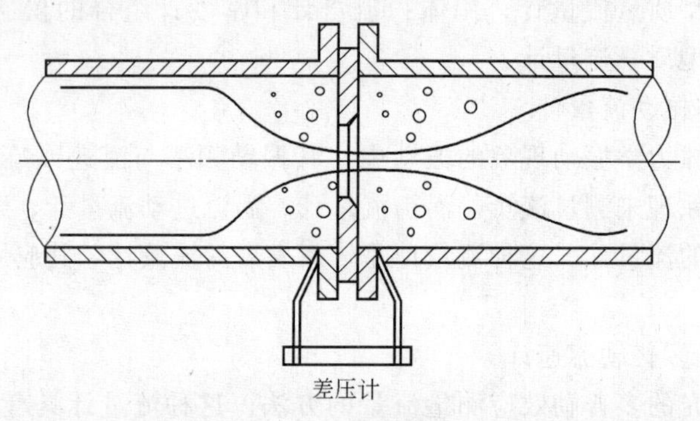

图2.28　差压流量计示意图

实际上流体在管道中流动时总存在着与管壁的摩擦以及产生涡流等，因此，流体通过孔板后将产生部分能量损失。

为此，考虑若干修正，可以得到：

$$Q=\alpha A_0\cdot\sqrt{\frac{2g}{\gamma}(p_1-p_2)} \tag{2.49}$$

式中　α——流量系数；

A_0——孔板开孔面积；

p_1、p_2——孔板前后管壁处的压力。

式（2.49）为流量测量的基本方程。由此可见，流体的流量与节流元件前后的压差平方根成正比，所以，使用差压流量变送器（即带有开方器的差压变送器）可以直接与节流装置配合，来测量流量。其中α是一个受许多因素影响的综合系数，其值由实验方法确定。

上述基本流量方程式是根据流体在不可压缩的情况下导出的，对于可压缩流体，还必须引入一个校正系数ε。因此，对于可压缩流体（如气体）的流量基本方程式为：

$$Q=\alpha A_0\varepsilon\sqrt{\frac{2g}{\gamma}(p_1-p_2)} \tag{2.50}$$

差压流量变送器分为气动式和电动式两种。气动式差压变送器是把被测压力变换成气压信号进行传送。电动式差压变送器是把测量差压变成电信号进行传送的差压变送器，一般采用4～20mA标准信号。

2.4.1.3 浮子流量计

浮子流量计是以浮子在垂直锥形管中随着流量变化而升降，改变它们之间的流通面积来进行测量的体积流量仪表，又称转子流量计。在美国、日本常称做变面积流量计（Variable Area Flowmeter）或面积流量计。

(1) 原理和结构

浮子流量计的流量检测元件是由一根自下向上扩大的垂直锥形管和一个沿着锥管轴上下移动的浮子所组成。工作原理如图2.29所示，被测流体从下向上经过锥管1和浮子2形成的环隙3时，浮子上下端产生差压形成浮子上升的力，当浮子所受上升力大于浸在流体中浮子重量时，浮子便上升，环隙面积随之增大，环隙处流体流速立即下降，浮子上下端差压降低，作用于浮子的上升力亦随着减少，直到上升力等于浸在流体中浮子重量时，浮子便稳定在某一高度。浮子在锥管中高度和通过的流量有对应关系。

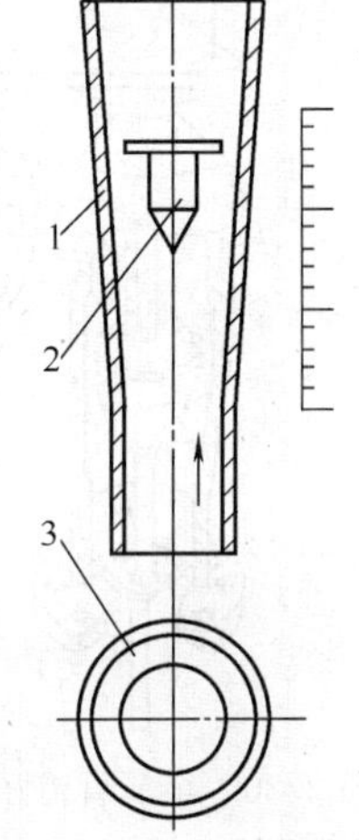

图2.29 工作原理
1—锥形管；2—浮子；3—流通环隙

体积流量Q的基本方程式为：

$$Q=\alpha\varepsilon\Delta F\sqrt{\frac{2gV_{\mathrm{f}}(\rho_{\mathrm{f}}-\rho)}{\rho F_{\mathrm{f}}}}\ (\mathrm{m^3/s}) \tag{2.51}$$

当浮子为非实芯中空结构（放负重调整量）时，则

$$Q=\alpha\varepsilon\Delta F\sqrt{\frac{2g(G_{\mathrm{f}}-V_{\mathrm{f}}\rho)}{\rho F_{\mathrm{f}}}}\ (\mathrm{m^3/s}) \tag{2.52}$$

式中 α——仪表的流量系数，因浮子形状而异；

ε——被测流体为气体时气体膨胀系数，通常由于此系数校正量很小而被忽略，且通过校验已将它包括在流量系数内，如为液体则 $\varepsilon=1$；

ΔF——流通环形面积（m^2）；

g——当地重力加速度（m/s^2）；

V_f——浮子体积，如有延伸体亦应包括（m^3）；

ρ_f——浮子材料密度（kg/m^3）；

ρ——被测流体密度，如为气体是在浮子上游横截面上的密度（kg/m^3）；

F_f——浮子工作直径（最大直径）处的横截面积（m^2）；

G_f——浮子质量（kg）。

图 2.30 是直角型安装方式金属管浮子流量计典型结构，通常适用于口径 15～40mm 以上仪表。锥管 5 和浮子 4 组成流量检测元件。套管（图中未表示）内有导杆 3 的延伸部分，通过磁钢耦合等方式，将浮子的位移传给套管外的转换部分。转换部分有就地指示和远传信号输出两大类型。

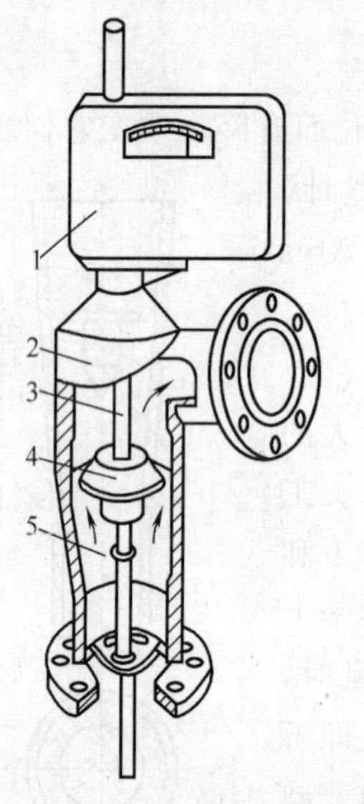

图 2.30　金属管浮子流量计结构
1—转换部分；2—传感部分；3—导杆；4—浮子；5—锥形管部分

（2）优点和缺点

浮子流量计使用于小管径和低流速。常用仪表口径 40～50mm 以下，最小口径做到1.5～4mm。适用于测量低流速小流量。以液体为例，口径 10mm 以下玻璃管浮子流量计流速只在 0.2～0.6m/s 之间，甚至低于 0.1m/s；金属管浮子流量计和口径大于 15mm 的玻璃管浮子流量计，流速在 0.5～1.5m/s 之间。

浮子流量计可用于较低雷诺数。选用黏度不敏感形状的浮子，流通环隙处雷诺数只要大于 40 或 500，雷诺数的变化亦即流体黏度变化不影响流量系数。

大部分浮子流量计没有上游直管段要求，或对上游直管段要求不高。

浮子流量计有较宽的流量范围度，一般为 10：1，最低为 5：1，最高为25：1。流量检测元件的输出接近于线性。压力损失较低。

浮子流量计有远传信号输出型，仪表的转换部分将浮子位移量转换成电流或气压模拟量信号输出，分别成为电远传浮子流量计和气远传浮子流量计。

浮子流量计的应用局限于中小管径，玻璃管浮子流量计最大口径 100mm，金属管浮子流量计为 150mm，更大管径只能用分流型仪表。

使用流体和出厂标定流体不同时，要做流量示值修正。液体用浮子流量计通常以水标定，气体用空气标定，如实际使用流体密度、黏度与之不同，流量要偏离原分度值，要做换算修正。

2.4.1.4 超声流量计

超声流量计是通过检测流体流动时对超声束（或超声脉冲）的作用，以测量体积流量的仪表。本节主要讨论用于测量封闭管道液体流量的超声流量计。

(1) 工作原理

按测量原理分类有：传播时间法；多普勒效应法；波束偏移法；相关法；噪声法。此处仅讨论用得最多的传播时间法和多普勒效应法的仪表。

1) 传播时间法

声波在流体中传播，顺流方向声波传播速度会增大，逆流方向则减小，同一传播距离就有不同的传播时间。利用传播速度之差与被测流体流速之关系求取流速，称之传播时间法。按测量具体参数不同，分为时差法、相位差法和频差法。现以时差法阐明工作原理。

a. 流速方程式

如图 2.31 所示，超声波逆流从换能器 1 送到换能器 2 的传播速度 c 被流体流速 v_m 所减慢，为：

$$\frac{L}{t_{12}}=c-v_m\left(\frac{X}{L}\right) \quad (2.53)$$

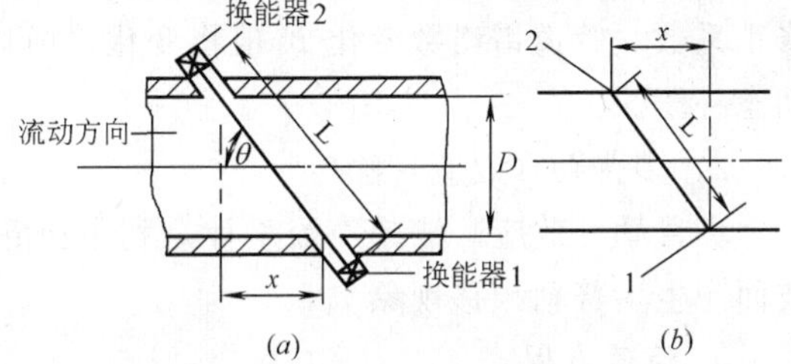

图 2.31 传播时间法原理
(*a*) 原理结构；(*b*) 简化图

反之，超声波顺流从换能器 2 传送到换能器 1 的传播速度则被流体流速加快，为：

$$\frac{L}{t_{21}}=c+v_m\left(\frac{X}{L}\right) \quad (2.54)$$

式 (2.53) 减式 (2.54)，并变换之，得：

$$v_m=-\frac{L^2}{2X}\left(\frac{1}{t_{12}}-\frac{1}{t_{21}}\right) \quad (2.55)$$

式中 L——超声波在换能器之间传播路径的长度 (m)；

X——传播路径的轴向分量 (m)；

t_{12}、t_{21}——从换能器 1 到换能器 2 和从换能器 2 到换能器 1 的传播时间 (s)；

c——超声波在静止流体中的传播速度 (m/s)；

v_m——流体通过换能器 1、2 之间声道上平均流速 (m/s)。

相位差法本质上和时差法是相同的，而频率与时间有互为倒数关系，三种方法没有本质上的差别。目前相位差法已不采用，频差法的仪表也不多。

b. 流量方程式

传播时间法所测量和计算的流速是声道上的线平均流速，而计算流量所需是流通横截面的面平均流速，二者的数值是不同的，其差异取决于流速分布状况。因此，必须用一定的方法对流速分布进行补偿。此外，对于夹装式换能器仪表，还必须对折射角受温度影响的变化进行补偿，才能精确的测得流量。体积流量 q_v 为：

$$q_v = \frac{v_m}{K} \cdot \frac{\pi D_N^2}{4} \tag{2.56}$$

式中　K——流速分布修正系数，即声道上线平均流速 v_m 和面平均流速 v 之比，$K = v_m / v$；

D_N——管道内径。

K 是单声道通过管道中心（即管轴对称流场的最大流速处）的流速（分布）修正系数。管道雷诺数变化 K 值将变化，所以要精确测量时，必须对 K 值进行动态补偿。

2）多普勒（效应）法

多普勒（效应）法超声流量计是利用在静止（固定）点检测从移动源发射声波而产生多普勒频移现象。

a. 流速方程式

如图 2.32 所示，超声换能器 A 向流体发出频率为 f_A 的连续超声波，经照射域内液体中散射体悬浮颗粒或气泡散射，散射的超声波产生多普勒频移 f_d，接收换能器 B 收到频率为 f_B 的超声波，其值为

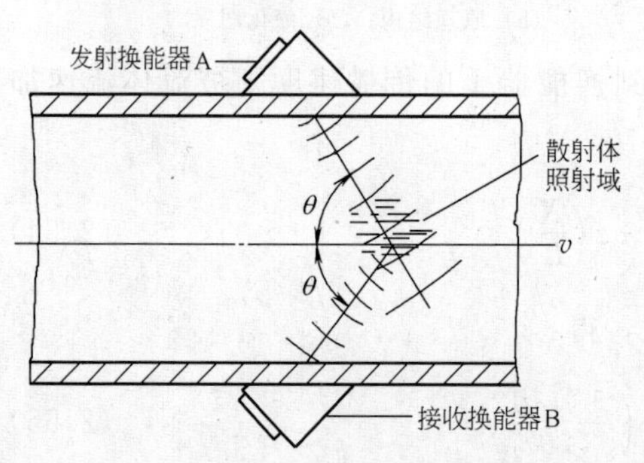

图 2.32　多普勒法超声流量计原理图

$$f_B = f_A \frac{c + v\cos\theta}{c - v\cos\theta} \tag{2.57}$$

式中　v——散射体运动速度。

多普勒频移 f_d 正比于散射体流动速度。

$$f_d = f_B - f_A = f_A \frac{2v\cos\theta}{c} \tag{2.58}$$

测量对象确定后，式（2.58）右边除 v 外均为常量，移行后得

$$v = \frac{c}{2\cos\theta} \frac{f_d}{f_A} \tag{2.59}$$

b. 流量方程式

多普勒法超声流量计的流量方程式形式上与式（2.56）相同，只是所测得的流速是各散射体的速度 v（代替式中的 v_m），与载体液体管道平均流速数值并不一致。

（2）优缺点和局限性

超声流量计可作非接触测量。夹装式换能器超声流量计可无需停流截管安装，只要在既设管道外部安装换能器即可。这是超声流量计在工业用流量仪表中具有的独特优点，因此可作移动性（即非定点固定安装）测量，适用于管网流动状况评估测定超声流量计为无流动阻挠测量，无额外压力损失。

流量计的仪表系数可从实际测量管道及声道等几何尺寸计算求得，即可采用干法标定，一般不需作实流校验。

超声流量计适用于大型圆形管道和矩形管道，且原理上不受管径限制，其造价基本上与管径无关。对于大型管道带来方便，在无法实现实流校验的情况下是优先考虑的选择方案。

多普勒超声流量计可测量固相含量较多或含有气泡的液体。

超声流量计可测量非导电性液体，在无阻挠流量测量方面是对电磁流量计的一种补充。

因易于实行，若与测试方法（如流速计的速度—面积法，示踪法等）相结合，可解决一些特殊测量问题，如速度分布严重畸变测量，非圆截面管道测量等。

某些传播时间法超声流量计附有测量声波传播时间的功能，即可测量液体声速以判断所测液体类别。例如，在油船上泵送油品上岸时，可利用声速核查所测量的是油品还是仓底水。

但是传播时间法超声流量计只能用于测量清洁液体和气体，不能测量悬浮颗粒和气泡超过某一范围的液体；反之多普勒法 USF 只能用于测量含有一定异相的液体。

外夹装换能器的超声流量计不能用于衬里或结垢太厚的管道，以及不能用于衬里（或锈层）与内管壁剥离（若夹层夹有气体会严重衰减超声信号）或锈蚀严重（改变超声传播路径）的管道。

多普勒法超声流量计多数情况下测量精度不高。

国内生产的产品不能用于管径小于 $DN25$ 的管道。

传播时间法和多普勒法的基本适用条件见表 2.8。

2.4.1.5　明渠流量计

非满管状态流动的水路称做明渠（open channel），测量明渠中水流流量的仪表称做明渠流量计。明渠流通剖面除圆形外，还有 U 形、梯形、矩形等多种形状。

传播时间法和多普勒法的基本适用条件　　**表 2.8**

条件	传播时间法		多普勒法
适用液体	水类(江河水、海水、农业用水等),油类(纯净燃油、润滑油、食用油等),化学试剂,药液等		含杂质多的水(污水、农业用水等),浆类(泥浆、矿浆、纸浆化工料浆等),油类(非净燃油、重油、原油等)
适用悬浮颗粒含量	体积含量<1%(包括气泡)时不影响测量准确度		浊度>50~100mg/L
仪表基本误差	带测量管段式	±(0.5~1)%FS	±(3~10)%FS
	湿式大口径多声道		
	湿式小口径单声道	±(1.5~3)%FS	固体粒子含量基本不变时±(0.5~3)%FS
	夹装式		
重复性误差	0.1%~0.3%		1%
信号传输电缆长度	100~300m,在能保证信号质量的前提下,可以大于300m		<30m
价格	较高		一般较低

水路按其形态分类，如图 2.33 所示。通常称满水管为封闭管道，流动是在水泵压力或高位槽位能作用下的强迫流动。明渠流则是靠水路本身坡度形成的自由表面流动。

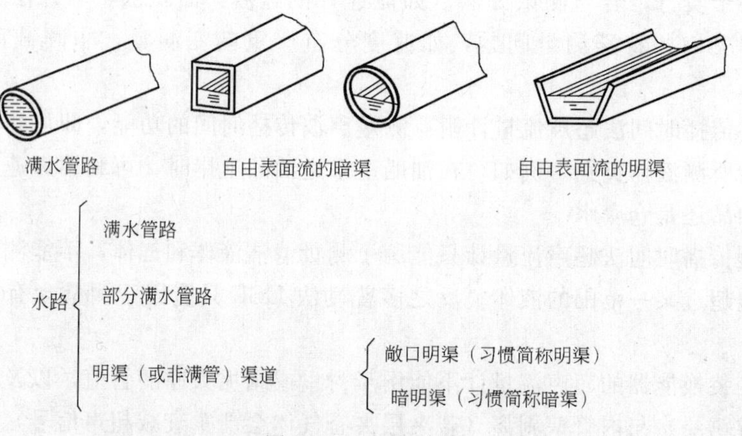

图 2.33　水路形态

明渠流量计应用场所有城市供水引水渠、火电厂冷却水引水和排水渠、污水治理流入和排放渠、工矿企业废水排放以及水利工程和农业灌溉用渠道。本节重点讨论工业和公用事业适用的流量测量方法和仪表，不包括较大型的水利工程和农业灌溉用的流量测量方法。

(1) 类型

工业和公用事业常用的明渠流量仪表按测量原理大体可分为堰法、测流槽法、流速—水位计算法和电磁流量计法。

1）堰（weir）法。在明渠适当位置装一挡板，水流被阻断，水位升到挡板上端堰（缺）口，便从堰口流出。水流刚流出的流量小于渠道中原来的流量，水位继续上升，流出流量随之增加，直到流出量等于渠道原流量，水位便稳定在某一高度，测出水位高度便可求取流量。

2）测流槽（flume，简称槽）法。缩小渠道一段通道断面成喉道部，喉道因面积缩小而流速增加，其上游水位被抬高，以增加流速所需动能（即增加的动能由所抬高水位位能转变过来），测量抬高水位求取流量。

3）流速—水位计算法（简称流速—水位法）。测出流通通道某局部（点、线或小面积）流速，代表平均流速，再测量水位求得流通面积，乘以局部流速与平均流速间的系数，经演算求取流量。

4）电磁流量计法。又分为潜水式电磁流量计和非满管电磁流量计两类，后者目前国内尚未开发。

潜水式电磁流量计是在渠道中置一挡板截流，挡板近底部开孔并装潜水电磁流量传感器，水流从流量传感器流过从而测出其流量。

非满管电磁流量计的传感器是直接在管道中装上同口径圆形暗渠，测量流速的原理与传统电磁流量计相同。

（2）原理与特点

1）堰式流量计

堰式流量计由堰和相应的液位计组成，薄壁堰的测量原理如图 2.34 所示，流量 Q 按式（2.60）计算。

$$Q=Kh^{n} \tag{2.60}$$

式中　K——流量系数；

h——堰顶水头，即离堰口水位高度；

n——取决于堰缺口形状的指数，为 5/2 或 3/2。

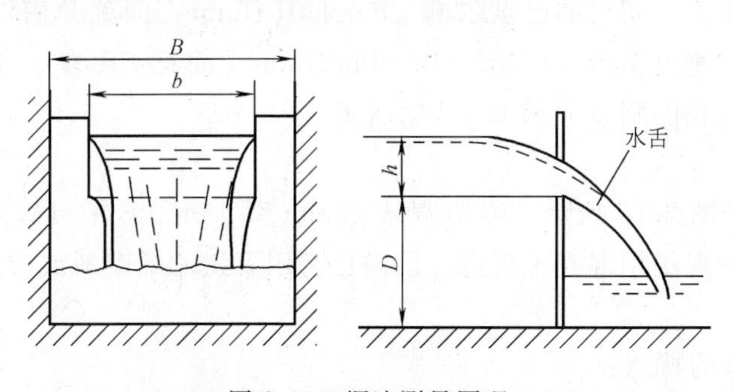

图 2.34　堰法测量原理

常用薄壁堰按缺口形状分为三角堰、矩形堰和等宽堰，它们的尺寸范围和流量范围见表 2.9。堰式流量计除堰板部分外，还包括相应液位计以及堰板上游足够长的直渠段和整流段等。

常用薄壁堰适用范围　　表2.9

堰名称和形状	流量公式	适用范围(m)	典型流量范围		
			宽度 B 或 $B\times b$(m)	水头范围(m)	流量范围(m^3/h)
60°三角堰	$Q=Kh^{5/2}$	$B=0.44\sim1.0$ $h=0.04\sim0.12$ $D=0.1\sim0.13$	0.45	0.04～0.120	1.08～15.6
90°三角堰	$Q=Kh^{5/2}$	$B=0.5\sim1.2$ $h=0.07\sim0.26$ $D=0.1\sim0.75$	0.6～0.8	0.07～0.260	6.6～174
矩形堰	$Q=Kbh^{3/2}$	$B=0.5\sim6.3$ $b=0.15\sim5.0$ $D=0.15\sim3.5$ $h=0.03\sim0.45$	(0.9×0.36)～(1.2×0.48)	0.03～0.312	12.6～540
等宽堰	$Q=Kbh^{3/2}$	$B\geqslant0.5$ $D=0.3\sim2.5$ $h=0.03\sim D$(但 h 为0.8以下且为 $B/4$ 以下)	0.6～0.8	0.03～0.8	21.6～40260

注：表中 Q 为流量；K 为流量系数；h 为堰的水头；B 为渠宽度；b 为缺口宽度；D 为从渠底面到缺口下缘的高度。

堰式流量计的特点：

a. 结构简单，一般情况下价格便宜，测量精度和可靠性好；

b. 因水头损失大，不能用于接近平坦地面的渠道；

c. 堰上游易堆积固形物，要定期清理。

2）槽式流量计

槽式流量计的常用测流槽有多种形式。在渠道中收缩其中一段截面积，收缩部分液位低于其上游液位，测量其液位差以求流量的测量槽，一般称做文丘里槽。还有适用于矩形明渠的巴歇尔槽（ParshaII fIume，简称P槽），适用于圆形暗渠的帕尔默·鲍鲁斯槽（PaImer BowIus fIume，简称PB槽）。在欧洲文丘里槽用的较多，在我国则以P槽和PB槽居多。

a. P槽

P槽外形如图2.35所示，喉道宽从25mm至15m。P槽可以用钢板或木板制成，也可以在现场用混凝土现浇。国内已有用聚氯乙烯塑料或玻璃钢制成的定型商品。

P槽流量计的特点：

(*a*) 水中固态物质几乎不沉积，随水流排出；

(*b*) 水位抬高比堰小，仅为1/4，适用于不允许有大落差的渠道。

b. PB槽

P槽不能用于圆形暗渠，PB槽为圆形暗渠专用。PB槽原理如图2.36所示，

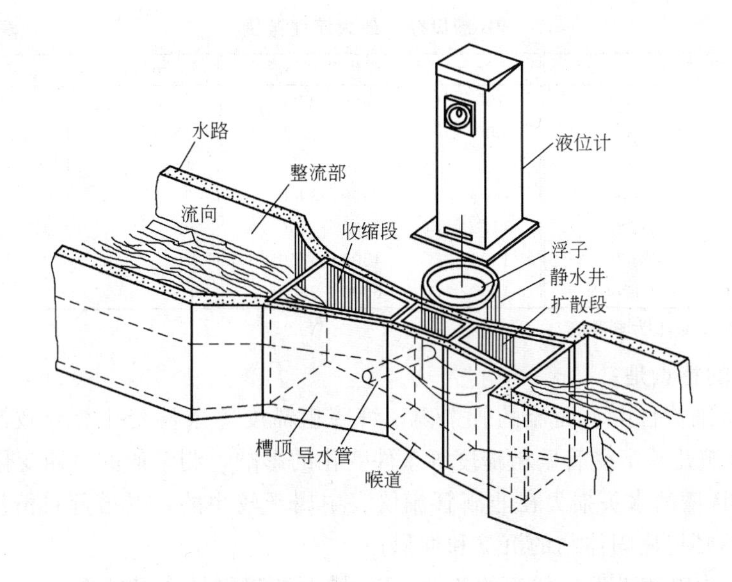

图 2.35 巴歇尔槽流量计（配浮子液位计）外形

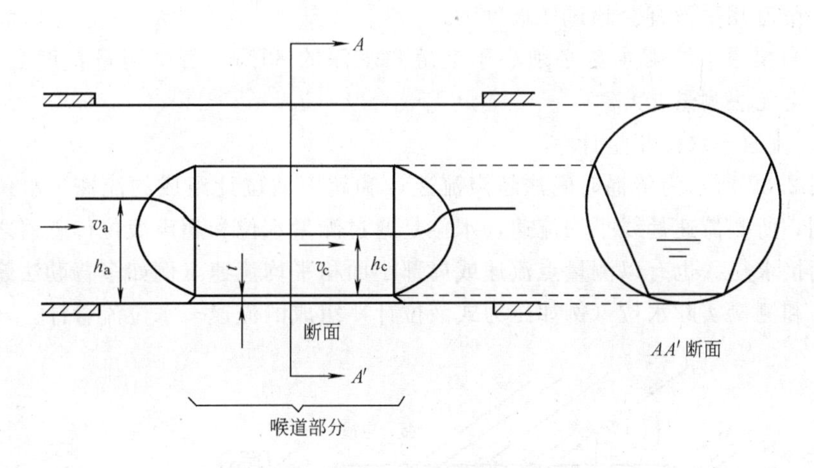

图 2.36 帕尔默·鲍鲁斯槽测量原理

圆形断面收缩成倒梯形喉道，喉道部产生射流（平均流速比水面传播的水波速度快的流动），测量上游侧水位 h_a，求取流量 Q。

$$Q = Ch_a^n \tag{2.61}$$

式中系数 C 和指数 n 是取决于 PB 槽口径和各构件形状尺寸的常数。

PB 槽公称口径从 250 到 3000mm，与混凝土管尺寸相对应，其长度是公称口径的 2～4 倍（小口径段为 4 倍，大口径段为 2 倍）。最大流量范围通常见表 2.10。

PB槽口径和最大流量范围　　**表 2.10**

口径(mm)	最大流量范围(m^3/h)	口径(mm)	最大流量范围(m^3/h)	口径(mm)	最大流量范围(m^3/h)
250	50～125	700	600～1600	1500	8000～12570
300	80～200	800	800～2240	1650	10000～15950
350	100～290	900	2300～3020	1800	12000～19830
400	150～385	1000	2900～3940	2000	16000～25810
450	200～680	1100	3600～5790	2200	20000～32750
500	250～680	1200	4500～6250		
600	400～1080	1350	6000～9660		

注：1350mm 以上为参考值

PB槽的特点是：

(*a*) 在维持自由水面流的管渠内，管壁粗糙度等条件变化会导致流量值变化，而PB槽几乎不受管壁粗糙度等条件变化的影响，测量值的长期变化小；

(*b*) PB槽的水头损失在非满管流仪表中属于较小的，喉道部自清洗效果显著，几乎不必担忧固体物的沉淀和堆积；

(*c*) 作为渠道不发生射流的条件，PB槽上游暗渠坡度必须在20‰以下，然而实际渠道几乎没有会超过该坡度者；

(*d*) 渠道下游侧水深必须小于上游侧水深的85%，否则测量精度会下降，有时甚至无法测量。

3) 流速—水位流量计

图2.37所示为传播时间法超声流速计和超声液位计组成的流速—水位流量计一例，所测流速是线平均流速，水位是通过测量水位和超声液位传感器之间的距离间接求得。也有以测量点流速或局部小面积平均流速（例如多普勒法超声流速计）和测量实际水位（例如压力式液位计）组成的流速—水位流量计。

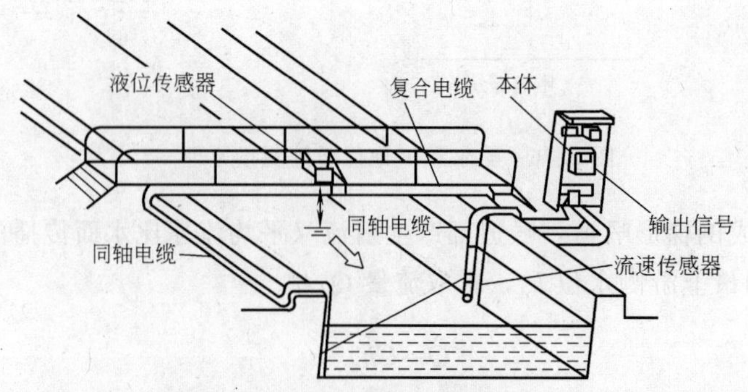

图 2.37　流速—水位流量计例（超声流速计和超声液位计）

流速计除超声式外还可用电磁式流速计等。

图2.38所示为流速—水位流量计信号系统和运算框图，$\bar{v}_L$ 是流速计实测的平均流速，$\bar{v}_L$ 乘上线流速修正系数 K_L 求得流通面积 A 的平均流速 $\bar{v}$，即 $\bar{v}=K_L\bar{v}_L$。

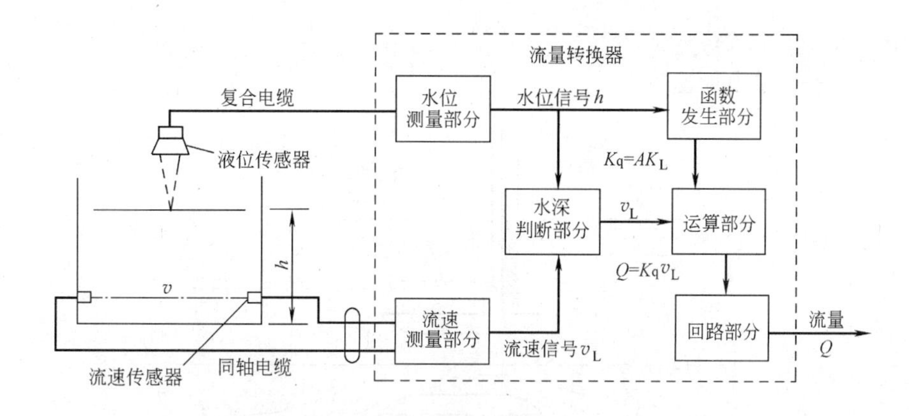

图 2.38 流速—水位流量计信号系统

A—流通面积；K_L—线修正系数；K_q—流量系数

流量 Q 为

$$Q=A\bar{v}=AK_L\bar{v}_L=K_q\bar{v}_L \tag{2.62}$$

式中 K_q——流量系数，$K_q=AK_L$。

K_q 的值取决于流通断面形状（矩形、倒梯形、圆形或 U 形）和渠壁粗糙度。图中水深判断部分是判断水位是否低于流速传感器，若低于流速传感器则保持在此之前的流速信号，使之能继续运算。

流速—水位流量计的特点：

a. 渠道截面形状不限于矩形，圆形、倒梯形或 U 形均适用，流量范围度宽；

b. 水位离渠床距离从接近零到满位均能测量。暗渠即使达到满管，压力显著增加时还能测量；

c. 由于从流速和水位二个信号求取流量，即使在受背压状态下流动，也能测量；同样也可测逆向流（多普勒法流速计则应注意，因型号而异）；

d. 几乎不会发生固形物堆积现象。超声流速计和超声液位计不会阻碍流路，其他形式流速传感器和液位传感器尺寸亦相对较小，对流路阻碍也很小；

e. 对于已有渠道安装容易，不需改造渠道工程；

f. 易受来流流速分布影响，测量场所上下游要有足够长的直渠渠道。

4）潜水式电磁流量计

潜水式电磁流量计需在渠道中置一挡板截流，在挡板底部装上潜水电磁流量传感器，如图 2.39 所示。挡板截住渠道，迫使水流只能从流量传感器中流过，以较原来高的流速通向下游，从而抬高档板上游的水位，产生挡板上下游水位差 h，此水位差的势能转变为流速 v 的动能，即

$$v=K\sqrt{2g(h_a-h_d)}=K\sqrt{2gh} \tag{2.63}$$

式中　K——系数；

　　　g——重力加速度。

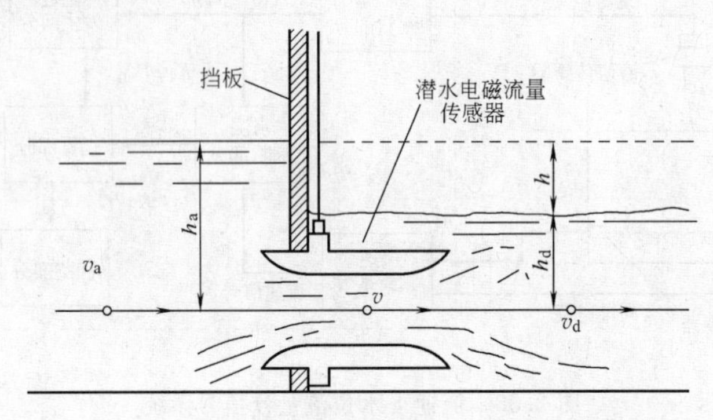

图2.39　潜水式电磁流量计工作原理

h—上下游水位差；h_a—上游水位；h_d—下游水位；

v—传感器部流通；v_a—接近流速；v_d—远离流速

潜水式电磁流量计工作时，液体流动状况属于淹没孔口流，孔口流出速度与孔口在自由表面下的沉没深度无关，仅取决于上下游的水位差。也就是说，流量测量值与流量传感器（或分流模型）安装位置无关，但要求尽可能低，使之运行过程中始终处于淹没流状态。

通过流量传感器的流速一般为2～3.5m/s，上游抬高水位在100～300mm之间。

在流量较大而又不能用较大口径流量传感器时，为了避免水位差过大，可以用如图2.40所示分流模型来扩大流通能力。分流模型的流通通道形状尺寸与流量传感器完全一样。n个分流模型和一台传感器一起安装在挡板上并用，实际总流量即为传感器实测流量乘上（$n+1$）倍。不同流量和允许水位差条件下流量传感器口径和分流模型台数选配见表2.11。

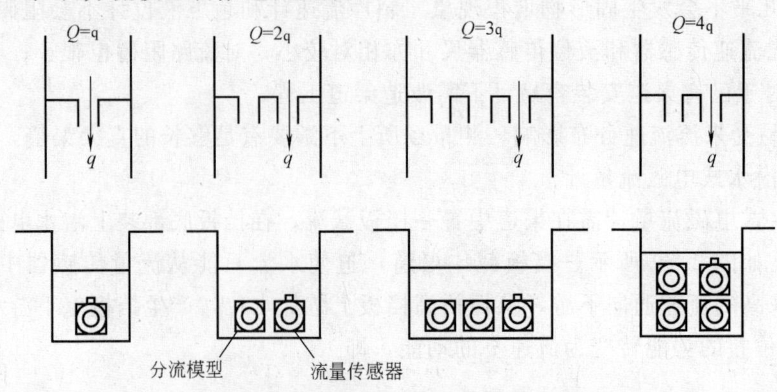

图2.40　分流模型和流量传感器布置例

潜水式电磁流量传感器和分流模型选择　表 2.11

最大流量/(m^3/h)	10	50	100	200	300	500	800	1000	2000	5000
允许水位差/mm	可选流量传感器口径和分流模型台数/(mm×n)									
500	50×1	100×1	100×1	100×3 200×1	100×4 200×1	200×2	200×3 400×1	200×3 400×1	200×6 400×2	400×4
400	50×1	100×1	100×2	100×3 200×1	100×4 200×1	200×2	200×3 400×1	200×3 400×1	200×6 400×2	400×4
300	50×1	100×1	100×2	100×3 200×1	200×2	200×2	200×4 400×1	200×4 400×1	400×2	400×5
200	50×1	100×1	100×2	100×4 200×1	200×2	200×3 400×1	200×5 400×2	200×5 400×2	400×3	400×5
100	50×1	100×2	100×3 200×1	200×2	200×2	200×3 400×1	200×5 400×2	200×6 400×2	400×3	—

潜水式电磁流量计的特点：

a. 无活动件，可测量含有固体颗粒或悬浮体的液体；

b. 可使用于下游侧水位变化的渠道；

c. 因设置挡板截流，测量与渠道形状和上游直渠道状况无关；

d. 水头损失比较大，流量传感器内必须保持满管流；

e. 挡板前会有一定程度固形物堆积，要定期清理。

（2）渠用流量仪表适用范围和性能比较

各类仪表的特点前文已有所介绍，现在做综合比较。

1）水头损失或上游侧抬高水位。流速—水位法没有因测量带来水头损失，其余几种方法渠道均要被截流或装入一段流量检测件段，抬高上游水位。潜水电磁流量计由于可装分流模型，升高水位可比较灵活地选择。

2）安装方便性。流量检测件本身和安装以槽最为复杂，堰和潜水电磁流量传感器相对简单。

3）对已有渠道改造，安装流量检测件时挖掘工程量大，特别是暗渠要设置检查井（窨井），往往成为否定选用方案的原因。

4）除潜水电磁法外，其他各类方法均有直渠道要求，这给选择测量点位置带来许多制约条件。

常用渠用流量仪表适用范围和性能比较归纳见表 2.12。

2.4.1.6　电磁流量计

电磁流量计（以下简称 EMF）是利用法拉第电磁感应定律制成的一种测量导电液体体积流量的仪表。

渠用流量仪表性能比较　　　　表2.12

比较项目＼测量方法	堰法(薄壁堰)	P槽法	PB槽法	流速—水位法	潜水电磁法
适用渠道类型	明渠	明渠	圆形暗渠	明渠、暗渠	明渠、暗渠
流量检测结构特征	渠道要截流，检测件结构简单	渠道一段要装入槽，检测件结构较复杂	渠道一段要装入槽，检测件结构较复杂	不必改动渠道，流量检测要用流速计	渠道要截流，检测件为本体，分流模型扩大流量
检测仪表	液位计	液位计	液位计	流速计＋液位计	本仪表直接测量
渠宽、喉宽或口径	渠宽：450～8000	喉宽：25～240(15200)	口径：150～1800(3000)	渠宽：300～1000 口径：300～500	口径：500～400(600)
流量或流速范围	(15～40000)m^3/h 三角堰 小流量 矩形堰 中流量 等宽堰 大流量	30～15000(33000)m^3/h	20～12000(4200)m^3/h	流速：(0～20)m/s	(10～5000)m^3/h
测量精确度误差(%FS)	1～3	3～5	3～5	3～5	单独传感器：1.5 带分流模型：2.5
流量范围度	(10～20)：1	(20～30)：1	(20～30)：1	(20～100)：1	10：1
抬高水位(mm)	200(120)～80	75～200	口径的(1/20～1/30)	无	100～500
上游固态物是否沉积和排泄程度	会沉积，不会排泄，要定期清除	不会沉积，随物流排泄	不会沉积，随流排泄	不会沉积，随流排泄	会沉积，能部分随流排泄
上游直渠段长度要求(mm)	1500～24000(其中整流流部690～12000)	300～20000	上游侧：≥(5～10)倍的口径 下游侧：≥2倍口径	上游侧：≥(10～15)倍渠道(或口径) 下游侧：≥5倍渠宽(或口径)	
对液体的要求	无特殊要求	无特殊要求	无特殊要求	传播时间法超声流速计：浊度≤5000mg/L，多普勒法超声流速计：浊度(60～5000)mg/L	液体导电率≥10^{-4}s/cm的污水测量不存在问题

(1) 原理与机构

EMF的基本原理是法拉第电磁感应定律，即导体在磁场中切割磁力线运动时在其两端产生感应电动势。如图2.41所示，导电性液体在垂直于磁场的非磁性测量管内流动，与流动方向垂直的方向上产生与流量成比例的感应电势，电动势的方向按“弗来明右手规则”确定，其值见式(2.64)。

$$E=kBD\overline{V} \tag{2.64}$$

式中　E——感应电动势，即流量信号（V）；

k——系数；

B——磁感应强度（T）；

D——测量管内径（m）；

$\overline{V}$——平均流速（m/s）。

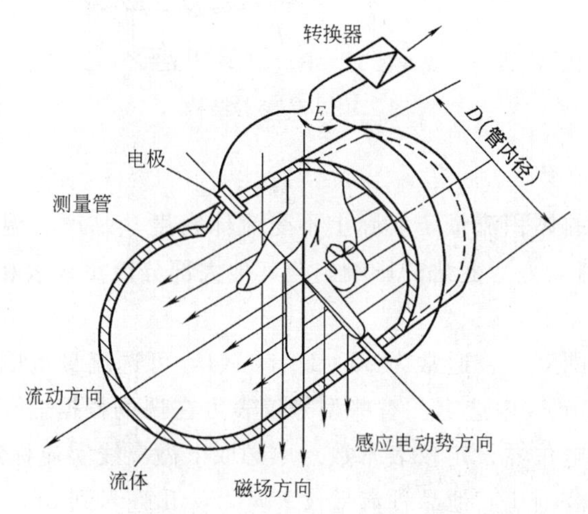

图 2.41　电磁流量计测量原理

设液体的体积流量为

$$q_v=\pi D^2\overline{V}/4$$

则

$$E=(4kB/\pi D)q_v=Kq_v \tag{2.65}$$

式中 K 为仪表常数，$K=4KB/\pi D$。

EMF 由流量传感器和转换器两大部分组成。传感器典型结构示意如图 2.42 所示，测量管上下装有激磁线圈，通激磁电流后产生磁场穿过测量管，一对电极装在测量管内壁与液体相接触，引出感应电势，送到转换器。激磁电流则由转换器提供。

（2）特点

EMF 的测量通道是一段无阻流检测件的光滑直管，因不易阻塞适用于测量含有固体颗粒或纤维的液固二相流体，如纸浆、煤水浆、矿浆、泥浆和污水等。

EMF 不产生因检测流量所形成的压力损失，仪表的阻力仅是同一长度管道的沿程阻力，节能效果显著，对于要求低阻力损失的大管径供水管道最为

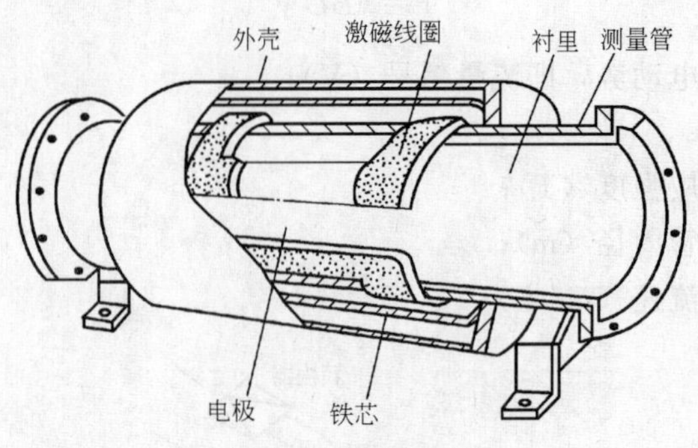

图 2.42　传感器结构

适合。

EMF 所测得的体积流量，实际上不受流体密度、黏度、温度、压力和电导率（只要在某阈值以上）变化的影响。与其他大部分流量仪表相比，前置直管段要求较低。

EMF 测量范围度大，通常为 20：1～50：1，可选流量范围宽。满度值液体流速可在 0.5～10m/s 内选定。有些型号仪表可在现场根据需要扩大和缩小流量（例如设有 4 位数电位器设定仪表常数）不必取下做离线实流标定。

EMF 的口径范围比其他品种流量仪表宽，从几毫米到 3m。可测正反双向流量，也可测脉动流量，只要脉动频率低于激磁频率很多。仪表输出本质上是线性的。

易于选择与流体接触件的材料品种，可应用于腐蚀性流体。

EMF 不能测量电导率很低的液体，如石油制品和有机溶剂等。不能测量气体、蒸汽和含有较多较大气泡的液体。电导率低于阈值（即下限值）会产生测量误差直至不能使用，通用型 EMF 的阈值在 10^{-4}～(5×10^{-6}) S/cm 之间，视型号而异。表 2.13 列出若干液体的电导率。

若干液体在 20℃ 时的电导率　　**表 2.13**

液体名称	电导率(S/cm)	液体名称	电导率(S/cm)	液体名称	电导率(S/cm)
石油	$(3\sim5)\times10^{-13}$	液氨	1.3×10^{-7}	硫酸(5%～99.4%)	$(2.1\times10^{-1})\sim(8.5\times10^{-3})$
丙酮	$(2\sim6)\times10^{-8}$	甲醇	$(4.4\sim7.2)\times10^{-7}$	氨水(4%～30%)	$(1\times10^{-3})\sim(2\times10^{-4})$
纯水	4×10^{-8}	饮用水	$\approx10^{-4}$	氢氧化钠(4%～50%)	$(1.6\times10^{-1})\sim(8\times10^{-2})$
苯	7.6×10^{-8}	海水	$\approx4\times10^{-2}$	食盐水(2.5%)	2×10^{-1}

通用型 EMF 由于衬里材料和电气绝缘材料限制，不能用于较高温度的液体；有些型号仪表用于测量低于室温的液体，因测量管外凝露（或霜）而破坏绝缘。

(3) 直管段长度要求

为获得正常测量精确度，电磁流量传感器上游也要有一定长度直管段，但其长度与大部分其他流量仪表相比要求较低。各标准或检定规程所提出的上下游直管段长度亦不一致，按达到0.5级精度仪表的要求确定的数值汇集见表2.14。

上下游直管段长度要求汇集 **表2.14**

<table>
<tr><th colspan="2" rowspan="2">扰流件名称</th><th colspan="5">标准或检定规程号</th></tr>
<tr><th>ISO 6817</th><th>ISO 9104</th><th>JIS B7554</th><th>ZBN 12007</th><th>JJG 198</th></tr>
<tr><td rowspan="3">上游</td><td>弯管、形管、全开闸阀、渐扩管</td><td rowspan="3">10D或制造厂规定</td><td rowspan="3">10D</td><td>5D</td><td rowspan="3">5D</td><td rowspan="3">10D</td></tr>
<tr><td>渐缩管</td><td>可视作直管</td></tr>
<tr><td>其他各种阀</td><td>10D</td></tr>
<tr><td>下游</td><td>各类</td><td>未提要求</td><td>5D</td><td>未提要求</td><td>2D</td><td>2D</td></tr>
</table>

2.4.2 压力检测仪表

2.4.2.1 压力与压力计

在给水排水工程中，经常会遇到压力和真空度的问题，例如水泵出口的压力，管网中用户的服务水头等。水压的检测和控制是保证供水系统水压要求，并使之经济运行的必要条件。另外，还有一些其他过程参数，如流量、液位等往往可以通过压力来间接测量。所以，压力的测量在给水排水生产过程自动化中具有特殊的地位。

在压力检测中，通常有绝对压力、表压（相对压力）、负压或真空度等名词。绝对压力是指介质所受的实际压力，表压是指高于大气压的绝对压力与大气压力之差，即

$$p_{表}=p_{绝}-p_{大}$$

负压或真空度是指大气压与低于大气压的绝对压力之差，即

$$p_{真}=p_{大}-p_{绝}$$

在给水排水工程上常用的压力单位为帕斯卡（Pa）（国际单位，通常在生产上用MPa为单位，$1MPa=10^6Pa$），还有工程大气压、毫米汞柱、米水柱等，其换算关系见表2.15。

在工业上检测压力的常用方法有：以流体静力学理论为基础的液柱测压法；根据弹性元件受力变形原理的弹性变形测压法；将被测压力转换成各种电量的电测法；将被测压力转换成活塞上所加平衡码的重量的活塞法等。

由于生产过程中测量压力的范围很宽，测量的条件和精度要求各异，所以，压力检测仪表的种类非常丰富，在此不可能一一介绍，下面主要介绍较为适于自动化监控用的几种常用压力计，并将各种常见压力计的基本性能列表2.16。

压力单位换算表　　**表 2.15**

帕斯卡(Pa)	标准大气压(大气压)	工程大气压(kgf/cm^2)	毫米汞柱(mm Hg)	米水柱(m H_2O)
1	9.871×10^{-6}	1.020×10^{-5}	7.500×10^{-3}	1.020×10^{-4}
1.013×10^{5}	1	1.0332	760	10.332
9.807×10^{4}	0.9678	1	735.56	10.000
133.32	0.00131	0.00136	1	0.0136
9.807×10^{3}	0.0968	0.1	73.556	1

2.4.2.2　应变片式压力计

把压力转换为电阻、电容、电感或电势等电量，从而实现压力的间接测量的压力计叫做电气式压力计。这种压力计反应较快，测量范围较广，可测 $7\times10^{-10}kgf/cm^2$ 至 $5\times10^{3}kgf/cm^2$ 的压力，精度也可达 0.2%，便于远距离传送，所以在生产过程中可以实现压力自动检测、自动控制和报警，适用于测量压力变化快、脉动压力、高真空和超高压的场合。应变片式压力计就是电气式压力计的一种。

应变片式压力计是利用电阻应变片将被测压力转换为电阻值的变化，再通过桥式电路获得毫伏级的电量输出，然后由二次仪表显示或记录。

(1) 电阻应变片原理

作为感压元件的应变片是由金属或半导体材料制成的电阻体，它的电阻值随压力所产生的应变而变化。一根截面积为 A，长度为 l 的电阻，其电阻值为：

$$R=\rho\frac{l}{A}\tag{2.66}$$

式中　ρ——材料的电阻率。

当电阻受到外力作用时，则要发生应变，电阻值就要改变，根据材料力学可以得到如下公式：

$$K=\frac{\frac{dR}{R}}{\varepsilon}(1+2\mu)+\frac{\frac{d\rho}{\rho}}{\varepsilon}\tag{2.67}$$

式中　K——应变系数或灵敏度系数；

μ——材料的泊松系数；

ε——应变量。

系数 K 表示电阻材料产生应变时，电阻值的相对变化量，是衡量应变片灵敏度的参数。

对于金属材料来说，$\frac{d\rho}{\rho}\ll1$，压阻效应很小，电阻变化主要是由应变效应引起的，$K\approx1+2\mu$。对于大多数金属来说，K 值较小，约在 2 左右。对于半导体来说，由于压阻效应很大，应变效应可以忽略，所以 $K\approx\frac{d\rho}{\rho}/\varepsilon$，$K$ 值约为 100～200。

(2) 测量桥路

如图 2.43 (a) 所示，如果两片应变片 R_1、R_2 分别以轴向和径向用特殊胶合剂固定在应变筒 1 的上端并与外壳 2 固定在一起，其下端与不锈钢密封片 3 紧密连接，应变片与筒体保持绝缘。当被测压力 P 作用于膜片时，引起应变筒受压变形，从而使 R_1、R_2 阻值发生变化。R_1、R_2 与固定电阻 R_3、R_4 组成测量桥路，如图 2.43 (b) 所示。当电阻 $R_1=R_2$ 时，测量桥路平衡，故其输出为零；当 R_1、R_2 阻值变化不等时，测量桥路输出不平衡电压信号。应变式压力计就是根据该输出电压信号随压力变化实现压力的间接测量。

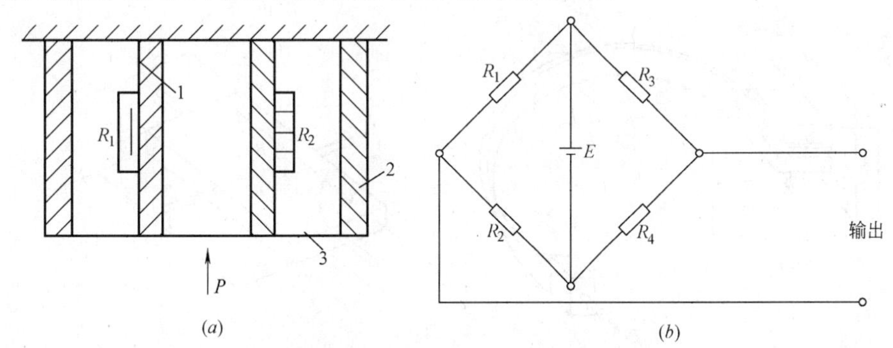

图 2.43 应变片式压力计示意图

(a) 应变片式压力计结构示意图；(b) 测量桥路图

2.4.2.3 霍尔片式压力计

霍尔片式压力计运用霍尔元件的霍尔效应，把被测压力作用下所产生的弹性元件位移转换为电势输出。

如图 2.44 (b) 所示，半导体单晶片沿 z 轴方向被置于恒定磁场 B 中。如果在它的 x 轴方向接入直流稳压电源，并有恒定电流沿 y 轴方向流过，则在晶体的 x 轴方向出现电势，这种现象称为霍尔效应，所产生的电势称为霍尔电势，单晶体片称为霍尔元件或霍尔片。

霍尔电势的产生是因为在霍尔片中流过控制电流，电子在霍尔片中运动时受到磁场力（方向可由左手定则确定）的作用，其运动方向发生偏移。所以，在霍尔片的一个端面上造成电子积累，另一个端面上出现正电荷过剩，于是在霍尔片的 x 轴方向出现电位差（即霍尔电势）。显然，控制电流 I 愈大，磁场强度 B 愈强，则霍尔片中偏转的电子愈多，霍尔电势 U_H 愈大。其关系式为：

$$U_H=K_H IB \tag{2.68}$$

式中 K_H——霍尔系数，与元件材料、几何尺寸有关。

由式 (2.68) 可知，对于选定的霍尔元件，若输入一恒定电流 I，则输出电势 U_H 与磁场强度 B 成正比。

图 2.44 (a) 所示为霍尔片式压力计原理图，它由霍尔元件与弹簧管组成，弹簧管 1 与霍尔片 3 相连接，被测压力 P 从弹簧管的固定端引入，在霍尔元件

的上下垂直方向安放两对磁极，在它右侧一对磁极所产生的磁场方向向下，左侧一对磁极所产生的磁场方向向上，形成一个差动磁场。当霍尔元件处于极靴间的中央平衡位置时，霍尔元件两端通过的磁通大小相等，方向相反，所以，产生的霍尔电势（U_H）之代数和为零；当霍尔元件由弹簧管带动偏离中央位置时，霍尔元件就产生正比于位移的霍尔电势；当弹簧管的位移与被测压力成正比时，则霍尔电势输出与被测压力成正比。从而实现了压力→位移→电势的转换。

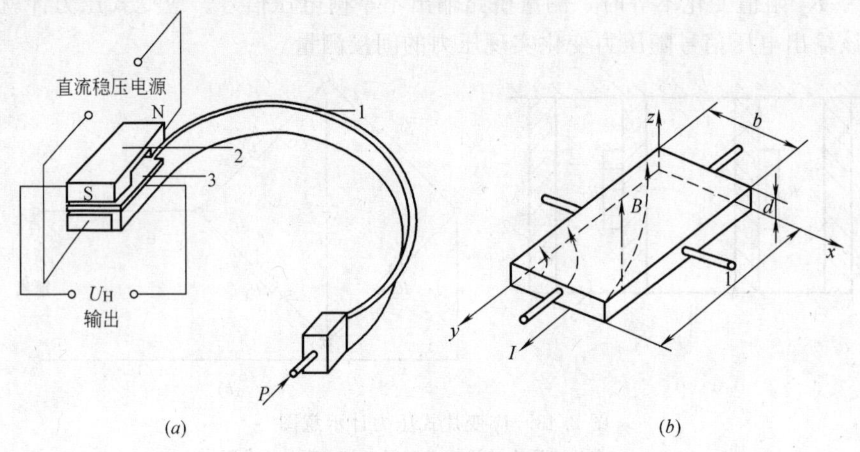

图 2.44 霍尔片式压力计

(a) 霍尔片式压力计原理图；(b) 磁极工作示意图

1—弹簧管；2—磁钢；3—霍尔片

由于霍尔元件受温度影响较大，所以在实际使用中应对霍尔元件采取恒温或其他温度补偿措施，以补偿环境温度变化对霍尔电势的影响。

2.4.2.4 压力检测仪表的选用

(1) 仪表量程的选用

对于测量稳定压力，仪表量程上限选大于或等于1.5倍常用压力。

对于测量交变压力，仪表量程上限选大于或等于2倍常用压力。

对于测量稳定压力，仪表常用压力选1/3～1/2量程上限。

对于测量交变压力，仪表常用压力选不大于1/2量程上限。

(2) 仪表精度的选用

对于工业用仪表，其精度选1.5级或2.5级。

对于实验室或校验用仪表，其精度选0.4级及0.25级以上。

(3) 根据测量介质性质及使用条件选用

对于测量腐蚀性介质，可选用防腐型压力计或加防腐隔离装置。

对于测量粘性、结晶及易堵介质，可选用膜片式压力计或加隔离装置。

对于使用于防爆场合，选用防爆式压力计。

对于测量高温蒸气，可加隔离装置。

（4）其他

当要求压力检测仪表具有指示、记录、报警和远传等功能时，则可以选用具有相应功能的压力表。

在表2.16中列出了各类压力检测仪表的主要性能特点，可供选用时参考。

各类压力测量仪表的性能比较 表2.16

仪表类别	液柱式压力计	活塞式压力计	弹性式压力计	压力传感器
主要特征及优缺点	(1)按其工作原理和结构形式不同,可分为:U型管式、倾斜式、杯式和补偿式等几种。 (2)结构简单,使用方便。 (3)测量精度受工作液的毛细管作用、重度及视差等因素影响。 (4)若工作液是水银,则容易引起水银中毒	(1)按其活塞的形式不同,可分为单活塞和双活塞式两种。 (2)测量精度很高,可达0.05%～0.02%。 (3)测量精度受浮力、温度和重力加速度的影响,故使用时需做修正。 (4)结构较复杂,价格较贵	(1)按其弹性元件的不同,可分为弹簧管式(包括单圈和多圈弹簧管)、膜片式、膜盒式、波纹管式和板簧式等。 (2)使用范围广,测量范围宽(可以测量真空度、微压、低压、中压和高压)。 (3)结构简单,使用方便,价格低廉。 (4)若增设附加机构(如记录机构、控制元件或电气转换装置),则可制成压力记录仪、电接点压力表、压力控制报警器和远传压力表	(1)按其作用原理不同,可分为电位器式、应变式、电感式、霍尔式、振频式、压阻式、压电式和电容式等。 (2)输出信号根据不同的形式,可以是电阻、电流、电压或频率等。 (3)输出信号需要通过测量线路或信号处理装置相配使用。 (4)适用范围广,发展迅速,但品种系列及质量尚需进一步完善和提高
主要用途	用来测量低压力及真空度或作标准计量仪器	用来检定低一级的活塞式压力计或检验精密压力表,是一种主要的压力标准计量仪器	用来测量压力及真空度,可以就地指示,也可以远传、集中控制、或记录或报警发信;若采用膜片式或隔膜式结构,尚可测量易结晶及腐蚀性介质的压力或真空度	多用于压力信号的远传,发信或集中控制,如和显示、调节、记录仪表联用,则可组成自动调节和自动控制系统,广泛用于工业自动化中
精度	1.5%；1%；0.5%；0.2%；0.05%;0.02%	一等 二等 三等 0.02% 0.05% 0.2%	一般压力表 精密压力表 2.5%； 0.4%;0.25% 1.5%;1% 0.6%;0.1%	0.2%～1.5%
测量范围	0～15至0～2000×133Pa 0～15至0～2000×9.8Pa	(−1～215)×9.8×10^4Pa (50～250)×9.8×10^4Pa	(−1～0)×9.8×10^4Pa (±8～±400)×9.8Pa (0～0.6)×9.8×10^4Pa～(0～100)×9.8×10^4Pa	(7×10^{-10}～5×10^5)×9.8×10^4Pa

2.4.3 液位检测仪表

液面高度的确定是给水排水工程中的常见测量项目。通过液位的测量可以知道容器里的原料、成品或半成品的数量，以便调节容器中流入流出物料的平衡，保证生产过程中各环节所需的物料或进行经济核算。另外，通过液位的测量，可以了解生产是否正常进行，以便及时监视或控制容器液位，保证安全生产、以及产品的质量和数量。

液位检测仪表有浮力式、静压式、电容式、超声波式等多种。下面介绍几种常用的液位测量方法。

2.4.3.1　浮力式液位计

浮力式液位计是应用较早的一种液位计，由于它结构简单，使用方便，价格便宜，所以至今在许多工业部门中被广泛应用。

浮力式液位计是根据阿基米德原理工作的，即液体对一个物体浮力的大小，等于物体所排开液体的重量。

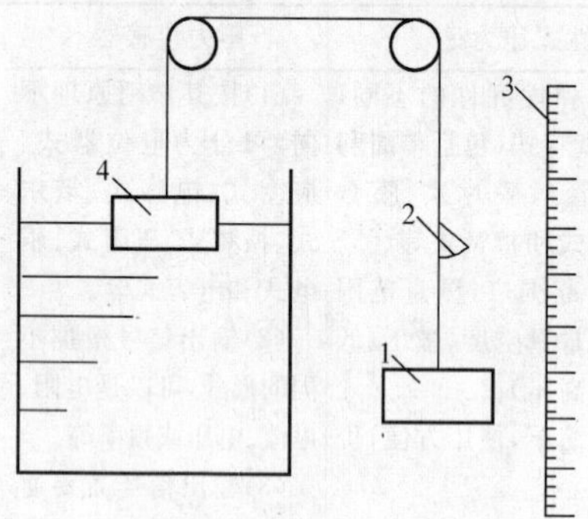

图2.45　浮标式液位计原理图

1—平衡锤；2—指针；3—标尺；4—浮标

浮力式液位计可分为两种：一种为恒浮力式液位计，在整个测量过程中其浮力维持不变（如浮标式、浮球式等液位计），在工作时浮标随液位高低而变化。另一种为变浮力式液位计（如浮筒式液位计），它根据浮筒在液体内浸没的深度不同而所受浮力不同来测量液位。

图2.45所示为浮标式液位计，浮标置于被测介质中。为了平衡浮标的重量，设有平衡锤。浮标、标尺与平衡锤用钢丝绳连接。当液位变化时，浮标随着浮动，通过指针便可直接指示出液位高度。

如果把浮标的位移转换为电量的变化，则可以进行液位的远传指示或记录。

2.4.3.2　静压式液位计

静压式液位计在工业生产上获得了广泛的应用，因为对于不可压缩的液体，液位高度与液体的静压力成正比。所以，测出液体的静压力，即可知道液位高度。

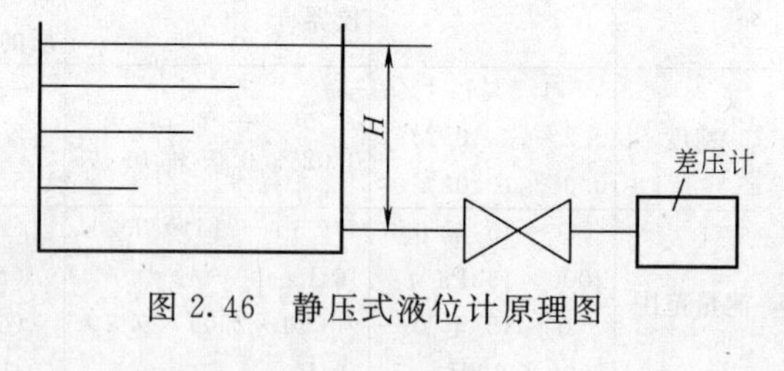

图2.46　静压式液位计原理图

图2.46所示为开口容器的液位测量。压力计与容器底部相连，由压力计指示的压力大小，即可知道液位高度。其关系为：

$$H=\frac{P}{r} \tag{2.69}$$

式中　H——液位高度；

r——液体重度；

P——容器内取压平面上的静压力。

2.4.3.3　电容式液位计

在平行板电容器之间充以不同介质时，其电容量的大小是不同的。所以，可以用测量电容量的变化来检测液位或两种不同介质的液位分界面。

可利用插入容器中的一根导体与容器壁作为两个电极来测量液位，其总电容量：

$$C = Kh_1\varepsilon_1 + K(h-h_1)\varepsilon_2 = Kh\varepsilon_1 - Kh_1(\varepsilon_1-\varepsilon_2) \tag{2.70}$$

式中 K——常数，与电极的尺寸、形状有关；

ε_1——被测液体的介电系数；

ε_2——气体的介电系数；

h——电极总高度；

h_1——浸入液体中的电极高度。

在实际应用中，电极的尺寸、形状已定，介电系数亦是基本不变的。所以，测量电容量的变化就可知道液位的高低。当电极几何形状及尺寸一定时，如果 ε_1、ε_2 相差愈大，则仪表灵敏度愈高；如果 ε_1、ε_2 发生变化，则会使测量结果产生误差。

电容量的变化可以用高频交流电桥等来测量。

2.4.3.4 激光式液位计

激光式液位计是一种很有发展前途的液位计，因为激光光能集中，强度高，而且不易受外来光线干扰，甚至在1500℃左右的高温下也能正常工作。另外，激光光束扩散很小，在定点控制液位时，具有较高的精度。

图2.47所示为反射式激光液位计原理。液位计主要由激光发射装置、接收装置和控制部分组成，控制精度为±2mm。当氦氖激光管1反射出激光光束，经两个直角棱镜2、3折光后，射入光束5经盘式折光器4成为光脉冲，再经聚光小球6聚成很小的光点，由双胶合望远镜7将光束按10°左右的斜度投射于被测液面上。当被测液位正常时，光点反射聚焦在接收器的中间硅光电池10上，

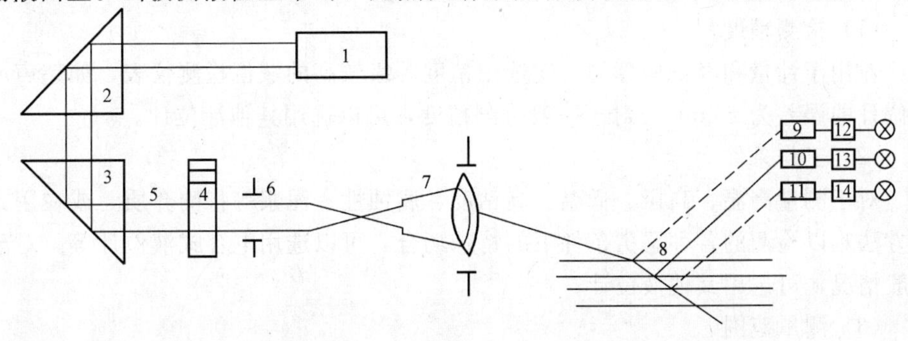

图2.47 反射式激光液位计原理

1—激光管；2、3—直角棱镜；4—盘式折光器；5—光束；6—聚光小球；7—双胶合望远镜；8—被控制液位；9—上限硅光电池；10—正常硅光电池；11—下限硅光电池；12、13、14—放大器

经放大器13放大后使正常信号灯亮；当被测液面高于正常液面时，光点反射升高，被上限硅光电池9接收，经放大器12放大后使上限报警灯亮；反之，则下限报警灯亮，控制执行机构改变进料量。上、下光电池间的距离，可根据光点的大小和控制精度进行上、下调整。

2.4.3.5 超声波液位计

超声波液位计是基于晶体的压电效应，用压电晶体作探头（即换能器）发射出声波，声波遇到两相界面被反射回来，又被探头所接收，根据声波往返所需要的时间而测出液位的高度。作为换能器的探头又可分为发射型、接收型和发射—接收型三种。

一般把频率高于20kHz的声波称为超声波。声频越高，则发射的声束越尖锐，方向性也越强。但是，它的可测距离也相应地降低。因此，超声波液位计所使用的声波频率并非一定要高于20kHz，要根据具体工作条件来决定。

超声波液位计可以使用两个探头，也可以使用一个探头，即双探头式及单探头式。前者是一个探头发射声波，另一个探头用来接收声波。后者是发射与接收都是用一个探头进行，只是发射与接收时间相互错开。

超声波液位计具有下列特点。

(1) 没有可动部件，而探头的压电晶片振幅很小，所以不会造成对探头或对设备的损坏，寿命长。

(2) 检测元件（探头）可以不与被测介质直接接触，即可以做到非接触测量。

(3) 可以利用切换开关进行多点测量，便于集中控制。

但是，超声波液位计的电路比较复杂，造价较高，要根据具体情况合理选用。

2.4.3.6 液位检测仪表的选用

(1) 检测精度

对用于计量和经济核算的，应选用精度等级较高的液位检测仪表，如超声波液位计的误差为±2mm。对于一般检测精度，可以选用其他液位计。

(2) 工作条件

对于测量高温、高压、低温、高粘度、腐蚀性、泥浆等特殊介质，或在用其他方法难以检测的各种恶劣条件下的特殊场合，可以选用电容式液位计等。对于一般情况，可选用其他液位计。

(3) 测量范围

如果测量范围较大，可选用电容式液位计。对于测量范围在2m以上的一般介质，可选用差压式液位计等。

(4) 刻度选择

在选择刻度时，最高液位或上限报警点为最大刻度的 90%；正常液位为最大刻度的 50%；最低液位或下限报警点为最大刻度的 10%。

在具体选用液位检测仪表时一般还须考虑：容器的条件（形状、大小）；测量介质的状态（重度、黏度、温度、压力及液位变化）；现场安装条件（安装位置，周围有否振动冲击等）；安全性（防火、防爆等）；信号输出方式（现场显示，或远距离显示，变送或调节）等问题。

表 2.17 列出了液位测量仪表的分类及性能。

液位测量仪表的分类和性能 **表 2.17**

仪表种类及名称 / 性能用途 / 比较项目		直读式液位仪表		差动式液位仪表				浮力式液位仪表			电子式液位仪表		
		玻璃管液位计	玻璃板液位计	压力式液位计	吹气式液位计	差压式液位计	油灌称重仪	带钢丝绳浮子式液位计	杠杆带浮球式液位计	浮筒式液位计	电接触式液位计	电容式液位计	电感式液位计
仪表	测量范围(m)	<1.5	<3			20		20		2.5		2.5	
	测量精度					±1%	±0.1%		±1.5%	±1%	±10mm	±2%	
	可动部件	无	无	无	无	无	有	有	有	有	无	无	无
	与被测介质接触否	接	接	接	接	接	接	接	接	接	接	接	接
输出方式	连续测量或定点测量	连续	连续	连续	连续	连续	连续	连续	连续定点	连续	定点少数连续	连续定点	定点
	操作条件	就地目视	就地目视	远传		远传	远传	远传	报警	远传	报警	远传	报警远传
被测对象	工作压力(9.8×10^5Pa)	<16	<40	常压	常压			常压	16	320		320	≥64
	介质工作温度(℃)	100～150	100～150			−20～200			<150	<200		−200～200	
	防爆要求(本质安全、隔爆、不接触介质)	本质安全	本质安全	可隔爆	本质安全	气动防爆	可隔爆	可隔爆	本质安全隔爆	有隔爆			
	对黏性介质(结晶悬浮物)			法兰式可用		法兰式可用	钟盖引压可用						
	对多泡沫、沸腾介质测量			适用	适用	适用	适用		适用	适用			

2.5　可编程控制仪表

可编程控制器（Programmable Controller）简称PC或PLC。它是在电器控制技术和计算机技术的基础上开发出来的，并逐渐发展成为以微处理器为核心，把自动化技术、计算机技术、通信技术融为一体的新型工业控制装置。目前，PLC已被广泛应用于各种生产机械和生产过程的自动控制中，成为一种最重要、最普及、应用场合最多的工业控制装置，被公认为现代工业自动化的三大支柱（PLC、机器人、CAD/CAM）之一。

国际电工委员会（IEC）于1987年颁布了可编程控制器标准草案第三稿。在草案中对可编程控制器定义如下："可编程控制器是一种数字运算操作的电子系统，专为在工业环境下应用而设计。它采用可编程序的存储器，用来在其内部存储执行逻辑运算、顺序控制、定时、计数和算术运算等操作的指令，并通过数字式和模拟式的输入和输出，控制各种类型的机械或生产过程。可编程控制器及其有关外围设备，都应按易于与工业系统联成一个整体，易于扩充其功能的原则设计"。

定义强调了PLC应直接应用于工业环境，必须具有很强的抗干扰能力、广泛的适应能力和广阔的应用范围，这是区别于一般微机控制系统的重要特征。同时，也强调了PLC用软件方式实现的"可编程"与传统控制装置中通过硬件或硬接线的变更来改变程序的本质区别。

近年来，可编程控制器发展很快，几乎每年都推出不少新系列产品，其功能已远远超出了上述定义的范围。

2.5.1　概述

2.5.1.1　PLC的特点与应用领域

(1) PLC的特点

PLC技术之所以高速发展，除了工业自动化的客观需要外，主要是因为它具有许多独特的优点。它较好地解决了工业领域中普遍关心的可靠、安全、灵活、方便、经济等问题。主要有以下特点：

1）可靠性高、抗干扰能力强

可靠性高、抗干扰能力强是PLC最重要的特点之一。PLC的平均无故障时间可达几十万个小时，之所以有这么高的可靠性，是由于它采用了一系列的硬件和软件的抗干扰措施。

a. 硬件方面。I/O通道采用光电隔离，有效地抑制了外部干扰源对PLC的影响；对供电电源及线路采用多种形式的滤波，从而消除或抑制了高频干扰；对

CPU 等重要部件采用良好的导电、导磁材料进行屏蔽，以减少空间电磁干扰；对有些模块设置了连锁保护、自诊断电路等。

b. 软件方面。PLC 采用扫描工作方式，减少了由于外界环境干扰引起故障；在 PLC 系统程序中设有故障检测和自诊断程序，能对系统硬件电路等故障实现检测和判断；当由外界干扰引起故障时，能立即将当前重要信息加以封存，禁止任何不稳定的读写操作，一旦外界环境正常后，便可恢复到故障发生前的状态，继续原来的工作。

2）编程简单、使用方便

目前，大多数 PLC 采用的编程语言是梯形图语言，它是一种面向生产、面向用户的编程语言。梯形图与电器控制线路图相似，形象、直观，不需要掌握计算机知识，很容易让广大工程技术人员掌握。当生产流程需要改变时，可以现场改变程序，使用方便、灵活。同时，PLC 编程器的操作和使用也很简单。这也是 PLC 获得普及和推广的主要原因之一。

许多 PLC 还针对具体问题，设计了各种专用编程指令及编程方法，进一步简化了编程。

3）功能完善、通用性强

现代 PLC 不仅具有逻辑运算、定时、计数、顺序控制等功能，而且还具有 A/D 和 D/A 转换、数值运算、数据处理、PID 控制、通信联网等许多功能。同时，由于 PLC 产品的系列化、模块化，有品种齐全的各种硬件装置供用户选用，可以组成满足各种要求的控制系统。

4）设计安装简单、维护方便

由于 PLC 用软件代替了传统电气控制系统的硬件，控制柜的设计、安装接线工作量大为减少。PLC 的用户程序大部分可在实验室进行模拟调试，缩短了应用设计和调试周期。在维修方面，由于 PLC 的故障率极低，维修工作量很小；而且 PLC 具有很强的自诊断功能，如果出现故障，可根据 PLC 上指示或编程器上提供的故障信息，迅速查明原因，维修极为方便。

5）体积小、重量轻、能耗低

由于 PLC 采用了集成电路，其结构紧凑、体积小、能耗低，因而是实现机电一体化的理想控制设备。

(2) PLC 的应用领域

目前，在国内外 PLC 已广泛应用于冶金、石油、化工、建材、机械制造、电力、汽车、轻工、环保及文化娱乐等各行各业，随着 PLC 性能价格比的不断提高，其应用领域不断扩大。从应用类型看，PLC 的应用大致可归纳为以下几个方面。

1）开关量逻辑控制

利用PLC最基本的逻辑运算、定时、计数等功能实现逻辑控制，可以取代传统的继电器控制，用于单机控制、多机群控制、生产自动线控制等，例如：机床、注塑机、印刷机械、装配生产线、电镀流水线及电梯的控制等。这是PLC最基本的应用，也是PLC最广泛的应用领域。

2）运动控制

大多数PLC都有带动步进电机或伺服电机的单轴或多轴位置控制模块。这一功能广泛用于各种机械设备，如对各种机床、装配机械、机器人等进行运动控制。

3）过程控制

大、中型PLC都具有多路模拟量I/O模块和PID控制功能，有的小型PLC也具有模拟量输入输出。所以PLC可实现模拟量控制，而且具有PID控制功能的PLC可构成闭环控制，用于过程控制。这一功能已广泛用于锅炉、反应堆、水处理、酿酒以及闭环位置控制和速度控制等方面。

4）数据处理

现代的PLC都具有数学运算、数据传送、转换、排序和查表等功能，可进行数据的采集、分析和处理，同时可通过通信接口将这些数据传送给其他智能装置，如计算机数值控制（CNC）设备，进行处理。

5）通信联网

PLC的通信包括PLC与PLC、PLC与上位计算机、PLC与其他智能设备之间的通信，PLC系统与通用计算机可直接或通过通信处理单元、通信转换单元相连构成网络，以实现信息的交换，并可构成“集中管理、分散控制”的多级分布式控制系统，满足工厂自动化（FA）系统发展的需要。

2.5.1.2　PLC的分类

PLC产品种类繁多，其规格和性能也各不相同。对PLC的分类，通常根据其结构形式的不同、功能的差异和I/O点数的多少等进行大致分类。

（1）按结构形式分类

根据PLC的结构形式，可将PLC分为整体式和模块式两类。

1）整体式PLC。整体式PLC是将电源、CPU、I/O接口等部件都集中装在一个机箱内，具有结构紧凑、体积小、价格低的特点。小型PLC一般采用这种整体式结构。整体式PLC由不同I/O点数的基本单元（又称主机）和扩展单元组成。基本单元内有CPU、I/O接口、与I/O扩展单元相连的扩展口，以及与编程器或EPROM写入器相连的接口等。扩展单元内只有I/O和电源等，没有CPU。基本单元和扩展单元之间一般用扁平电缆连接。整体式PLC一般还可配备特殊功能单元，如模拟量单元、位置控制单元等，使其功能得以扩展。

2）模块式PLC。模块式PLC是将PLC各组成部分，分别作成若干个单独的模块，如CPU模块、I/O模块、电源模块（有的含在CPU模块中）以及各种功能模块。模块式PLC由框架或基板和各种模块组成。模块装在框架或基板的插座上。这种模块式PLC的特点是配置灵活，可根据需要选配不同规模的系统，而且装配方便，便于扩展和维修。大、中型PLC一般采用模块式结构。

还有一些PLC将整体式和模块式的特点结合起来，构成所谓叠装式PLC。叠装式PLC其CPU、电源、I/O接口等也是各自独立的模块，但它们之间是靠电缆进行连接，并且各模块可以一层层地叠装。这样，不但系统可以灵活配置，还可做得体积小巧。

（2）按功能分类

根据PLC所具有的功能不同，可将PLC分为低档、中档、高档三类。

1）低档PLC。具有逻辑运算、定时、计数、移位以及自诊断、监控等基本功能，还可有少量模拟量输入/输出、算术运算、数据传送和比较、通信等功能。主要用于逻辑控制、顺序控制或少量模拟量控制的单机控制系统。

2）中档PLC。除具有低档PLC的功能外，还具有较强的模拟量输入/输出、算术运算、数据传送和比较、数制转换、远程I/O、子程序、通信联网等功能。有些还可增设中断控制、PID控制等功能，适用于复杂控制系统。

3）高档PLC。除具有中档机的功能外，还增加了带符号算术运算、矩阵运算、位逻辑运算、平方根运算及其他特殊功能函数的运算、制表及表格传送功能等。高档PLC机具有更强的通信联网功能，可用于大规模过程控制或构成分布式网络控制系统，实现工厂自动化。

（3）按I/O点数分类

根据PLC的I/O点数的多少，可将PLC分为小型、中型和大型三类。

1）小型PLC。I/O点数为256点以下的为小型PLC。其中，I/O点数小于64点的为超小型或微型PLC。

2）中型PLC。I/O点数为256点以上、2048点以下的为中型PLC。

3）大型PLC。I/O点数为2048点以上的为大型PLC。其中，I/O点数超过8192点的为超大型PLC。

在实际中，一般PLC功能的强弱与其I/O点数的多少是相互关联的，即PLC的功能越强，其可配置的I/O点数越多。因此，通常我们所说的小型、中型、大型PLC，除指其I/O点数不同外，同时也表示其对应功能为低档、中档、高档。

2.5.2 PLC控制系统与电器控制系统的比较

2.5.2.1 电器控制系统与PLC控制系统

（1）电器控制系统的组成

任何一个电器控制系统，都是由输入部分、输出部分和控制部分组成，如图2.48所示。

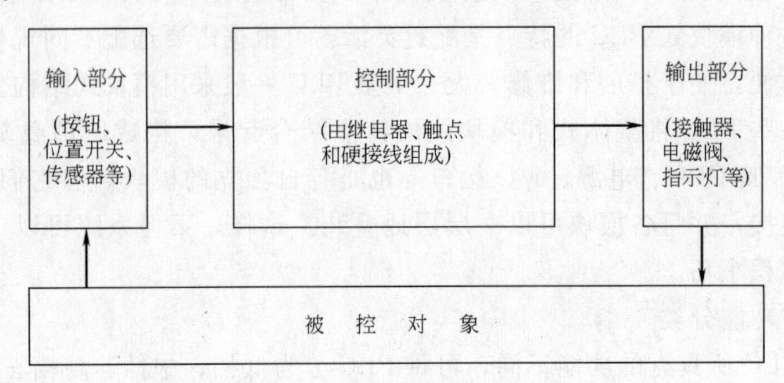

图2.48 电器控制系统组成

其中输入部分是由各种输入设备，如按钮、位置开关及传感器等组成；控制部分是按照控制要求设计的，由若干继电器及触点构成的具有一定逻辑功能的控制电路；输出部分是由各种输出设备，如接触器、电磁阀、指示灯等执行元件组成。电器控制系统是根据操作指令及被控对象发出的信号，由控制电路按规定的动作要求决定执行什么动作或动作的顺序，然后驱动输出设备去实现各种操作。由于控制电路是采用硬接线将各种继电器及触点按一定的要求连接而成，所以接线复杂且故障点多，同时不易灵活改变。

(2) PLC控制系统的组成

由PLC构成的控制系统也是由输入、输出和控制三部分组成，如图2.49所示。

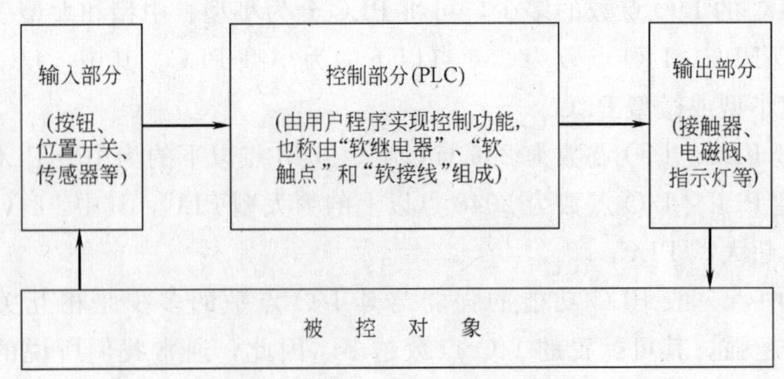

图2.49 PLC控制系统的组成

从图2.49中可以看出，PLC控制系统的输入、输出部分和电器控制系统的输入、输出部分基本相同，但控制部分是采用“可编程”的PLC，而不是实际的继电器线路。因此，PLC控制系统可以方便地通过改变用户程序，以实现各种控制功能，从根本上解决了电器控制系统控制电路难以改变的问题。同时，PLC控制系统不仅能实现逻辑运算，还具有数值运算及过程控制等复杂的控制功能。

2.5.2.2 PLC 的等效电路

从上述比较可知，PLC 的用户程序（软件）代替了继电器控制电路（硬件）。因此，对于使用者来说，可以将 PLC 等效成是许许多多各种各样的“软继电器”和“软接线”的集合，而用户程序就是用“软接线”将“软继电器”及其“触点”按一定要求连接起来的“控制电路”。

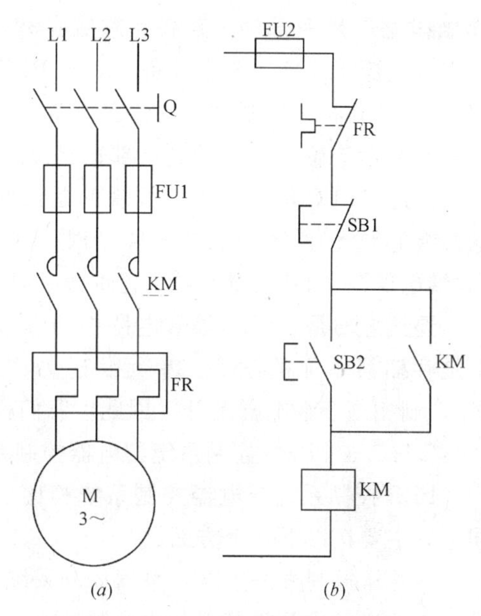

图 2.50 三相异步电动机单向运行电器控制系统
(a) 主电路；(b) 控制电路

为了更好的理解这种等效关系，下面通过一个例子来说明。如图 2.50 所示为三相异步电动机单向启动运行的电器控制系统。其中，由输入设备 SB1、SB2、FR 的触点构成系统的输入部分，由输出设备 KM 构成系统的输出部分。

如果用 PLC 来控制这台三相异步电动机，组成一个 PLC 控制系统，根据上述分析可知，系统主电路不变，只要将输入设备 SB1、SB2、FR 的触点与 PLC 的输入端连接，输出设备 KM 线圈与 PLC 的输出端连接，就构成 PLC 控制系统的输入、输出硬件线路。而控制部分的功能则由 PLC 的用户程序来实现，其等效电路如图 2.51 所示。

图中，输入设备 SB1、SB2、FR 与 PLC 内部的“软继电器” X0、X1、X2 的“线圈”对应，由输入设备控制相对应的“软继电器”的状态，即通过这些

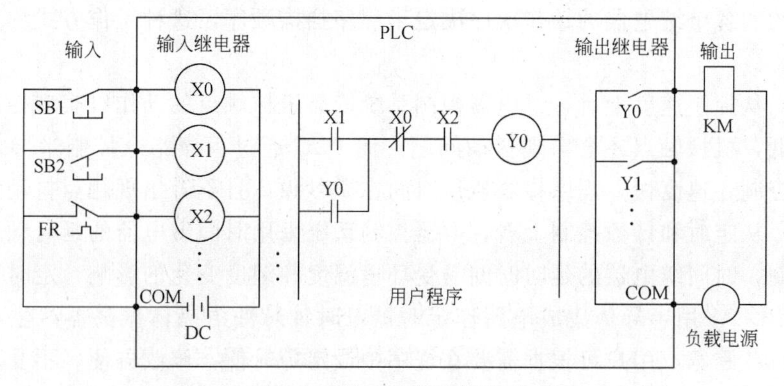

图 2.51 PLC 的等效电路

“软继电器”将外部输入设备状态变成PLC内部的状态，这类“软继电器”称为输入继电器；同理，输出设备KM与PLC内部的“软继电器”Y0对应，由“软继电器”Y0状态控制对应的输出设备KM的状态，即通过这些“软继电器”将PLC内部状态输出，以控制外部输出设备，这类“软继电器”称为输出继电器。

因此，PLC用户程序要实现的是：如何用输入继电器X0、X1、X2来控制输出继电器Y0。当控制要求复杂时，程序中还要采用PLC内部的其他类型的“软继电器”，如辅助继电器、定时器、计数器等，以达到控制要求。

要注意的是，PLC等效电路中的继电器并不是实际的物理继电器，它实质上是存储器单元的状态。单元状态为“1”，相当于继电器接通；单元状态为“0”，则相当于继电器断开。因此，我们称这些继电器为“软继电器”。

2.5.2.3　PLC控制系统与电器控制系统的区别

PLC控制系统与电器控制系统相比，有许多相似之处，也有许多不同。不同之处主要在以下几个方面：

(1) 从控制方法上看，电器控制系统控制逻辑采用硬件接线，利用继电器机械触点的串联或并联等组合成控制逻辑，其连线多且复杂、体积大、功耗大，系统构成后，想再改变或增加功能较为困难。另外，继电器的触点数量有限，所以电器控制系统的灵活性和可扩展性受到很大限制。而PLC采用了计算机技术，其控制逻辑是以程序的方式存放在存储器中，要改变控制逻辑只需改变程序，因而很容易改变或增加系统功能。系统连线少、体积小、功耗小，而且PLC所谓“软继电器”实质上是存储器单元的状态，所以“软继电器”的触点数量是无限的，PLC系统的灵活性和可扩展性好。

(2) 从工作方式上看，在继电器控制电路中，当电源接通时，电路中所有继电器都处于受制约状态，即该吸合的继电器都同时吸合，不该吸合的继电器受某种条件限制而不能吸合，这种工作方式称为并行工作方式。而PLC的用户程序是按一定顺序循环执行，所以各软继电器都处于周期性循环扫描接通中，受同一条件制约的各个继电器的动作次序决定于程序扫描顺序，这种工作方式称为串行工作方式。

(3) 从控制速度上看，继电器控制系统依靠机械触点的动作以实现控制，工作频率低，机械触点还会出现抖动问题。而PLC通过程序指令控制半导体电路来实现控制，速度快，程序指令执行时间在微秒级，且不会出现触点抖动问题。

(4) 从定时和计数控制上看，电器控制系统采用时间继电器的延时动作进行时间控制，时间继电器的延时时间易受环境温度和湿度变化的影响，定时精度不高。而PLC采用半导体集成电路作定时器，时钟脉冲由晶体振荡器产生，精度高，定时范围宽，用户可根据需要在程序中设定定时值，修改方便，不受环境的影响，且PLC具有计数功能，而电器控制系统一般不具备计数功能。

(5) 从可靠性和可维护性上看，由于电器控制系统使用了大量的机械触点，其存在机械磨损、电弧烧伤等，寿命短，系统的连线多，所以可靠性和可维护性较差。而PLC大量的开关动作由无触点的半导体电路来完成，其寿命长、可靠性高，PLC还具有自诊断功能，能查出自身的故障，随时显示给操作人员，并能动态地监视控制程序的执行情况，为现场调试和维护提供了方便。

2.5.3 PLC的基本组成

PLC是微机技术和控制技术相结合的产物，是一种以微处理器为核心的用于控制的特殊计算机，因此PLC的基本组成与一般的微机系统类似。

2.5.3.1 PLC的硬件组成

PLC的硬件主要由中央处理器（CPU）、存储器、输入单元、输出单元、通信接口、扩展接口电源等部分组成。其中，CPU是PLC的核心，输入单元与输出单元是连接现场输入、输出设备与CPU之间的接口电路，通信接口用于与编程器、上位计算机等外设连接。

对于整体式PLC，所有部件都装在同一机壳内，其组成框图如图2.52所示；对于模块式PLC，各部件独立封装成模块，各模块通过总线连接，安装在机架或导轨上，其组成框图如图2.53所示。无论是哪种结构类型的PLC，都可根据用户需要进行配置与组合。

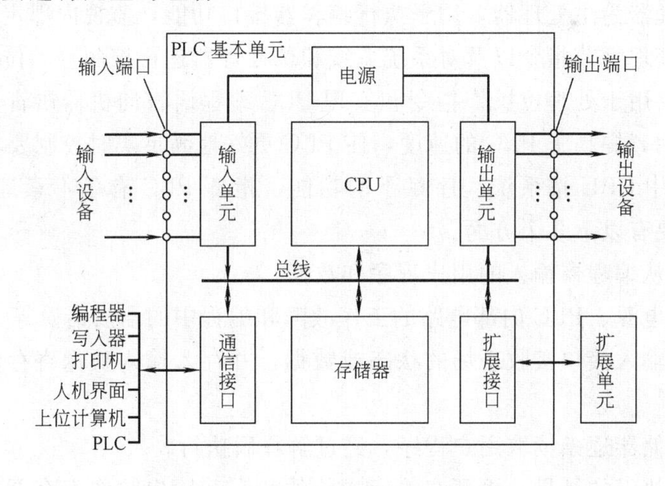

图2.52 整体式PLC组成框图

尽管整体式与模块式PLC的结构不太一样，但各部分的功能作用是相同的，下面对PLC各主要组成部分进行简单介绍。

(1) 中央处理单元（CPU）

同一般的微机一样，CPU是PLC的核心。PLC中所配置的CPU随机型不

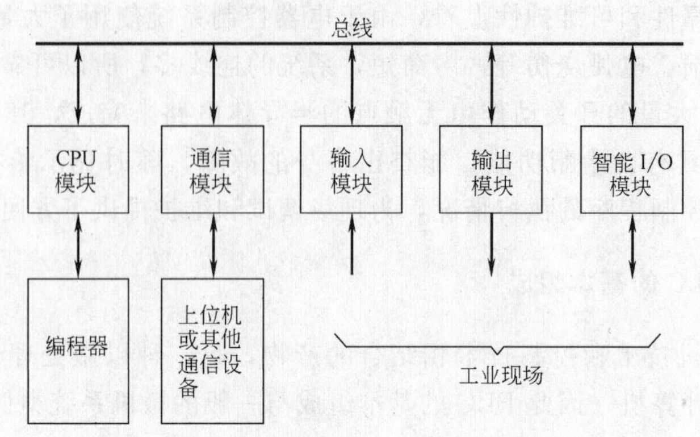

图 2.53　模块式 PLC 组成框图

同而不同，常用有三类：通用微处理器（如 Z80、8086、80286 等）、单片微处理器（如 8031、8096 等）和位片式微处理器（如 AMD29W 等）。小型 PLC 大多采用 8 位通用微处理器和单片微处理器；中型 PLC 大多采用 16 位通用微处理器或单片微处理器；大型 PLC 大多采用高速位片式微处理器。

目前，小型 PLC 为单 CPU 系统，而中、大型 PLC 则大多为双 CPU 系统，甚至有些 PLC 中多达 8 个 CPU。对于双 CPU 系统，一般一个为字处理器，一般采用 8 位或 16 位处理器；另一个为位处理器，采用由各厂家设计制造的专用芯片。字处理器为主处理器，用于执行编程器接口功能，监视内部定时器，监视扫描时间，处理字节指令以及对系统总线和位处理器进行控制等。位处理器为从处理器，主要用于处理位操作指令和实现 PLC 编程语言向机器语言的转换。位处理器的采用，提高了 PLC 的速度，使 PLC 更好地满足实时控制要求。

在 PLC 中 CPU 按系统程序赋予的功能，指挥 PLC 有条不紊地进行工作，归纳起来主要有以下几个方面：

1）接收从编程器输入的用户程序和数据。

2）诊断电源、PLC 内部电路的工作故障和编程中的语法错误等。

3）通过输入接口接收现场的状态或数据，并存入输入映像寄存器或数据寄存器中。

4）从存储器逐条读取用户程序，经过解释后执行。

5）根据执行的结果，更新有关标志位的状态和输出映像寄存器的内容，通过输出单元实现输出控制。有些 PLC 还具有制表打印或数据通信等功能。

（2）存储器

存储器主要有两种：一种是可读/写操作的随机存储器 RAM，另一种是只读存储器 ROM、PROM 、EPROM 和 EEPROM。在 PLC 中，存储器主要用于存放系统程序、用户程序及工作数据。

系统程序是由PLC的制造厂家编写的，和PLC的硬件组成有关，完成系统诊断、命令解释、功能子程序调用管理、逻辑运算、通信及各种参数设定等功能，提供PLC运行的平台。系统程序关系到PLC的性能，而且在PLC使用过程中不会变动，所以是由制造厂家直接固化在只读存储器ROM、PROM或EPROM中，用户不能访问和修改。

用户程序是随PLC的控制对象而定的，由用户根据对象生产工艺的控制要求而编制的应用程序。为了便于读出、检查和修改，用户程序一般存于CMOS静态RAM中，用锂电池作为后备电源，以保证掉电时不会丢失信息。为了防止干扰对RAM中程序的破坏，当用户程序经过调试运行正常，不需要改变，可将其固化在只读存储器EPROM中。现在有许多PLC直接采用EEPROM作为用户存储器。

工作数据是PLC运行过程中经常变化、经常存取的一些数据。存放在RAM中，以适应随机存取的要求。在PLC的工作数据存储器中，设有存放输入输出继电器、辅助继电器、定时器、计数器等逻辑器件的存储区，这些器件的状态都是由用户程序的初始设置和运行情况而确定的。根据需要，部分数据在掉电时用后备电池维持其现有的状态，这部分在掉电时可保存数据的存储区域称为保持数据区。

由于系统程序及工作数据与用户无直接联系，所以在PLC产品样本或使用手册中所列存储器的形式及容量是指用户程序存储器。当PLC提供的用户存储器容量不够用，许多PLC还提供有存储器扩展功能。

(3) 输入、输出单元

输入、输出单元通常也称I/O单元或I/O模块，是PLC与工业生产现场之间的连接部件。PLC通过输入接口可以检测被控对象的各种数据，以这些数据作为PLC对被控制对象进行控制的依据；同时PLC又通过输出接口将处理结果送给被控制对象，以实现控制目的。

由于外部输入设备和输出设备所需的信号电平是多种多样的，而PLC内部CPU处理的信息只能是标准电平，所以I/O接口要实现这种转换。I/O接口一般都具有光电隔离和滤波功能，以提高PLC的抗干扰能力。另外，I/O接口上通常还有状态指示，工作状况直观，便于维护。

PLC提供了多种操作电平和驱动能力的I/O接口，有各种各样功能的I/O接口供用户选用。I/O接口的主要类型有：数字量（开关量）输入、数字量（开关量）输出、模拟量输入、模拟量输出等。

PLC的I/O接口所能接受的输入信号个数和输出信号个数称为PLC输入/输出（I/O）点数。I/O点数是选择PLC的重要依据之一。当系统的I/O点数不够时，可通过PLC的I/O扩展接口对系统进行扩展。

(4) 通信接口

PLC配有各种通信接口，这些通信接口一般都带有通信处理器。PLC通过这些通信接口可与监视器、打印机、其他PLC、计算机等设备实现通信。PLC与打印机连接，可将过程信息、系统参数等输出打印；与监视器连接，可将控制过程图像显示出来；与其他PLC连接，可组成多机系统或连成网络，实现更大规模控制。与计算机连接，可组成多级分布式控制系统，实现控制与管理相结合。

远程I/O系统也必须配备相应的通信接口模块。

(5) 智能接口模块

智能接口模块是一独立的计算机系统，它有自己的CPU、系统程序、存储器以及与PLC系统总线相连的接口。它作为PLC系统的一个模块，通过总线与PLC相连，进行数据交换，并在PLC的协调管理下独立地进行工作。

PLC的智能接口模块种类很多，如：高速计数模块、闭环控制模块、运动控制模块、中断控制模块等。

(6) 编程装置

编程装置的作用是编辑、调试、输入用户程序，也可在线监控PLC内部状态和参数，与PLC进行人机对话。它是开发、应用、维护PLC不可缺少的工具。编程装置可以是专用编程器，也可以是配有专用编程软件包的通用计算机系统。专用编程器是由PLC厂家生产，专供该厂家生产的某些PLC产品使用，它主要由键盘、显示器和外存储器接插口等部件组成。

专用编程器只能对指定厂家的几种PLC进行编程，使用范围有限，价格较高。同时，由于PLC产品不断更新换代，所以专用编程器的生命周期也十分有限。因此，现在的趋势是使用以个人计算机为基础的编程装置，用户只要购买PLC厂家提供的编程软件和相应的硬件接口装置。这样，用户只用较少的投资即可得到高性能的PLC程序开发系统。

基于个人计算机的程序开发系统功能强大。它既可以编制、修改PLC的梯形图程序，又可以监视系统运行、打印文件、系统仿真等。配上相应的软件还可实现数据采集和分析等许多功能。

(7) 电源

PLC配有开关电源，以供内部电路使用。与普通电源相比，PLC电源的稳定性好、抗干扰能力强。对电网提供的电源稳定度要求不高，一般允许电源电压在其额定值±15%的范围内波动。许多PLC还向外提供直流24V稳压电源，用于对外部传感器供电。

(8) 其他外部设备

除了以上所述的部件和设备外，PLC还有许多外部设备，如EPROM写入器、外存储器、人/机接口装置等。

EPROM 写入器是用来将用户程序固化到 EPROM 存储器中的一种 PLC 外部设备。为了使调试好用户程序不易丢失，经常用 EPROM 写入器将 PLC 内 RAM 保存到 EPROM 中。

PLC 内部的半导体存储器称为内存储器。有时可用外部的磁带、磁盘和用半导体存储器作成的存储盒等来存储 PLC 的用户程序，这些存储器件称为外存储器。外存储器一般是通过编程器或其他智能模块提供的接口，实现与内存储器之间相互传送用户程序。

人/机接口装置是用来实现操作人员与 PLC 控制系统的对话。最简单、最普遍的人/机接口装置由安装在控制台上的按钮、转换开关、拨码开关、指示灯、LED 显示器、声光报警器等器件构成。对于 PLC 系统，还可采用半智能型 CRT 人/机接口装置和智能型终端人/机接口装置。半智能型 CRT 人/机接口装置可长期安装在控制台上，通过通信接口接收来自 PLC 的信息并在 CRT 上显示出来；而智能型终端人/机接口装置有自己的微处理器和存储器，能够与操作人员快速交换信息，并通过通信接口与 PLC 相连，也可作为独立的节点接入 PLC 网络。

2.5.3.2 PLC 的软件组成

PLC 的软件由系统程序和用户程序组成。

系统程序是由 PLC 制造厂商设计编写的，并存入 PLC 的系统存储器中，用户不能直接读写与更改。系统程序一般包括系统诊断程序、输入处理程序、编译程序、信息传送程序、监控程序等。

PLC 的用户程序是用户利用 PLC 的编程语言，根据控制要求编制的程序。在 PLC 的应用中，最重要的是用 PLC 的编程语言来编写用户程序，以实现控制目的。由于 PLC 是专门为工业控制而开发的装置，其主要使用者是广大电气技术人员，为了满足他们的传统习惯和掌握能力，PLC 的主要编程语言采用比计算机语言相对简单、易懂、形象的专用语言。

PLC 编程语言是多种多样的，对于不同生产厂家、不同系列的 PLC 产品采用的编程语言的表达方式也不相同，但基本上可归纳两种类型：一是采用字符表达方式的编程语言，如语句表等；二是采用图形符号表达方式的编程语言，如梯形图等。

以下简要介绍几种常见的 PLC 编程语言。

(1) 梯形图语言

梯形图语言是在传统电器控制系统中常用的接触器、继电器等图形表达符号的基础上演变而来的。它与电器控制线路图相似，继承了传统电器控制逻辑中使用的框架结构、逻辑运算方式和输入输出形式，具有形象、直观、实用的特点。

因此，这种编程语言为广大电气技术人员所熟知，是应用最广泛的PLC的编程语言，是PLC的第一编程语言。

如图2.54所示为传统的电器控制线路图和PLC梯形图。

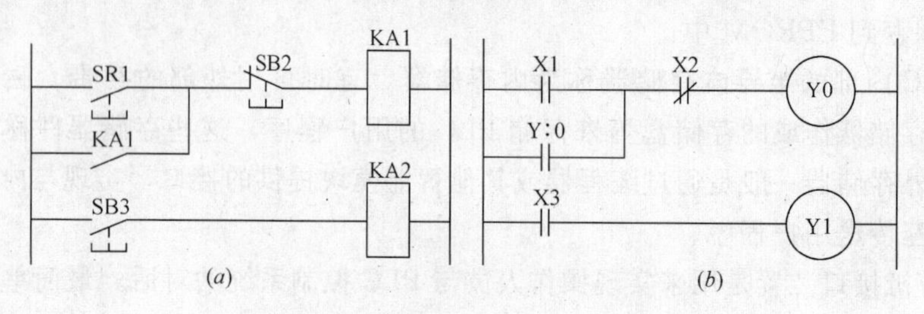

图2.54　电路控制线路图与梯形图

(a) 电器控制线路图；(b) PLC梯形图

从图中可看出，两种图基本表示思想是一致的，具体表达方式有一定区别。PLC的梯形图使用的是内部继电器，定时/计数器等，都是由软件来实现的，使用方便，修改灵活，是原电器控制线路硬接线无法比拟的。

(2) 语句表语言

步序号	指令	数据
0	LD	X1
1	OR	Y0
2	ANI	X2
3	OUT	Y0
4	LD	X3
5	OUT	Y1

这种编程语言是一种与汇编语言类似的助记符编程表达方式。在PLC应用中，经常采用简易编程器，而这种编程器中没有CRT屏幕显示，或没有较大的液晶屏幕显示。因此，就用一系列PLC操作命令组成的语句表将梯形图描述出来，再通过简易编程器输入到PLC中。虽然各个PLC生产厂家的语句表形式不

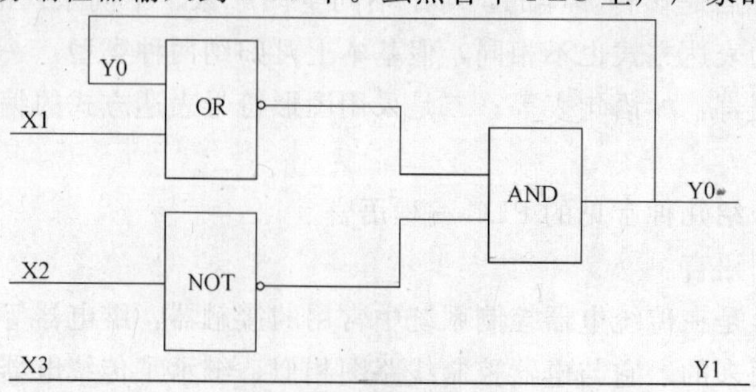

图2.55　逻辑图语言编程

尽相同，但基本功能相差无几。以上是与图 2.55 中梯形图对应的语句表程序。

可以看出，语句是语句表程序的基本单元，每个语句和计算机汇编语言一样也由地址（步序号）、操作码（指令）和操作数（数据）三部分组成。

（3）逻辑图语言

逻辑图是一种类似于数字逻辑电路结构的编程语言，由与门、或门、非门、定时器、计数器、触发器等逻辑符号组成。有数字电路基础的电气技术人员较容易掌握。

（4）功能表图语言

功能表图语言（SFC 语言）是一种较新的编程方法，又称状态转移图语言。它将一个完整的控制过程分为若干阶段，各阶段具有不同的动作，阶段间有一定的转换条件，转换条件满足就实现阶段转移，上一阶段动作结束，下一阶段动作开始。是用功能表图的方式来表达一个控制过程，对于顺序控制系统特别适用。

（5）高级语言

随着 PLC 技术的发展，为了增强 PLC 的运算、数据处理及通信等功能，以上编程语言无法很好地满足要求。近年来推出的 PLC，尤其是大型 PLC，都可用高级语言，如 BASIC 语言、C 语言、PASCAL 语言等进行编程。采用高级语言后，用户可以像使用普通微型计算机一样操作 PLC，使 PLC 的各种功能得到更好的发挥。

2.5.4　PLC 的工作原理

2.5.4.1　扫描工作原理

当 PLC 运行时，是通过执行反映控制要求的用户程序来完成控制任务的，需要执行众多的操作，但 CPU 不可能同时去执行多个操作，它只能按分时操作（串行工作）方式，每一次执行一个操作，按顺序逐个执行。由于 CPU 的运算处理速度很快，所以从宏观上来看，PLC 外部出现的结果似乎是同时（并行）完成的。这种串行工作过程称为 PLC 的扫描工作方式。

用扫描工作方式执行用户程序时，扫描是从第一条程序开始，在无中断或跳转控制的情况下，按程序存储顺序的先后，逐条执行用户程序，直到程序结束。然后再从头开始扫描执行，周而复始重复运行。

PLC 的扫描工作方式与电器控制的工作原理明显不同。电器控制装置采用硬逻辑的并行工作方式，如果某个继电器的线圈通电或断电，那么该继电器的所有常开和常闭触点不论处在控制线路的哪个位置上，都会立即同时动作；而 PLC 采用扫描工作方式（串行工作方式），如果某个软继电器的线圈被接通或断开，其所有的触点不会立即动作，必须等扫描到该触点时才会动作。但由于 PLC 的扫描速度快，通常 PLC 与电器控制装置在 I/O 的处理结果上并没有什么

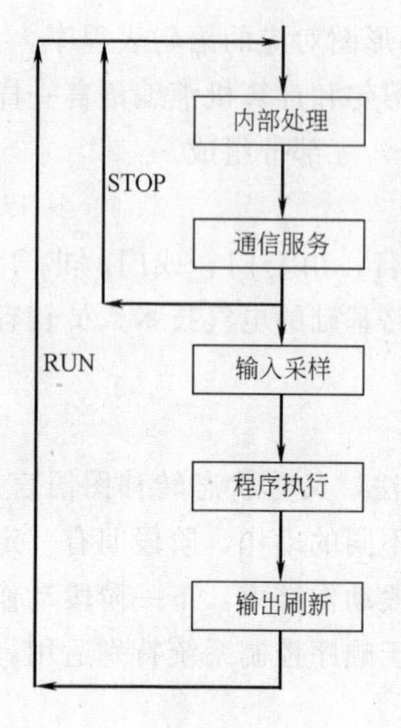

图2.56　扫描过程示意图

差别。

2.5.4.2　PLC扫描工作过程

PLC的扫描工作过程除了执行用户程序外，在每次扫描工作过程中还要完成内部处理、通信服务工作。如图2.56所示，整个扫描工作过程包括内部处理、通信服务、输入采样、程序执行、输出刷新五个阶段。整个过程扫描执行一遍所需的时间称为扫描周期。扫描周期与CPU运行速度、PLC硬件配置及用户程序长短有关，典型值为1～100ms。

在内部处理阶段，进行PLC自检，检查内部硬件是否正常，对监视定时器（WDT）复位以及完成其他一些内部处理工作。

在通信服务阶段，PLC与其他智能装置实现通信，响应编程器键入的命令，更新编程器的显示内容等。

当PLC处于停止（STOP）状态时，只完成内部处理和通信服务工作。当PLC处于运行（RUN）状态时，除完成内部处理和通信服务工作外，还要完成输入采样、程序执行、输出刷新工作。

PLC的扫描工作方式简单直观，便于程序的设计，并为可靠运行提供了保障。当PLC扫描到的指令被执行后，其结果马上就被后面将要扫描到的指令所利用，而且还可通过CPU内部设置的监视定时器来监视每次扫描是否超过规定时间，避免由于CPU内部故障使程序执行进入死循环。

2.5.4.3　PLC执行程序的过程及特点

PLC执行程序的过程分为三个阶段，即输入采样阶段、程序执行阶段、输出刷新阶段，如图2.57所示。

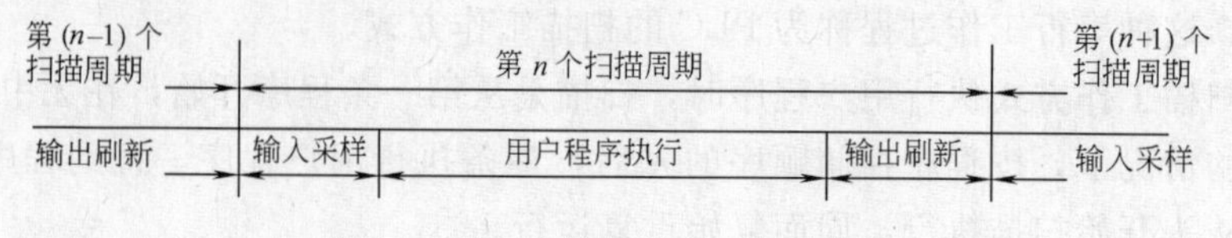

图2.57　PLC执行程序过程示意图

（1）输入采样阶段

在输入采样阶段，PLC以扫描工作方式按顺序对所有输入端的输入状态进行采样，并存入输入映像寄存器中，此时输入映像寄存器被刷新。接着进入程序处理阶段，在程序执行阶段或其他阶段，即使输入状态发生变化，输入映像寄存器的内容也不会改变，输入状态的变化只有在下一个扫描周期的输入处理阶段才能被采集到。

（2）程序执行阶段

在程序执行阶段，PLC 对程序按顺序进行扫描执行。若程序用梯形图来表示，则总是按先上后下，先左后右的顺序进行。当遇到程序跳转指令时，则根据跳转条件是否满足来决定程序是否跳转。当指令中涉及到输入、输出状态时，PLC 从输入映像寄存器和元件映像寄存器中读出，根据用户程序进行运算，运算的结果再存入元件映像寄存器中。对于元件映像寄存器来说，其内容会随程序执行的过程而变化。

（3）输出刷新阶段

当所有程序执行完毕后，进入输出处理阶段。在这一阶段里，PLC 将输出映像寄存器中与输出有关的状态（输出继电器状态）转存到输出锁存器中，并通过一定方式输出，驱动外部负载。

2.5.5 PLC 的性能指标与发展趋势

2.5.5.1 PLC 的性能指标

（1）存储容量

存储容量是指用户程序存储器的容量。用户程序存储器的容量大，可以编制出复杂的程序。一般来说，小型 PLC 的用户存储器容量为几千字，而大型机的用户存储器容量为几万字。

（2）I/O 点数

输入/输出（I/O）点数是 PLC 可以接受的输入信号和输出信号的总和，是衡量 PLC 性能的重要指标。I/O 点数越多，外部可接的输入设备和输出设备就越多，控制规模就越大。

（3）扫描速度

扫描速度是指 PLC 执行用户程序的速度，是衡量 PLC 性能的重要指标。一般以扫描 1K 字用户程序所需的时间来衡量扫描速度，通常以 ms/k 字为单位。PLC 用户手册一般给出执行各条指令所用的时间，可以通过比较各种 PLC 执行相同的操作所用的时间，来衡量扫描速度的快慢。

（4）指令的功能与数量

指令功能的强弱、数量的多少也是衡量 PLC 性能的重要指标。编程指令的功能越强、数量越多，PLC 的处理能力和控制能力也越强，用户编程也越简单和方便，越容易完成复杂的控制任务。

（5）内部元件的种类与数量

在编制 PLC 程序时，需要用到大量的内部元件来存放变量、中间结果、保持数据、定时计数、模块设置和各种标志位等信息。这些元件的种类与数量越多，表示PLC的存储和处理各种信息的能力越强。

（6）特殊功能单元

特殊功能单元种类的多少与功能的强弱是衡量PLC产品的一个重要指标。近年来各PLC厂商非常重视特殊功能单元的开发，特殊功能单元种类日益增多，功能越来越强，使PLC的控制功能日益扩大。

（7）可扩展能力

PLC的可扩展能力包括I/O点数的扩展、存储容量的扩展、联网功能的扩展、各种功能模块的扩展等。在选择PLC时，经常需要考虑PLC的可扩展能力。

2.5.5.2　PLC的发展趋势

（1）向高速度、大容量方向发展

为了提高PLC的处理能力，要求PLC具有更好的响应速度和更大的存储容量。目前，有的PLC的扫描速度可达0.1ms/k步左右。PLC的扫描速度已成为很重要的一个性能指标。

在存储容量方面，有的PLC最高可达几十兆字节。为了扩大存储容量，有的公司已使用了磁泡存储器或硬盘。

（2）向超大型、超小型两个方向发展

当前中小型PLC比较多，为了适应市场的多种需要，今后PLC要向多品种方向发展，特别是向超大型和超小型两个方向发展。现已有I/O点数达14336点的超大型PLC，其使用32位微处理器，多CPU并行工作和大容量存储器，功能强。

小型PLC由整体结构向小型模块化结构发展，使配置更加灵活，为了市场需要已开发了各种简易、经济的超小型微型PLC，最小配置的I/O点数为8～16点，以适应单机及小型自动控制的需要。

（3）PLC大力开发智能模块，加强联网通信能力

为满足各种自动化控制系统的要求，近年来不断开发出许多功能模块，如高速计数模块、温度控制模块、远程I/O模块、通信和人机接口模块等。这些带CPU和存储器的智能I/O模块，既扩展了PLC功能，又使用灵活方便，扩大了PLC应用范围。

加强PLC联网通信的能力，是PLC技术进步的潮流。PLC的联网通信有两类：一类是PLC之间联网通信，各PLC生产厂家都有自己的专有联网手段；另一类是PLC与计算机之间的联网通信，一般PLC都有专用通信模块与计算机通信。为了加强联网通信能力，PLC生产厂家之间也在协商制订通用的通信标准，以构成更大的网络系统，PLC已成为集散控制系统（DCS）不可缺少的重要组成部分。

（4）增强外部故障的检测与处理能力

根据统计资料表明：在PLC控制系统的故障中，CPU占5%，I/O接口占15%，输入设备占45%，输出设备占30%，线路占5%。前二项共20%故障属于PLC的内部故障，它可通过PLC本身的软、硬件实现检测、处理；而其余80%的故障属于PLC的外部故障。因此，PLC生产厂家都致力于研制、发展用于检测外部故障的专用智能模块，进一步提高系统的可靠性。

（5）编程语言多样化

在PLC系统结构不断发展的同时，PLC的编程语言也越来越丰富，功能也不断提高。除了大多数PLC使用的梯形图语言外，为了适应各种控制要求，出现了面向顺序控制的步进编程语言、面向过程控制的流程图语言、与计算机兼容的高级语言（BASIC、C语言等）等。多种编程语言的并存、互补与发展是PLC进步的一种趋势。

2.6　执行设备

给水排水自动化系统中，主要的执行设备有各种泵，如离心泵、往复式计量泵；各种阀门，如调节阀、电磁阀等。在各类阀门中，电磁阀起对管路的通断控制作用，相当于管路开关；调节阀起流量的调节作用，改变调节阀的开启度就可以改变通过的流体流量。

本节将重点对一些常用类型的泵、阀的调节特性进行介绍。而对其常规工作特性，已在相关课程（如水泵与水泵站）中介绍过的，此处不再重复。

2.6.1　往复泵及其调节

2.6.1.1　往复泵

（1）往复泵的结构和工作原理

往复泵的结构如图2.58所示，主要部件包括：泵缸、活塞、活塞杆、吸入阀、排出阀。其中吸入阀和排出阀均为单向阀。

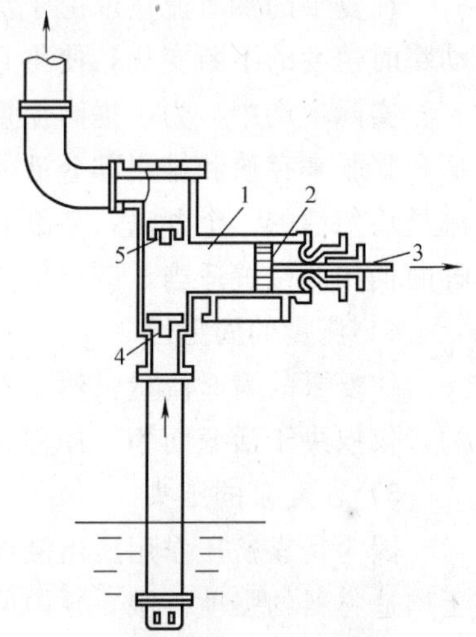

图2.58　往复泵装置简图
1—泵缸；2—活塞；3—活塞杆；4—吸入阀；5—排出阀

其工作原理如下：

1）活塞由电动的曲柄连杆机构带动，把曲柄的旋转运动变为活塞的往复运动；或直接由蒸汽机驱动，使活塞做往复运动。

2）当活塞从左向右运动时，泵缸内形成低压，排出阀受排出管内液体的压力而关闭；吸出阀由于受池内液压的作用而打开，池内液体被吸入缸内；

3）当活塞从右向左运动时，由于缸内液体压力增加，吸入阀关闭，排出阀打开向外排液。

说明：*a*. 往复泵是依靠活塞的往复运动直接以压力能的形式向液体提供能量；*b*. 单动泵，活塞往复运动一次，吸、排液交替进行各一次，输送液体不连续；双动泵，活塞两侧都装有阀室，活塞的每一次行程都在吸液和向管路排液，因而供液连续；*c*. 为了耐高压，活塞和连杆往往用柱塞代替。

（2）往复泵的流量和压头

1）理论平均流量 Q_T（m^3/s）：

$$Q_T = A \cdot s \cdot n/60 \tag{2.71}$$

式中　A——活塞截面积（m^2）；

s——活塞冲程（m）；

n——活塞往复频率（次/min）。

2）实际平均流量 Q（m^3/s）：

$$Q = \eta_v Q_T \tag{2.72}$$

η_v——容积效率。主要是由于阀门开、闭滞后，阀门、活塞填料函泄漏产生的影响。

3）流量的不均匀性

往复泵的瞬时流量取决于活塞截面积与活塞瞬时运动速度之积，由于活塞运动瞬时速度的不断变化，使得它的流量不均匀。

实际生产中，为了提高流量的均匀性，可以采用增设空气室，利用空气的压缩和膨胀来存放和排出部分液体，从而提高流量的均匀性。采用多缸泵也是提高流量均匀性的一个办法，多缸泵的瞬时流量等于同一瞬时各缸流量之和，只要各缸曲柄相对位置适当，就可使流量较为均匀。

4）流量的固定性

往复泵的瞬时流量虽然是不均匀的，但在一段时间内输送的液体量却是固定的，仅取决于活塞面积、冲程和往复频率。

5）往复泵的压头

因为是靠挤压作用压出液体，往复泵的压头理论上可以任意高。但实际上由于构造材料的强度有限，泵内的部件有泄漏，故往复泵的压头仍有一限度。而且压头太大，也会使电机或传动机构负载过大而损坏。

往复泵的理论流量是由单位时间内活塞扫过的体积决定的，而与管路的特性无关。而往复泵提供的压头则只与管路的情况有关，与泵的情况无关，管路的阻力大，则排出阀在较高的压力下才能开启，供液压力必然增大；反之，压头减小。这种压头与泵无关，只取决于管路情况的特性称为正位移特性。

(3) 往复泵的操作要点和流量调节

往复泵的效率一般都在70%以上，最高可达90%，它适用于所需压头较高的液体输送。往复泵可用以输送黏度很大的液体，但不宜直接用以输送腐蚀性的液体和有固体颗粒的悬浮液，因泵内阀门、活塞受腐蚀或被颗粒磨损、卡住，都会导致严重的泄漏。

1) 由于往复泵是靠贮池液面上的大气压来吸入液体，因而安装高度有一定的限制。

2) 往复泵有自吸作用，启动前无需要灌泵。

3) 一般不设出口阀，即使有出口阀，也不能在其关闭时启动。

4) 往复泵的流量调节有如下方式。

a. 用旁路阀调节流量。泵的送液量不变，只是让部分被压出的液体返回贮池，使主管中的流量发生变化。显然这种调节方法很不经济，只适用于流量变化幅度较小的经常性调节。

b. 改变电机转速或行程。流量调节可以采用改变电机转速、从而改变柱塞往复运行速度的方式或改变冲程长度，即调节行程百分比的方式进行。这两种方式都易于实现自动控制，而且在被调参数与输出之间具有良好的线性关系：

$$Q=anH \tag{2.73}$$

式中 Q——输出流量；

a——特性常数；

n——电机转速；

H——行程百分比。

若采用变频调速的方式进行转速调节，在电源频率与电机转速之间存在如下关系：

$$n=\frac{120f(1-s)}{R} \tag{2.74}$$

式中 f——电源频率；

s——电机转差率；

R——电机极数。

式 (2.73) 就可以改写为：

$$Q=a'fH \tag{2.75}$$

式中，$a'=a\cdot\dfrac{120(1-s)}{R}$。式 (2.75) 就是往复泵变频调速调节的基本关

系式。

我国采用的交流供电频率为50Hz。在理论上，往复泵可以在0～50Hz频率（相当于0～额定转速）以及0～100%行程之间连续任意调节。在实际使用中考虑到实际工作特性的变异及安全余地，一般的使用调节范围在10～50Hz、30～100%行程之间，在此范围内具有良好的调节线性度与调节精度。

2.6.1.2　计量泵

在工业生产中普遍使用的计量泵是往复泵的一种，它正是利用往复泵流量固定这一特点而发展起来的。它可以用电动机带动偏心轮从而实现柱塞的往复运动。偏心轮的偏心度可以调整，柱塞的冲程就发生变化，以此来实现流量的调节。

计量泵主要应用在一些要求精确地输送液体至某一设备的场合，或将几种液体按精确的比例输送。

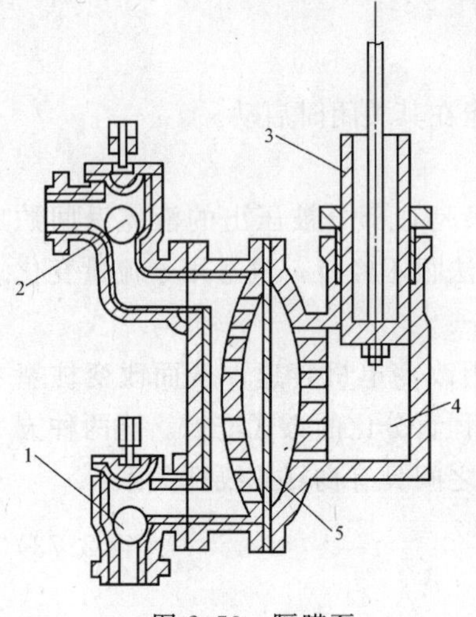

图2.59　隔膜泵

1—吸入活门；2—压出活门；3—活柱；4—水（或油）缸；5—隔膜

2.6.1.3　隔膜泵

隔膜泵也是往复泵的一种，如图2.59所示。它用弹性薄膜（耐腐蚀橡胶或弹性金属片）将泵分隔成互不相通的两部分，分别是被输送液体和活柱存在的区域。这样，活柱不与输送的液体接触。活柱的往复运动通过同侧的介质传递到隔膜上，使隔膜亦做往复运动，从而实现被输送液体经球形活门吸入和排出。

隔膜泵内与被输送液体接触的惟一运动部件就是球形活门，这易于制成不受液体侵害的形式。因此，在工业生产中，隔膜泵主要用于输送腐蚀性液体或含有固体悬浮物的液体。由于隔膜泵工作特性稳定、调节方便等特点，该种泵型已被日益广泛地应用于水处理的混凝投药系统中，特别是作为自动投药系统的首选投药设备。

2.6.2　离心泵及其调节

2.6.2.1　离心泵的调节方式

离心泵是给水排水系统十分常见的机电设备。各种规模的供水、排水系统的提升水泵基本上都是离心泵，在一些水厂投药用泵也为离心泵。

离心泵的调节可以采用变速调节或阀门调节两种方式。变速调节改变水泵的特性曲线，阀门调节则是改变管路特性曲线（图2.60）。在某一种特定的条件下，相应的水泵特性曲线与管路特性曲线的交点，即为水泵的工作点。设水泵原在转速N_1下工作，工作点为T_1和N_1的交点a，流量为Q_1，现在要求输出流

量改为 Q_2。以阀门调节时，T_2 与 N_1 的交点 b 为满足 Q_2 的工作点；若以变速方式调节，T_1 与 N_2 的交点 c 为满足 Q_2 的工作点。b、c 之间的扬程差（$H''_2-H'_2$）代表阀门调节方式多消耗的水头即能量的浪费。因此变速调节是节能的调节方式；而阀门调节是一种耗能的调节方式。在阀门调节情况下，当减小泵的流量时，多余的能量靠加大阀门阻力消耗，而且其调节精度亦较差。现在随着变频调速技术的发展，已越来越多地对离心泵采用变频调速调节方式。为此本节主要讨论离心泵的变速调节问题。

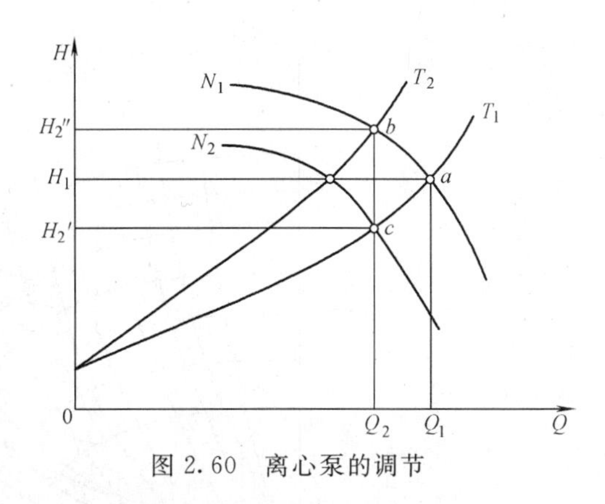

图 2.60 离心泵的调节

2.6.2.2 离心泵调速的基本关系式

根据离心泵的相似定律，在效率一定时，对应工况点存在下列关系：

$$\frac{Q_1}{Q_2}=\frac{n_1}{n_2} \tag{2.76}$$

$$\frac{H_1}{H_2}=\left(\frac{n_1}{n_2}\right)^2 \tag{2.77}$$

或者

$$\frac{H_1}{H_2}=\left(\frac{Q_1}{Q_2}\right)^2 \tag{2.78}$$

式中 n_1、n_2——水泵的转速；

Q_1、H_1 及 Q_2、H_2——与 n_1、n_2 相对应的水泵特性曲线上相似工况点的流量及扬程。

上述各式表明：(1) 对应不同的转速，有不同的水泵特性曲线，各种转速下的水泵特性曲线组成一个特性曲线族；(2) 在不同转速的水泵特性曲线之间，存在效率相等的相似工况点，这些点之间符合式 (2.76)、(2.77)、(2.78) 的关系，将这些等效率点连成线，则构成等效率曲线及等效率曲线族。在理论上等效率曲线形状为抛物线（实际上离额定转速较远而靠近原点附近时，泵自身机械损耗较大，偏离上述关系）。因此，已知某一额定转速下的水泵特性曲线及效率曲线，就可推求出任一转速的特性曲线或任一等效率曲线（图 2.61）。

需要指出的是，一般而言，管路特性曲线不会和某一等效率曲线相重合，因此在管路特性曲线上的对应点不符合式 (2.76)、(2.77)、(2.78) 的关系。另

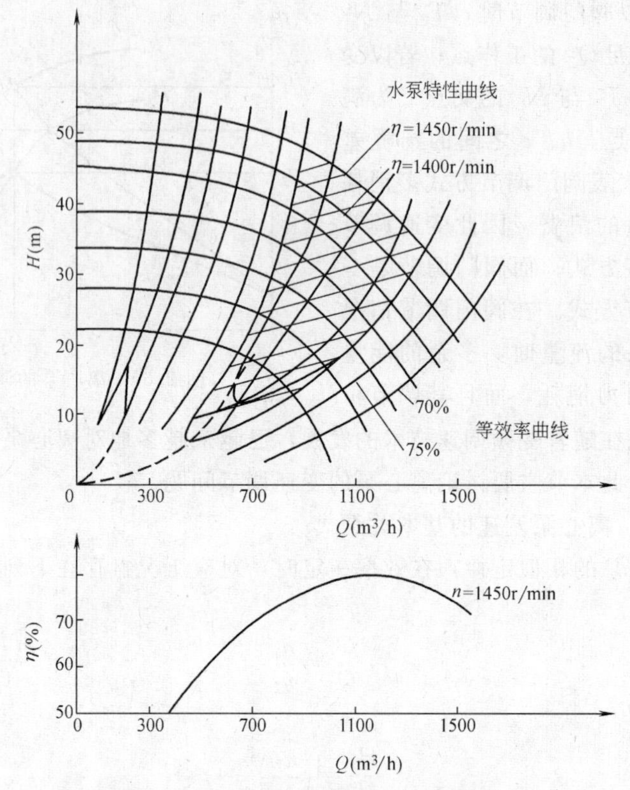

图 2.61　离心泵的变速工作特性曲线

外，水泵在定速条件下运转时，高效工作范围是水泵特性曲线上的一段；而在变速条件下工作，则是一个高效区域（图 2.61 中的斜线区域效率都在 78%以上）。给定一个允许的最低效率值，就确定了一个允许的调速工作区域，所对应的最低转速 n_η，可称为效率调速极限。当然在对高效问题要求不严的场合（如小型投药泵），水泵调速范围可以适当放宽。

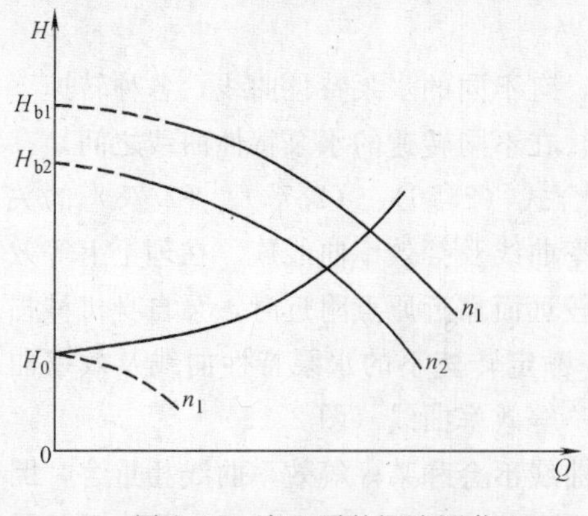

图 2.62　离心泵的调速调节

2.6.2.3　离心泵的变频调速规律

分析最一般的非恒压非恒流工况，水泵特性曲线随转速变化，而管路特性曲线则固定不变，工况点沿管路特性曲线变动，如图 2.62 所示。管路特性曲线可用下式表示：

$$H=H_0+s_g Q^2 \tag{2.79}$$

水泵特性曲线以下式表示：

$$H=H_{bi}-sQ^2 \tag{2.80}$$

式中 H、Q——任一工况点的扬程与流量；

H_0——管路系统的几何给水高度；

s_g——管路摩阻；

s——水泵摩阻；

H_{bi}——水泵特性曲线与纵坐标轴交点的扬程，与转速有关：$i=1$，2……，代表不同转速情况。

水泵特性曲线与管路特性曲线的交点，即水泵工况点，由联立式（2.79）、（2.80）得到，有：

$$H_0+s_gQ^2=H_{bi}-sQ^2 \tag{2.81}$$

可以证明，水泵在变速条件下工作摩阻 s 不变，H_{bi}是转速 n 的函数。任取两种转速 n_1 和 n_2，可以近似的表达为：

$$\frac{H_{b1}}{H_{b2}}=\left(\frac{n_1}{n_2}\right)^2 \tag{2.82}$$

取 $H_{b1}=H_b$，对应于 $n_1=n_0$；在任一转速 $n_2=n$ 下，有：

$$H_{b2}=H_b\cdot\left(\frac{n}{n_0}\right)^2 \tag{2.83}$$

将式（2.83）代入式（2.81），有：

$$Q^2=\frac{1}{s_g+s}\left[H_b\left(\frac{n}{n_0}\right)^2-H_0\right] \tag{2.84}$$

式中 H_b、n_0——水泵在额定转速下的相应参数。

对式（2.84）进行规范化整理，令 $a=\sqrt{\frac{H_0}{H_b}}\cdot n_0$，$b=\sqrt{\frac{H_0}{s_g+s}}$，有：

$$\frac{n^2}{a^2}-\frac{Q^2}{b^2}=1 \tag{2.85}$$

以变频方式调速时，频率与转速有下列关系：

$$n=kf \tag{2.86}$$

式中 k——与电机极数和转差率有关的系数；

f——电源频率。

于是式（2.85）可以改写为：

$$\frac{f^2}{(a/k)^2}-\frac{Q^2}{b^2}=1 \tag{2.87}$$

式（2.85）和式（2.86）表达的是离心泵在变速运行条件下，流量与转速或电源频率的基本关系，即离心泵的变频调速规律。式中 a、b、k 是与水泵、管路

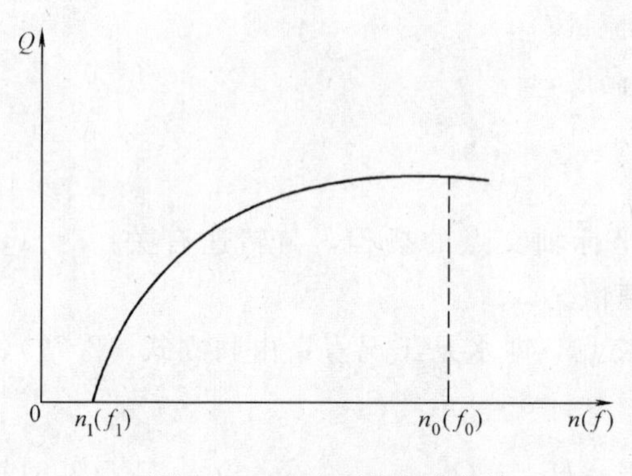

图 2.63　离心泵的变速特性

及电机特性有关的系数。显然在流量与转速或频率之间遵循双曲函数关系，定义域为 $n \geqslant 0$，$f \geqslant 0$，$Q \geqslant 0$；基本图形如图 2.63 所示。

图 2.63 表明，离心泵降速运行有一个降速极限 $n_1 = a$，可称 n_1 为压力调速极限。这相当于图 2.62 中转速为 n_1 曲线的情况，水泵转速低于 n_1 后，会因泵出口压力过低而无流量输出。因此在不考虑效率因素的条件下，水泵可调速范围为 $n_1 \sim n_0$ 之间。n_1 值与水泵和管路的联合特性有关。与之相对应，亦存在频率极限 f_1，即有效变频范围为 $f_1 \sim f_0$。

实测结果可以证实上述理论规律。并且有管路阀门开启度越小，即管路特性曲线越陡时，频率极限值越高。

综上，离心泵的调速受两个基本调速极限的限制。水处理投加混凝剂用的投药泵通常规格较小，电机功率一般在 4kW 以下，多为 1.5～2.2kW。这种小功率离心泵的变速调节，高效区域往往不是主要问题，可以不将效率调速极限 n_η 作为严格的限制因素；然而压力调速极限 n_1 则是不可避免的约束条件。但对于城市供水系统等场合使用的大型水泵，电耗较高，效率调极速限也是一个十分重要的制约因素。

2.6.2.4　离心泵的变频调节精度

离心泵的调节精度问题，往往在对小型水泵进行高精度调节的场合下，问题比较突出。离心式投药泵就是一例。

水处理投药工艺往往对投药设备的调节精度有一定的要求。一旦选定一个要求的投药量精度指标（可以用药剂单耗的最小可调量 Δq 表示，以 mg/L 为单位），对投药设备的调节精度要求，亦即其可调节的最小药液流量幅度就确定了。

$$\Delta Q = \frac{100Q_a}{24c\rho} \cdot \Delta q \tag{2.88}$$

式中　ΔQ——药液流量精度（L/h）；

Δq——投药量单耗精度（mg/L）；

Q_a——相应水处理系统产水量（m^3/d）；

c——药液浓度（%）；

ρ——药液密度（kg/m^3）。

另一方面，受变频调速设备的输出精度影响，离心投药泵实际能达到的流量调节精度是有限的。希望该调节精度等于或略高于实际需要的精度，亦即能达到的流量最小调节量 ΔQ 值等于或略小于式（2.87）的要求值。这一要求对于往复式计量投药泵而言并不困难，该种泵的工作特性为全量程线性可调，调频范围为 0～50Hz；对于离心投药泵却有一定难度，因为其工作特性是非线性的，且可用调频范围通常只有几个赫兹。图 2.64 所示为一组实测的离心泵特性曲线，以曲线①的情况为例，若要求药剂流量在 0～1000L/h 之间调节，对应的频率变化为 24.3～24.7Hz，频率变幅仅为 0.4Hz。若采用频率输出精度为 $\Delta f=0.20$Hz 的变频调速器，则平均流量调节精度为 $\Delta Q=\frac{1000}{0.4}\times 0.20=500$L/h，相对精度为 500/1000＝50%，如此差的精度特性显然是难以实用的。若采用往复式计量泵，流量调节精度为 $\Delta Q=\frac{1000}{50}\times 0.20=4.0$L/h，相对精度为4.0/1000＝0.4%，是比较理想的。因此，采取技术措施，提高离心投药泵的变频调节精度，是其应用成败的关键之一。从离心投药泵的变频调速规律出发，可对其调节精度进行分析。对式（2.87）进行微分：

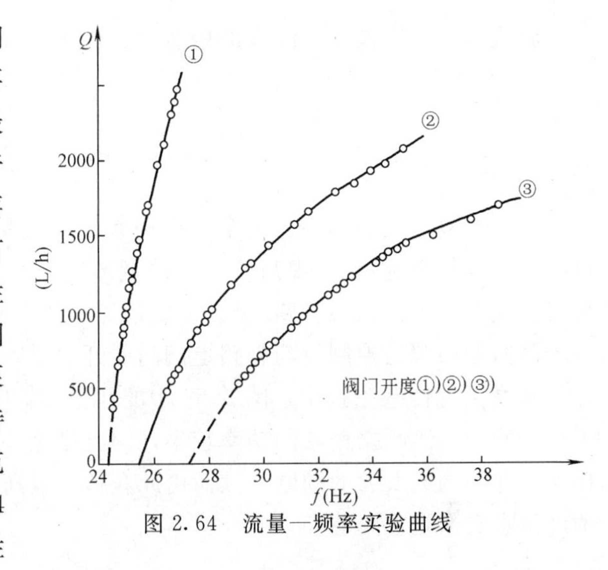

图 2.64 流量—频率实验曲线

$$\Delta Q=\left(\frac{kb^2}{a}\cdot\frac{f}{Q}\cdot\Delta f\right) \tag{2.89}$$

此即为离心投药泵变频调速精度方程，表明其流量调节精度与变频器输出精度 Δf 有关，与比值 f/Q 有关，还与参数 k、a、b 有关。前一个因素取决于变频器的性能，而后两个因素则是由水泵及管路的特性及其联合工作状况决定的。变频调速器的调节精度是有限的，而且要求精度越高，变频器价格也越高。现行主流型变频调速器的模拟输出精度多为最大输出频率的±0.2～0.5%。最大频率为 50Hz，则调节输出精度 $\Delta f=0.1\sim0.25$Hz。在此限制条件下，合理选择离心投药泵的工作条件，提高调节精度则是一条经济可行的途径。

由式（2.87）有：

$$\frac{f}{Q}=\frac{1}{Q/f}=\frac{1}{\sqrt{\left(\frac{kb}{a}\right)^2-\frac{b^2}{f^2}}} \tag{2.90}$$

将式（2.90）及k、a、b的表达式皆代入式（2.89）并整理，有：

$$\Delta Q=\frac{H_b}{\sqrt{s_g+s}}\cdot\frac{\Delta f}{\sqrt{H_b-H_0\cdot\left(\frac{f_0}{f}\right)^2}} \tag{2.91}$$

式（2.91）表明，在投药泵、投药系统及变频器已定的条件下（Δf、H_b、H_0、f_0、s均为定数），提高投药泵的调节精度，即降低投药量最小变幅ΔQ的可行措施有两条：加大管路阻抗s_g及提高工作频率f_0。实用中实现这一目的的一个简洁办法就是控制投药管路上阀门的开启度。减小开启度既增大了管路阻抗s_g又提高了工作电源频率，图2.64中的几条不同开启度下水泵的工作曲线说明了这一问题。离心投药泵的功率较小，因此虽然关小阀门提高工作频率加大了能耗但这并不构成太大的问题，然而由此获得的投药量高精度调节效果所带来的技术经济意义却是重要的。

2.6.3　调节阀的基本特性

2.6.3.1　调节阀及其理想特性

按阀体与流通介质的关系可将调节阀分为直通式和隔膜式。前者的阀芯与流通介质直接接触；后者则通过耐腐蚀隔膜与流通介质相接触，更适宜输送含腐蚀性及悬浮颗粒的液体。按阀门控制信号的种类可分为气动与电动调节阀。

流量特性是调节阀的基本特性，即指流过阀门的相对流量与阀芯相对行程间的关系：

$$\frac{Q}{Q_{max}}=f\left(\frac{L}{L_{max}}\right) \tag{2.92}$$

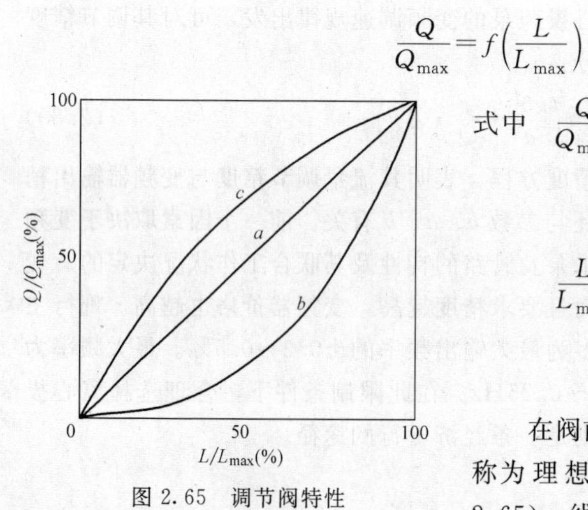

图2.65　调节阀特性

式中　$\frac{Q}{Q_{max}}$——相对流量，即调节阀在某一开度下的流量Q与全开时流量Q_{max}之比；

$\frac{L}{L_{max}}$——相对开度，即调节阀在某一开度下的阀芯行程L与全行程L_{max}之比。

在阀前后压差恒定时得到的流量特性称为理想流量特性，可分为3种（图2.65）：线性流量特性（线a）、等百分比流量特性又称对数流量特性（线b）及快开流量特性（线c）。一般小型调节阀多为线性或等百分比流量特性。

2.6.3.2 调节阀的实际工作特性与特性参数

在生产应用中，如重力式投药系统或离心泵投药系统中，调节阀常被作为液体流量的调节装置。在这些实际应用中，阀前后的压差即在调节阀上的压力降都是随流量变化的，此时的流量特性就是工作流量特性。在此以重力式投药系统为例分析。

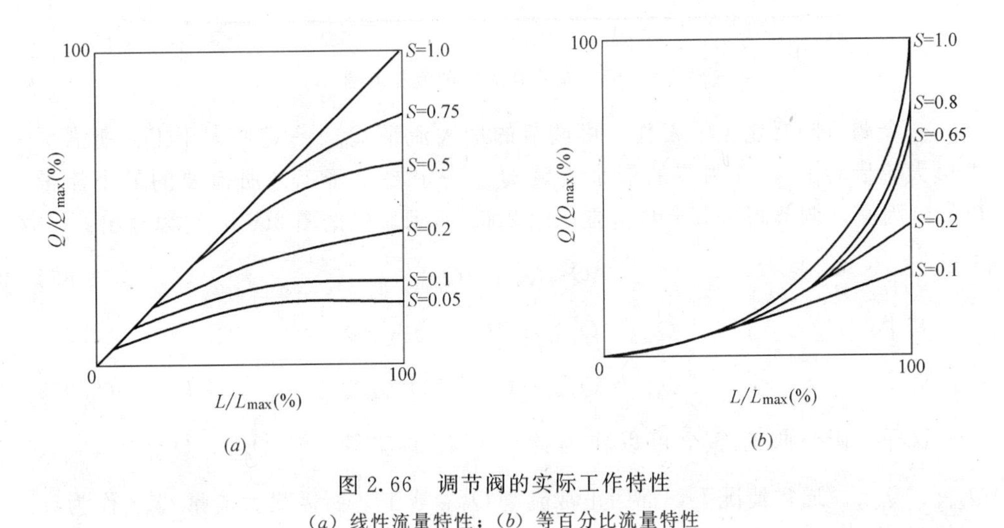

图 2.66 调节阀的实际工作特性

(*a*) 线性流量特性；(*b*) 等百分比流量特性

在重力式投药系统中，总的作用水头一定，分别消耗于调节阀上及管路和其他阻力元件上。当流量增大时，管路和其他阻力元件上的压降增大，调节阀上的压降就必然随之降低。此时的工作流量特性偏离理想特性，如图 2.66 所示。图中 S 为压差比，即调节阀最小压力降与系统总压差之比：

$$S=\frac{\Delta P_{阀}}{\Delta P_{总}} \tag{2.93}$$

S 值越小，工作特性偏离理想特性越远。以线性调节阀为例，在阀门开度较小时，随开度增加流量迅速增加；而在阀门开度较大时，随开度的增加流量变化迟缓。这种灵敏度的不均匀变化给流量控制造成困难。为保证调节阀的调节性能，希望调节阀的压差在管路系统的总压差中占有的比值越大越好，可以减小流量特性的畸变，一般要求 $S>0.3$。

2.6.3.3 调节阀的流通能力

调节阀的另一个重要参数是流通能力 C，即在调节阀全开、阀前后压差 ΔP 为 1kg/cm^2 时，重度 γ 为 lg/cm^3 的水每小时通过阀门的体积流量（m^3/h）。C 值的基本计算公式是：

$$C=Q\cdot\sqrt{\frac{\gamma}{\Delta P}} \tag{2.94}$$

式中　Q——系统的设计流量（m^3/h）。

正确计算流通能力是合理选择调节阀规格的前提。

（1）计算流量值 Q 的选择

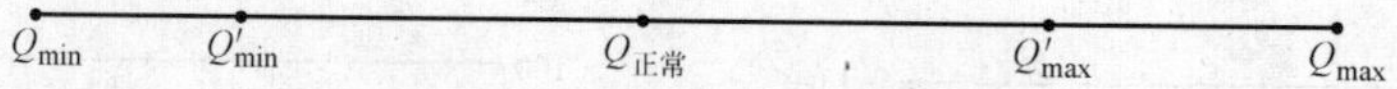

Q_{min}　Q'_{min}　$Q_{正常}$　Q'_{max}　Q_{max}

图2.67　调节阀的可调流量范围

一个调节阀要能正常工作，可调节的最大流量 Q_{max} 一定要大于工艺所需要的最大流量 Q'_{max}，可调节的最小流量 Q_{min} 一定要小于工艺所需要的最小流量 Q'_{min}。因此，调节阀可调流量范围如图2.67所示。根据图2.67，可以写出：

$$\Delta Q=Q_{max}-Q_{min} \tag{2.95}$$

其中：

$$Q_{min}=Q'_{min}-(10-20)\%\Delta Q \tag{2.96}$$

$$Q_{max}=Q'_{max}+(10-20)\%\Delta Q \tag{2.97}$$

这样，调节阀有5个可以作为计算 C 值的流量，即 Q_{min}、Q'_{min}、$Q_{正常}$、Q'_{max}、Q_{max}。通常情况下，都用正常流量 $Q_{正常}$ 或工艺所需最大流量 Q'_{max} 作为计算 C 值的流量。按 $Q_{正常}$ 计算得到的流通能力记为 $C_{正常}$，按 Q'_{max} 计算得到的流通能力记为 C'_{max}（一般就用 C_{max} 表示）。而所选择的阀门流通能力则为：

$$C_{选}=\begin{cases}1.9C_{正常}\ \text{（对于正常流量为相对开度50\%的线性阀门）}\\3.9C_{正常}\ \text{（对于正常流量为相对开度60\%的对数阀门）}\end{cases}$$

或

$$C_{选}=\begin{cases}1.25C_{max}\ \text{（对于工艺最大流量为相对开度80\%的线性阀门）}\\2.0C_{max}\ \text{（对于工艺最大流量为相对开度80\%的对数阀门）}\end{cases}$$

一般情况下，当调节阀上游压力源是一个恒压源时，例如一个大水池、大气柜或经压力控制的管道，就选用 Q'_{max} 作为计算流通能力 C 的依据。如果调节阀上游压力源是一个变压源，例如水泵、压缩机等，因泵的扬程（相当于压力）是随着流量的增大而减少的，就应选择 $Q_{正常}$ 作为计算流通能力 C 的依据。

（2）计算压差值 ΔP 的选择

阀门的计算压差应与计算流量相对应，应该是该计算流量下阀门前后的压差。一般地说，从调节作用考虑，应使压差占整个系统中总阻力损失的比值越大越好，这样，可使流量特性少发生畸变。从经济上考虑，则应使压差尽可能小，选择较小扬程的泵，以减少动能损失。

2.6.3.4 调节阀的调节精度

常采用调节阀作为流量调节装置。例如，在用阀门调节的投药控制系统中，调节阀是一个重要的组成部分。为了保证系统的正常工作，调节阀的调节精度应与系统其他部分的精度相协调，一般来说不应低于调节阀输入控制信号的精度。电动调节阀的精度指标之一是“死区”，即对输入信号的不响应区域。以某厂产ZAZP型直通式电动调节阀为例。理想流量特性为线性，流通能力 $C=0.5$，输入控制信号为4～20mA，死区为0.48mA。按线性特性分析，在全程范围等精度调节，相对精度为0.48/(20－4)＝3.0％。若以 C 代表最大流量，即 $Q_{max}=C=0.5m^3/h$，则最小可调流量为 $3.0\%\times0.5m^3/h=15L/h$。事实上，由于工作流量特性的畸变，实际的调节精度将较上述数值更低。

在水处理系统中，往往受水质、水量等多种因素的影响而投药量变化较大。投药系统必须按最大投药量设计，实际运行时多数时间的投药量则远低于设计投药量。按此最大投药量选择的调节阀在多数情况下显得是流通能力偏大，必处于小开度状态下运行，系统的调节精度将进一步下降（在上例中，设常规流量为最大流量的30％，则相对调节精度降为10.0％，最小可调流量为50L/h）。另外，在投药系统设计时，为安全起见经常要留有较富裕的作用水头，在使用时流量必然偏大，就不得不使调节阀开度更小以节流或串联手动阀门节流。但后者使 S 值下降，恶化阀门的调节特性，也导致调节精度下降，亦是不可取的。根据前述调节阀特性分析，这种负荷变化较大的工况选择等百分比型调节阀，则工作流量特性畸变的结果使之趋近于线性，较为适宜。但投药用调节阀一般规格较小，流量特性多为线性。实际选择阀门也往往未必能选到恰好符合设计流通能力的阀门，又势必使选择的流通能力更大。综合上述各种因素，调节阀的相对调节误差（以正常平均投药量为基数）可达10％以上。

思考题与习题

1. 检测仪表由哪些基本部分组成？各有什么作用？
2. 检测仪表的性能指标是什么？简述重要性能指标？
3. 水质自动监测站点如何选定？
4. pH测量的基本方法和原理是什么？
5. 溶解氧测量的基本方法和原理是什么？
6. 色度测量的基本方法和原理是什么？
7. 浊度测量的基本方法和原理是什么？
8. 生化需氧量测量的基本方法和原理是什么？
9. 化学需氧量（COD）测量的基本方法和原理是什么？

10. 紫外（UV）吸收测量的基本方法和原理是什么？
11. 流量测量仪表有哪些类型？在给水排水工程中常用的有哪些？
12. 超声波流量计的基本原理是什么？超声波流量计有什么特点？
13. 明渠流量仪表的基本原理是什么？
14. 可编程控制器的基本组成？
15. PLC控制系统与电器控制系统比较有什么特点？
16. PLC的性能指标是什么？有哪些发展趋势？
17. 给水排水工程自动化常用的执行设备有哪些类？各有什么作用？
18. 往复泵与离心泵的工作特性、调节特性有什么差别？各有什么特点？
19. 离心泵的阀门调节与变速调节有哪些差别？
20. 调节阀与电磁阀的作用各是什么？
21. 调节阀有哪些常见类型？何为调节阀的理想特性与工作特性？

第3章 水泵及管道系统的控制调节

3.1 调节的内容与意义

管道系统是给水排水工程的重要组成部分，水泵更是极为常见的给水排水设备。以给水工程为例，输配水管网担负着输送、分配水的任务，它的造价占给水系统总造价的主要部分；管道系统往往是由水泵加压供水的有压系统，与水泵及水泵站的关系密切，它的运行费用（主要为电耗）在给水系统运行费用构成中占第一位。采取技术措施，合理地调节水泵、管道系统工况，保证用户的用水要求，并最大限度地节约能耗、降低费用，是十分重要而有意义的工作。

给水排水工程中的水泵与管道系统主要包括：

(1) 城市供水系统——包括输配水管网及二泵站、加压泵站；

(2) 城市雨水、污水排水系统——包括排水管网及雨水泵站、污水泵站；

(3) 小区、建筑的给水系统——包括小区、建筑给水管网及加压设施；

(4) 小区、建筑的排水系统——包括排水管网及小区排水泵站、建筑室内污水提升泵等。

由于水泵（或水泵站）都是同管道系统联系在一起的，因此事实上，对这些系统的调节控制都可归结为对水泵工况的调节上。可以将控制系统分为如下两大类。

(1) 对水泵的开停双位控制：按照液位（或压力值）、流量等参数的要求，改变每台水泵的开、停状态或改变水泵的运行台数。

(2) 对水泵工作点的调节控制：按照液位（或压力）、流量等参数的要求，改变水泵的工作点。这种改变可以通过调节管路系统中阀门的开启度实现或通过改变水泵转速的方式实现。

3.2 水泵—管路的双位控制系统

在给水排水生产中大量地遇到各种水泵与管路联合工作的情况，经常涉及水泵等设备的开停控制问题。这些问题一般都能利用双位逻辑控制方法来解决。在第1章中已对双位逻辑控制系统的基本原理作了介绍。这种控制既可以通过微电脑等高级控制技术设备实现，也可以采用常规的继电器等机电装置构成逻辑系统实现。后一种简便易行，在生产中得到大量应用。本节即以常规机电逻辑控制为例进行讨论，并通过一些例题说明实现这种控制的基本技术方法。

【例1】 排水泵站的控制系统

排水泵站有一集水池，汇集从排水管网来的雨、污水。依该水池中水位的高低，排水泵应自动地开、停。为了解决排水泵的控制问题，设高、低两个控制水位 a 与 b。排水泵站系统如图3.1所示。要求：当水位高于 a 时，水泵启动排水；当水位低于 b 时，水泵停止排水。

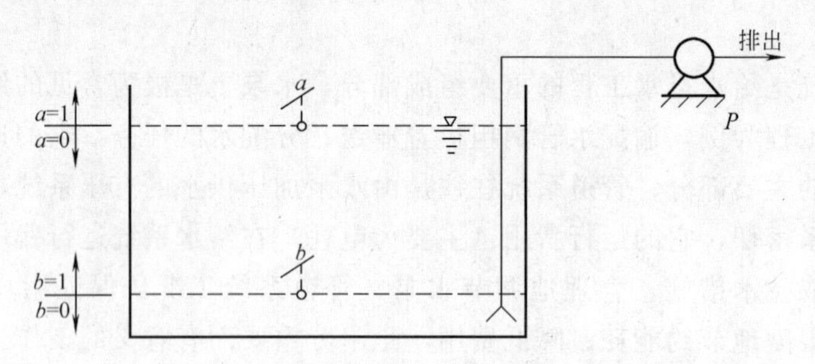

图3.1 排水泵站系统示意图

为此，设两个水位开关于相应水位处。规定水位高于规定值，水位开关触点闭合，逻辑值为1；水位低于规定值，水位开关触点断开，逻辑值为0。依第1章所述方法，分析该系统的工作过程，可知这是一个有记忆的逻辑系统，可以采用交流接触器组成逻辑控制装置。变量有水位 a、b 及代表水泵当前状态的附加变量 P_{t-1}，3个变量共有8种逻辑组合。按给定的要求，每种组合的结果应符合表3.1中的真值表所列。表中第5、6项的两种逻辑组合不符合实际的正常情况，属故障状态，不予考虑。由此建立卡诺图，如图3.2所示。

例1真值表 **表3.1**

a	b	P_{t-1}	P
0	0	0	0
0	0	1	0
0	1	0	0
0	1	1	1
1	0	0	—
1	0	1	—
1	1	0	1
1	1	1	1

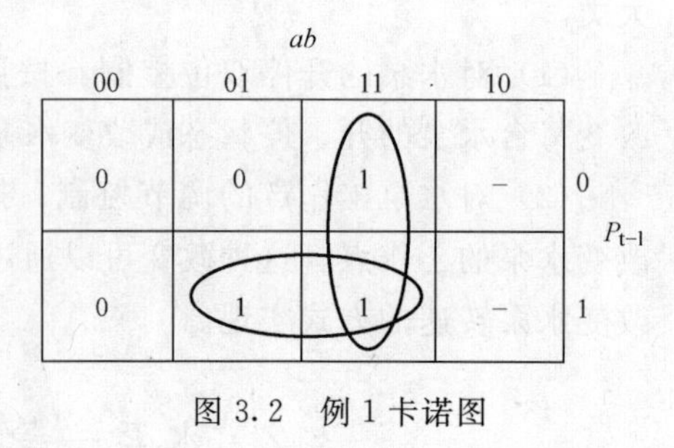

图3.2 例1卡诺图

并可以得到逻辑表达式：

$$P = ab + bP_{t-1} = b(a + P_{t-1})$$

采用交流接触器控制水泵的运行，用符号 Y 表示接触器线圈及其主触点，其通断电与水泵的开停一致；接触器中的一对常开副触点用作记忆功能，代表 P_{t-1}，用 y 表示，则有：

$$Y=b(a+y)$$

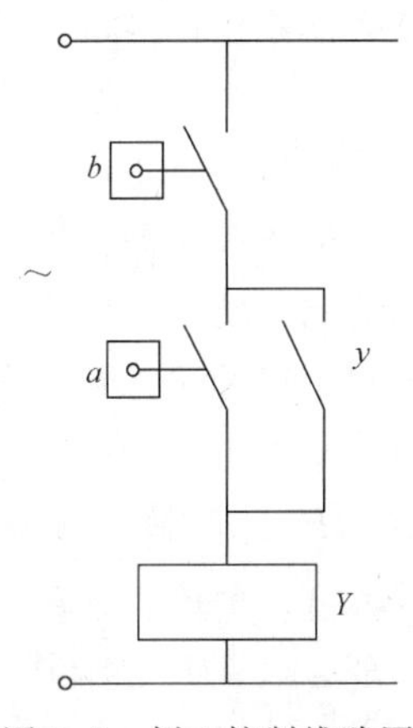

图 3.3 例 1 控制线路图

于是可以建立图 3.3 所示的控制系统线路。

其工作过程如下：当水位低于 a 也低于 b 时，集水池处于空池状态，交流接触器的线圈 Y 处于断电状态，水泵停止；随着来水不断地在池内聚集，直至水位高于低水位 b，使触点 b 闭合，但触点 a 仍处于断开状态，水泵不运行；当水位继续升高至高于高水位 a 后，水位开关 a 的触点闭合，接触器线圈 Y 导通，带动其主触点闭合，同时副触点 y 也闭合，水泵开始工作；随着水泵将水排出，池内水位下降，当低于高水位 a 时，触点 a 断开，但此时控制电路可通过副触点 y 导通，水泵仍在工作；直至水位降到低水位 b 以下，触点 b 断开，控制线路中的继电器线圈 Y 断电，主触点断开，水泵停止。

【例 2】 建筑物高低水箱给水系统

建筑给水常采用由高低水箱组成的给水系统。在屋顶设高位水箱，在低处（如地下室）设一低位水箱。室外管网来水先进入低位水箱，然后由给水泵从低位水箱抽水向高位水箱补水，再通过高位水箱提供用户用水并保证用户水压要求。水泵的运行工况应由高低两个水箱的水位决定，可以自动运行。系统如图 3.4 所示。

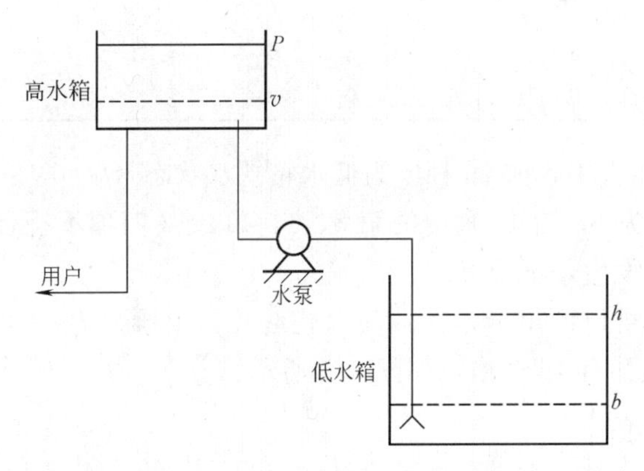

图 3.4 高低水箱给水系统示意图

对该控制系统的具体要求如下：

（1）可以按手动或自动两种方式控制水泵的开停，设手动按钮 m、a；

（2）在自动控制方式下，水泵可以根据水位变化自动开停，为此设水位开关 p、v、h、b；

（3）对低位水箱水位的限制。当水位低于 b 时，低位水箱处于缺水状态，水泵必须停止；当水位高于 h 时，低位水箱处于充满状态，允许水泵启动；

（4）对高位水箱水位的限制。当水位低于 v 时，高位水箱处于放空状态，水泵可以启动供水；当水位高于 p 时，高位水箱充满，水泵应该停止供水。

上述关于高、低水箱水位的两组要求（3）、（4）应同时得到满足。水泵的运行情况依此条件确定。

解决办法：暂不考虑手动控制，先分析自动控制的情况。对工况过程分析可知，这也是一个有记忆的逻辑控制系统，需增加一个描述水泵当前状况的变量，用 MP_{t-1} 表示。这样加上高低水箱中的4个水位开关，共有 p、v、h、b、MP_{t-1} 5个逻辑变量，共同决定水泵自动开停。水泵的工况改变，用交流接触器实现，以 MP 表示其线圈及主触点。5个逻辑变量，共有 $2^5=32$ 种可能的逻辑组合。根据前述要求，可以确定每种组合应有的逻辑结果，如逻辑运算真值表见表3.2。

例2 逻辑运算表　　**表3.2**

b	h	v	p	MP_{t-1}	MP	b	h	v	p	MP_{t-1}	MP
1	0	0	0	0	0	1	1	0	0	0	1
1	0	0	0	1	1	1	1	0	0	1	1
1	0	0	1	0	—	1	1	0	1	0	—
1	0	0	1	1	—	1	1	0	1	1	—
1	0	1	0	0	0	1	1	1	0	0	0
1	0	1	0	1	1	1	1	1	0	1	1
1	0	1	1	0	0	1	1	1	1	0	0
1	0	1	1	1	0	1	1	1	1	1	0

在这32种组合中，前16种皆为低水箱缺水状态（$b=0$），水泵不允许启动，MP 的逻辑值均为0；后16种中的第3、4、11、12四项不符合实际情况，只在故障情况下才会发生，不予考虑。

依该真值表可以画出卡诺图，为简化起见，仅画出 $b=1$ 的部分（$b=0$ 时，MP 恒等于0），共有16个格，如图3.5所示。

于是有逻辑表达式：

$$MP=b(h\,\overline{v}\overline{p}+\overline{p}\cdot MP_{t-1})=\overline{p}\,b(h\overline{v}+MP_{t-1})$$

将 MP_{t-1} 以 MP 继电器的一个副触点 mp 代替，则有：

$$MP=\overline{p}\cdot b(h\,\overline{v}+mp)$$

再考虑手动控制的情况，另设一个手动控制用的交流接触器 KA。根据第1章的讨论，手动控制系统的逻辑表达式为：

$$KA=\overline{a}(m+ka)$$

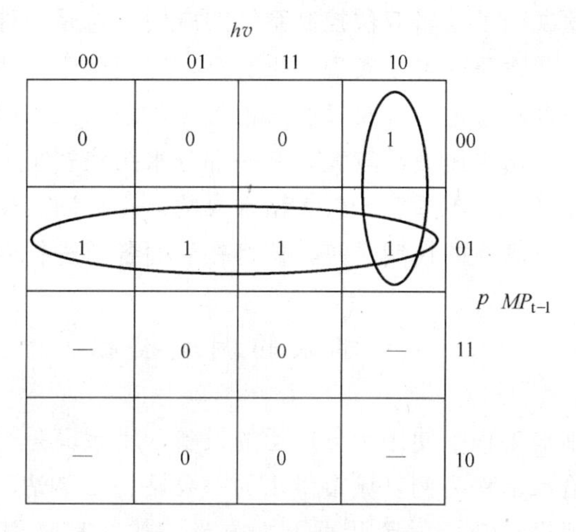

图 3.5 例 2 卡诺图（$b=1$）

式中的 m、$\bar{a}$ 分别为手动启动与停止按钮，ka 为该交流接触器的一对副触点。

根据要求，水泵应在手动启动后，才允许按水位的变化自动运行；手动控制也应可以随时停止水泵的运行。即手动与自动两种控制方式应是逻辑乘的关系，于是应再设一个总的水泵启动用接触器 KM，并有：

$$KM=KA\cdot MP$$

这样得到总的控制系统如图 3.6 所示。

当然，图 3.6 所示仅是控制线路的基本部分。一个完整的控制系统，还应包括各种声、光报警装置、保护装置；水位开关继电器应采用 24V 低压系统，以保证安全，等等。限于篇幅，不再详述。对此部分细节可参考有关的专门书籍。

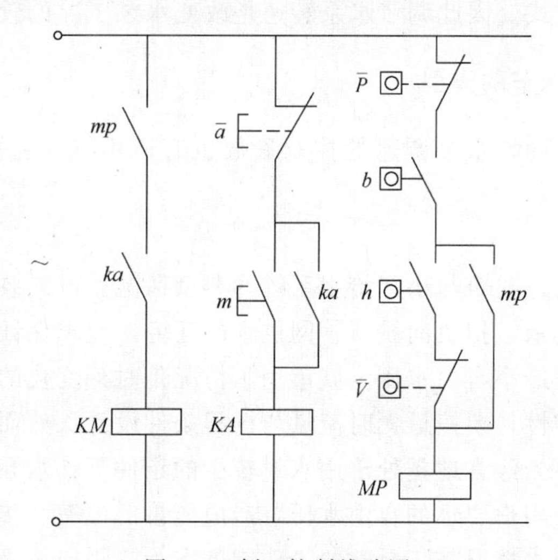

图 3.6 例 2 控制线路图

上面两个例题说明了逻辑双位控制系统的应用。这是一种简单、传统的控制方式，采用常规电器设备就可以实现，投资小，应用广泛。然而，这种双位控制效益较低，只依两种状态进行开关控制，被控参数波动大。以高位水箱供水系统为例。这种方式的供水水压波动较大，有一部分水头浪费了，从而多耗能；水泵可能会较频繁地开停，也不适合于较大型水泵的运行控制。要实现更精确、更高效的控制，应选用更高级的控制系统，这将在后面各节进行介绍。

3.3　水泵的调速控制

水泵是给水排水工程中使用十分广泛的设备，水泵又是给水排水系统中主要的耗能设备。以给水工程为例，城市供水的一泵站、二泵站、加压泵站提升水量非常大，可以达到每日几十万至几百万立方米，往往都采用大型水泵，电耗很高。一般，水泵站电耗占给水系统总电耗的70%以上，在给水系统的运行费用构成中居第一位。这些能耗中，有一部分是多余能耗（多余水头），被浪费掉了。为了节能，应该对水泵的工况进行调节。另外，水压是供水质量的一项重要指标。水压偏低不能满足用户的使用要求；水压偏高也会给用户用水带来不便，还会增大管道中水的漏失及爆管故障率。从保持水压稳定的角度，也应当对水泵的工况进行调节。

给水排水工程中应用的水泵多为离心泵。在第2章中已提及，离心泵的调节方法有两类，一类是通过调节水泵出口管路上的阀门来改变管路特性，实现水泵工况点的调节；另一类是改变水泵的转速，从而改变水泵的特性曲线，实现水泵工况点的调节。前者节能效益较低，部分多余能量消耗在了阀门上；后者是一种高效节能的调节方式。因此调节水泵转速是改变水泵工况的较好方法。

3.3.1　水泵调节的类型

视用途目的不同，水泵调速的控制参数也有所不同，主要有如下3种典型情况。

（1）恒压调速

这属于二泵站、建筑与小区给水系统的典型情况。以二泵站为例。二泵站水泵自水厂清水池吸水，担负向城市管网供水的任务，要求保证用户的自由水压不低于某规定值，即最小自由水压。城市用水情况是时刻变化的，在设计上为了保证供水的安全可靠性，要按最大时流量与扬程条件设计。然而，最大时是一种极端的用水情况，更为经常地是处于用水量较少的条件下，水泵的供水能力会有富余，供水压力高于用户要求的自由水压，造成能量的浪费。传统的解决办法是采用分级供水，视用水情况将二泵站的工作制度定为二级或三级，每一级选择不同规格、不同台数的水泵组合运行，这种运行方式只需要对水泵进行开停控制，实际上就是前面已讨论过的双位控制技术。这种控制方式的结果是，在某一级的运行范围内，随用水的波动，水泵工况点仍有一定幅度的变化，就有可能导致：a. 水泵长期工作在低效率点，浪费能量；b. 在用水较多时用户水压难以保证，或在用水较少时水压过高造成浪费，如图 3.7 所示。供水系统用水量变化越大（变化系数大），问题就越严重。据文献报导，即使在上海地区这种用水均匀性较强的大型给水系统中，由于水压波动、水泵长期在较低效率下运转等原因导致多耗电约 20%。因此，有必要以保证用户水压恒定为目标进行水泵调速。这种调节方式应用较为广泛。

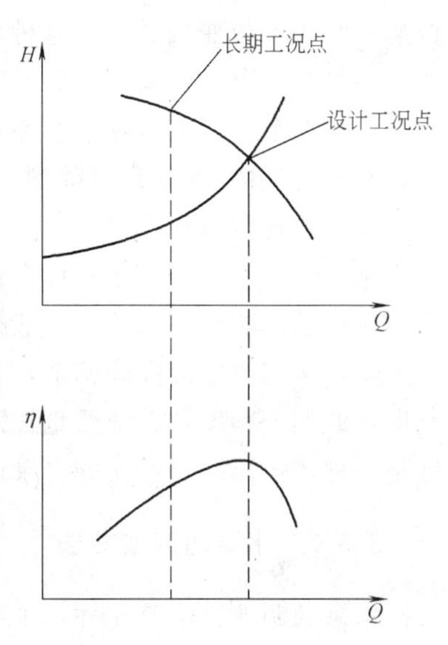

图 3.7 二泵站水泵工况点的变化

（2）恒流调速

这是给水系统一泵站的典型情况。一泵站水泵由江河湖泊取水，加压送入水处理厂。为了保证取水安全，一泵站往往按恒定取水水位设计，以水源某一概率下最低水位为设计依据。这也是一种极端情况，对水泵的扬程要求最高。常年运行中多数时间内水源水位高于最低水位，经常处于常水位附近，实际需要的水泵扬程低于设计扬程，偏离设计工况，水泵设计扬程过剩，浪费能量。由于水厂运行多是按恒定流量设计的，要求一泵站也应按恒流方式运行。为此在传统方式中，有的泵站根据水位大的变动，更换水泵叶轮，在一定程度上实现流量调节并节能。这是一种阶段式的调节，而且操作起来很不方便。更为经常地是当水位高于设计水位时，采取关小管路阀门的方式消耗多余的水头，保证一泵站取水流量恒定。因此，一泵站水泵也会长期运行在耗能高、效率低的工况下。图 3.8 中的曲线就描述了这种情况。曲线①、②分别为水源水位在常水位、设计水位（最低水位）时的管路特性曲线。随着水源水位高于设计水位，水泵供水量有增大的趋势，为保证设计流量 Q 不变，就要关小水泵阀门，改变管路特性曲线（如曲线③）。为了避免这种水源水位变化产生的能量浪费，现在已经有泵站开始进行水泵工况的变速调节。这是以水量恒定为目的的水泵

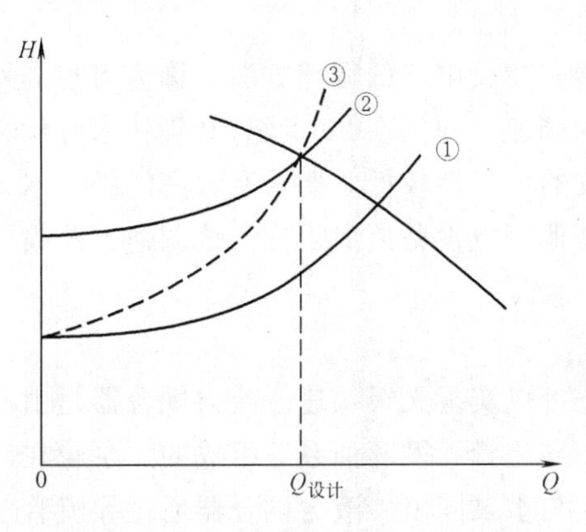

图 3.8 一泵站水泵工况点的变化

调速。水源水位变幅越大，这种调节就越为必要。当然，也有的水厂清水池调节能力不足，一泵站也要有一定的水量调节功能，这就更有必要进行水泵的调速。

恒流调节可以有效地节约能耗。据介绍，上海某厂有一台取水泵，恒流调速后，平均功耗由200kW下降到145kW。

(3) 其他调节情况

给水排水系统中，还有许多水泵工况调节的情况，较为典型的有各种水处理药剂投加泵的调节。投药泵一般按最大投药量设计选择，因此也是长期在低投量下运转，传统上是以阀门调节，耗能高、调节精度差。这种用途的水泵特别要求有良好的调节精度，保证药量按需投加。往往采用调速的方法能收到较好效果。这是一种非恒压、非恒流的水泵调节情况。

3.3.2　水泵的调速方法

水泵的调速方法有多种，主要分为两类：第一类是电机转速不变，通过附加装置改变水泵的转速，如液力耦合器调速、电磁离合器调速、变速箱调速等，都属于这种类型；第二类是直接改变电机的转速，如可控硅串级调速、变频调速等。后者是在水泵站应用较多的调速形式。

3.3.2.1　串级调速

异步电动机的转子绕组外接一个可变反电势，可以改变电动机的转速。为使反电势的频率与转子绕组的感应电势相符合，通常把转子感应电势通过三相桥式整流变为直流电，用直流电动机实现反电势的方法，称为机组串级调速。根据电能反馈的方式，串级调速又可分为下列三种形式：

(1) 机械反馈机组串级调速。如果直流电动机与异步电动机同轴，使它所吸取的电能从转矩回馈到主轴，这种调速称为机械反馈机组串级调速。

(2) 电气反馈机组串级调速。如果直流电动机拖动另一台异步发电机把电能反馈到电网，这种调速称为电气反馈机组串级调速。

(3) 可控硅串级调速。用可控硅逆变器实现反电势的调速方法，称为可控硅串级调速。这种调速方式可用于大型水泵的调速。我国在20世纪70年代末开始应用于给水排水工程中。过去这种调速装置的可靠性较低，要求有较高的维护水平；而且可产生高次谐波，污染电网，对其他用电设备造成干扰；该调速方式投资也较大。近年的新产品已经有很大改进。

3.3.2.2　液力耦合器调速

液力耦合器调速是一种机械调速方式，可以实现无级调速。液力耦合器是由主动轴、从动轴、泵轮、涡轮、旋转外壳、导流管、循环油泵等组成的。泵轮在电机一侧，与电机同步；涡轮在水泵一侧，与水泵同步。液力耦合器通过导流管控制，其调速原理是：泵轮与涡轮之间有一间隙，泵轮随主电机以 n_0 额定转速旋转，若略去空气阻力不计，当流道未充油时，涡轮与水泵转速 $n\approx 0$；当循环油泵向流道内供油后，旋转的泵轮叶片将动能通过油传给涡轮的叶片，因而带动涡轮与水泵旋转，耦合器处于工作状态。涡轮的旋转速度由流道内因离心力旋转之油环厚度而定，油环越厚旋转速度越高。设计使导流管排油量大于循环泵的供油量，只要调节导流管的行程，便可改变耦合器的充油度，从而实现水泵无级变速运行，控制水泵出口的流量。

这种调速方式一次性投资小，操作简便，但在低速时效率低、节能效果差，其原因是机械耗能较大，循环油泵需要耗用一部分能量。况且还需要配备一套油泵和耦合设备，占地面积较大。液力耦合器调速只宜在较小型水泵上应用。

3.3.2.3　变频调速

变频调速是 20 世纪 80 年代出现的水泵调速技术。它通过改变水泵工作电源频率的方式改变水泵的转速。

$$N=\frac{120\cdot f}{P}(1-s) \tag{3.1}$$

式中　N——水泵电机转速；

f——电源频率；

P——电机极数；

s——电机转差率。

由上式可见，如果均匀地改变电机定子供电频率 f，则可平滑地改变电机的转速。为了保持调速时电机最大转矩不变，需维持电机的磁通量恒定，因此，要求定子供电电压应作相应的调节，所以，变频设备兼有调频和调压两种功能。

变频调速是通过变频调速器实现的，它可以将输入的固定频率的电源（在我国为 50Hz）转换为频率可调的电源输出，供给水泵电机等需要调频的设备作工作电源。变频调速具有很高的调节精度，表 3.3 是几种典型变频调速器产品的精度特性。

常用变频调速器的精度特性　　　**表 3.3**

产品型号	产地厂家	微处理器位数	频率分辨率(Hz)		频率稳定性(Hz)	
			数字设定	模拟设定	数字设定	模拟设定
STARVERT-D	韩国,GOLDSATR	16	0.01	0.01	±0.01	±0.25
SAMCO-M	日本,SANKEN	16	0.01	0.025	±0.01	±0.25
FVR-G7S	日本,FUJI	32	0.002	0.02	±0.005	±0.1

注：精度指标按变频范围 0.5～50Hz 确定

变频调速技术的一个重要特点是可以实现水泵的“软启动”，水泵从低频电源开始运转，即由低速下逐渐升速，直至达到预定工况，而不是按照常规一启动就迅速达到额定转速。软启动的工作方式对电网的干扰小，无冲击电流，也适合于在几台水泵之间进行频繁的切换操作。这种启动方式在恒压供水等情况下有独特的优点。

变频调速技术已在给水排水工程中获得许多应用，包括调节水厂投药泵的转速，实现投药量的高精度调节；在建筑或小区给水系统中用于恒压给水控制；在大型的给水泵站，变频调节供水泵的转速，实现城市供水的恒压或恒流调节等也有应用。这种技术目前在常压（380V）、小功率电机（＜280kW）调速上的应用较为普遍。在高压大型电机上的应用由于价格、技术等问题，应用还不很广泛。

3.3.3　水泵调速运行的方式

以变频调速为例，通常以微电脑为控制中心，构成水泵的变频调速控制系统。最典型的控制系统形式是反馈控制系统，控制中心根据控制点输入的信号（如水压）与给定值比较，调节变频器的输出，改变水泵工作电源的频率，使水泵转速相应改变。一般为减少控制设备台数、降低投资，常采用变速与定速水泵配合工作的方式。即一个泵站内只有一至两台水泵变速运行，其余水泵为定速运行，变速泵与定速泵组合一起工作，通过对变速泵的调节，得到要求的各种工况。

3.4　恒压给水系统控制技术

恒压给水系统应用广泛。前面介绍的城市管网供水系统、建筑小区给水系统等，都属于这种情况。按控制精度的高低，恒压给水控制技术包括如下两大类。

（1）双位控制系统。按水位（水压）的高低两个界限值控制给水泵的开停。当高低水位相差不大、水压波动较小时，可近似看做恒压给水系统，如前述的高位水箱给水系统以及气压给水系统。这种控制方式精度低，水压波动较大，是较为传统的给水技术。

（2）定值控制给水系统。按某一压力（水位）控制点的水压（或水位）目标值进行调节控制。可以采用变频调速等技术，改变水泵特性，对水泵工况连续调节，将水压控制在很小的波动范围内，这是先进的给水技术。

按压力控制点的设置位置，还可以将恒压给水控制系统分为泵出口处恒压控制与用户最不利点处恒压控制两类。

3.4.1　变频调速恒压给水技术

3.4.1.1　工作原理

在给水系统中，用户用水量的变化反映在水压上，表现为管网水压的波动。

因此，调节水泵工况，保证用户用水水压的稳定，就可以保证用户用水。变频调速恒压给水系统可以通过自动控制实现上述调节。它由电机泵组、压力传感器、控制器、变频器以及自动切换装置等组成，以水压为控制参数。水泵启动后，压力传感器向控制器提供控制点的压力值 H。当 H 低于控制器设定的压力值 H_0（H_0 按用户的水压要求设定）时，应该提高水泵转速，控制器向变频调速器发送提高电源频率的指令；当 H 高于 H_0 时，则应该降低水泵转速，控制器向变频器发送降低频率的控制信号。当某台水泵的转速达到规定的上限时，自动启动新的水泵投入运行；反之，则自动减少运行水泵的台数。通过调节水泵工作电源频率的方式，改变水泵的转速，从而改变了水泵的工况，构成闭环反馈控制系统，自动调节水泵转速及工作水泵台数，实现恒压变量供水。

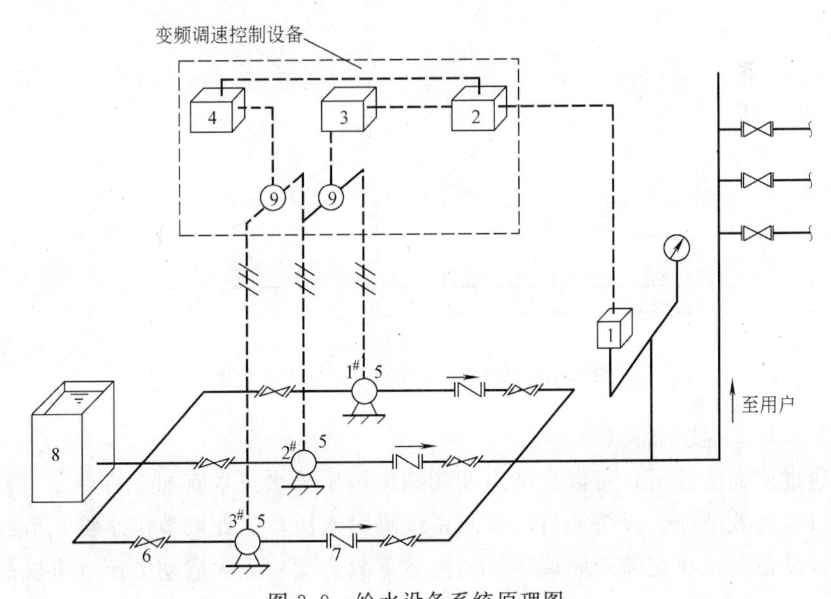

图 3.9　给水设备系统原理图

1—压力传感器；2—控制器；3—变频调速器；4—恒速泵控制器；5—水泵机组；6—闸阀；7—单向阀；8—贮水池；9—自动切换装置

图 3.9 给出了由 3 台水泵组成的典型恒压给水系统原理图。分别以 1#、2#、3# 代表 3 台水泵，它们交替循环工作，其工作过程如下：开机后，通过微机系统控制，1# 机泵从变频器的输出端得到逐渐上升的频率和电压，开始旋转（软启动）；频率上升到供水管网设定供水压力和流量要求的相应频率，并随控制点的压力变化（代表了供水流量的变化）而改变频率调速运行。如果这时用户的用水量增加，1# 泵的工作频率上升到工频（50Hz）仍不能满足用水要求（表现为控制点压力达不到设定值），控制系统发出指令 1# 泵自动切换到工频状态运行；随后指令 2# 泵投入变频启动，并自动响应其频率满足该时供水管网流量和

压力的要求；如果这时用水量再上升到2#泵也达到工频，则类似地，控制微机发出指令2#泵亦切入工频运行，并立即指令3#泵投入变频启动，并响应至满足该时供水系统的流量和压力所需频率运行。如果这时用水量降低，3#泵的工作频率降至频率极限（无流量输出），控制点的压力仍大于设定值，则微机发出指令1#泵停止运行，同时3#泵立即响应该时流量相应的频率工作；如果这时用水量继续下降至3#泵的工作频率又降至频率极限（无流量输出），则微机发出指令2#泵停止运行，只有3#泵立即响应该时流量相应的频率，变频运行。上述运行方式使水泵按投入运行的先后顺序依次退出运行，即遵循先入先出的原则，使得水泵的损耗均衡。设备的运行工作示意如图3.10所示。

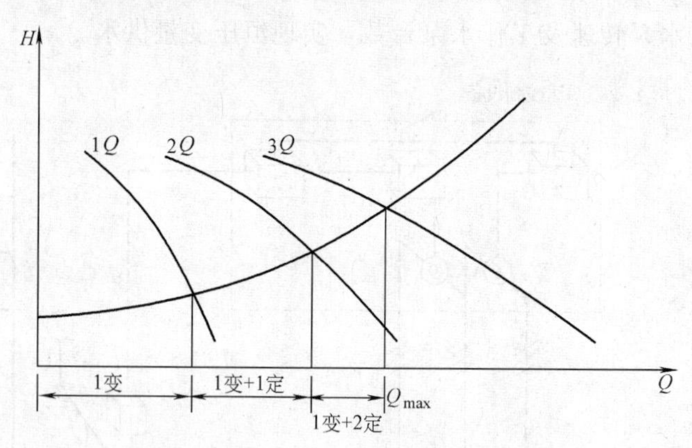

图3.10　变频调速系统运行过程示意图

3.4.1.2　技术特点

通过前面的分析，可以总结出变频调速恒压给水技术有如下特点：

(1) 高效节能。设备能自动检测系统瞬时水压，据此调节供水量，节约供水能耗。设备电机在交流变频调速器的控制下软启动，无大启动电流（电机的启动电流不超过额定电流的110%），机组运行经济合理。

(2) 用水压力恒定。无论系统用水量有任何变化，均能使供水管网的服务压力恒定，大大提高了供水品质。

(3) 延长设备使用寿命。采用微机控制技术，对多台泵组可实现循环启动工作，损耗均衡。特别是软启动，大大延长设备的电气、机械寿命。

(4) 功能齐全。由于以微机作中央处理机，可以设置各种附加功能，如：小流量切换，水池无水停泵，市网压力升高停机，定时启、停，自动投入变频消防，自动投入工频消防等功能。

3.4.2　恒压给水系统压力控制点的位置

恒压给水系统是以满足用户用水水压恒定为目标进行工作的。但在具体的系统设计上，按压力控制点位置的不同，又可以分为两大类：一类是将控制点设在最不利点处，直接按最不利点水压进行工况调节；另一类是将控制点设于水泵出口，按该点的水压进行工况调节，间接地保证最不利点的水压稳定。这两类系统具有不同的控制特性与控制品质。现今恒压给水系统多采用后一种方式。在后一类中，又可按压力设定值的不同分为恒压控制和变压控制。

3.4.2.1 控制点设在水泵出口

压力控制点设在水泵出口，事先给定一个压力设定值，按此值变速调节水泵工况是常用方式，其工作特性如图 3.11 所示。管路特性曲线与水泵特性曲线的交点水压代表水泵出口水压；通过此交点的管路特性曲线与纵坐标轴相交，该水压值代表用户处（最不利点）的水压。H'为水泵出口压力控制线，按用户水压要求，并由管路特性曲线推求确定。设在最大用水量 Q_{max} 时，管路特性曲线 A_0、水泵特性曲线 B_0 与压力控制线 H'交于 a 点，对应用户最不利点的水压标高 H_0 即为要求的最低水压，没有水压浪费。当用水量降低时，控制系统降低水泵转速来改变其特性，水泵特性曲线下移。但由于采用泵出口水压恒定方式工作，所以其工作点始终在 H'上移动，如 b 点即为相应于 Q'的新工作点，相应的水泵特性曲线为 B_1，对应的管路特性曲线必然由 A_0 向上平移至 A。其结果导致最不利点水压由 H_0 上升为 H_1，二者的差值为多余浪费的水头。用户用水量越少时，水头浪费越大，图 3.11 中阴影部分即表示用水量在 $0\sim Q_{max}$之间变动时的水头浪费情况。显然水泵出口处恒压对用户而言就是变压，水压波动范围是 $H_0\sim H'$，可能给用户带来不便。另外，这种控制方式虽然管理方便，但不能直接反映用户的水压情况，如果管路上发生某种情况，管路特性变化而使特性曲线形状变化，就可能影响用户的水压，因此在水压保证可靠性上存在问题，其技术经济性能不十分理想。

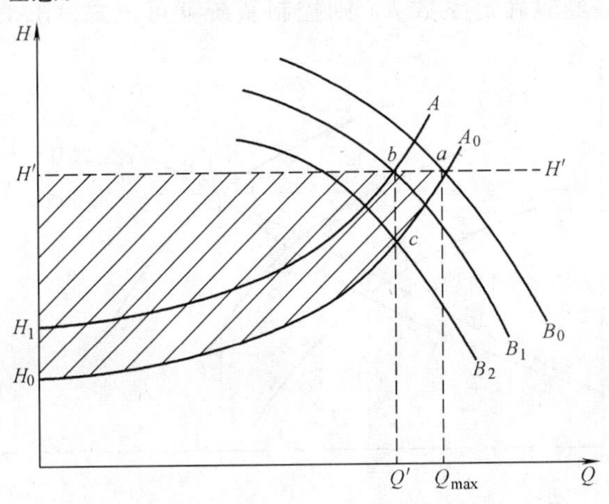

图 3.11 水泵出口恒压调速给水系统工作特性

为了克服水泵出口恒压控制浪费能量、用户水压波动的缺点，可以采用一种水泵出口变压控制方式，即将压力控制点设于水泵出口处，采用变压力控制，从而间接保证用户处基本为恒压。如图3.12所示，为了保证用户处的压力恒定为H_0不变，水泵出口处的压力就应该沿管路特性曲线A_0变化，其规律可以由管路特性曲线方程确定：

$$H=H_0+sQ^2 \tag{3.2}$$

式中　H——水泵出口水压设定值；

H_0——用户处水压要求；

s——管路摩阻；

Q——用水量。

上式各项中，用水量Q为当前工作状况参数，可测；H_0也为已知参数。若能确定管路摩阻s，则H可知。因此，在水泵出口处除设压力传感器外，再加一台流量传感器，控制系统依流量值按式（3.2）计算确定当前的压力设定值，再依此设定值调节水泵转速，间接地保证用户水压恒定。这就构成了水泵出口变压控制系统。在理论上，这一系统的压力控制线沿管路特性曲线变化，供水压力和要求的水压相等，可以满足节能供水、用户水压恒定的要求。

上述水泵出口变压控制的方式较为理想。在实践中，有时难以准确确定供水管路摩阻s，因此可以采用一种简化的水泵出口变压控制模式。在图3.12中，取两点的流量和相应的水泵出口压力——（0，H_0）和（Q_{max}，H'），过此两点的直线为：

$$H=H_0+kQ \tag{3.3}$$

式中　k——直线斜率。

按水力计算或经验确定系数k，则控制系统就可依式（3.3）决定当前压力

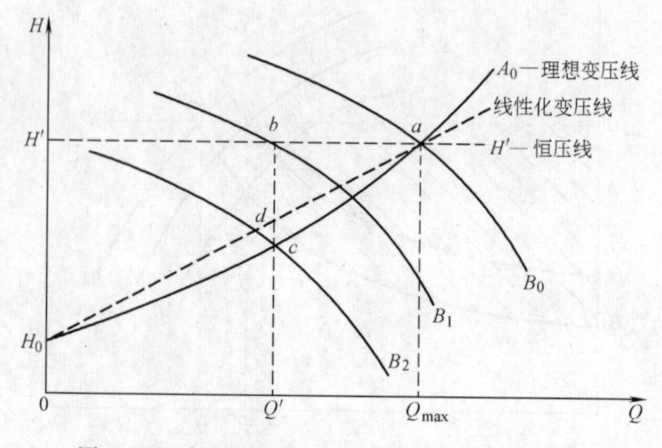

图3.12　水泵出口变压调速给水系统工作特性

设定值 H，即该设定值按线性规律变化。这种水泵出口线性化变压的方式在应用中较易实现，可靠性也比较高。

图 3.12 中的 b、c、d 三点分别代表水泵出口恒压、理想变压、线性化变压三种控制方式在某一供水量 Q'时的工作点。显然，以水泵出口恒压控制能量浪费最大，以水泵出口理想化变压控制节能效果最好，以水泵出口线性化变压控制为一种易于实现的简化方式。

3.4.2.2 控制点设在最不利点

这种控制方式是将控制点设于最不利点，以该点水压标高 H_0（图 3.11）定值作为控制系统的调节目标。在该种方式下，随用水量大小的变化调节水泵转速，使水泵特性曲线变化，而管路特性曲线 A_0 恒定不变，水泵工作点始终在 A_0 上移动，最不利点水压不变保持为 H_0。例如供水量为 Q'时，水泵特性曲线为 B_2，工作点为 c，供水水压等于需要的水压，没有能量的浪费。与水泵出口恒压控制相比，在同样供水量时将使水泵以较低的转速工作，消除了图中阴影部分的能量浪费，实现最大限度的节能供水。同水泵出口变压控制相比，将控制点直接设在用户处，控制系统简单，不需要流量传感器，控制准确。无论管路特性曲线等条件发生什么变化，最不利点的水压是恒定的，保证水压的可靠性高。因此将压力控制点设在最不利点更合理，技术经济性能更佳，而且技术上不难实现。但是这种控压方式改变了压力传感器的安装位置，相应增加信号线的长度，特别是压力控制点的环境可能是复杂的，在工程与管理上有时会带来一些困难。

在实践中，可以根据具体情况，灵活地将控制点设在水泵出口至用户之间的任何位置。基本规律是控制点越靠近用户，则节能效果越好、用户水压越稳定、可靠性越高。

3.4.3 气压给水系统的控制问题

气压给水系统由水泵、气压罐、压力检测与控制装置等组成，依气压罐内的压力变化、按规定的压力上下限决定水泵的开停，属于双位控制系统。其具体组成与工作原理已在建筑给水排水工程课程中有专门介绍，此处不再重复。这里仅对气压罐的安装位置与压力控制效果、节能情况进行简要分析。

如上所述，在进行恒压给水系统设计时，压力控制点的位置选择是重要的内容，对气压给水系统也是同样。而且在气压给水系统中，气压罐的安装位置决定了压力控制点的位置和压力设定值的大小，是一个影响系统技术性能与经济效益的重要因素。

一般气压给水系统的压力控制点即为气压罐内的水位检测装置，它的位置选择会影响到系统的工作特性。将气压罐同水泵一起安置在供水处（如建筑物地下室）还是将气压罐单独装在靠近最不利点（如供水末端），在压力控制及节能方面的特性就同前述的变速调节系统，越靠近用户最不利点处用户水压越稳定越有利于节能。

以由两台同型号水泵组成的气压给水系统为例。图3.13中纵坐标以绝对水压标高表示。将气压罐设在水泵间时，相当于将压力控制点设在水泵出口处。A_1、A_2、D_1、D_2分别为水泵P_1和P_2的停止和启动压力控制线。当用水量较少时，只需要一台水泵运行，水泵工作点在a～b之间变动，相应水泵出口压力变化范围是在A_1～D_1之间。当用水量增加，一台泵供不应求，水压就会下降。当水压降到D_2时，第二台水泵投入工作。当压力又升高到A_2时，一台泵停止工作，另一台泵的工作点变化情况同前。可见D_2是水泵出口的最低压力，应按用户要求的最低水压确定。设d_2为最不利点要求的最小水压。在纵坐标上以d_2为起点，通过管路特性曲线交于水泵P_1与P_2的合成特性曲线上，该交点d的水压就是D_2。D_1、A_1、A_2则以D_2为起点向上推出，其差值是产品的特性参数。现行产品该压力变幅（A_1-D_2）多为10～12m。由管路特性曲线反推回相应的最不利点水压在a_0～d_2之间变动。当压力控制点在最不利点时，直接按用户最不利点的水压要求d_2进行控制，相应于泵出口的最低水压达到D_2。以d_2为起点，向上依次推求水泵的停止和启动压力控制线为a_1、a_2、d_1、d_2，最不利点水压在a_1～d_2之间变化。在图3.13中对这两种情况的工况特性进行了对比，虽然两种控制方式都可以满足用户的最低水压要求，但显然以压力控制点设于最不利点时用户的水压变化明显减小。无论何种控制方式，高于d_2以上部分的水压都超过用户的要求，会造成能量的浪费。但是显然以将气压罐设置在用户最不利点，即将压力控制点设在最不利点时，供水能量的浪费较小。而且较低的

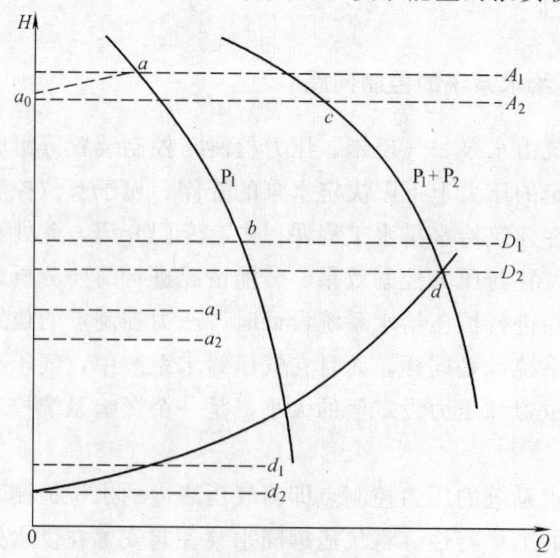

图3.13　气压给水系统压力控制点的比较

供水压力还为用户的使用提供方便，并且有利于延长给水系统配件的寿命。

另外，气压罐的安装位置靠近用户并尽可能高，有利于减小罐容积并降低罐内承压。因为有如下关系：

$$V=W\cdot\frac{\beta}{1-\alpha} \tag{3.4}$$

式中 V——气压罐总容积（m^3）；

W——设计调节容积（m^3），由设计最大供水量及水泵每小时最大启动次数确定；

α——设计罐内最小与最大压力的比例（绝对压力），$\alpha=\frac{P_1}{P_2}$；

β——容积附加系数，$\beta=\frac{P_1}{P_2}$。

可见，在罐内压力控制差 P_2-P_1 不变的条件下，将气压罐设于用户较高处与泵站处的容积和承压是不同的。因为前者远离泵站且位置较高，显然罐内承压较低，即 P_1、P_2 小，使 α 与 β 值皆下降，有利于减小 V 值。或者在一定的气压罐容积条件下，可增大有效调节容积，以减少水泵开停次数，实现节能并延长设备寿命。

因此，不可片面地强调气压罐设在较低处的优点，而应在条件允许时尽可能将压力控制点或气压罐设于供水的最不利点及较高处，特别在居住小区等规模较大的加压给水系统中更应给予重视。这样，可以改善供水系统的技术经济性能，稳定或减小供水水压波动，减小气压罐容积和承压，尤其在节能方面可有效地减少供水能量浪费。

无论对于气压给水系统还是变频调速给水系统，还应注意水泵的高效工作区域等问题。但根据前述分析，将压力控制点设于最不利点，水泵的工况点变动范围较小，无疑将更易于实现水泵在高效区运转。

3.4.4 变频调速给水系统中水泵的组合优化

建筑给水系统逐渐放弃水塔、高位水箱、气压罐等传统技术，采用电脑控制配合变频调速器对水泵电机无级调速、恒压给水，在稳定水压、减少设备体积、节能等方面有很大进步，但由于使用了价格昂贵、技术复杂的变频调速器，降低了给水系统的性能价格比。

要解决这一问题，最有效的方法是在基本不降低给水系统性能的前提下降低变频调速器的选用容量。变频调速器的容量越大，对工程造价的影响越大。因此，在设计规模较大的给水系统时，通过对水泵的组合优化，降低变频调速器的容量，是提高工程性能价格比的有效技术途径。

3.4.4.1　二进制变流量水泵组合稳压给水方法

本节介绍一种不使用变频器（或气压罐）的自动稳压给水方法，即二进制变流量水泵组合稳压给水方法。

图3.14所示为运用二进制变流量水泵组合稳压给水方法构造的系统示意图。

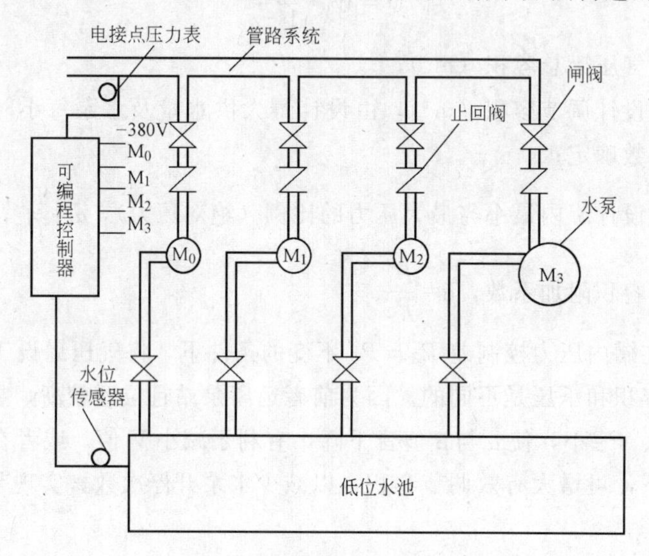

图3.14　二进制变流量水泵组合原理图

该系统共有四台水泵 M_0、M_1、M_2、M_3 并联运行，组合给水。各台水泵的额定扬程相同，额定流量呈二倍递变，即如 M_0 的额定流量为 q，则其他三台水泵 M_1、M_2、M_3 的额定流量分别为 $2q$、$4q$、$8q$。

以数字1表示水泵工作，数字0表示水泵停止工作。于是 M_0、M_1、M_2、M_3 四台水泵的工作状态各用一位二进制数 a_0、a_1、a_2、a_3 加以表达。它们组合在一起时的工作状态用一个四位的二进制数 $a_3a_2a_1a_0$ 表示。

表3.4中，四位二进制数共有16种变化情况，这些变化状况不仅代表了当时水泵的组合，而且代表了当时水泵组合所能提供给水系统的出口流量 Q_t（在计算每种工况的出口流量时，近似忽略了由于水泵并联运行所造成的流量损失）。即这个数越大，则出口流量越大；这个数越小，出口流量越小。由此找到了根据用户用量大小，调节系统的出水流量以保证稳压给水的方法，其工作原理是：电接点压力表设定上限压力 H_2、下限压力 H_1，由 H_1 与 H_2 构成了压力稳定区间。如实际水压 H 偏低，$H<H_1$ 时，可编程控制器按表3.4所示二进制数 $a_3a_2a_1a_0$ 的递增规律切换水泵组合的工作状态，增加系统出水流量，水压上升直到 $H\geqslant H_1$，如水压 H 偏高，$H>H_2$ 时，可编程控制器按 $a_3a_2a_1a_0$ 递减规律切换水泵组合的工作状态，减少系统流量，水压下降直至 $H<H_2$。这样正常工作

水泵组合工作状态表 表 3.4

总流量	M_3	M_2	M_1	M_0	总流量	M_3	M_2	M_1	M_0
Q	a_3	a_2	a_1	a_0	$8q$	1	0	0	0
0	0	0	0	0	$9q$	1	0	0	1
q	0	0	0	1	$10q$	1	0	1	0
$2q$	0	0	1	0	$11q$	1	0	1	1
$3q$	0	0	1	1	$12q$	1	1	0	0
$4q$	0	1	0	0	$13q$	1	1	0	1
$5q$	0	1	0	1	$14q$	1	1	1	0
$6q$	0	1	1	0	$15q$	1	1	1	1
$7q$	0	1	1	1					

注：0 代表水泵停止工作，1 代表水泵工作

时 $H_1<H<H_2$，供水系统的实际水压 H 就被稳定在 H_2 与 H_1 所规定的范围之内，达到稳定水压之目的。

利用这种技术，在稳压精度不高，用水负荷波动不太频繁情况下，不使用变频调速器亦可稳压供水。但当稳压精度较高时，如不使用变频调速器，就必须配备较多的水泵（当然水泵的数目比传统水泵并联组合方法大为减少），对优化工程设计与方便施工十分不利。另外，用户负荷变化较大时，不使用变频调速器会造成水泵组合频繁切换，使系统的动态稳压精度大为下降，电机的不断启停使能耗加剧。综合评价较为理想的方案是把变频恒压给水技术与二进制变流量水泵组合稳压给水技术结合使用。

3.4.4.2 水泵组合优化变频调速恒压给水方案

如图 3.15 所示，该系统共有三台水泵（虚线所画水泵不计入）P_0、P_1、P_2，其中 P_0 与 P_1 的额定流量为 q，而 P_2 的额定流量为 $2q$，三台水泵的额定扬程相同。另外只有 P_0 采用变频器连续控制转速，而 P_1 与 P_2 直接工频电源开关控制。典型的变频恒压给水系统一般采用两台大小一致的相同水泵，一台变频调速控制、一台工频开关控制。而该例中所配备的水泵系统多用了一台小水泵，但由于变频器所控制的水泵流量减少了 50%，故所采用变频器的容量也减小了 50%，实现了用容量小的变频器代替大容量的变频器，提高了整个系统的性能价格比。

下面描述图 3.15 给水系统的工作原理。对采用开关控制的水泵 P_1 与 P_2，用数字 1 表示水泵工作，以数字 0 表示水泵停止工作，于是 P_1 与 P_2 的组合工作状态用一个两位的二进制数 a_2a_1 表示（见表 3.5）。P_0 采用变频器连续调节电机转速，把它与 P_1、P_2 的组合工作相结合，则整个给水系统的流量可以在 $0\leqslant Q_t\leqslant 4q$ 的区间连续变化（计 Q_t 时近似忽略了由于水泵并联所造成的流量损失）。表 3.5 与表 3.4 的不同之处在于：由于变频调速水泵 P_0 的加入，可以在 $0\leqslant Q_t$

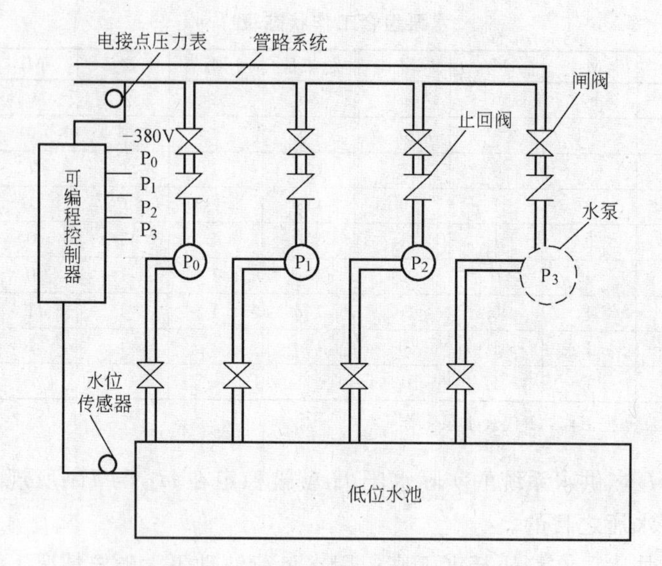

图 3.15　水泵组合优化变频调速原理图

$\leqslant 4q$ 的全流量范围内连续调节给水流量，故理论上可以实现高精度的恒压控制，而不是表 3.4 所描述的在一定范围内的稳压控制。同时，与传统的恒压变频调速给水系统相比较，变频器的设计选用容量可减小一半。因此，本方案兼具了二进制变流量水泵组合方案和典型变频调速恒压给水方案的优点。

三台水泵组合优化变频调速系统设计　　**表 3.5**

出口流量	P_2	P_1	P_0	出口流量	P_2	P_1	P_0
Q_t	a_2	a_1	$0<q_0<q$	$2q<Q_t<3q$	1	0	$0<q_0<q$
$0<Q_t<q$	0	0	$0<q_0<q$	$3q<Q_t<4q$	1	1	$0<q_0<q$
$q<Q_t<2q$	0	1	$0<q_0<q$				

如图 3.15 所示，若再增加一个容量为 $4q$ 的水泵 P_3（虚线画出），依据相同的工作原理，给水系统的出口流量可以在 $0<Q_t<8q$ 范围内连续调节，同时水压基本恒定（见表 3.6）。

通过以上二例可以总结出，如给水系统的设计流量为 Q，则可以把变频水泵

四台水泵组合优化变频调速系统设计　　**表 3.6**

出口流量	P_3	P_2	P_1	P_0	出口流量	P_3	P_2	P_1	P_0
Q_t	a_3	a_2	a_1		$4q<Q_t<5q$	1	0	0	$0<q_0<q$
$0<Q_t<q$	0	0	0	$0<q_0<q$	$5q<Q_t<6q$	1	0	1	$0<q_0<q$
$q<Q_t<2q$	0	0	1	$0<q_0<q$	$6q<Q_t<7q$	1	1	0	$0<q_0<q$
$2q<Q_t<3q$	0	1	0	$0<q_0<q$	$7q<Q_t<8q$	1	1	1	$0<q_0<q$
$3q<Q_t<4q$	0	1	1	$0<q_0<q$					

的容量设计成 $q=Q/2^n$（n=1、2、3……）。同时再配备 n 台工频电源开关控制的水泵，这 n 台水泵的额定扬程相同且与变频水泵的扬程一致，但额定流量设计值却是两倍递变，即从小到大为：q、$2q$、$4q\cdots2^{n-1}q$。由这（$n+1$）台水泵（1台变频调速控制，n 台工频开关控制）构成的水泵组合优化变频调速给水系统，既实现在全流量变化范围内高质量的恒压给水，又把变频器的设计容量降为 $q=Q/2^n$，降低了变频器的工程预算价格，提高了整个给水系统的性能价格比。

3.5 污水泵站组合运行系统

在污水提升泵站中，使用微机控制变速与定速水泵组合运行，可以保持进水位稳定，降低能耗，提高自动化程度。此节通过一个工程实例说明这一问题。

某泵站是污水排放系统的中途提升泵站，在接受排水管网输送来的污水的同时，还接受附近的工业和生活污水。由于进水量的变化很大，过去使用多台定速泵的形式，不能有效地控制进水位在警戒线以内，有时导致上游低洼地区跑冒污水。为了改善这种状况，选择了水泵变速运行并且使用微机控制的方案。

3.5.1 控制系统的构成

变速系统使用微机作为控制器，并配备足够的硬件同水泵机组、一次仪表、故障报警电路及抗干扰设施等连接组成。

（1）一次仪表计量的水位、水量、温度、电流、电压等数据及各种故障信号均通过转换器换成电压模拟信号，经滤波器送入微机的 A/D 电路。

（2）微机输出的开停水泵信号，经过通用接口连接器、寄存器及继电器驱动后，控制定速水泵启动柜和变速水泵调速柜的开停。同时转速的控制由微机发出数字量调速信号，经过 D/A 转换成电压模拟信号，送至调速柜执行。

（3）水泵发生故障时，微机要自动切除故障泵，启动备用泵，并通过报警电路发出声光报警信号。

（4）泵站的机电设备会产生大量电磁辐射，在电网上造成干扰。为了保证微机的正常工作，除机房内墙要做金属屏蔽网，交流电源侧加稳压器、滤波器外，还要在输出开关电路采用两级继电器进行隔离，使干扰无法串入机内。

泵站控制系统如图 3.16 所示。泵站设有 4 台 20ZLB 轴流泵，其中 2 台使用可控硅串级调速柜调节电机转速，使用一台微机进行控制，并且配置压阻式液位计、多普勒流量计以及电流、电压、温度、转速等一次仪表，构成整套的微机控制定速与变速水泵组合运行的系统。

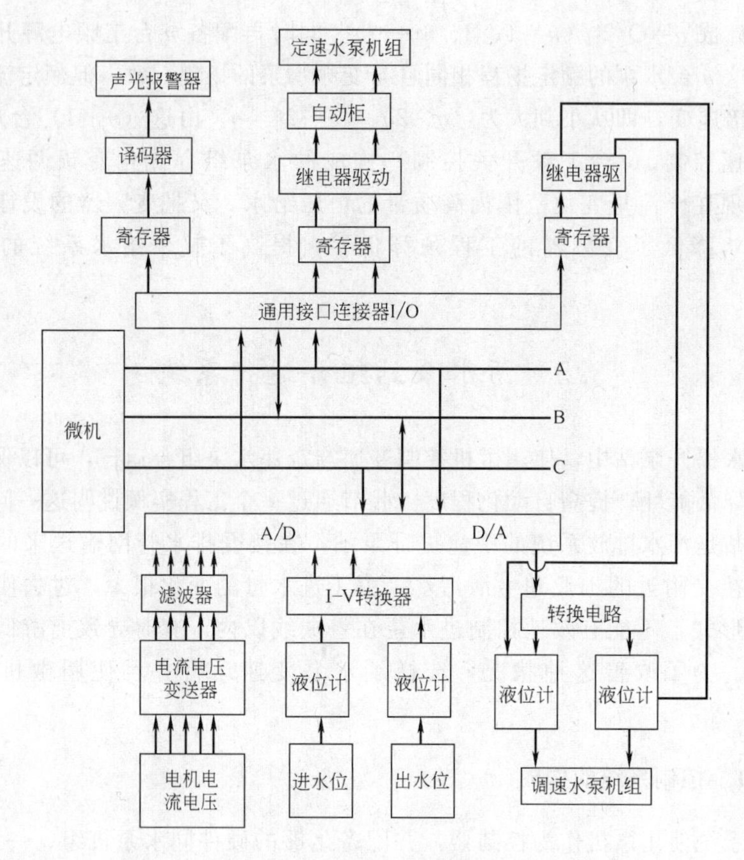

图 3.16　污水泵站控制系统图

3.5.2　系统软件设计

在拟定运行方案时，首先要确定运行控制的参数。根据当前污水计量仪表的水平和泵站的工艺条件，以水位作为控制运行的直接参数，以进水位换算的来水量和出进水位相减的静扬程作为间接参数较为可靠，并使用污水流量计进行核对。

变速运行可以实行水量控制、效率控制等各种方案。根据泵站的实际需要，选择“水量平衡与效率优选”的控制方案，即在保持泵站进出水量基本平衡的基础上，通过优选使水泵在较高效率点工作。

具体步骤是：

(1) 由进水位确定进水总流量值 $Q_{总}$。

(2) 由进出水位之差确定静扬程 H_j。

(3) 调数据表查出在该静扬程下额定转速时的流量值为 $Q_{定}$。

(4) 变速泵所需的流量 $Q_{变}=Q_{总}-Q_{定}$。

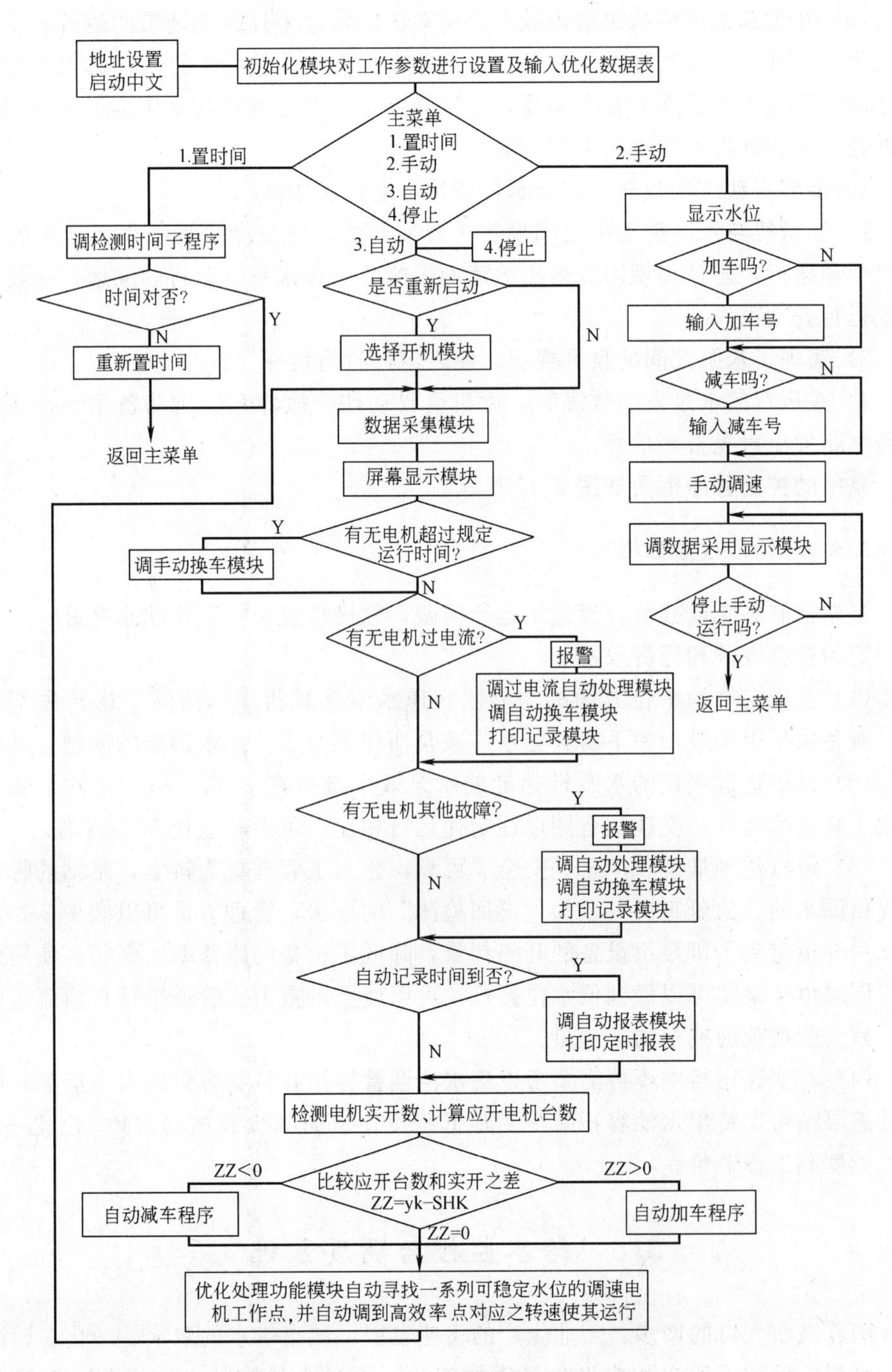

图 3.17 泵站控制程序框图

(5) 根据每分钟检测水位涨落的数值确定转速的优选范围。

(6) 在优选范围内找出最高效率点所对应的转速来控制变速泵的运行。

为了实现在无人管理的条件下，由微机自动控制泵站的运行，还必须在主程序中满足正常管理工作的各种需要，并且对泵站可能出现的故障作出正确的判断和处理。在控制程序中纳入下列因素：

1) 能够自动打印报表，记录水位变化、电机工作情况。

2) 在微机与水泵启动柜之间设置了转换开关，一旦微机系统发生故障就可脱机手动运行，避免出现因为微机故障而影响整个排水系统运行的问题，保证全系统运行安全可靠。

3) 实现了水泵之间的自动换车，使之运行时间均一。

4) 在运行的水泵发生故障时，微机会自动切除故障泵，启动备用泵，通过报警电路发出声光报警信号。

泵站的控制程序框图如图3.17所示。

3.5.3　运行效益分析

泵站控制系统改建后，经过了运行实践，软硬件完备，工作状态良好，产生了一定的社会效益和经济效益。

(1) 在稳定泵站水位方面的功能比定速水泵优越得多，清除了运转失调现象，避免发生因加泵而使下游井跑水、减泵而使上游工厂排水困难的问题。

(2) 经过优选决定的水泵转速能使水泵效率维持在79%～81%之间，基本实现了高效率运行。变速运行同以往定速运行相比，可节约能耗10%左右。

(3) 可以达到准确、严密、安全、可靠，比人工管理更为科学，泵站的管理可以由原来的“值班定岗”改为“巡回检测”的办法，管理人员可以减少2/3左右。另外也避免了机泵组设备的开停频繁，降低了设备的维修率，延长了使用寿命；同时由于泵站可以做到低水位运行，可以使上游重力式管道维持自清流速以上，减少管道疏通掏挖的工作量。

(4) 在变速运行中不再需要考虑集水池调蓄容积和机组容量的大小搭配，所以变速泵站可以将集水池容积减少到最低程度，从而减少泵站的占地、工程量、施工难度和工程造价。

3.6　给水监控与调度系统

随着城市人口的增多，工业生产的飞速发展，城市供水的取水、净化、调配等一系列的处理手段也相应发生了质的变化。由过去传统的人工操作、经验判断，发展到如今利用计算机、检测仪表进行数据分析、自动化控制及应用知识工程来实现高质量供水工艺控制及水的生产供配、管理。现在许多自来水公司已建立了以计算机为核心的实时数据收集、存贮、显示、处理和优化调度系统，以及水质自动化监控和设备运行状态自动监视系统，其目的是：保护水资源、提高水质、合理调配用水量；降低制水单耗，节约能耗，提高水费回收率；监视事故，消除隐患，减轻劳动强度，提高工作效率和效益。

给水监控与调度系统的模式多种多样，包括的内容十分丰富，而且该方面技术的发展速度很快，此节仅对一些基本原则及共性的内容进行概括性介绍。

3.6.1 系统结构和功能

比较典型的给水监控与调度系统通常由若干子系统组成，可以包括主控管理子系统、管网事故处理子系统、设备管理子系统、预测子系统等。恒压给水监控与调度系统一般应具备的功能有：对送配水设施集中监视与控制、预测与咨询等在线功能；具有各种报表处理、管网计算与分析等不在线功能。系统的基本功能具体表现在以下几个方面。

(1) 集中监视与控制

这部分的功能主要完成各种供配水设施监视画面显示（系统表示、报警表示、设定值表示、时间推移图、状态变化等）；各设施发生事故监视（上下限、偏差、泵运转方式、泵的送水量、流入阀流入量检查等）；加压站和出水口流量的控制。同时完成一些数据的处理，如：水量管理日报，配水量月报等的报表功能和数据库文件，以及各种配水量数据传送的在线服务。

(2) 预测咨询系统

对需要预测的供配水参量，如日配水量、时供水量（净水厂）的超前预报；取水量的季节性预测，以及配水池水位的预测等，均通过系统的数据库和相应的知识库来反映。

(3) 设备管理与运转台账

对配套的设备建立管理台账，如：各种设施、电气设备、机械、仪表和其他主要的设备及运转台账（如泵、阀等）。

(4) 管路台账

建立管路台账和阀门台账，便于调度人员对管网的管理和进行管网图的表示、分析，完善管网数据库。

(5) 管网计算与工况分析

利用管网图（在 CRT 上建立 X-Y 两维空间）对实际管网和模拟管网的分析与计算，研究管网现状与问题，提出配水管网的发展计划。

3.6.2 数据管理和应用

要达到高度自动化的给水系统调度，就必须掌握各种可靠的数据。数据不正确，就不能保证可靠的调度。可靠的数据资料及其规律分析，是供水工艺控制和调度的基础。

（1）数据的处理

通过计算机收集、演算、贮存数据达到如下目的。

1）监视。对水源状况、配水状况、水压状况、气象状况实时进行监视。

2）统计报表。通过计算机可以及时报出日报、月报、年报，统计关于水量等数据，以及其他为供水情况服务的数据。

3）提供供水调度所需的信息。如水库补给流量、配水量的预测、模拟管网的供水情况。

（2）发生调度指令

通过掌握可靠的数据，经过计算机处理，发出调度指令，从而使供水系统能有效地进行综合调度。如：

1）原水调度计划。为使水资源能被有效地利用，对各贮水池的出流量和各净水厂的取水量等都必须按调度计划进行控制。

2）配水计划。各给水区域干线的配水，都要根据其实际的需水量，实行计划配水。

3）泵的运转计划。各配水泵在同时间的扬程和流量的计划。

4）变更供水系统的供水计划。配水管施工、事故及缺水时，对相应配水系统供水量的变更。

3.6.3　中心调度室的设施

中心调度室是给水系统的指挥中心。在中心调度室，应能对供水系统各个环节的工况进行实时监测、记录，并及时发布调度指令。各种参数、状态，可以图形、数据，表格的方式予以显示。

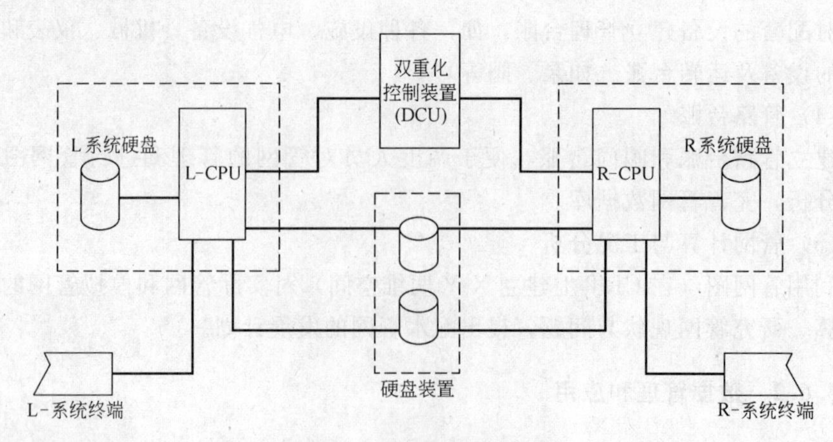

图3.18　双重化系统示意图

从可靠性的角度出发，一般对计算机系统采用双机备用的方式。例如上述功能的实现可由一个双重化主计算机系统来完成，从系统内部可分为 L-CPU 组和 R-CPU 组。其中一组为在线组，执行集中监视和控制功能，正常时由 L-CPU 作为在线组。当 L-CPU 发生故障时，其作用可自动移向 R-CPU，即将 R-CPU 作为在线组继续工作。另外，在两台 CPU 之间采用同一存储数据的磁盘，数据库资源共享。当磁盘出现故障时，另一侧备用磁盘启动工作。由于系统本身构成的双重化功能，使系统始终能处于高度可靠、稳定的工作状态，具有良好的实时性，如图 3.18 所示。

3.7 给水监控系统应用实例

本节通过一个工程实例，来具体地了解给水监控系统应用的情况及一些细节。

某供水系统由泵站、水处理厂、管网等部分组成，并建立了相应的给水监控系统。对其功能与组成分述如下。

3.7.1 给水监控系统的技术功能

3.7.1.1 巡回检测

实时巡回检测送水泵房工艺过程的各类工艺参数和有关设备的运行状况，并能人工随时或定时查询上述工艺参数和设备的工作状态。

检测 64 路模拟量、128 路输入开关量和 128 路输出开关量。

检测的模拟量包括出厂水压、出厂瞬时流量并累计出厂总水量、清水池水位、5 台泵机的运行电流、电功率和累计电量、水泵压力、真空度和流量、温度等；液力耦合器调速装置的供油系统、转速、前中后三个轴承的温度、工作进油温度和排油温度、工作油压力、润滑油压力和待滤油压力等；10kV 和 6kV 配电系统的 10kV 电压、6kV 电压、380V 电压、频率及总功率并累计每班、每天的耗电量，由此计算每天千吨水的耗电量作为企业的考核指标；取水泵房的流量；此外还预留江河水位及出厂水质参数等输入接口。

检测的开关量有 10kV、6kV 配电系统隔离开关、油开关的合闸与分闸；5 台水泵电机开、停状态；5 台出水阀门的开、关状态；真空保持器注水和允许信号；两台排水泵的开、停状态；调速泵油箱油位上、下限信号；真空泵的开停状态和取水泵的开、停状态等输入信号。

系统具有工业时钟，能及时检测设备工作状态变化的时刻和累计设备运行时间。

3.7.1.2 控制

(1) 在清水池水位保持正常高度、调速泵工作正常的条件下，以巡检所测的出厂水压（或水压变化趋势）为参数，改变运行泵机的并联组态和调节调速泵的转速，使出厂水压保持在设定范围并逼近目标值；若调速泵机出事故，通过改变水泵并联组态，仍使出厂水压在设定范围。

(2) 要求保证送水泵站（二泵站）不中断供水。为此，设高低两个清水池水位下限。在水位下降低于下限1时，计算机系统以水位（或水位变化趋势）为控制参数，保持现有运行水泵的并联组态；当水位下降至下限2时，计算机系统应自动减泵，同时人工调度取水泵房增大进水量，使水位恢复正常高度。而计算机系统仍如上所述以出厂水压作为控制参数。

(3) 通过对系统检测的工艺参数及设备工作状况进行检验和分析，决策是否对系统进行人工参与控制和处理。

3.7.1.3 管理

(1) 数据处理与数据输出管理能对系统检测数据进行分析、统计、选择、分配、存贮等处理，形成数据分类和数据汇总文件。

(2) 定时和随机显示、打印各种生产日报表；显示、打印53个被测量日变化曲线、水泵并联运行曲线、管道特性曲线及对应的工况点；显示送水泵房的工况模拟图、10kV及6kV配电系统图等动态图幅；显示水厂平面图、取水泵房工艺图、沉淀池和滤池工艺图等静态图幅。

(3) 通过对检测的主要工艺参数和设备工作状况分析，判断检测量越限和设备的故障情况，及时报警并自动打印故障备忘录并能随时或定时显示和打印故障通知单，提示处理方法。

3.7.1.4 系统的组成与性能

计算机系统由前置机和后置机组成，分别完成不同的任务（图3.19、3.20）。

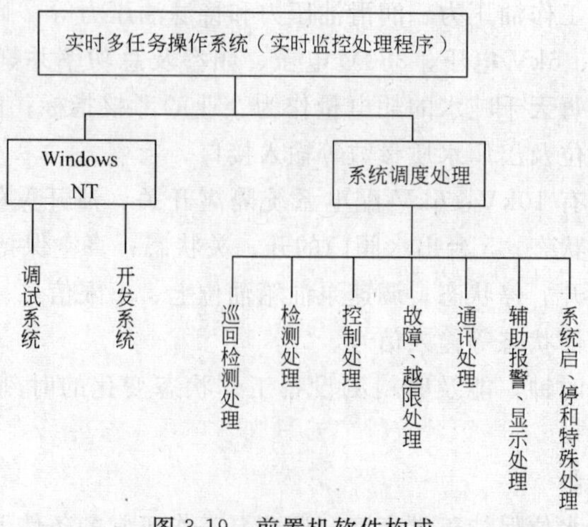

图3-19 前置机软件构成

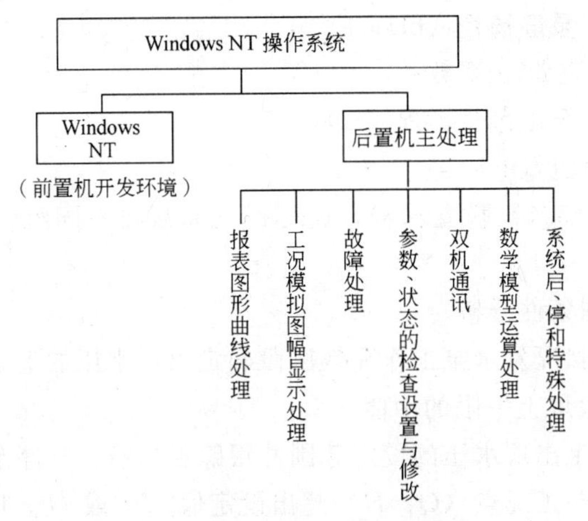

图 3.20　后置机软件构成

系统的基本性能如下。

(1) 系统容量

前置机可存贮每日三班的全部数据；后置机可保存一个月的数据。

(2) 系统处理时间

采样时间 20ms；

采样周期为 3～10s；

系统响应时间≯0.5s；

系统控制反应时间≯0.2ms。

(3) 系统精度

A/D 转换为 8 位。

(4) 系统适应环境

温度 5～35℃，相对湿度≤80%，磁场强度＜800A/m。

3.7.2　数学模型分析及水泵并联特性动态显示

3.7.2.1　基本公式

水泵并联组合特性方程：

$$H=A-BQ^2 \tag{3.5}$$

管道特性曲线方程：

$$H=H_{ST}+SQ^2 \tag{3.6}$$

式中　A、B——水泵并联组合方程中的参数（共有 5 台水泵 3 种型号，其中一台调速泵，——可以得出 47 种水泵工作组合，其 A、B 值预先存入计算机）；

H_{ST}——水泵静扬程（m）；

S——管道阻力系数；

H——水泵出口总扬程（m）；

Q——总流量（L/s）。

将式（3.5）、（3.6）联立求解，还可得出水泵在不同组合方式下的工况点（Q_i、H_i）。

3.7.2.2　控制条件分析

按城市的给水状况及水泵工作高效区段确定出厂水压的上下限（$H_上$、$H_下$）和目标值 H_0（一般取上下限的中值）。

控制条件：满足出厂水压的设定范围并跟踪目标值；开停泵次数最少。

（1）当目前水泵工况点（Q、H）超出设定值 $H_上$ 或 $H_下$ 时，将当前的管道特性方程与所有可能组合的水泵特性方程联立求解，即求出全部可能的工况点（Q_i、H_i）。将所有的 H_i 值与目标值 H_O 相比较，并考虑调速泵的调速范围，得出最接近 H_O 的5种泵的组合，作为推荐或初选方案。

（2）将现有水泵并联组合和上述5种初选方案进行比较，最后决策 H_i 较逼近 H_O 且泵机开停次数最少的优选组合方式。

（3）调速泵转速调节采用比例调节，按决策泵组 $H_i < H_O$ 或 $H_i > H_O$ 的情况，由计算机发送增速或减速指令，直到逼近目标值 H_O 为止。

3.7.2.3　水泵并联运行特性动态显示

（1）当出厂水压在设定范围内，每小时绘出一条新的管道特性曲线及对应工况点，如果测得调速泵转速与1h前有变化，则需更改水泵并联特性曲线，在调节过程中管道特性可近似认为不变，二条曲线的交点即为新的工况点。从工况点的偏移可分析运行情况。同时显示工况点变化的时间，变化前后的 Q、H、P（出厂水压）、S 参数，并显示运行泵序号、调速泵转速等。

（2）当工况点偏出压力设定范围，此时应调整水泵的并联组合方式并调节调速泵，使工况从一个稳态向另一个新的稳态过渡。按新工况下的水泵并联特性方程绘出新的水泵特性曲线，与管道特性曲线的交点即为调节后的工况点。同时每隔30s测出厂流量 Q、出厂水压 P，求出总扬程 H，将（Q、H）置于坐标对应点，即为过渡的一点。如此每30s求出一组（Q、H）值，直到调节完成，得出新的工况点，由此可分析工况点的变化趋势和某些事故情况。

3.7.3　抗干扰问题

在自动控制系统中，抗干扰是一个重要的问题。来自电源的、外界环境的各种干扰都可能扰乱计算机系统的工作秩序，导致控制失败。为此，本系统采取了如下的抗干扰措施，这些措施都是自动控制系统所经常采用的。

(1) 供电电源。计算机系统配有专用电源回路，设专用配电箱、隔离变压器和不间断电源UPS。

(2) 信号传输。所有模拟量信号传输线均采用屏蔽双绞线，屏蔽层一端接地。

(3) 所有I/O信号（开关量信号）均经光电隔离设施。

(4) 配电箱、工作台等电器设备外壳均接保护地，计算机系统采用一点接地、系统浮空措施，控制共模干扰。

(5) 计算机系统的稳压电源具有过压、欠压和过流保护能力；前置机掉电，数据能持续保存24h，系统掉电数据存贮时间<10min。

(6) 软件设计按工艺条件划分模块，并有数据纠错、滤错和改错技术。

思考题与习题

1. 对水泵及管道系统调节的意义是什么？
2. 水泵工况调节有哪些类型？
3. 双位控制系统的优缺点有哪些？
4. 水泵的调速技术有哪些？常用的有哪些？
5. 变频调速的原理与特点是什么？
6. 何为水泵的“软启动”？
7. 恒压给水系统的压力控制点有哪些设置方式，各有什么特点？
8. 气压给水系统中，气压罐的安装位置对系统的工作特性有什么影响？
9. 污水泵站组合运行有什么意义？
10. 给水监控与调度系统的基本功能与常见组成方式是什么？
11. 自动控制系统可以采取哪些抗干扰措施？

第 4 章　给水处理系统控制技术

给水处理系统担负着保证用户用水水质的重要任务。在运行过程中，处理系统接受的原水来自江河湖泊，受自然条件等因素的影响，原水水质是不断变化的，有时变化幅度还是很大的，如来自同一条河流的原水浊度可能在几十 NTU 至几千 NTU 之间变化；水量也可能受用水情况影响而有较大变化。受这些原水水质、水量、以及各种工作条件参数变化的影响，水处理各环节的工况会发生波动，即给水处理系统的运行条件属于非稳定工况。因此，需对之及时调节控制，才能保证处理过程高效、经济地进行。另外，加强水处理工艺过程监控和参数统计，也是强化生产过程管理的需要。水处理系统监控的技术与设施的水平，是水厂现代化程度的重要标志。

常规给水处理工艺由混凝、沉淀、过滤、消毒等基本环节组成。本章将对此常规给水处理工艺所涉及的一些主要环节的控制技术进行介绍。

4.1　混凝投药单元的控制技术

4.1.1　混凝与混凝控制

在国内外的常规地表水处理工艺中，皆以除浊澄清作为主要目标之一，即采用混凝、沉淀（或澄清）、过滤这样一个基本工艺。能否使水中的浑浊物质聚结形成具有一定粒度及表面特性的絮凝体，为沉淀或过滤去除创造良好的条件，关键就是混凝效果如何。在工艺一定的条件下，混凝效果由混凝剂的投加情况所决定。通常所用的混凝剂都属于电解质物质，在水中与胶体杂质发生电中和，压缩胶体的双电层，降低 ζ 电位，使之脱稳凝聚。若混凝剂投量偏少，胶体杂质达不到应有的脱稳程度，自然混凝效果不好；相反若投量过多，使胶体表面吸附过量的反电荷，改变电性而使 ζ 电位重新升高，胶体发生再稳定而不能聚结，同样达不到混凝的目的。这一胶体电荷与混凝效果的关系如图 4.1 所示。加适量的混凝剂，保障混凝效果，是使处理水质合格的前提。另外，目前所用的混凝剂多为铝盐。研究表明，水中铝离子浓度过高会影响人的身体健康，并对水质及输水系统产生不良影响。从这个角度讲，也应防止混凝剂投加过量。另一方面净水的药剂费仅次于电费而构成制水成本的第二大要素，混凝剂投加量直接影响到制水成本以至水价。一座中等城市年净水的药剂费用可达几百万元，全国的年药剂费可达

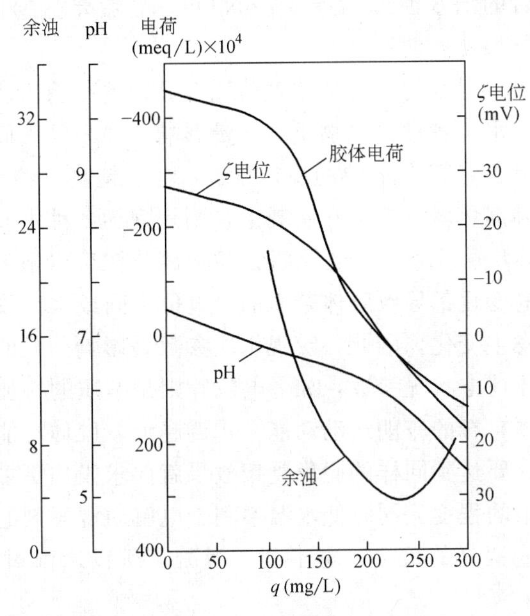

图 4.1 胶体电荷与混凝效果的关系

数亿元。在保证处理效果的前提下，节约混凝剂消耗，是降低净水成本的重要措施，经济意义十分重大。因此，投药混凝是水质净化最重要的环节，而准确投加所需要的混凝剂量则是获得较好混凝效果及经济效益的最关键问题，所谓混凝控制事实上主要就是混凝剂投加量的控制。

影响混凝剂需要量的因素很多，从生产运行的角度，可概括出下述几个重要的方面。

（1）混凝要达到的目标。一般这个目标的确定是以沉淀水的浊度值为依据的。水厂根据自身的特点，考虑原水水质情况、构筑物的性能与工作参数、各种经济因素指标等，可以确定一个最佳的沉淀水浊度目标值。就混凝剂需要量而言，该目标浊度越高，混凝剂需要量越少；反之，则混凝剂需要量越多。但就整个水厂而言，按该目标浊度运行，就可达到以最低的处理成本，获得要求的水质的目的。这是一个运行优化问题。当然更严格一些，该沉淀水浊度控制值应该是随各种因素的变化而变动的，才能使水厂处于最优运行工况。

（2）处理构筑物的性能。沉淀水浊度目标值相同，但净水构筑物性能不同，混凝剂的需要量也有差别。混合、絮凝、沉淀以至过滤各个环节工艺特性的差别都会对混凝剂的需要量产生影响。以沉淀为例，不同的沉淀池型，药耗情况有明显差别。平流式沉淀池的需药量明显的低于斜管沉淀池的需药量。即使相同的池型，也会因内部构造的某种差别而药耗不同。例如某水厂有两组相同的斜管沉淀池，1 号池为长度 1.2m 的新斜管，2 号池为长度 1.0m 的旧斜管，其他条件完全相同，结果沉淀以后的出水浊度相差2～6NTU。显然要达到相同的出水浊度，对2号池系统就要投加更多的混凝剂。

（3）原水的水质。原水的水质特性对药耗有显著的影响。从微观上讲，原水中浊质的分散程度与水中各种荷电物质的含量影响到浊质的表面特性，特别是浊质ζ电位的高低直接决定其在水中的稳定性。ζ电位越高（绝对值），欲达到应有的混凝效果需混凝剂量就越多。在宏观上，则表现为各种水质参数的变化。这些参数包括浊度、pH值、碱度、电导率、各种离子浓度及各种有机物浓度等。事实上，这些参数的变化都导致胶体杂质的ζ电位不同或水中胶体电荷总量的不同，从而使需药量发生变化。因此，宏观水质参数是影响药耗的表观的、非本质参数；而微观的胶体荷电状况参数，如ζ电位等则是本质的特征参数。另外，水温的变化改变了胶体自身的布朗运动动能，水温越低，胶体动能越小，克服排斥能峰的能力就越小。要达到同样的脱稳凝聚效果就要求投加更多的混凝剂，使排斥能峰小到足以克服的程度。同时低水温不利于电解质混凝剂的水解，还减少了脱稳胶体间相互碰撞絮凝的机会，也不利于混凝。所以水温对药耗也有较大的影响。

（4）混凝剂自身的特性。不同的混凝剂品种或同一种混凝剂厂家不同，混凝性能有差别，耗量也就不同。例如以某低温浑水做烧杯试验，同样投加30mg/L的药量，硫酸铝只能将余浊降至30NTU，而三氯化铁则能将余浊降至10NTU。

由于上述诸方面众多因素的影响，使混凝剂投量的确定与控制变得十分复杂与困难。目前还没有一个完整的理论计算模式，只能按经验或试验确定混凝剂量。投药混凝控制构成水厂工艺过程自动控制的一个难点，是提高水厂现代化水平的关键环节。

4.1.2　混凝控制技术分类

对一个特定的水处理工艺系统，净水构筑物的形式与性能已定。混凝控制是指及时调整混凝剂的投量，以适应原水水质、水量、混凝剂自身效能等因素的变化，保证沉淀水浊度达到规定指标。要达到这样一个目的，需要解决两个基本问题。其一，对水质、水量、药剂性能等因素的监测评价，要有适当的参数指标来反映这些因素的变化，可称之为输入参数；其二，混凝剂投量调整值称为输出参数，已测得输入参数的某种变化，输出参数应如何调整，即需要确定输出参数与输入参数的某种关联。这两个问题的解决，都具有一定的困难。前已述及，影响混凝剂投量的因素众多又复杂，目前还只能定性的分析，达不到定量化。选择不同的因素作为输入参数，并通过不同的方法确定输出参数，就构成混凝投药控制的各种不同的技术方法。对这些方法可以从不同的角度进行分类，主要的分类方法有如下两种。

(1) 按控制的方式可以分为：脱机控制，如经验目测法、ζ电位法等，根据试验或观测的结果，对投药工况进行间歇式的人工干预调整；在线控制，即各种自动控制方法，根据对被控参数在线连续检测的结果，控制系统对投药量进行连续自动调节。在线控制又可分为：简单反馈控制、前馈控制、复合控制（前馈-反馈控制、串级控制）等多种控制方式。

(2) 按被控参数的性质可分为：模拟法，通过某种相似模拟关系来确定投药量，包括烧杯试验法、模拟滤池法、模拟沉淀池法等；水质参数法，通过表观的水质参数建立经验模型，作为控制投药量的依据，如数学模型法等；特性参数法，这类方法皆利用混凝过程中某种微观特性的变化来作为投药量的确定依据，包括ζ电位法、胶体滴定法、流动电流法等电荷控制方法，还包括荧光法、脉动参数法、比表面积法等；效果评价法，以投药混凝后宏观观察到的实际效果为调整投药量的依据，包括经验目测法、浊度测定法等。

4.1.3 几种典型的混凝控制技术简介

4.1.3.1 经验目测法

这是最简单原始的人工方法，又称“eyeball”，在我国一些水厂、尤其是中小水厂仍有采用。操作者通过观察原水浊度的变化、凝聚后矾花生成情况、沉淀后水的浊度高低来凭经验调节投药量。操作人员的责任心与经验是制约混凝效果的重要因素。有的水厂按经验制订出原水浊度—矾耗表，再辅以目视观察，作为改进。由于原水浊度不是影响药耗的惟一因素，且药耗的计量是否准确也至关重要，特别是人工的间歇调整与观察的滞后往往难以跟踪原水水质的迅速变化，这种方法的可靠性较低。在实践中往往采用过量投药的方法，以较大的安全余量来适应原水水质的变化，保证安全供水，但药量浪费大，水质保证率也不高。

4.1.3.2 烧杯试验法

传统的烧杯试验法（Jar Test），也是一种人工间歇式投药量调节方法。从原理上讲属于模拟控制法。该方法的研究始于1898年，至1921年形成4浆板变速搅拌机，成为当今使用的烧杯搅拌试验机的雏形。烧杯试验在上世纪40年代已在美国的水厂和实验室普遍使用，并开展了模拟条件的研究，以后逐渐发展与完善。我国的许多水厂也把烧杯试验结果作为确定投药量的重要参考依据，应用广泛。

烧杯试验法利用一台可变速的4～6联搅拌机，同时向4～6个烧杯中的检测水样加不同量的混凝剂，并进行搅拌，模拟生产中的混合与絮凝过程，然后静止沉淀以模拟实际沉淀过程，取静沉后烧杯中的上清液测残余浊度，来评价投药量与混凝效果的关系，据以确定生产投药量（参见图4.1）。这种方法的基础是原型（生产净水系统）与模型（烧杯）的相似性，即在投药量相同的条件下，在原型与模型中产生物理性能完全相同的矾花。对相似准则的研究最早始于Camp和Stein提出的G值的概念（1943年）：

$$G=\sqrt{\frac{P}{\mu}} \tag{4.1}$$

式中　G——速度梯度；

P——对单位容积水体搅拌消耗的功率；

μ——水的动力黏度。

1953年，Camp把上式用于实际絮凝池，并提出GT值作为絮凝相似准数（T为絮凝时间）。在此后的烧杯试验中，多是以G值和GT值作为相似准数，即在原型与模型中，应保持相同的G值和GT值，则可有相同的混凝效果。按照这一观点，几何是否相似就不重要了。而事实上，生产絮凝池与试验的烧杯要几何相似是极其困难的。在此后的研究中，很多人发展与修正了上述观点，如我国在20世纪60年代提出的烧杯试验中计算G值和GT值的公式；日本丹保宪仁引入了有效能耗的概念，提出有效能耗$G_0=\sqrt{\varepsilon_0/\mu}$，$\varepsilon_0=\alpha\cdot\varepsilon$（式中$\varepsilon$为絮凝池的总能耗率，$\varepsilon_0$为有效能耗率，$\alpha$为能量有效利用系数），并以$G_0TC$为相似准则（$C$为颗粒体积浓度）。然而，也有人对上述概念提出质疑，许多试验结果证明虽然G值与GT值相同，但在不同尺寸的搅拌槽中混凝效果并不相同，例如在烧杯中矾花形成要比在实际絮凝池中快得多。因此烧杯试验的相似准则仍是一个需要继续研讨的问题。

以烧杯试验来确定混凝剂的投量还存在结果的不连续性及滞后性问题。传统的烧杯试验是以混凝搅拌机在实验室完成的，不可能太频繁地进行，一般是一天或一班进行一次，试验结果只对取样瞬间的水质有代表性；另外，即使增加试验次数，一次试验需时几十分钟，等到结果出来时原水水质也可能已有较大变化了。这些都给实际生产应用带来困难。因此往往都是将烧杯试验法作为确定混凝剂投量的辅助方法，与经验目测法配合使用。当然，在评价混凝剂性能、混凝剂品种筛选、混凝条件选择等方面，烧杯试验是一种很有效的手段。

另外，也有研究者开发了十分复杂的连续式烧杯试验搅拌机，试图将之用于混凝过程的在线连续控制。

4.1.3.3　模拟滤池法

上世纪60年代初，模拟滤池法（inline pilot filter）在西方国家开始应用，我国无锡中桥水厂于1984年安装了一套模拟滤池系统控制投药。该方法可对混凝剂量进行在线连续控制。工作过程是：将在生产净化系统中加药混合后的原水，引出一部分进入小模型滤池，根据该滤池出水浊度的情况来评价混凝剂投量是否适宜，由控制系统对投药量自动调节。这属于一种中间参数反馈控制系统。

该方法的模拟性能也是取决于原型（生产系统）与模型（模拟滤池）的相似性。一种观点认为，无论是原型滤池还是模型滤池，都是接触絮凝机理起主导作用，即过滤效果取决于滤料的表面积。单位面积滤层的表面积为：

$$\omega \cdot L=6(1-m)\cdot \alpha \cdot (L/d) \tag{4.2}$$

式中 ω——滤料的比表面积；

L——滤层厚度；

m——滤料的孔隙度；

d——滤料粒径；

α——滤料形状系数。

要保证原型与模型的相似，就要二者在单位面积上有相同的滤料表面积，即

$$(\omega \cdot L)_{原型}=(\omega \cdot L)_{模型} \tag{4.3}$$

由式（4.2）可知，滤料条件一定时，$(\omega \cdot L)$ 正比于 (L/d)，因此只要

$$(L/d)_{原型}=(L/d)_{模型} \tag{4.4}$$

则有相同的过滤效果，(L/d) 就可作为模拟滤池的相似准数。按此相似准数设计的模拟滤池应同生产滤池有相同的出水浊度。

上述关于相似性的解释不仅未涉及几何相似的问题，而且忽略了实际生产系统中絮凝池、沉淀池的作用，仅仅考虑滤池同药耗的关系，对此还需要更深入的探讨。

另外，原水加药后直至经过模拟滤池而得到结果，一般需要 10～15min，在原水水质变化较快的情况下该滞后时间也对控制的有效性提出疑问。尽管如此，这种方法将一个复杂的混凝效果评价问题以简单的模拟滤池出水浊度为指标判断，据此来调整混凝剂投量，系统设备简单，易于实现，是一种简易的投药自动控制方案，在生产上也得到了一定程度的应用。

4.1.3.4 数学模型法

数学模型法是以若干原水水质、水量参数为变量，建立其与投药量之间的相关函数，即数学模型；计算机系统自动采集参数数据，并按此模型自动控制投药。这种方法国外自上世纪 70 年代初开始有研究和应用，如美国依阿华水厂、前苏联莫斯科水厂、日本朝霞水厂等。我国也有上海石化总厂水厂等应用该方法控制混凝投药。

（1）数学模型的形式和建立。常见的投药量数学模型的形式有多元线性模型、幂模式模型、浊度幂模式模型等，以第一种为多。国内外一些水厂都对此开展了研究，并提出适合本厂特定条件的数学模型。例如苏州胥江水厂在 1964 年建立了我国最早的数学模型：

$$y = -0.1704x_1 + 0.3386x_2 + 5.1607x_3 + 14.5219 \tag{4.5}$$

式中 y——投药量（mg/L）；

x_1——原水温度（℃）；

x_2——原水浊度（度）；

x_3——原水耗氧量（mg/L）。

重庆高家花园水厂对嘉陵江水投加 $FeCl_3$ 的公式为（1981年）：

$$y = -22.6475 + 0.0103x_1 + 1.562x_2 + 2.2454x_3 + 0.0666x_4 \quad (\text{原水浊度} < 2000\text{度}) \tag{4.6}$$

$$y = -55.8752 + 0.0132x_1 - 2.2847x_2 + 4.237x_3 + 0.8188x_4 \quad (2000\text{度} < \text{原水浊度} < 4000\text{度}) \tag{4.7}$$

式中，$x_1 \sim x_4$ 分别为原水的浊度、碱度、pH值和温度。

美国依阿华水厂1975年建立的投药量数学模型形式为：

$$y = A + B_1x_1 + B_2x_2 + B_3x_3 + B_4x_4 + B_5x_5 \tag{4.8}$$

式中，A、$B_1 \sim B_5$ 为系数，$x_1 \sim x_5$ 分别为原水的浊度、温度、pH值、流量和碱度。

上述数学模型的建立包括两方面的内容，一是模型参数的选取，这往往要综合多年的生产经验、混凝试验、数学统计检验以及参数的可测性等因素确定；二是模型中各项系数的确定，这可以根据多年的运行资料，由统计分析确定，也可以对长期烧杯试验的结果进行统计分析确定，然后在生产上加以修正。如重庆高家花园水厂的模型就是经数百次烧杯混凝试验得到的。

因此投药量数学模型仅是一种经验模型，只具有统计意义，而不反映药耗的本质内涵。

（2）数学模型的改进。从控制上讲，前述模型都属于前馈模型，只能用于开环控制，即按原水水质等参数的变化进行投药，而投药混凝结果并不能反馈回控制系统中。这就要求前馈模型应该十分精确可靠，才能达到预期的控制效果，这在实践中是困难的。作为宏观统计模型并不能保证时时刻刻都是准确可靠的。如前面的分析，影响混凝剂量的因素很多而复杂，用几个原水参数来描述虽然抓住了主要因素，但不是全部因素，对净化的水质仍难以保证。国内外的研究对此做出改进，又推出了前馈给定与反馈微调相结合的前馈—反馈复合控制模型。例如上海石化总厂水厂的模型：

$$K = 291.5 + 0.2217x_1 + 9.9688x_2 + 37.9375x_3 + 0.5886x_4 - 2.6489 \cdot 10^{-4} \cdot e^{(x_2 - 21)} - 1.5388 \cdot 10^{-3}x_1^2 - 1.2520x_2x_3 \tag{4.9}$$

$$\Delta K=\begin{cases}0.083(5-x)^3-0.75(5-x)^2-0.333(5-x) & (x\leqslant 5)\\ -0.03(x-5)^3-0.432(x-5)^2+1.258(x-5) & (5<x\leqslant 12)\\ 20 & (x>12)\end{cases}$$

式中 K——前馈药量（kg/km^3）；

ΔK——反馈微调药量（kg/km^3）；

x_1——原水浊度（度）；

x_2——原水温度（℃）；

x_3——原水 pH 值；

x_4——沉淀池进水量（m^3/h）；

x——沉淀池出水浊度（度）。

上式是以沉淀水浊度 5 度为目标值，适用于水温高于 21℃的情况；当水温低于 21℃时，另有一组模型（在此从略）。

这样一种带反馈微调的模型，可以弥补前馈模型的不足，提高控制精度，稳定出水水质，但模型的形式相对复杂化了，给建模和控制带来困难。

此外，还有采用模糊数学方法，并且具有自适应功能的新型数学模型的研究。

(3) 数学模型法混凝控制系统。按数学模型形式不同，可以建立前馈简单控制系统或前馈—反馈复合控制系统控制混凝投药。自动控制系统主要由一次仪表、控制中心及执行机构三部分组成。要求对模型中涉及的每项水质参数及原水流量、药液流量，药液浓度等参数均能自动连续检测，由计算机系统自动采集并按数学模型运算，控制投药执行机构（如调节阀）给出要求的投药量。

图 4.2 是一个典型的数学模型法投药控制系统，该系统共包括 7 个参数的检测仪表、微机控制装置、电动调节阀等设备。可见这种控制系统的仪表很多，并要求每台仪表都能准确可靠地工作，整个系统才能正常运转。因此，虽然许多水厂建立了自己的数学模型，但都未能实现以数学模型法控制投药。特别是有些模型中包含目前难以在线连续检测的参数（如氨氮等），自动控制系统的实现就更加困难了。

4.1.3.5 胶体电荷控制法

混凝剂通常属于电解质类物质。其首要作用是与水中胶体杂质发生电中和并通过增大水中离子浓度来压缩胶体的双电层，降低 ζ 电位，从而使胶体杂质脱稳凝聚，进而絮凝。使胶体杂质脱稳是有效混凝的基础。据介绍，一般原水中黏土颗粒的 ζ 电位在 $-10\sim-30$mV 范围内，当 ζ 电位降至 $+5\sim-10$mV 范围时，就可较好的脱稳。当然，混凝效果如何还与采用的混合絮凝设备及其工作参数有关，最终的净水水质还与后续处理工艺的诸多因素有关。但是对于一个特定

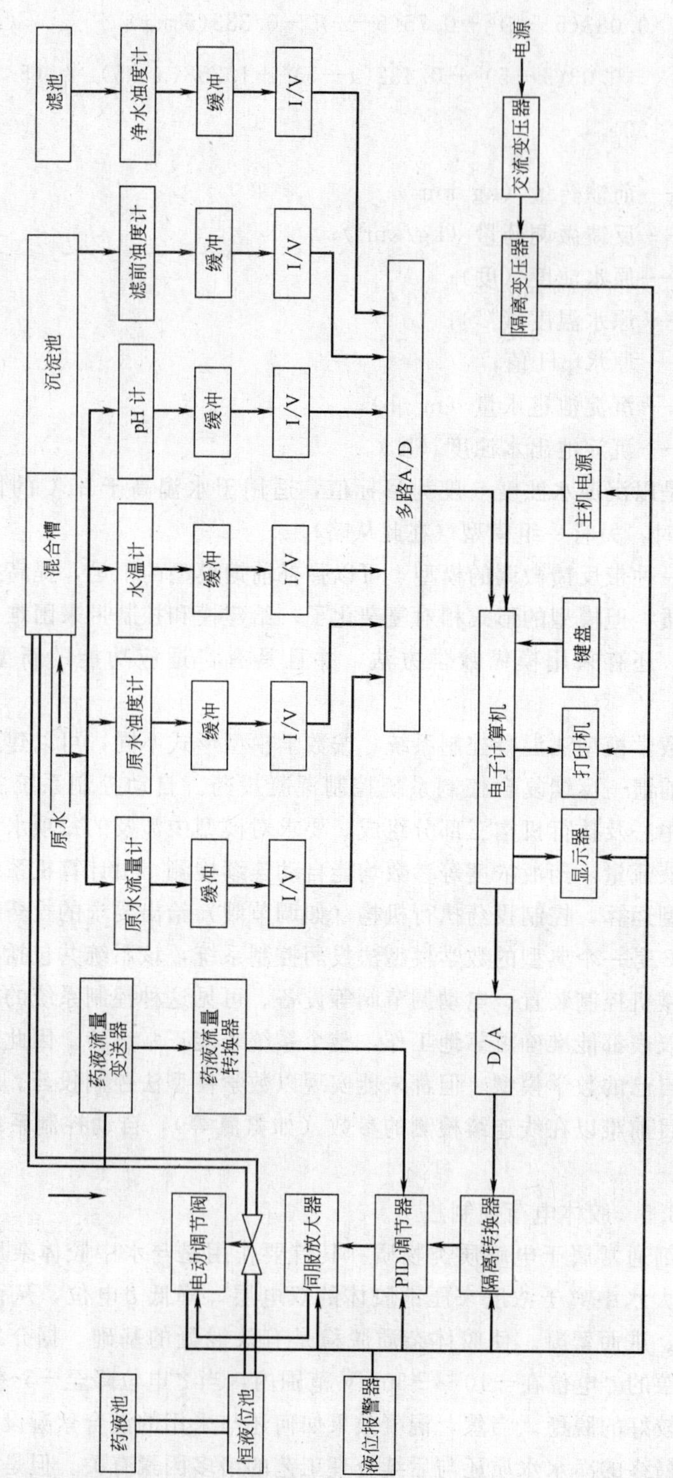

图 4.2　数学模型法混凝控制系统实例

的净水系统，这些因素都为常数，则胶体杂质的荷电特性、即 ζ 电位的高低，就成为影响其混凝效果的决定性因素。一个稳定的工艺系统，必存在满足混凝澄清要求的最佳胶体电荷值，只要控制混凝剂的投量，使胶体的 ζ 电位降低至与该值相符，就可以达到要求的混凝效果。因此以胶体电荷为中间参数控制混凝，是混凝投药控制的本质方法。

胶体电荷的测定技术，是该类投药控制方法的关键性问题，不同的测定技术就构成了不同的控制方法。典型的有：

(1) ζ 电位法。直接测量胶体的 ζ 电位，作为确定投药量的依据。国外早于1938年就开始应用微电泳技术测量胶体的 ζ 电位、研究水的混凝机理，至上世纪60年代开始把 ζ 电位法用于水厂投药量控制。

(2) 胶体滴定法。日本、美国等自上世纪60年代开始研究该方法。基本原理是：对于带电荷的胶体分散系，可用加入相反电荷的等量胶体来中和，若能找到一个合适的指示剂，胶体滴定就可以像酸碱滴定那样进行。通过胶体滴定可测定原水的胶体电荷，并以经验公式确定混凝剂的投量：

$$D=k_1A+k_2C^n \tag{4.10}$$

式中 D——混凝剂投量（mg/L）；

A——总碱度（mg/L，以 $CaCO_3$ 计）；

C——胶体电荷（meg/L×10^4）；

k_1、k_2、n——经验系数。

研究发现，胶体滴定法与 ζ 电位法一样灵敏。但该方法同 ζ 电位法一样，还只能在实验室进行间歇测定，而不能在线连续检测并构成自动控制系统。

(3) 流动电流法。该法以反映胶体荷电特性的另一参数——流动电流为因子，控制投药。这种方法具有与上述两种方法相同的优点，即以胶体电荷为参数，抓住了影响混凝的本质特性；同时，该方法是一种在线连续检测法，易于实现投药量的连续自动控制，因而成为各种胶体电荷控制法、以至现行各种投药控制方法中很有发展前途的方法之一。

4.1.4 流动电流混凝控制技术

4.1.4.1 流动电流原理

流动电流是表征水中胶体杂质表面电荷特性的一项重要参数，在水处理工艺的过程控制或技术研究中有重要作用。

根据现代胶体与表面化学理论，在固液相界面上由于固体表面物质的离解或对溶液中离子的吸附，会导致固体表面某种电荷的过剩，并使附近液相中形成反电荷离子的不均匀分布，从而构成固液界面的双电层结构，其中反离子层

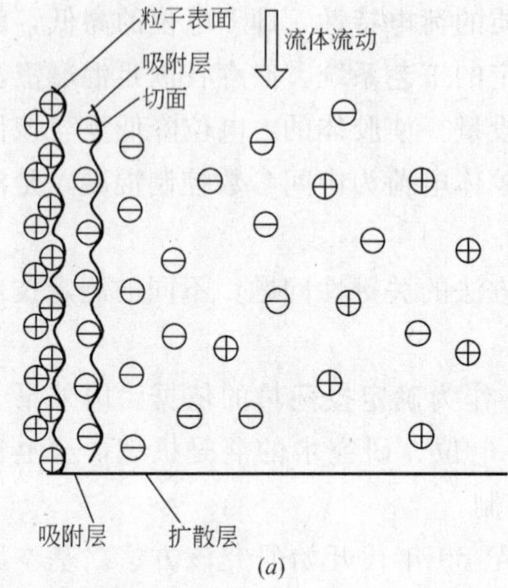

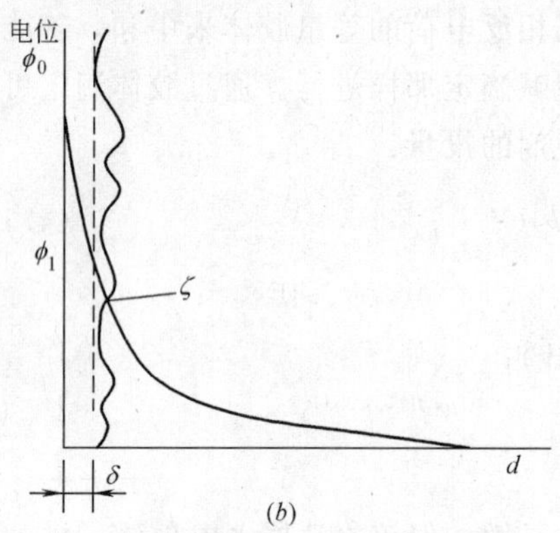

图4.3　胶体双电层及反电荷离子定向迁移示意图
(a) 双电层结构及反电荷离子分布；(b) 电位变化

又分为吸附层与扩散层。当有外力作用时，双电层结构受到扰动，吸附层与固体表面紧密附着，而扩散层则可随液相流动，于是在吸附层与扩散层之间会出现相对位移。位移界面—滑动面上显现出的电位，即众所熟知的ζ电位。由于双电层中固液两相分别带有电性相反的过剩电荷，在外力作用下会产生一系列的电动现象。这些电动现象或是由于电场力作用而导致固液的相对运动，如电泳和电渗；或是因机械力作用下固液的相对运动而产生电场，如流动电位（流）和沉降电位。其中流动电位（流）即指在外力作用下，液体相对于固体表面流动而产生电场的现象，是电渗的反过程。事实上，就是扩散层中反离子随液相定向流动，荷电离子定向迁移的现象（图4.3）。

当采用毛细管方式在层流条件下进行测定时，在流动电流（流动电位）与ζ电位之间，有下列关系式：

$$i=\frac{\pi\zeta P\varepsilon r^2}{\eta l} \tag{4.11}$$

$$E=\frac{\zeta\varepsilon P}{\eta k} \tag{4.12}$$

式中　i——流动电流；
E——流动电位；
P——毛细管测量装置两端的压力差；
ε——液体介电常数；
r——测量毛细管半径；
l——测量毛细管长度；
η——液体黏度；
k——液体比电导。

式（4.11）和式（4.12）分别为流动电流、流动电位的基本数学表达式，描述了其基本影响因素和内在关系，特别是指明了流动电流同ζ电位之间的正比函数关系。流动电流从一个侧面代表了 ζ 电位的性质，反映了固液界面双电层的基本特性。上述基本关系式表明，影响流动电流的因素可分为两大类：一类为热力学因素，尤其是溶液中电解质的成分影响较大；另一类是动力学因素，液体的流态与流动条件有重要的影响。

也可以用经验公式表达流动电流的基本关系，下式适合于各种流态：

$$i=C\zeta\bar{v} \tag{4.13}$$

式中 C——经验系数，与测量装置几何构造以及介质物理化学特性有关，与流态有关；

$\bar{v}$——液体平均流速。

式（4.13）不仅适用于层流，也适用于紊流，但在不同流态下，C 的数值是不同的。式（4.13）表明在介质条件不变时，流动电流与毛细管内液体的平均流速成正比。

流动电流的大小不仅与固液界面双电层本身的特性有关，还与流体的流动速度、测量装置的几何构造等因素有关，这点与 ζ 电位有很大差别。ζ 电位可以直接反映固体表面的荷电特征，数值具有绝对意义，例如从水溶液中胶体粒子 ζ 电位的数值大小就可以直接判断其稳定程度如何。而考察流动电流数据时，则要注意测定装置、测定条件等因素，进行综合判断与相对比较。所以流动电流的绝对值是没有意义的，将不同装置或在不同条件下测得的流动电流值直接进行比较也是没有意义的。在实际应用中，往往利用的是流动电流的相对变化，而不是绝对数值的大小。

4.1.4.2 流动电流检测器

(1) 流动电流检测器的设计原理

1966 年，Gerdes 发明了活塞式“流动电流检测器”（Streaming Current Detector，简称 SCD)，如图 4.4 所示，可以用于检测水样中胶体粒子的荷电特性。检测器由检测水样的传感器和检测信号的放大处理器两部分构成。传感器主要由圆形检测室（套筒)、活塞和环形电极组成，活塞和检测室内壁之间的缝隙构成一个环形毛细空间。当活塞在电机驱动下做往复运动时，水样中的微粒附着在“环形毛细管”壁上形成一个微粒“膜”，水流的运动带动微粒“膜”扩散层中反离子运动，从而在“环形毛细管”的表面产生交变电流，此电流由检测室两端的环形电极收集并经放大处理后输出。

该检测器的原理已与原始的毛细管装置不完全相同，主要检测的对象不是毛细管表面的双电层特性，而是吸附于该固体表面上的水中微粒“膜”，是对水中胶体粒子表面特性的反映。

应当注意的是，胶体粒子在检测器探头表面吸附必然产生流动电流，但在液

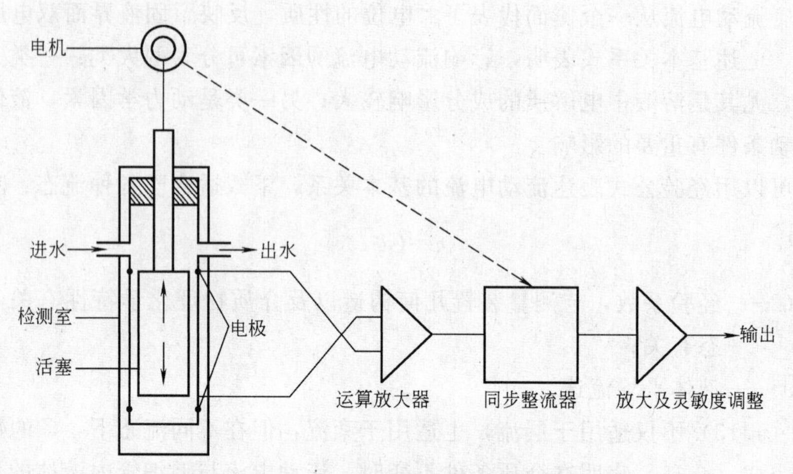

图4.4　流动电流检测器原理示意图

体中完全没有胶体粒子的情况下，流动电流仍然存在。事实上，SCD检测的流动电流应由背景电流和非背景电流两部分构成，背景电流是由无胶体粒子吸附的探头表面的双电层发生分离的结果；非背景电流是由吸附于探头表面的胶粒与溶液相对运动时产生的。SCD检测到的是这二者之和：

$$i=i_b+i_c \tag{4.14}$$

式中　i_b——背景电流；

i_c——非背景电流。

另外还应注意，SCD检测的流动电流值是套筒和活塞所产生的流动电流之和。

在实际应用中，正是利用非背景电流值部分的变化来反映胶体粒子的荷电特性。

(2) 流动电流检测器的形式

流动电流信号的准确有效检测，是检测器设计的核心问题。为此，必须保证检测室内壁面的良好清洗及附着于壁面的荷电粒子及时更新，这是其性能好坏的一个关键。由此产生了3种不同的检测器产品形式。

1) 带超声波式。传感器上安装超声波装置，利用超声波的连续振动消除检测室内可能积存的杂质及促进检测室壁面附着的微粒更新。该种方式的效果较好，但超声波装置不仅增加了仪器的成本，还增加了故障几率，降低了仪器的可靠性。

2) 射流清洗式。此种方法是在检测室的下方加一压力水管，利用压力水的射流作用对检测室内进行冲洗，冲洗可以手动或自动的方式定期进行。这种间歇的冲洗方式必然对检测信号的稳定性与连续性产生一定影响，但优点是构造比较简单。

3）检测水样自清洗式。此种检测器在检测室的构造上作出特殊设计，使进入检测室的检测水样自身产生一定的射流作用，把检测室内可能积存的杂质冲走，并随检测后水样排出，这是一种连续稳定的自清洁过程，无需增加机电装置及压力水源，结构简单，效果亦较好。目前国内自行开发的流动电流检测器采用该种形式。

由检测室输出的原始信号极其微弱，在 $10^{-8}\sim10^{-12}$mA 数量级，而且由于信号是由活塞的往复运动产生的，因此是一个频率约为 4Hz 的近似正弦波，必须对之进行适当的处理，调制为有一定信号强度的、与水中胶体杂质电荷变化有一一对应关系的直流响应信号。这一任务就由信号处理部分完成，它包括同步整流、放大及放大倍数调整、滤波等内容，最后的输出值即为所谓的流动电流检测值，以 4～20mA、－10～＋10 或 0～100％等相对单位表示，相对地代表水中胶体的荷电特性，可以作为水处理系统的监测或控制参数。

某国产的流动电流检测器主要性能参数列于表 4.1。

SC—30S 型流动电流检测器的性能 **表 4.1**

电源	220V 50Hz 100mA	安装方式	壁挂式
采样流量	5～7L/min	重量	3.9kg
采样室水嘴	进水管外径 15mm	环境温度	0～50℃
信号输出线	双芯屏蔽线(最长 300m)	环境湿度	相对湿度 95％以下
外形尺寸	240mm×125mm×400mm		

4.1.4.3 流动电流与混凝工艺的相关性

利用流动电流原理可以建立简单实用的单因子混凝投药控制系统，其前提是流动电流参数与混凝投药工艺存在一定的相关关系。从水中胶体杂质电中和脱稳凝聚原理出发，理论与实验可以证明这一相关性的存在。它主要体现在如下几个方面。

（1）流动电流与 ζ 电位的相关性。ζ 电位是人们所熟知的描述胶体脱稳的特性参数，前面已提及流动电流与 ζ 电位二者在理论上是相关的，图 4.5 的典型结果更从实验上证明了流动电流（*SC*）与 ζ 电位良好相关，以流动电流代替 ζ 电位来描述胶体的脱稳程度是可能的。

（2）流动电流与混凝剂投量的相关性。流动电流能作为混凝剂投量控制参数的一个最基本前提是对混凝剂量的改变有相应的响应。大量、广泛的实验可以证实这一点。图 4.6 所示为反映流动电流与投药量相关性的一组典型实验。向水中加入不同量的硫酸铝，测定水的流动电流。在硫酸铝投量较少时，流动电流略有

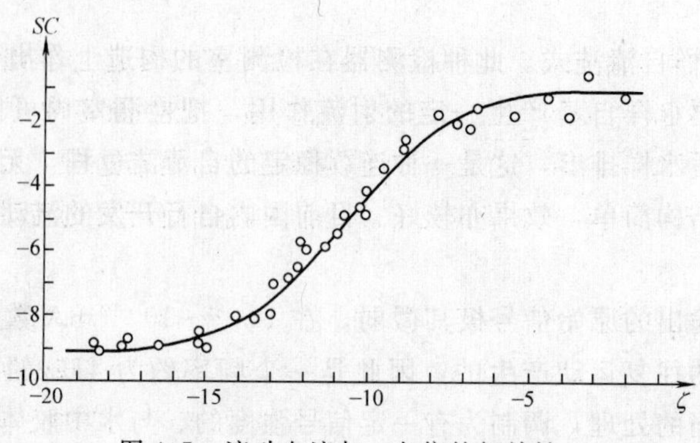

图 4.5 流动电流与ζ电位的相关性

上升，变化不大；随着投药量进一步增大，流动电流值迅速上升；随后流动电流的增大趋势逐渐变缓。

(3) 流动电流与混凝效果的相关性。常规的混凝工艺以除浊为主要目的，一般在生产上是以沉淀水的浊度作为衡量混凝效果、控制混凝剂投量的指标。在此也以沉淀水浊度表征混凝的效果，通过实验实例分析流动电流与沉淀水浊度的相关性。

在图 4.7 中是以塞纳河水为原水的实验，混凝剂为 Aqualenc（一种铝盐类混凝剂），在实验中观察流动电流、沉淀水浊度随投药量变化的情况。实验结果表明，随投药量的增加，浊度的变化呈典型的先迅速下降，随后逐渐稳定的趋

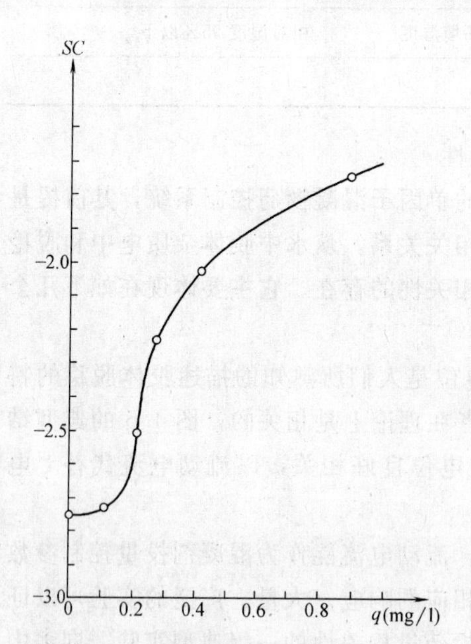

图 4.6 流动电流与投药量的相关性

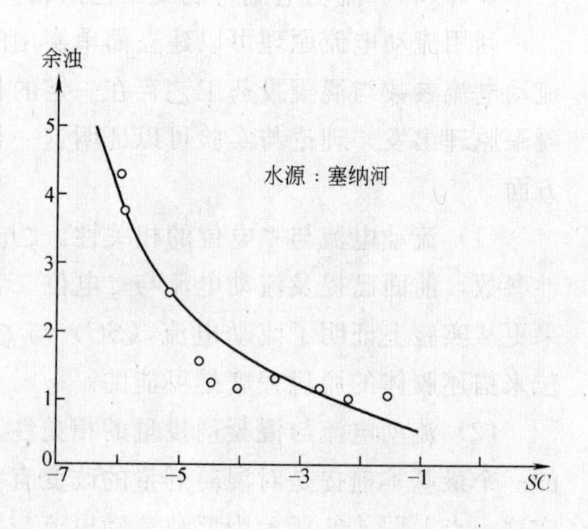

图 4.7 余浊与流动电流相关曲线

势，同时流动电流则随投药量的增加持续上升。以投药量为参数，按对应的流动电流—浊度数据绘图。当流动电流值较低时，随流动电流值的增加，浊度迅速下降，至一定值后（在此例中 $SC=-4$）浊度的变化变缓，甚至有再升高的趋势。这表明胶体脱稳到一定程度后，再进一步投药已经效果不大，甚至有再稳定的可能。流动电流与浊度的这种相关性是普遍存在的，以范围广泛的、包括国内国外、南方北方、江河水库等多种原水及处理工艺进行实验，都可以观察到上述现象，说明流动电流是对混凝起决定性影响的主要因素。

4.1.4.4　流动电流混凝控制工艺系统的组成与特点

在流动电流与混凝工艺相关性的基础上，可以建立流动电流混凝投药控制系统工艺流程，如图 4.8 所示。该系统主要由检测、控制、执行三大部分组成，流动电流检测器对加药后的水中胶体电荷进行检测，并经信号处理后将该流动电流信号送至控制器；控制器对该检测值与事先设定的设定值进行比较，并按一定控制策略对投药量输出进行调整；该药量的调整可以通过变频调速设备对投药泵的转速调节来实现。这是一个以流动电流为控制参数的简单反馈控制系统。该系统具有下列特点。

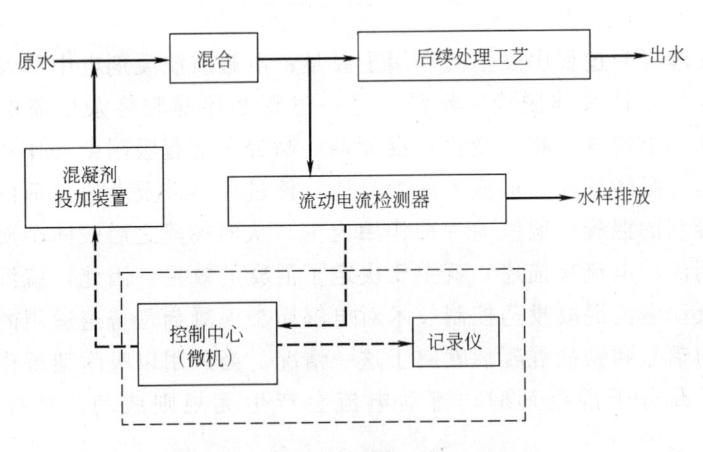

图 4.8　流动电流混凝控制系统图

（1）单因子控制。除流动电流参数外，不再要求测定任何其他参数，各种水质、水量、混凝剂特性等的变化都反映在流动电流因子的变化上。以原水浊度的变化为例，设在 t 时刻，原水浊度为 C，混凝剂的流量为 q，检测值等于设定值 SC_0；在 $t+\Delta t$ 时刻，原水浊度增加 ΔC，若投药量未变，则单位浊质获得的混凝剂量由 q/C 降为 $q/(C+\Delta C)$，显然水中胶体的脱稳程度要降低，表现为检测值降低到 SC，偏离设定值 SC_0，即浊度的变化表现为检测值的变化。为了维持胶体脱稳程度不变，就要由控制中心指示执行机构，使混凝剂流量增加一个 Δq 值，使之与 ΔC 的影响相抵消，稳定检测值等于设定值 SC_0 不变。

仅需要流动电流一个因子就可以实现混凝投药自动控制，这是该技术的主要特点之一。

（2）小滞后系统。检测流动电流的水样取自加药混合之后、进入絮凝设备之前。从投药到取样的时间差一般只有几十秒，至多1～2min。这样小的滞后可以适应水质及运行工况等的突然变化，控制系统能及时调节投药量，保证水处理系统工况稳定。

（3）中间参数控制。决定混凝剂投量的最终指标是水处理效果，一般以沉淀水浊度为代表。流动电流设定值是通过相关关系间接反映了浊度要求，流动电流因子也就成为一个中间控制参数。由于流动电流与沉淀水浊度间存在显著的相关性，因此以流动电流为中间参数是合理可行的。但其他一些次要因素的影响也不应忽略，长期的积累也可能导致控制效果的偏离，所以在生产上对设定值等控制参数的适时调整也是必要的。

4.1.4.5　流动电流混凝控制技术对混凝剂种类的适用性

流动电流混凝投药控制的基础依据是流动电流与混凝工艺的相关性，一旦失去这种相关性，该技术自然就难以应用。混凝剂的特性是影响适用性的主要因素。

在水处理混凝过程中发生的作用主要是：电解质混凝剂电中和及压缩胶体杂质的双电层，使胶体脱稳、聚结，这一过程必伴随胶体杂质荷电特性的改变，水的流动电流发生相应变化；混凝剂的高分子链起吸附架桥作用，使水中胶体杂质与之吸附絮凝，形成大的絮凝体，该过程不涉及杂质电荷的变化。电解质类混凝剂的混凝一般以前一种作用为主，从而投药之后胶体杂质的脱稳程度（可以用流动电流来描述）就主要决定了混凝的效果。因此，就混凝剂的品种而言，流动电流混凝投药控制技术对电解质类混凝剂是普遍适用的。生产中最常使用的铝盐和铁盐混凝剂就属于这一情况。当采用以吸附架桥作用为主的非电解质类高分子混凝剂时，流动电流会产生无规则波动，该技术是不适用的。

就电解质类混凝剂的投加量而言，存在一个有效的检测范围。在不同原水浊度下，投加不同量的铝盐（或铁盐）混凝剂，进行混凝试验。可以发现，当混凝剂量很低时，混凝剂的加入对流动电流值没有影响；达到一定的混凝剂量值后，流动电流开始随混凝剂浓度的增加而升高；当混凝剂量达到某一极限后，流动电流值则不再变化，如图4.9所示。对应于流动电流响应范围上下限的两个混凝剂浓度界限值，可称为流动电流对混凝剂的检测下限和检测上限，下限和上限之间的混凝剂浓度范围可称为对该混凝剂的有效检测范围。实验研究表明，不同的混凝剂品种、不同的原水浊度，检测极限是不相同的。在同样的原水浊度下，硫酸铝同三氯化铁相比，检测下限较高而检测上限较低，即有效检测范围较小；当原水

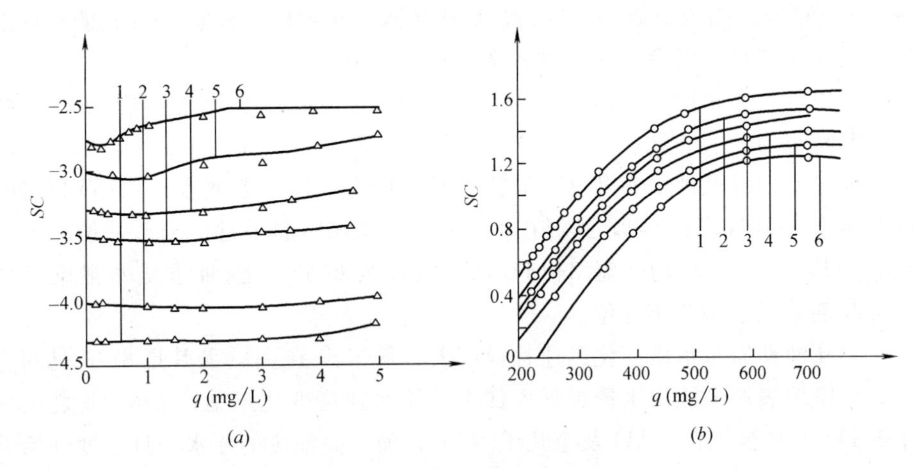

图 4.9 流动电流随混凝剂浓度的变化

(*a*) 混凝剂浓度下限；(*b*) 混凝剂浓度上限

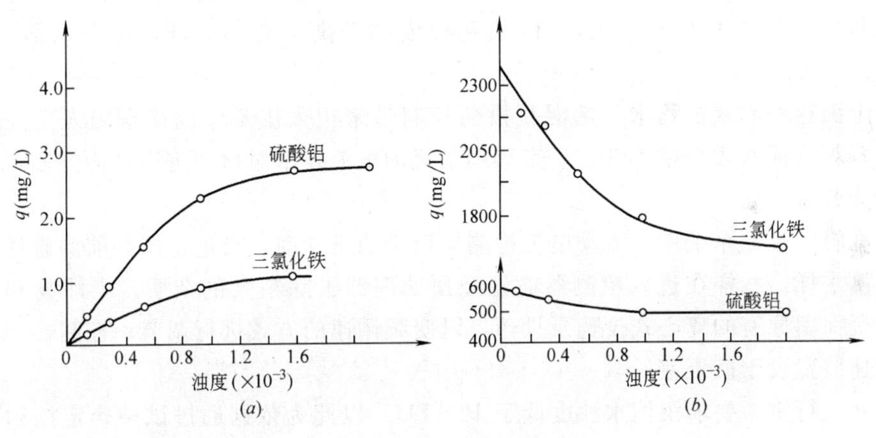

图 4.10 混凝剂的检测极限同浊度的关系

(*a*) 下限；(*b*) 上限

浊度升高时，混凝剂的有效检测范围缩小，下限升高而上限降低（图 4.10）。在生产实际中，一般混凝剂的投加范围在数个“mg/L”至数百“mg/L”之间，处于上述有效检测范围之内。因此对生产上实用的混凝剂投量范围，流动电流技术都是适用的。

4.1.4.6 应用实例

某水厂供水量为 120000m^3/d，处理工艺为：混凝剂投加于原水管道中，原水经管道及稳压井混合、回转式折板絮凝、斜管沉淀、虹吸滤池及加氯消毒处理后，送入城市管网。

混凝剂为液体硫酸铝，浓度为 18～38 波美度，比重 1.143～1.357，Al_2O_3

含量4%～11%。药液由离心式投药泵加压送入原水管内，经过30m长的管道混合后，经稳压井再次混合，然后进入絮凝池。

该厂以江水为水源。原水水质变化四季分明，浊度及水温随气候有着显著的变化。其特点为：

(1) 冬季低温低浊。每年11月至次年3月为封江期，浊度及水温均很低，浊度基本上在10NTU以内，水温在0℃左右。开江后的3月份到4月份浊度一般在30NTU左右，平均水温3～6℃，最低仅为0.5℃。这种水质非常难以处理，混凝剂单耗常居全年首位。

(2) 高浊期原水水质变化迅速且幅度大。每年5～9月，尤其是6～8月间为雨季，大量地表浮土被雨水携带进入江中，原水浊度变化迅猛，能在1h之内由几十NTU上涨至几百NTU及至几千NTU，而且高浊度的原水一旦浊度开始下降，其下降速度也较快。浊度升高通常都是由于下雨所致，而下雨时气温往往有所下降，所以高浊时水温随之也有不同程度的降低。

(3) 低pH值。通常情况下，原水pH值基本在7.0左右。而高浊期，由于雨水将含腐殖酸的黏土带入，pH值随浊度的升高又有所降低，甚至降到6.5以下。

上面这些因素都给水厂的混凝投药控制带来很大困难。以往采用人工控制时，药耗高而水质合格率低。后来采用了流动电流技术对投药进行自动控制，情况大为改观。

在自动控制系统中，流动电流检测器设于稳压井前，自进稳压井前的管道中取检测水样。水样在进入检测器前先经预处理器去除粗大的杂质、漂浮物和气体。仍保留原有的离心式投药泵投药，以变频调速的方式进行调节。控制器、变频调速装置设于值班室。

在运行中，要求沉淀水浊度低于12NTU，以此为依据通过试验确定控制系统的设定值。

在试运行期间，通过将自动控制系统与另一套人工控制投药水处理系统平行对比的方法，对自动控制系统的技术经济效益加以评价。结果发现，在原水较为稳定阶段，自动控制沉淀水浊度合格率达96.0%，较人工控制投药高出7.3个百分点，而且浊度值更稳定。在水质波动时期，自动投药系统浊度合格率更高于人工投药22.1个百分点，而且稳定性更高。可见自动投药系统有较强的水质控制能力。总平均结果为：沉淀水浊度合格率自动控制为94.9%，人工控制为78.1%，自动控制高出16.8个百分点。

在节药方面，在水质波动时期有更好的节药效果。主要原因在于，采用人工投药时，在出现高浊度的雨天为防止投药量不足，经常在预计会出现浊度较高的原水之前，就提前将投药量加大，因此大量药剂浪费了。自动控制投药不会发生这种情况。总平均结果为：自动控制投药平均节药28.2%。

4.1.5 透光率脉动混凝投药控制技术

4.1.5.1 透光率脉动检测原理

我们知道，一般检测仪器不能在线连续测定水中胶体的絮凝程度，也不能反映絮凝体的粒径变化，只能通过检测投药后与水中悬浮颗粒物质有关的某些特性来间接反映絮凝程度；如基于悬浮颗粒ζ电位的流动电流检测技术（SCD）及基于悬浮物可滤性的毛细管吸入时间技术（CST）等等。这些检测技术都具有一定的局限性，也就是说如果所使用的混凝剂（或絮凝剂）与水中悬浮颗粒发生作用后，悬浮颗粒的该种特性不发生变化或变化很小（如ζ电位）或更加难以检测（如毛细管吸入时间）时，那么这些间接反映絮凝程度的检测方法准确度和灵敏度就会降低，甚至不能使用。

透光率脉动检测器是一种在线光学检测装置，但跟其他各种以光阻塞或光散射为基础的检测器有本质性区别。该仪器用透过流动悬浮液的透过光强度的波动状态计算出形成的絮凝体粒径的变化，因而灵敏度高、响应迅速。无论使用何种混凝剂（絮凝剂）靠何种机理发生混凝（絮凝），混合絮凝后絮凝体粒径的相对大小只要有所改变，该透光率脉动检测器都可以准确、灵敏地连续响应。其独特的自校准电路结合先进的函数算法，完全排除了检测室沾污和电子漂移对检测精度的影响，使仪器的完全免维护成为现实。

（1）透光脉动理论

1）浓度的脉动

在悬浮液中细小的颗粒进行布朗运动。一定体积内，随着进出该体积颗粒的随机扩散的发生，所含颗粒数量会相应变化，这可以用光学显微镜直接观察到。如确定体积内的平均颗粒数为 v，则在该体积内测到 n 个颗粒的概率 $P(n)$ 遵循泊松分布：

$$P(n)=\exp(-v)v^{n}/n! \tag{4.15}$$

对于相当大的 v 值（$v>50$），分布变得十分对称，并很接近高斯分布。

如果测定相同体积的一系列样品，也会观察到给定体积内颗粒数量的变化遵循同样的分布。这不局限于做布朗运动的颗粒，任何混合良好的悬浮液中，在组成上都有随机变化，同样遵循泊松分布，惟一的需要是悬浮液中每个颗粒在任何一点的机会相等。如果悬浮液是连续流动的，并且每次被检测的体积相同，则在该体积内的颗粒数目由于同样原因也随机变化，且遵循泊松分布。在连续式浊度仪中，样品体积内颗粒数目的随机变化会导致浊度的脉动，这对浊度检测是一种干扰。在浊度仪的设计上，通过增大取样室的尺寸或对输出信号的平滑处理，使得脉动现象不被注意到。

2）脉动的检测

在此提出一个相反的要求，希望检测到悬浮液中浓度的脉动，这是可以实现的。根据泊松分布的特点，若在一定（单位）体积内颗粒数目的平均值为 N，则脉动值的标准偏差等于该体积内颗粒数目平均值的平方根$\sqrt{N}$，且该体积内颗粒的实际数目在 $N\pm2\sqrt{N}$内的概率为95%。可见颗粒数目的脉动程度$\sqrt{N}$占平均颗粒数目 N 的比重为$\sqrt{N}/N=1/\sqrt{N}$，因此该体积内颗粒平均数越少，颗粒数的脉动越明显。对一定体积悬浮液中颗粒数目的变化（脉动）进行可靠有效的检测，在很大程度上取决于检测样品的体积大小。取样体积越大，脉动成分越小，越不易检测；如取样体积较小，脉动程度相对较高，就容易检测。例如对于一般的悬浮液，假定平均每单位体积内的颗粒数目 N 为 10^8 个/cm^3。从一个混合良好的悬浮液中连续取1mL的样品，根据泊松分布的特性可知，样品中平均含有的颗粒个数在 $10^8\pm2\times10^4$ 之间，这个差异仅为平均值的0.02%，不易检测到。然而，如取很小的样品体积，如 1×10^{-4}mL，则样品中颗粒的均值为 10^4 个，标准偏差为100，连续的样品就在均值上有±2%的差异，这就很容易检测到。

通过如下的装置可以使检测在实际中得以实施。在一个流过悬浮液的管形器皿两侧，分别放置光源和光接收器，如图4.11所示，使光源的光线透射过悬浮液，照射到接收器上。如光路在悬浮液中的长度为 L，光束的有效截面积为 A，则检测到的水样体积为 AL，光束内平均颗粒数为：

$$v=NAL \tag{4.16}$$

式中 N——单位体积中的颗粒数。

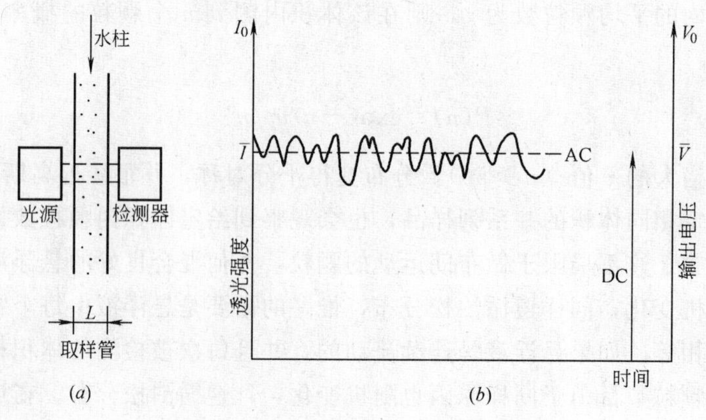

图4.11 透光率脉动检测原理示意图

(a) 检测装置；(b) 透光率信号的脉动

于是可以得到：

$$\overline{I}/I_0=\overline{V}/V_0=\exp(-vC/A) \tag{4.17}$$

式中 $\overline{I}$、$\overline{v}$——通过悬浮液的透射光强度与相应的电压；

I_0、V_0——入射光强度与相应的电压。

当悬浮液连续流过时，光束内的真实颗粒数将在平均颗粒数 v 的周围随机变化，透射光强度也产生相应的脉动。对于很小的样品体积，因为颗粒数量的变化，有可能得到明显的透射光强度脉动。在一个直径为 1mm 的圆柱形管中，如透射过的光束直径为 0.2mm，则有效的取样体积约为 3×10^{-5}mL，这样的条件在实际中很容易实现，在悬浮液流过时就可以明显地观察到浊度的脉动。

从光电检测器出来的信号通常有一部分是直流（DC）成分，其数值相应于平均透射光强，另一部分是非常小的脉动（AC）成分，由悬浮液中颗粒随机变化而来。AC 成分可能非常小（仅几个微伏），但将其从 DC 成分中分离出来是简单的，分离出的脉动信号 V_r 与 DC 的比值 R 是透光率脉动检测的输出值。R 这一输出值作为相对量可排除检测室沾污或电子漂移等因素的影响，是一项重要的特征参数。

（2）絮凝检测仪的基本组成和构造

根据上述悬浮液透光脉动的原理，可以设计出絮凝检测仪。依实际需要的不同，絮凝检测仪可以有几种形式，一般的基本组成主要有以下两个部分：传感器和信号处理器。其中传感器主要由光源、光电接收器和取样管等组成；信号处理器主要由信号处理电路、信号显示和输出组成。

1）光源：一般采用发光二极管作为光源，但要求发光强度高、运行稳定、噪声低、发射角小，发射波长窄等，也可以用激光发射管。实际上多采用红外线波长的范围，这样比较适宜絮凝前后颗粒粒径的要求。

2）光电接收器：主要用光敏二极管，要求精度高、噪声低、接收光波长，与光源相匹配；一般多用光导纤维引导光线至取样管，并将透射光引导至光敏二极管，根据要求可以改变光敏感面积的大小。

3）取样管：一般要求用透明材料的管材，如玻璃管，透明塑料管等，根据要求可以选用多种管径以适应不同水质条件及絮凝情况，如低浊度水时可以选用直径较小的管以提高灵敏度，高浊度水或污泥调理过程可以选用较粗的管，因为形成的絮凝体可能较大。

4）信号处理电路：主要有信号放大电路、交直流分离电路、交直流转换电路、信号相除电路等，以及滤波、限制、计数、超负荷等辅助电路，都涉及电子方面的专门知识，这里不详述。

在不同场合应用，传感器采取不同的形式。在实验室中应用的传感器，可以设计成较简单、易于变换取样管规格、可以拆装便于放置不同位置的形式，这有利于实验室中不同试验条件、不同要求时的检测。用于工业生产的传感器产品形式，一般多采用固定式，所有部件都固化成一个整体，很少在运行中变化，便于在生产应用中操作、管理和维护。根据应用领域的变化，传感器可以设计成具有防水、抗压、防爆、防寒等多种特殊要求的形式。图4.12所示为两种不同形式的传感器。

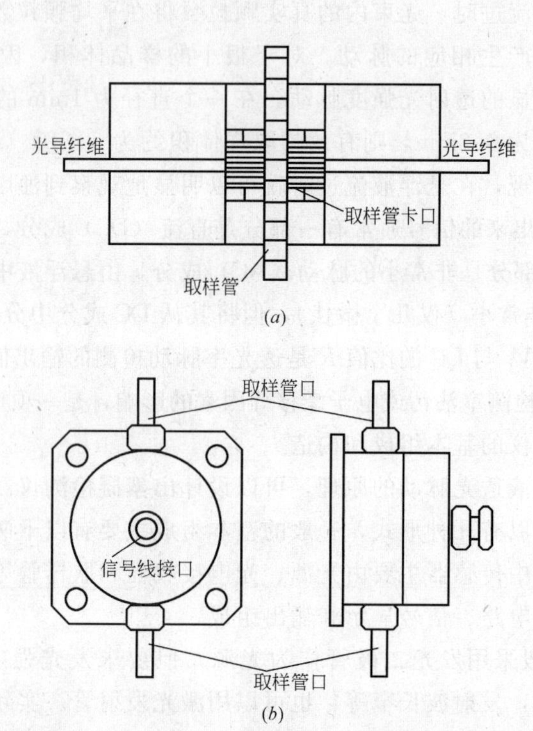

图4.12　传感器形式示意图
(a) 实验室用简易传感器；(b) 生产装置用远程传感器

(3) 检测值 R 与水中絮粒粒径的相关性

当原水加注混凝剂后，水中胶体的稳定性破坏，使胶体颗粒具有相互聚集的性能，这是凝聚过程的任务。经过凝聚的微絮粒仍然十分微小，达不到水处理中沉降分离的要求。絮凝过程就是在外力的作用下，使具有絮凝性能的微絮粒相互碰撞，而形成更大的絮粒，以适应沉降分离的要求。

用透光率脉动检测技术对絮凝过程进行监测，其检测值 R 可灵敏地反映出水中颗粒粒径的变化情况，与颗粒粒径成良好的相关性。图4.13所示为用含50mg/L黏土的悬浮液，在pH值为7.0条件下进行混凝搅拌试验的情况。絮凝剂为硫酸铝，投量为7mg/L。利用透光率絮凝检测仪对絮凝过程进行监测，同时使用显微照相技术对搅拌槽内悬浮液颗粒的粒径进行同步测定。结果表明，二

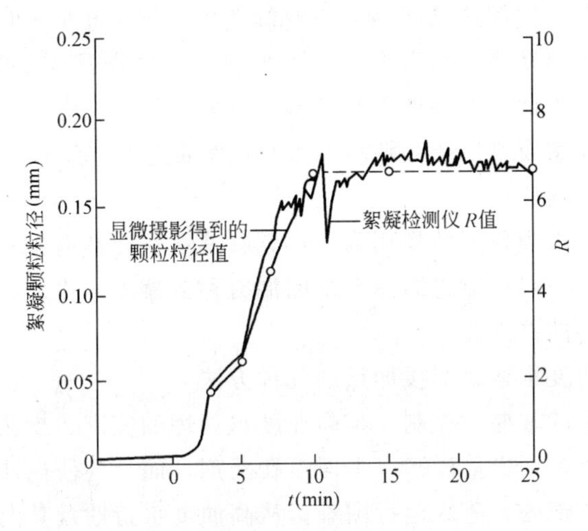

图 4.13 检测值 R 与颗粒粒径的关系

者的变化趋势几乎完全一致。

4.1.5.2 透光率脉动混凝投药控制技术在高浊度水处理中的应用

由前所述，透光率脉动检测值 R 反映的是水样加药絮凝后所形成的絮凝体粒径的相对大小，而且 R 值与沉淀水浊度有很好的相关性。因此现有的透光率脉动混凝投药控制方案是采用反馈闭环控制系统，根据透光率脉动检测仪的检测信号 R 值来反馈控制混凝剂的投加量。作为典型应用，本节介绍其在高浊度水混凝控制方面的应用情况。

(1) 高浊度水的混凝特性

高浊度水特指泥沙含量很高、能形成均浓浑水层、以界面形式沉降的天然原水。高浊度水的典型代表是黄河水。黄河是我国泥沙含量最大的河流，也是世界上罕见的多沙河流，年输沙量和年平均含沙量均居世界大江河的首位。以黄河中游北洛河状头水文站为例，1967 年 8 月平均含沙量为 622kg/m^3，8 月 1 日的日平均含沙量高达 1090kg/m^3。

另外，地区不同，高浊度水流中泥沙浓度及颗粒级配差别很大。高浊度水中的大部分泥沙属粗分散系。高浊度水流中的细颗粒泥沙，由于本身固有的特性，自然沉降时在上部清水与下部浑水之间形成界面，即浑液面。浑液面以下有一段泥沙浓度基本不变的浑水层称为均浓浑水层。将组成均浓浑水层的细小泥沙称为稳定泥沙；将颗粒较粗、在自然沉降过程中不断由均浓浑水层中沉降除去的泥沙称为非稳定泥沙。

高浊度水的混凝特性与常规浊度水相比有很大不同。常规浊度水的混凝多以固体颗粒的电中和作用为主，表现为胶体杂质的脱稳凝聚过程，使水中原来不易下沉的杂质聚集成具有一定沉速的絮凝体。高浊度水的混凝则主要表现为絮凝过程，是使本来具有一定沉速的泥沙以更快的速度下沉。相应地，高浊度水对混凝剂的要求，除了要有较高的聚合度外，还要有一定的分子链长度，以便发挥较好的吸附架桥作用。因此，在高浊度水处理中通常使用以吸附架桥作用为主的高分子絮凝剂。高分子絮凝剂用于高浊度水处理时絮凝速度快，一般仅需几秒至几十秒就可形成粗大的絮凝体。

高浊度水混凝以吸附架桥作用为主和絮凝速度快，是有别于常规浊度水混凝的两个重要特点。一般也常将高浊度水的混凝称为絮凝。由此，在混凝控制技术上，也产生了重要的差别。

(2) 确定高浊度水絮凝剂投加量的几种方法

絮凝剂投加量的掌握与控制，是高浊度水处理的关键。投药过少，絮凝效果差，达不到处理效果；投量过多，不但浪费药剂，而且会使泥沙沉积在管道及处理构筑物的配水系统内，造成运行困难。从高浊度水特性及其混凝特点出发，尝试用于高浊度水混凝投药控制的技术方法主要有如下几种。

1) 泥沙颗粒比表面积法

对于高浊度水絮凝沉淀，确定投药量的基本参数为含沙量。但在含沙量相同时，由于泥沙颗粒组成等因素不同，投药量也会相差很大。

研究发现，高浊度水中泥沙总表面积是絮凝剂投量的决定因素，二者存在下列关系：

$$D=f(S_p)=KS_p^b \tag{4.18}$$

$$S_p=S_0C \tag{4.19}$$

式中 K、b——经验系数；

S_0——单位质量泥沙颗粒所拥有的表面积，可借助泥沙比表面积自动测试仪表直接求得（m^2/g）；

D——高分子絮凝剂投量（mg/L）；

C——含沙量（kg/m^3）；

S_p——单位体积水中固体颗粒的总表面积（m^2/L）。

虽然以颗粒总表面积作为基本参数来计算絮凝剂投量精确合理，但是所用仪器设备比较复杂，检测时间长，难于实现在线自动控制，该方法还不能在生产上实用。

2) 数学模型法

在一系列相同的高浊度水水样中，分别加入剂量依次递增的絮凝剂，然后观测浑液面沉速，发现在絮凝剂投量低于某临界值时，加药对沉淀无影响，这时浑水的泥沙沉降主要表现为自然沉淀特征；当投加量超过该临界值时，浑液面沉速将随投药量的增大而迅速增大。这一临界投药量称为絮凝剂的启动剂量。在超过絮凝剂启动剂量后，投加量与浑液面沉速存在下列关系：

$$D=D_1+K(\lg u-\lg u_1) \tag{4.20}$$

式中　D——絮凝剂投加量（mg/L）；

D_1——启动剂量（mg/L）；

u——投加量为D时的浑液面沉速（mm/s）；

u_1——自然沉淀浑液面沉速，由试验确定（mm/s）；

K——系数。

其中K与稳定泥沙浓度有关；D_1与稳定泥沙浓度及泥沙总浓度有关。

综合考虑各种因素，可以得到高分子絮凝剂的投加量计算公式：

$$D=mC_W/[(C-C_W)^{-0.26}-n]+(\alpha C_W+\beta)\times(\lg u-\lg u_1) \tag{4.21}$$

式中　C——泥沙总浓度（kg/m^3）；

C_W——稳定泥沙浓度（kg/m^3）；

α、β、m、n——经验系数，由泥沙的特性决定，并与投药方式有关。

将式（4.21）作为数学模型，输入计算机，可用于投药量控制，但是系数α、β、m、n的确定需要大量的实验数据，通过数理统计方法求出，另外计算公式亦属经验公式，控制起来会有偏差，所以，该方法还不是较好的控制方法。

3）透光脉动絮凝检测技术的应用

对于一般浊度水，由于絮凝体形成的过程进行缓慢，滞后时间长，以絮凝体形成状况来反馈控制混凝剂投加量效果不太理想。高浊度水的絮凝过程进行迅速，一般只需数秒或数十秒时间即可完成，因此可利用透光脉动絮凝检测装置检测其絮凝情况并控制投药量，从而成为新的高浊度水絮凝控制方法。

（3）高浊度水絮凝过程与透光脉动值的相关性

1）絮凝剂投加量和透光脉动值的关系

含沙量相同时，透光脉动值R随着絮凝剂投加量的增大而增大，如图4.14所示。这是因为絮凝剂投加量增加时，水中的泥沙颗粒絮凝更充分，形成的絮体颗粒粒径就更大，R值也就越大。含沙量不同时，在同样絮凝剂投加量时，含沙越量大，R值越小。这是因为投加相同的药量时，含沙量越大，水中泥沙颗粒絮凝的就越不充分，生成的絮凝体粒径就小，R值就小。为了达到相同的R值，含沙量越大，所需投加的药量也就越大。

2）浑液面沉速与透光脉动值的关系

浑液面沉速可以反映絮凝剂投量的多少，是衡量高浊度水絮凝效果的重要指标。

向一定含沙量的高浊度水中加入聚丙烯酰胺絮凝剂，然后使高浊度水经过不同的絮凝时间进行沉淀，这时可测出对应的R值及浑液面沉速，两者有良好的

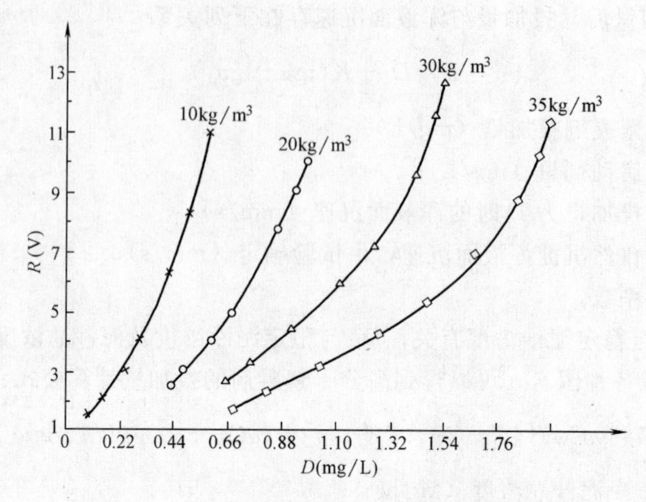

图 4.14　不同含沙量时 R 与絮凝剂投加量的关系

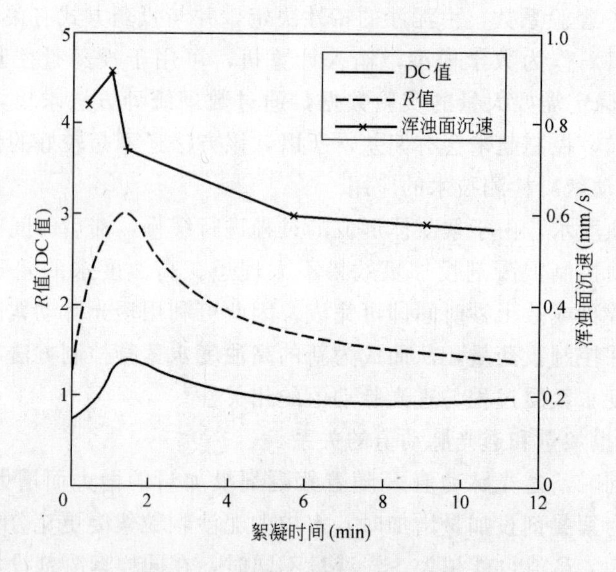

图 4.15　R 值与浑液面沉速的关系

正相关关系。图 4.15 所示为含沙量为 30kg/m³ 时的结果。

3）出水余浊和透光脉动值的关系

测量沉淀后水的残余浊度，它随 R 值的增大而降低，这是因为 R 值越大，絮凝越充分，出水余浊就越低。

透光脉动值与絮凝剂投加量、浑液面沉速及出水余浊的较好的相关关系，是用絮凝检测仪对高浊度水投药进行自动控制的基础依据。

（4）高浊度水透光脉动投药控制系统

絮凝检测仪的检测值 R 可以反映高浊度水浑液面沉速的大小，通过对检测值 R 的控制即可实现对浑液面沉速的控制，这样就有一个方便的确定投药量的方法，不需要检测原水含沙量、粒径组成、流量及原水的其他性质，只要检测加药絮凝后的透光脉动值 R 一个参数，即可控制投药，保证高浊度水处理运行经济可靠。

由于高浊度水的絮凝过程非常短，因此采用以 R 值为控制对象的反馈控制系统，对扰动的响应速度快，滞后很短，接近于同步控制。

工作过程如下：反馈控制系统通过絮凝检测仪在线连续检测已进行絮凝的高浊度水的 R 值，并将信号传给控制中心；控制器接收信号，并与给定的设定值 S_R 进行比较、判断，若检测值 R 符合系统要求，其偏差在允许的范围内，说明投药量正常；反之，若检测值 R 不在允许的范围内，控制器通过一定的算法指挥变频器改变投药泵电机的电源频率、进而改变投药泵转速，实现投药量调整，修正偏差，直到检测值 R 符合要求。

控制系统应能在两种方式下工作：自动控制和手动控制。

自动控制是系统正常运行时所采用的工作状态。在该状态下，絮凝检测仪的检测信号与设定值之间偏差的调整是由控制器自动完成的，不需人工干预。

在某些情况下，如系统工作的开始、仪器清洗维护期间等，需要在手动控制状态下工作，可以由控制器键盘直接输入频率值来人工调整投药量的大小。

4.1.6 絮体影像混凝投药控制技术

从净水过程可知，沉淀水浊度与原水混凝后形成的絮体特征和沉淀情况有关，絮体形成得越好，沉淀越充分，沉淀水浊度越低。在一定条件下，沉淀水浊度和絮体的沉淀特性密切相关。絮体的沉降规律是比较复杂的，常简化用颗粒沉降的 Stokes 公式来描述：

$$v=\frac{(\rho_s-\rho)}{18\mu}d_s^2 \tag{4.22}$$

式中 v——絮体沉降速度（cm/s）；

ρ_s——絮体体积质量（g/cm³）；

ρ——水的体积质量（g/cm³）；

d_s——絮体直径（cm）；

μ——水的黏滞系数（g/(cm·s)）；

g——重力加速度（980cm/s²）。

进一步的研究表明，絮体粒径增加时，体积质量相应减小，其关系式为：

$$\rho_s-\rho=d_s^{-k_p} \tag{4.23}$$

式中　k_p——系数，1.2～1.5，取决于混凝剂投加量与原水水质。

$$v=\frac{gd_s^{(2-k_p)}}{18\mu} \tag{4.24}$$

上述分析均假设絮体为球状颗粒，而实际絮体基本上是不规则形态，其沉降速度显然应比同体积的球状絮体慢一些。絮体的大小、形状可反映在絮体图像上，因此通过分析絮体的图像，可以得到一个与沉淀水浊度相关性很好的参量。用它作为目标值来控制混凝剂加注量可使滞后时间大大缩短。絮体影像混凝投药控制技术就是在这个基础上发展起来的。

4.1.6.1　视觉检测技术

(1) 常用检测系统构成

将一个透光性良好的絮凝沉降槽置于灯箱和拍摄架之间，加入絮凝剂并经过一定时间搅拌后的水样缓缓流入沉降槽中并在其中进行絮凝沉降，CCD摄像机将被测水样絮体的光信号转化为模拟电信号，并经A/D采集卡转换为数字信号输入到计算机形成数字图像文件，然后应用视觉模式识别技术结合絮凝沉降理论对图像中的相关信息进行分析。该方法能模拟人类视觉的分析过程，对整个测定面积内絮状物大小、密度、沉降速度进行分析和描述，系统硬件组成如图4.16所示。

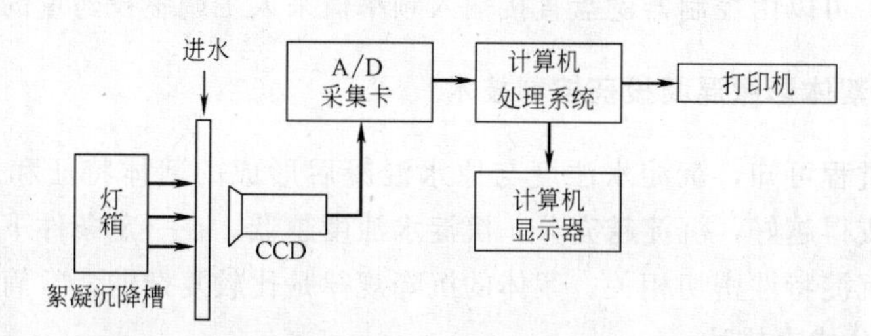

图4.16　视觉在线检测系统硬件组成原理图

(2) 絮体图像的分割

为了将絮体从所获得的絮凝图像区域中分离出来，需要首先对絮凝图像进行分割。视觉系统中的一个重要问题是从图像中识别代表物体的区域，把图像划分成区域的过程称为分割。即把图像 $I[i, j]$ 划分成区域 P_1，P_2，…，P_k，使得每一个区域对应一个候选的物体，同时满足：$Y_{i=1}^{k}P_i$＝整幅图像、$P_iIP_j=\phi$，$i\neq j$（$\{P_i\}$ 是一个完备分割）。对于絮体影像混凝投药控制系统来说，就是把絮凝图像划分为絮体和背景。

(3) 絮凝图像噪声的去除

絮凝图像常常被强度随机信号（也称为噪声）所污染。噪声去除可用滤波的方法来对图像中的不同频域进行处理来实现，力求在去除噪声的同时又能保留图像边缘细节。

在视觉检测系统的设计过程中，不但要包含图像分割、噪声去除这两个主要环节，还要包括到絮凝图像对比度处理、絮体图像边缘检测及絮凝检测系统标定等方面的工作，因内容涉及图像学方面的知识较多，在此不逐一详述。

4.1.6.2　絮体沉降参数的确定

水处理过程中沉淀水浊度与原水投加絮凝剂后形成的絮体特征有关，絮体形成的越好，沉淀就越充分。实际絮体的密度和形状都是随时间变化的，导致絮体的沉降速度也是一个随时间变化的值。一般软件设计中，定义絮凝图像中一定灰度区域作为絮体。所谓一定灰度就是通过前述方法自动获得阀值，灰度值低于该阀值的像素点属于此灰度区域，即为絮体中的一点。

(1) 絮体强度的计算

对于絮体强度 A，一般有两种计算方法。一种是以图像中絮体像素点的平均灰度来表示絮体强度，另一种是以图像梯度或絮体梯度来表示絮体强度。

一般认为，平均灰度越小，或平均梯度越大，絮体的絮凝强度越高。为了更好的对絮凝程度进行评价，定义絮凝指数为絮体强度与絮体面积的比值，并用该指标表征絮凝的程度：絮凝指数$=\dfrac{\text{絮体强度}}{\text{絮体面积}}$。

(2) 絮体等效直径的确定

絮体的等效直径是在球形颗粒直径的基础上根据絮体图像中的四个与絮体图形有关的特征值进行修正后的值，在絮体的沉降速度公式中以此值作为絮体直径参与计算。

从絮体的二维图像中找到四个与絮体形状有关的特征值：1) 表示絮体大小的絮体面积 s；2) 与絮体形状有关的絮体周长 l；3) 与絮体松散程度有关的絮体强度 A；4) 絮体的长宽比 m。然后按下式折算为“等效直径”Φ：

$$\Phi=2\sqrt{\frac{s}{\pi}}\left[1-\left(1-2\sqrt{\frac{s\pi}{l}}\right)\right]\times\left[1-\left(1-\frac{1}{m}\right)\right]\times A \tag{4.25}$$

Φ 越大，沉降速度越快。

(3) 絮体的等效密度

絮体在沉降过程中的密度与水中胶体颗粒的密度是不同的，为了计算絮体在沉降过程中的密度，引进絮体等效密度概念。可以用絮体强度值 A 来计算絮体等效密度，絮体的等效密度 M 可由下式计算：

$$M=A\times k_A \tag{4.26}$$

式中　M——絮体等效密度；

　　k_A——等效密度修正系数。

(4) 絮体沉降速度方程

根据絮体等效密度和等效直径，可以计算出絮体的沉降速度。絮体沉降速度方程可由下式表示：

$$V=\frac{M}{\mu}g\phi^2 \tag{4.27}$$

式中　V——絮体的沉降速度。

4.1.6.3　絮凝剂投加量控制

实际水处理过程絮凝剂投加量可根据式（4.27）实时计算出来的絮体沉降速度值（检测值）与人工设定的最佳絮体沉降速度（设定值）之差，通过PID（比例、积分、微分）运算后得到的。其递推式为：

$$\begin{aligned}\Delta p(k)&=p(k)-p(k-1)\\&=k_p[e(k)-e(k-1)]+k_i e(k)+k_d[e(k)-2e(k-1)+e(k-2)]\end{aligned} \tag{4.28}$$

式中　$\Delta p(k)$——第k次采样时絮凝剂投加量的修正值；

$p(k-1)$——第（$k-1$）次采样时的絮凝剂投加量；

$e(k-1)$——第（$k-1$）次采样时絮体沉降速度检测值与设定值之差；

$p(k)$——第k次采样时的絮凝剂投加量；

(k)——第k次采样时絮体沉降速度检测值与设定值之差；

k_p——比例系数；

k_i——积分系数；

k_d——微分系数。

4.1.6.4　控制系统的硬件和软件

系统硬件如图4.17所示，PC主机通过图像接口将絮体图像信号数字化，同时通过模拟接口采集原水流量和沉后水浊度4～20mA信号，根据絮体图像数字信号实时计算出絮体沉降速度值，再与人工设定的最佳絮体沉降速度进行比较运算，其结果与原水流量信号相复合，并输出4～20mA电流信号控制混凝剂计量泵转速，从而控制絮凝剂投药量的大小。由于实际水处理工艺中絮体沉降速度与沉后水浊度的相关性总要发生改变，这会影响控制效果，因此可用沉后水浊度信号来在线修正。

软件的主要功能是：

(1) 将采集的絮体活动图像实时显示在计算机屏幕上；

(2) 对絮体图像进行边缘增强、数字滤波、二值化处理、连通性判别，算出絮体强度A、絮体等效直径Φ、絮体等效密度M，最后按式（4.27）算出絮体沉降速度V；

(3) 采集进水流量、沉淀水浊度信号；

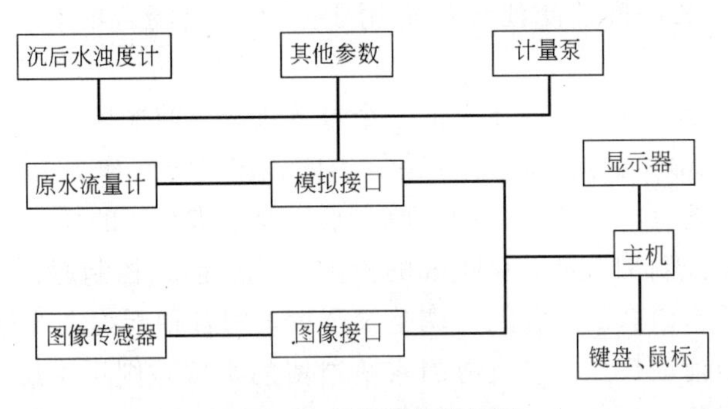

图 4.17 系统硬件结构图

(4) 按式 (4.28) 算出混凝剂投加量的修正值，与原水流量信号相复合后通过模拟接口输出；

(5) 在屏幕上显示采集和计算出的各种数据并实时更新；

(6) 各种参数如 P、I、D 参数，絮体沉降速度，絮体图像的对比度和亮度等，都可通过下拉式菜单自行设定，以适应不同生产设备和工艺的需要；

(7) 所测得和计算出的结果及时间、日期等数据，每 5min 一次自动存入硬盘，可存 10 年。

4.1.7 混凝投药智能复合控制技术

4.1.7.1 现有混凝投药控制技术特点与局限性分析

随着水处理工艺技术的发展，人们对混凝工艺日趋重视，已将之视为传统净化工艺中最为重要的环节，而准确控制投药则是取得良好混凝效果的首要前提。在经济方面，尽可能节省药剂消耗，对于降低净水成本具有十分重要的意义。因此混凝控制技术是各国水处理界竞相研究的一个热点课题。根据前面介绍的几种典型控制技术的情况，混凝控制技术总的趋势是由经验、目测、烧杯试验等人工方法向模拟滤池、数学模型、流动电流等自动控制方法发展。特别是近 20～30 年来，各种混凝投药自动控制方法发展较快，这是与自控技术、尤其是电子计算机技术的发展密切相关的。进入 80 年代，随着微型计算机技术的完善与普及，混凝投药自动控制技术得到了更快的发展。

就现行的各种混凝投药控制技术而言，经验目测法正在为各种先进的技术所取代。烧杯试验法也不适于工业过程的连续控制而只宜作为实验室评价的一种手段。

模拟滤池法在一些水厂获得了成功的应用，但由于有 10～15min 的滞后时间，只适用于一些原水水质较为稳定的水厂；模拟滤池设计的基础是相似性，还需要进一步研究相似准则以指导实践；国外文献报导在原水浊度较高时，该方法精度较差。总之，模拟滤池法是适用于一些特定场合的有一定发展前途的方法。

数学模型法是投药控制技术上的一个重要进展。前馈控制数学模型将原水水质及水量参数（如水温、浊度、pH值、碱度、流量等）作为模型的自变量，以此控制投药量。这种方法能迅速响应原水水质及水量参数的变化，滞后小，但可靠性差。由前馈控制加反馈微调组成的模型形式，前馈控制起到了一个“预报”的作用，通过原水参数的变化及时调整投药量，把各种干扰大部分消灭在进入处理系统之前，由前馈模型的精度等因素所遗留的小偏差则可由反馈微调所修正，从而使处理水质稳定，节省药量。但是，这种方法应用复杂。首先，要解决建立模型的问题，目前还没有理论数学模型出现，也没有统一的模式，只是针对特定的水厂建立特定的经验模型。这一工作非常艰巨又需要由专门技术人员耗费长时间才能完成。一般要在2～3年的长期生产运行统计资料或烧杯试验资料的基础上，进行统计分析，才能确定模型变量并初步建立数学模型。这些生产统计数据是在还没有对投药过程实施正确有效的控制之前收集的，其准确性仍是个问题；烧杯试验数据也往往与生产结果有较大出入，这其中包含前述原型与模型的相似性等因素。所以初步建立的模型还要在使用实践中进行长时期的修改完善。其次，作为一种经验模型，是针对特定的处理系统、特定的混凝剂品种与特性、特定的沉淀水浊度目标值建立的，一旦任一条件发生变化，数学模型就将失去准确性。在实践中，很多水厂都可能有几种混凝剂交换使用或互为备用，单一品种的混凝剂自身性能也未必十分稳定；有的水厂在不同季节可能对沉淀水的浊度有不同的要求；水厂构筑物更新改型也是常有的事情。甚至有的水厂在不同季节的水源都不一样。这些变化都需要修改数学模型。再次，该方法涉及的仪表较多，每一个参数都要求能连续自动检测并输送给计算机。根据可靠性理论，系统的可靠性与组成系统的组分数成反比，组分越多，系统的可靠性越差，仪表多降低了系统的可靠性，任一仪表故障或测量不准都直接影响到投药量计算的准确性；仪表多对日常的操作、检修、维护管理提出更高的要求，需要一批素质较高的值班运行人员；仪器仪表多还导致系统的投资大，特别是目前我国的水质检测仪表质量普遍不高，多数需要进口，投资很大，就更加剧了这方面的问题。上述问题都给数学模型法的应用推广造成困难，但这仍不失为一种较为先进的方法。今后随着仪器仪表、计算机技术的发展，特别是水厂现代化水平的提高，各工序环节自动监测及数据自动采集的逐步实现，以及供水行业资金的逐步雄厚，数学模型法会得到进一步的发展，尤其在一些大中型水厂是有生命力的。

在20世纪80年末出现的透光率脉动检测技术，虽可以在线检测水中颗粒物质的粒径变化，但目前还未成熟，存在着滞后时间长、原水浊度变化对系统设定值影响较大、与工艺相似性差、系统不易稳定等缺点。而刚刚起步的絮体影像混凝投药控制技术在对絮凝图像的处理中，对于絮体边缘检测和絮体内部空隙的处理仍不很完善，絮体较多而有所重叠、粘连时，絮体的分割处理还未能很好解决，而且絮体沉降速度的公式还有待于进一步修正。而且当沉淀条件变化时，等效直径与沉淀水浊度的对应关系会有变化，因而对絮凝效果的反映程度还需要提高。

以胶体电荷为中间参数的各种混凝控制技术，抓住了影响药耗的最关键的微观本质因素，这是与其他控制技术的根本差别，也是这些技术的生命力所在。这些技术的关键是要解决胶体电荷的在线连续检测问题。ζ电位法与胶体滴定法目前还难以实现连续检测，应用受到限制。流动电流法则以检测的连续性而独具特色，加之其系统的简单性与应用的灵活性、可靠性等特点，在国内外已获成功的应用，为混凝投药控制技术的发展展现了光明的前景。该技术参数少，易调整，适用范围广，使用方便，投资少，有显著技术经济效益，特别适合于我国现阶段水厂的技术设备条件与资金条件。在连续生产过程中，流动电流控制系统所采用的控制方法由周期调节模式发展为PID调节模式。常规PID算法具有稳态控制精度高，调节速度快等优点，但由于其固有的算法，在实际应用中受到各种主客观因素的影响，控制效果与理想值有一定的偏差。

4.1.7.2　常规流动电流混凝投药控制系统的控制特性与局限性

前面已经提到，流动电流控制技术是具有良好发展前景的一项混凝投药控制技术。以流动电流为参数构成的控制系统是单因子，按常规PID算法控制，虽然具有简单的特点，但是在控制品质上仍存在不足。下面对此进行简单分析。

(1) 常规控制方法

常规的流动电流控制系统属于后反馈控制，如图4.18所示。

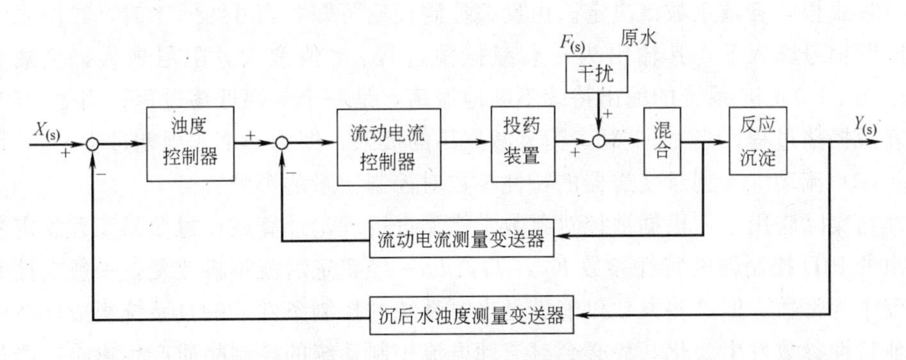

图4.18　常规流动电流混凝投药系统控制原理示意图

它的控制原理是把沉后水浊度作为系统的主控参数，流动电流值为副控参数。两个控制器串联连接，浊度控制器的输出为流动电流控制器的给定值输入，流动电流控制器输出操纵投药装置动作，改变投药量。在原水水质、水量发生变化后，流动电流控制回路开始调节，迅速克服大部分干扰。其后少量的一次干扰由浊度控制回路通过自动调节流动电流设定值彻底清除。

（2）系统参数对控制质量的影响

控制系统的控制质量取决于控制系统的参数（流动电流投药控制系统的参数即为衰减系数的值或特征方程的根）而控制系统的参数由其组成环节的参数决定。因此，其组成环节的特性参数将直接影响系统的控制质量。

图 4.19 所示流动电流混凝投药控制系统由比例积分调节器 $W_{(s)}$、计量泵 $W_{v(s)}$、对象 $W_{0(s)}$ 以及流动电流测量变送器 $W_{m(s)}$ 组成。

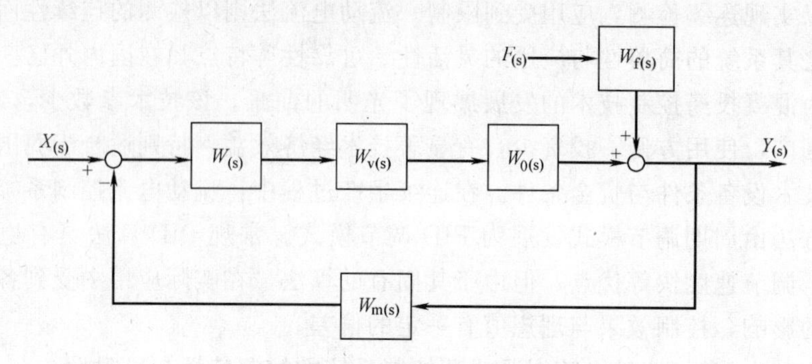

图 4.19　流动电流投药控制系统方框图

为简化起见设 $W_{(s)}=K_p$，则系统的闭环传递函数（K、T 为特性参数）：

$$\frac{Y_{(s)}}{F_{(s)}}=\frac{K_f(T_m S+1)}{(T_0 S+1)(T_m S+1)+K_p K_v K_m K_0} \tag{4.29}$$

由式（4.29）可知，这是一个二阶系统的过程控制，其过渡过程将由系统特征方程式根的衰减系数 ζ 决定。由反馈控制理论可知，当 $0<\zeta<1$ 时，二阶系统在阶跃信号输入下，其输出为一衰减振荡过程。ζ 值愈大，阻尼愈大，衰减愈快。当 $\zeta=0$ 时，系统的输出持续不断地振荡，是一个等幅振荡过程；当 $\zeta<0$ 时为发散振荡过程；当 $\zeta=1$ 时，为衰减振荡的极限，即为一个非周期过程。

（3）流动电流测量变送器的特性参数对控制质量的影响

在实际应用中，根据被控对象数学模型进行理论计算或经过简易工程整定法得出的 PID 控制器的特性参数 K_p，T_I，T_D 一经整定后就不再改变，一般在控制过程中为常数。但这些参数仅能满足当时系统的控制条件，一旦系统组成环节的其他特性参数发生变化，势必会对流动电流控制系统的控制品质产生影响，严重时会扰乱生产过程。

在讨论流动电流测量变送器的特性参数对系统控制质量的影响时，设 T_0，K_p，K_v 等其他参数为定值。由式（4.29）可知，流动电流混凝投药控制系统的衰减系数：

$$\zeta=\frac{T_0+T_m}{2\sqrt{T_0T_m(1+K'K_m)}} \tag{4.30}$$

式中 $K'=K_pK_vK_0$。

在投药控制系统中，时间常数 T_m 主要由流动电流测量变送器的特性参数决定，代表了测量变送器对荷电物质的吸附解析速度。在一般情况下不变，即 T_m 为定值。而 K_m 即为相应流动电流 $SC\sim q$ 投药量曲线对应点的斜率，即 $K_m=\frac{\Delta SC}{\Delta q}$，是水质变化等输入干扰作用的函数。可建立斜率与投药量的相关关系。

图 4.20 所示为在同一混凝剂品种及原水，不同水质条件下，得到的不重合的以原水水质为参数的一族曲线。而图 4.21 即为在图 4.20 的曲线族上，取某一流动电流值作水平线与各个曲线相交，各交点处的斜率与相应的药量就构成一对数据。

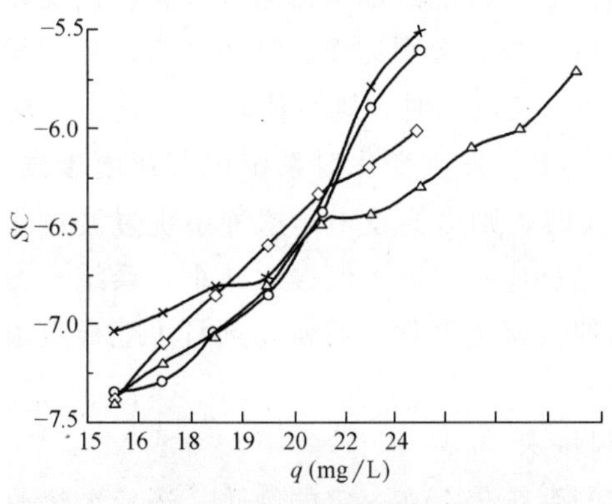

图 4.20 流动电流与混凝剂量的相关性

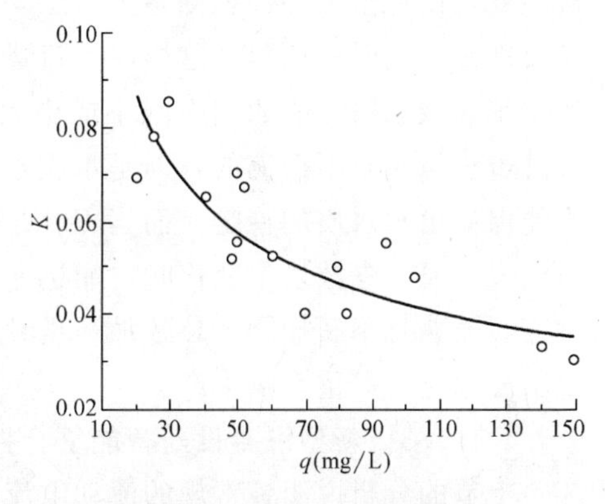

图 4.21 斜率与投药量关系

由分析可知 K_m 随投药量的增大，有逐渐变小的趋势，水质不同，同一投药量条件下 K_m 值也不同。即在水质、水温、pH 值及投药量发生变化时，流动电流测量变送器的特性参数 K_m 值是变化的。由式（4.30）可知：随着 K_m 值的变化，ζ 值也在变化，则系统的过渡过程将变得不稳定，控制品质不能维持在最佳状态。

（4）原水流量变化对系统控制质量的影响

在讨论流量对系统控制质量的影响时，设 T_0，T_m，K_p，K_m 等其他参数为定值。则流动电流混凝投药控制系统的衰减系数为：

$$\zeta=\frac{T_0+T_m}{2\sqrt{T_0T_m(1+K_1'K_v)}} \tag{4.31}$$

式中 $K_1'=K_pK_mK_0$。

在流动电流投药控制系统中，计量泵的电源频率变化值与调节器的输出信号改变值成正比，而计量泵的调节参数改变值与输出流量变化值之间的关系称为计量泵的调节特性，其特性参数：

$$K_v = \frac{\Delta q}{\Delta SC} = \frac{K_{泵} C_{药} H_{泵}}{Q_{水}} \tag{4.32}$$

式中　ΔSC——流动电流调节器的输出信号改变值；

$K_{泵}$——与计量泵特性有关的常数；

$H_{泵}$——计量泵行程百分比。

Δq——药量变化值；

$C_{药}$——投加的药液浓度；

$Q_{水}$——原水进水流量。

由式（4.32）可以看出：在水厂实际生产中，药液浓度 $C_{药}$ 在一段时期内维持不变，而计量泵的冲程则多为人工手动控制，不能随原水流量较大幅度的变化做出准确、及时的调整。这样原水流量的变化势必会引起 K_v 值的改变，从而导致系统衰减系数 ζ 值的相应减小或增大。K_v 值较小时，则 ζ 值较大，这种系统过渡过程虽然是不振荡的，但是水质水量等干扰发生变化时系统调节速度缓慢，不能保证出水水质的稳定；而当 K_v 值较大时，则 ζ 值较小，这种系统过渡过程阻尼大，原水参数发生变化时，能迅速作出反应。但随 ζ 值继续减小，系统会发生衰减振荡且不断加剧，导致加药量频繁地大幅度变化，浪费药剂且可能导致出水水质恶化，严重影响生产。

4.1.7.3　新型混凝投药智能复合控制技术

上节的分析说明，常规的流动电流控制系统仍存在一定的缺陷，还应继续改进，其途径之一就是在此基础上发展智能复合控制技术，本节对此方面的研究与应用进展进行简单介绍。

水处理加药过程控制的最终目标，是通过对原水水质水量参数的分析，在线实时改变药剂的投加量，使出水满足各项水质指标，即通过不同的控制方法或控制算法，建立起原水参数与投药量之间的关系。由于絮凝过程是一个复杂的物理、化学过程，其复杂性不仅仅是表现在高维性上，更多的则是表现在系统信息的模糊性、不确定性、偶然性和不完全性上，目前还很难通过对其化学反应机理的研究，准确地建立过程的数学模型。而随着计算机迅速发展，计算和信息处理能力的不断提高，人工智能逐渐成为了一门学科，并在实际应用中显示出很强的生命力。人工智能的逻辑推理、启发式知识、专家系统等正是解决这些难以建立精确数学模型的控制问题的最为有力的工具，将其应用于非线性混凝投药控制系统的动态建模和辨识可不受非线性模型类型的限制。目前在原有的单因子流动电流混凝投药控制系统基础上，采用人工智能方法，已发展并应用了一种新型混凝投药智能复合控制技术，如图 4.22 所示。

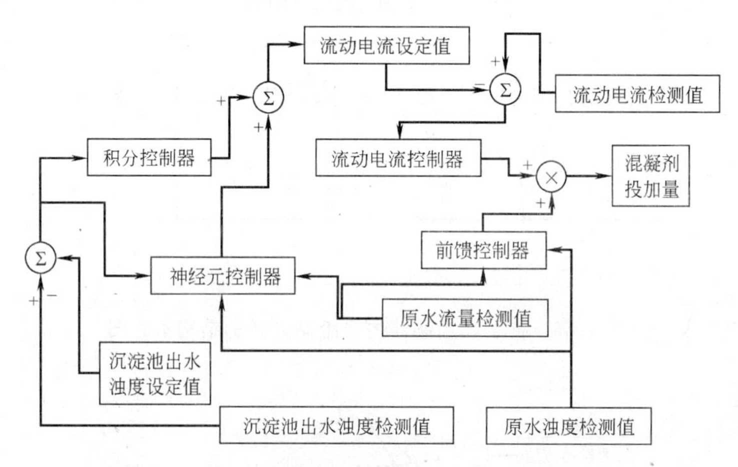

图 4.22 新型混凝投药智能复合控制系统结构示意图

（1）系统整体结构

以沉淀池出水浊度为最终控制目标，通过调整混凝剂投加量使沉淀池出水浊度合格。首先选取流动电流检测仪作为中间参数，将流动电流检测值与设定值的差值作为流动电流控制器的输入，引入原水流量和原水浊度作为前馈控制器的输入，流动电流控制器的输出与前馈控制器的输出复合，给出综合输出信号来控制混凝剂投加量。

沉淀池出水浊度检测值与沉淀池出水浊度设定值的差值作为积分控制器的输入信号，积分控制器采用积分算法根据输入信号和积分前值决定输出值，沉淀池出水浊度设定值由人工设定。神经元控制器是以原水浊度、原水流量、沉淀池出水浊度检测值与沉淀池出水浊度设定值的差值即沉淀池出水浊度偏差作为输入值，采用内模控制方式建立流动电流设定值偏差预测模型。神经元控制器的输出和积分控制器的输出复合自动修正中间参数设定值。

图 4.23 所示为神经元控制器内模控制方式的结构示意，其有两个神经网络，一个是神经元正模型，作为中间参数对象的仿真器，一个是神经元逆模型，作为控制器。在混凝投药控制系统稳定的情况下，用输入输出样本训练其神经元正模型，同时用神经网络学习神经元逆模型。将神经元逆模型的输出作为中间参数传递因子和神经元正模型的输入，将中间参数传递因子输出同积分控制器输出的流动电流设定值修正量相叠加，结果作为最终中间参数设定值偏差，并同时与神经元正模型的输出相减作为误差反馈到神经元逆模型的参考输入，构成闭环控制系统。

图 4.24 所示为神经元正向模型的结构示意，即利用多层前馈神经网络，通

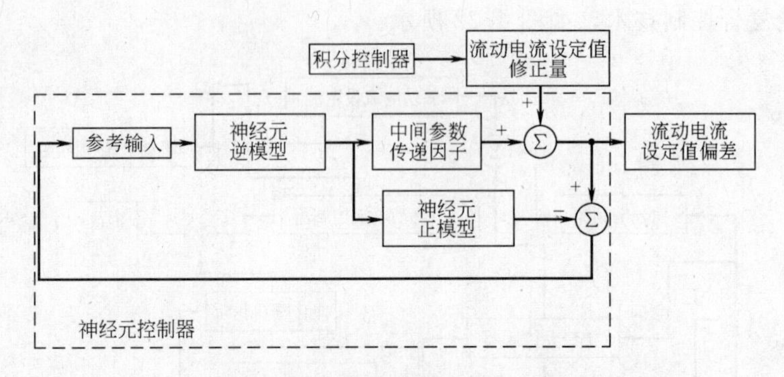

图 4.23　神经元控制器内模控制方式的结构示意图

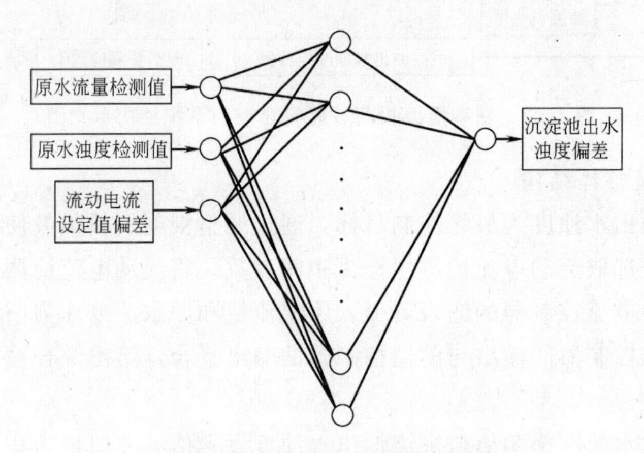

图 4.24　神经元正向模型的结构示意图

过训练或学习，使其能够表达系统正向动力学特性的模型。取原水浊度检测值、原水流量检测值、流动电流设定值偏差作为网络的输入层参数，其对应的沉淀池出水浊度偏差作为输出层参数。选取具有代表性的水厂运行数据对网络进行训练，在满足沉淀池出水浊度要求的误差精度的前提下，确定网络各层之间的连接权重系数，充分逼近被控对象的动态模型。

图 4.25 所示为神经元逆模型的结构示意，逆模型是以待辨识的系统的输出作为网络的输入，网络输出与系统输入作比较相应的输入误差用来进行训练，间接地学习对象的逆动态特性，使网络通过学习建立系统的逆模型。在逆模型中，仍取原水浊度检测值、原水流量检测值作为网络的输入层参数，同时取沉淀池出水浊度偏差和参考输入也作为输入层参数，而取流动电流设定值偏差作为网络输出层参数。仍按照网络训练的一般方法，选取有代表性的水厂运行数据对网络进行多次训练，获得网络各层之间的连接权重系数。

(2) 流动电流控制器

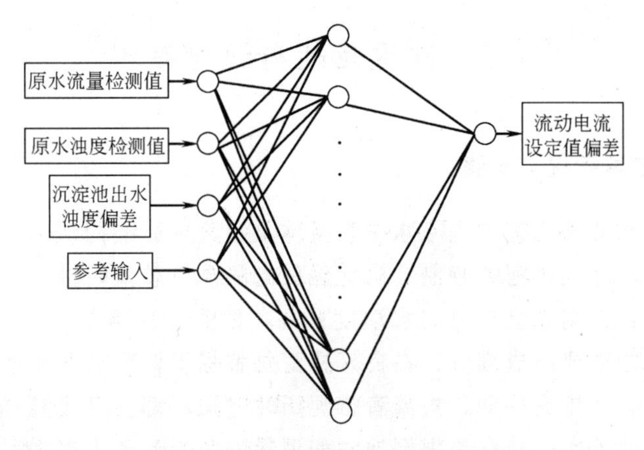

图 4.25 神经元逆模型的结构示意图

流动电流控制器部分可采用模糊控制和常规 PID 控制融合的方式，它具有 PID 控制器结构简单和模糊控制自适应能力强的特点。

模糊自整定 PID 控制就是要根据被控过程动态特性，按实际经验制定的模糊规则，推理出最佳系数，以达到最优控制目的。模糊自整定 PID 控制器结构如图 4.26 所示。

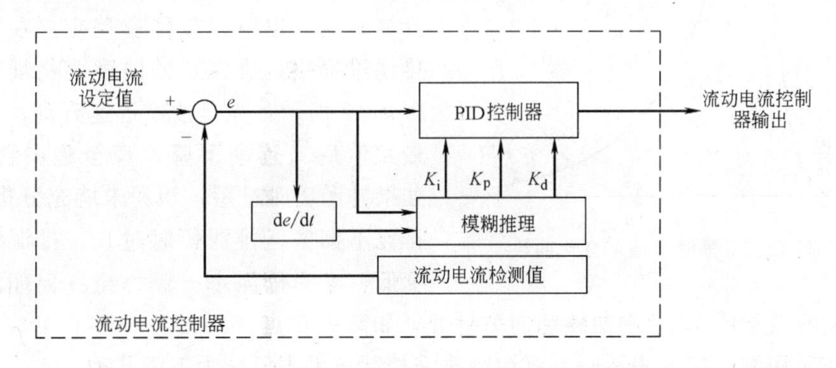

图 4.26 模糊自整定 PID 控制器结构示意图

将流动电流检测值与设定值的偏差 e 和偏差变化率 de/dt 作为模糊推理输入语言变量，PID 控制器参数 K_p、K_i 和 K_d 作为输出语言变量，同时结合实际工程经验归纳出不同阶段被控过程自整定规则。

该智能控制技术具有自适应、自诊断功能，能够为多变量、非线性的絮凝投药系统建立控制模型；且投药控制模型根据反馈值处于不断地自学习状态，克服了传统控制的单一性和公式修正的复杂性，可迅速反映水质和水量变化、减少滞后时间、增强控制系统与工艺的相关性、提高系统稳定性，因此会有更好的发展前景。

4.2　沉淀池运行控制技术

4.2.1　技术概况与分类

沉淀池是水处理工艺中去除水中絮凝体及粗大杂质的构筑物。沉淀池的运行控制，主要是沉淀池排泥的控制。沉淀池底的积泥必须及时排出，才能保证沉淀池的正常运行，否则就会导致出水浊度升高，发生水质事故。排泥水耗量较大，是水厂自用水的重要组成部分，在良好排泥的前提下，节约排泥用水是水厂经济运行的重要内容。排泥周期过短或者排泥历时过长，都会造成浪费。

排泥控制的基本内容就是根据池内积泥量的多少，来决定排泥周期、排泥历时等等。排泥周期是指两次排泥的时间间隔。排泥历时是指一次排泥所经历的时间。

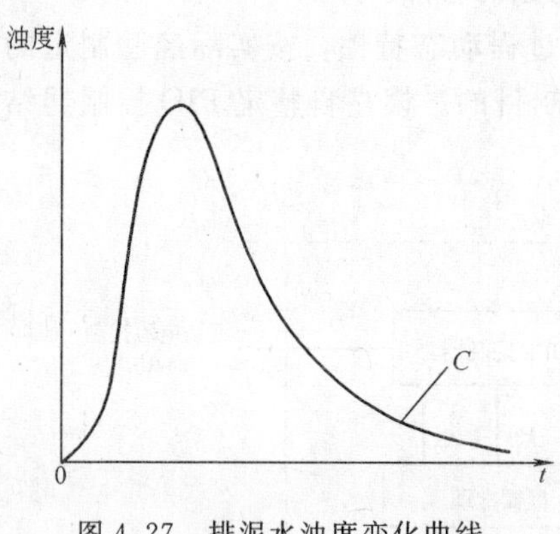

图4.27　排泥水浊度变化曲线

沉淀池排泥控制的技术关键是如何确定池内的积泥量，以及如何确定合理的排泥历时。积泥量可以用污泥界面计测量池内泥位确定，可以按进出水浊度计算确定，也可以按经验确定。在一次排泥过程中，排泥水的浊度变化规律如图4.27所示，先是浊度迅速升高，达到最大值后又逐渐下降，直至趋向稳定。如果排泥历时过短，积泥未能充分排净，排泥不彻底；排泥历时过长，排泥水浊度低，浪费排泥水。较为经济合理的排泥历时应位于图4.27中曲线趋向平缓处，如图中C点。

按采用的监控方法不同，沉淀池排泥控制技术主要分为下面几种。

(1) 按池底积泥积聚程度控制。采用污泥界面计进行在线监测，池底积泥达到规定的高度后，启动排泥机排泥；积泥降至某一规定的高度后，停止排泥。这种方法目前在生产上较少采用，主要问题在于沉泥界面的检测往往受到一些干扰，影响测定的准确性。提高泥水界面检测的准确性与可靠性，是该方法应用的关键。

(2) 按沉淀池的进水浊度、出水浊度，建立积泥量数学模型，计算积泥量达到一定程度后自动排泥，并决定排泥历时。数学模型的准确性是这种方法有效性的关键。

(3) 根据生产运行经验，确定合理的排泥周期、排泥历时，进行定时排泥。

这种方法简单易行，但不够准确。

上面几种方法可以单独使用，也可以组合起来使用。例如：建立积泥量数学模型，并根据生产经验确定一个允许的最大排泥周期。当按数学模型计算的排泥间隔小于允许最大周期时，按计算时间排泥；否则，按允许的最大周期排泥。依生产经验确定排泥历时允许的最短时间和最长时间，并在线检测排泥水浊度。若排泥水浊度达到规定值的时间短于允许的最短时间，则取允许最短时间为排泥历时；若排泥水浊度达到规定值的时间超过允许的最短时间并短于允许的最长时间，则取该实际时间为排泥历时；否则，取允许的最长时间为排泥历时，并自动报警，提示值班人员查找原因。

下面拟通过几个生产实例，更具体地了解沉淀池的控制技术及应用情况。

4.2.2 应用实例 1

南方某水厂，设计能力 $3\times10^5 m^3/d$，以长江水为水源，沉淀处理环节采用斜管沉淀池。设计中，对排泥问题很重视，因为排泥的好坏，必然影响沉淀池出水浊度。目前排泥有三种主要方式，即穿孔管排泥、积泥斗排泥和机械排泥，各有优缺点，考虑到该厂自动控制的需要，采用了便于自控的机械刮泥方法。每一组沉淀池设有直径为 13m 的中心传动刮泥机一台，池底中部集泥坑有 *DN*300 排泥管一根，并安装了气动蝶阀一只，由工业控制机自动控制。该沉淀池底部构造复杂，呈锅底形状，还有中心传动刮泥机，钢筋混凝土稳流板，UPVC 斜管等，难以安装泥位测定装置，所以不采用测泥位排泥的方案。采用的排泥控制方法如下。

（1）按周期定时排泥，人工设定排泥周期在 0～8h 可调；运行过程中按原水进水量、原水浊度、单位药耗、滤后水浊度等参数计算排泥周期，作为设定排泥周期的参考。

（2）排泥历时根据排泥水量确定，排泥水量可按下式计算（由于滤池采用了回收反冲洗水的技术，反冲洗水中的污泥最终在斜管沉淀池中回收，所以计算参数不取沉淀水浊度，而取滤后水浊度）。

$$Q_n = Q_r(T_Y - T_L + 1.31527\times C_h)/(1-98\%)\times 10 \tag{4.33}$$

式中 Q_n——排泥水量（m^3）；

Q_r——斜管沉淀池累积进水量（m^3）；

T_Y——原水浊度（NTU）；

T_L——滤后水浊度（NTU）；

1.31527——混凝剂三氯化铁的重量换算系数；

C_h——三氯化铁单位耗量（kg/km^3）；

98%——排泥水含水率。

该厂采用的排泥周期一般定为5h，排泥历时由式（4.33）及水力条件计算确定。

4.2.3　应用实例2

某水厂采用引进的设备建设，设计水量$2\times10^5m^3/d$。沉淀池共分两个系列，每一系列两组。每组沉淀池中装设有刮泥机12台（共计48台），设排泥阀12个（共计48个）。每一系列设调节阀一只，用于根据清水池水位来调节进入沉淀池的流量。下面以其中一组为例介绍沉淀池设备的控制方法及有关内容。

4.2.3.1　刮泥机控制

每两台刮泥机用一台电动机拖动，运动方向相反。刮泥机行走距离13m，行走速度为0.2～0.6m/min，速度调节是通过无级调速的行星线减速机上的手轮来实现的。刮泥机钢丝绳的张力为665kgf。

刮泥机控制采用继电器系统。在配电室配电盘上装有转换开关，可以选择自动控制，也可选择现场手动控制。在现场控制箱上还装有正转、反转、停止、指示灯及正反转终端，以及过负荷、过转矩、销子断（安全销）和刮泥机越限的提示显示。

刮泥机的正反转、运转与停止时间间隔，是靠行程开关和时间继电器来完成的。行程开关有两组，一组用于正反转控制，另一组当刮泥机越限时发出刮泥机越限（行程）信号。过转矩信号取自减速机的机械过力矩机构；销子断信号是用法兰盘边上的内装小弹子来实现的。正常时主动轴、从动轴、销子是同步转动的。一旦销子断裂从动轴变停止，主动轴转动时弹子离开挡片而被弹出，这时由弹出的弹子压动装在主动轴侧的行程开关，则行程开关发出销子断的信号。刮泥机过负荷信号用热继电器发出。以上这些刮泥机的动作和故障信号，均通过继电器接点送至中心控制室操作台和计算机。

4.2.3.2　沉淀池排泥控制

沉淀池共有48只排泥阀，分为四组。每12只排泥阀由一个控制单元进行控制。在控制单元内部由电子线路和出口组成，能实现按时间自动控制排泥。控制单元面板上有6只旋扭是用来整定排泥历时与排泥周期的。旋扭都是十进制。上面3只整定排泥历时，最小可整定到秒；下面3只整定排泥周期，最小可整定到分。由小指示灯显示输出的6个回路中哪一路有输出（正在排泥）。通过三位十进制数码显示，指示上次排泥完毕到现在的时间。除此以外在控制单元面板上还装有小型转换开关，用以完成手动与自动转换或在控制单元上进行手动控制。

排泥阀采用气动快开阀。由控制单元给出的控制信号控制装于就地电磁阀箱内的电磁阀，再由电磁阀控制排泥阀。12只信号灯装在电磁阀箱上，受在气动阀门上的行程开关控制，阀门全关时灯亮。其他三组控制与此完全相同。

4.2.3.3 沉淀池流入量的调节

进入沉淀池的水量是根据清水池的水位进行调节的，在每一系列沉淀池的 $DN1000$ 进水管道上装设一台电动调节阀，所用电机功率为 2.2kW。

调节阀控制可在三处进行：现场在阀门本体上可对阀门开度进行手动调节；在配电室配电柜上装有控制开关，可对调节阀进行手动控制；在中心控制室装有单回路调节器，除对调节阀进行自动控制外，也能对调节阀实现手动控制。至于采取在何地进行控制，由配电室转换开关的位置决定。自动控制还是手动控制，由中心控制室的转换开关和单回路调节器的开关决定。

调节器输入两个信号，一个是根据清水池水位演算得出的流量 F_1，代表进入沉淀池的流量；另一个是由超声波流量计测出的实际出厂水流量 F_2（反馈流量）。当 $F_1<F_2$ 时，清水池水位有下降的趋势，因此令调节器输出使阀门开度加大，增加进入沉淀池水的流量；反之，当 $F_1>F_2$ 时，输出使阀门开度减小。

4.2.4 应用实例 3

在东北某水厂，采用可编程控制器，进行沉淀池排泥自动控制。

原斜板沉淀池排泥采用手动阀门人工排泥，$DN200$ 的排泥阀门共有 12 个，因而排泥时每班需 2 个工人操作。从开启阀门到关闭阀门排泥结束，历时约 6min 左右。此种方式劳动强度较大，而且排泥时还须将沉淀池停止，以便清扫泥渣。

为此，进行了技术改造，采用较简易的气动控制系统，即用一台小容量的无油空压机和空气过滤减压器，而执行机构采用气动对夹式蝶阀。采用气动设备的原因在于其故障率较电动设备低；总费用则比采用电动蝶阀系统省得多。

沉淀池的自动排泥方式，是使每个阀门按时间间隔顺序控制。其编程用了 2 个计时器，3 个计数器，6 个内存继电器。

当需要修改排泥周期时，只要变更网络程序中的计数寄存器的设定值，就可以使排泥周期增长或减少。并设有为排泥自动控制投入或停止的控制开关。

另有为设置排泥时间用的给定寄存器和计数器。当需自动排泥时，就先启动空压机，在储罐内受压气体达到 5kgf/cm^2 时，排泥阀由二位五通电磁阀和可编程控制器控制运行。排泥结束后，空压机即停止运行。在需要时，也可以手动控制排泥。

控制排泥阀启闭顺序工作，是采用了内部时序器。

沉淀池排泥经改造后，生产运行多年证明效果良好。原沉淀池的手动排泥阀门，开启缓慢，池底的沉积物甚多，导致排泥效果不佳，从而影响了沉淀效果。当改用气动对夹式蝶阀后，由于气动蝶阀的动作时间短，水流急骤，使池内沉积物很快排空，冲刷干净。而且由于缩短了每个阀门的排泥时间（原先手动控制时需 6min 左右，现在只需约 30～60s，使排泥水量大为减少。另外，虽然增加了空压机，但它的运行与排泥周期相配合，不需要连续运行，只需在排泥开始前3～4min时启动，排泥结束后立即停止，大为减少了运行费用。

4.2.5　应用实例4

在某黄河高浊度水厂，采用直径100m的辐流式沉淀池，对沉淀池的运行采用计算机自动控制。排泥的依据是如下几个数学模型。

(1) 积泥量计算

根据进水含沙量和出水浊度计算积泥量：

$$S=10^{-3}q(F-1.8\times10^{-3}T) \tag{4.34}$$

式中　S——积泥量（t/h）；

q——出水流量（m^3/h）；

T——出水浊度（度）；

F——进水含沙量（kg/m^3）。

(2) 连续排泥流量计算

$$q_s=\frac{10^2S}{F_s-F}+7850r \tag{4.35}$$

或

$$q_s=\frac{q(F-1.8\times10^{-3}T)}{F_s-F}+7850r \tag{4.36}$$

式中　q_s——排泥水流量（m^3/h）；

F_s——排泥水含沙量（kg/m^3）；

r——池内浑液面升高速率（m/h）。

(3) 排泥历时计算

排泥历时按下式计算：

$$t_s=0.115q_s^{0.734} \tag{4.37}$$

$$t_s=0.115\left[\frac{q(F-1.8\times10^{-3}T)}{F_s-F}+7850r\right]^{0.734} \tag{4.38}$$

式中　t_s——排泥时间（s）。

为了进行排泥控制，每小时按式（4.34）中的数学模型计算一次沉淀池的积泥量。如果积泥量达到250t/h，就按连续排泥方式排泥，排泥流量按式(4.35)、(4.36）确定；否则按间歇排泥控制，排泥流量公式同连续排泥方式，排泥历时由式（4.37)、(4.38）确定。排泥结束后，计算机将积泥量等数据都清零，开始下一个排泥周期计算。

4.3 滤池的控制技术

4.3.1 滤池控制的基本内容与基本方式

滤池的自动控制基本上包括过滤、反冲洗两个方面，其中以反冲洗为主。由于各种滤池的构造、原理、反冲洗方式等不同，控制内容与方法也有差别。在采用的技术方面，主要有水力控制与机电控制两类。前者在相关的水处理课程中已有一定的介绍。在本节中主要通过一些实例介绍当采用单纯水洗时的机电控制技术，特别是微电脑智能化控制技术的应用情况。

滤池的单纯水反冲洗控制可以有不同的方式。控制方案要解决如何判断反冲洗开始和反冲洗结束。

反冲洗开始有下列方式判断。

滤后水浊度监控。连续检测滤池出水的浊度，当滤后水浊度达到设定值时开始反冲洗。

滤池水头损失监控。连续检测滤池的水头损失，当水头损失达到设定值时开始反冲洗。

定时控制。根据经验设定滤池工作周期，当达到周期规定的时间后开始反冲洗。

反冲洗结束有下列方式判断。

反冲洗水浊度监控。连续检测滤池反冲洗排水的浊度，当该浊度降到设定值时结束反冲洗，使滤池投入过滤工况。

定时控制。按经验设定滤池反冲洗历时，当达到规定的反冲洗时间后结束反冲洗，使滤池投入过滤工况。

上述滤池反冲洗的开始与结束的控制方式可以交叉组合应用，也可以将几种方式共同应用，当其中的条件之一达到时，即应当开始或结束反冲洗。另外，控制系统还应具有随时人工指令强制反冲洗的功能。

反冲洗进行的方式有采用各格滤池连续顺序进行的，也有采用各格滤池分别按各自的条件控制、独立进行反冲洗的。

一般在生产上不允许多格滤池同时反冲洗，在控制系统上应当采取相应的限制措施。

4.3.2 虹吸滤池的运行控制实例

虹吸滤池是被广泛采用的一种滤池形式，传统上其自动控制方式以水力控制为主，在实际运行中存在一些不足之处，待滤水浪费很大就是一个问题，它表现在：

（1）滤池在反冲洗前的待滤水（池内水深约1.5m）要被排水虹吸排掉；

（2）反冲洗时，要等滤池水位下降至进水虹吸的破坏管露出水面，进水虹吸才能被破坏，这段时间内的进水也要被排掉；

（3）经常会出现两格或两格以上的滤池同时进行冲洗，造成反冲洗水量不足，使冲洗强度不够，不但浪费待滤水，而且容易使滤料板结，缩短滤池使用周期；

（4）冲洗时间不好调节，时间控制精度也不够，容易造成过冲洗或欠冲洗。

采用机电自动控制系统，上述问题可以得到解决。下面介绍一个应用实例。

以可编程序控制器为核心，以U形气水切换阀为执行元件，进行虹吸滤池运行的自动控制。

根据不同的工艺条件，可以按下列3种方式控制虹吸滤池的运行。

（1）自动控制方式：根据各格滤池水位（滤池水头损失）上升到达反冲洗水位的先后顺序进行操作，依次控制滤池的反冲洗。

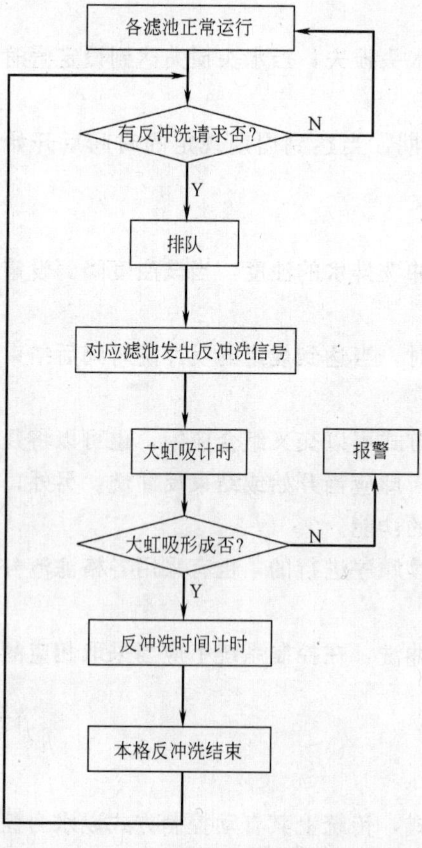

（2）定时控制方式：以每格滤池的过滤时间为依据进行反冲洗控制，每当滤池工作达16～24h（可调）时进行一次反冲洗。

（3）手动控制方式：由值班人员根据具体生产情况，手动选定某格或某几格滤池反冲洗，反冲洗过程由控制装置指令自动完成。下面着重介绍自动控制运行方式。

在每格滤池都装有浮球液位检测装置以检测滤池运行工况。过滤周期后期，当滤池水位上升到反冲洗水位时，液位检测装置发出反冲洗信号，由控制装置控制执行机构完成此格滤池反冲洗过程。即：1）破坏小虹吸；2）形成大虹吸；3）反冲洗计时；4）破坏大虹吸；5）形成小虹吸；6）反冲洗完毕（滤池恢复正常过滤）。当有两格或两格以上滤池到达反冲洗水位时，控制装置根据各池水位到达的先

图4.28　虹吸滤池自动控制反冲洗流程

后次序按先到先冲的原则，依次对此部分滤池进行反冲洗。为保证冲洗强度，反冲洗时间从大虹吸形成后开始计时，并保证每次只冲洗一格。自动控制流程如图 4.28 所示。

与自动控制方式相比较，定时控制方式和手动控制方式仅控制条件不同，执行部分及其动作情况均相同。

水位检测装置采用干簧浮球液位控制器。如图 4.29 所示。

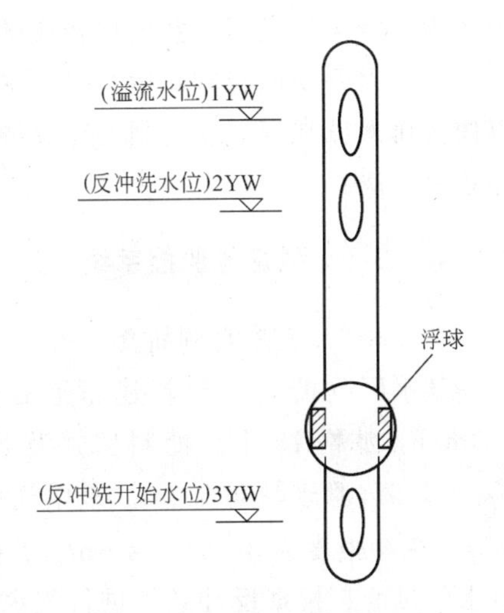

图 4.29　水位检测装置

对图中各控制水位信号说明如下：

1YW：溢流水位信号，反冲洗装置失灵或其他原因引起滤池水位上升到此水位时，控制装置发出声、光报警信号，告戒值班人员须进行事故处理操作；

2YW：反冲洗水位信号，当滤池水位上升到此水位时（即水头损失达到规定值时）发出信号，由控制装置自动对该格滤池进行反冲洗；

3YW：反冲洗开始水位信号，在反冲洗过程中，当大虹吸形成后，水位下降到此水位时，发出信号，反冲洗由此开始计时，以保证反冲洗强度。

上面介绍的装置，还存在不足，反冲洗开始前的待滤水仍被浪费掉了。为了减少这一浪费，可以进行如下改进。

（1）当滤池滤速下降至设计时规定的滤速（如 8m/h）以下时，进水量大于出水量，滤池水位上升，水位上升到达最高点时，要强制破坏进水虹吸，即打开电磁阀，使进水虹吸因进气而被破坏停止进水。令滤池在无进水情况下，池内水靠重力继续过滤，滤池水位开始下降。

（2）约 5～8min 后，水位下降至某一规定值时，启动排水虹吸，滤池内的水通过排水虹吸管排出池外。后续过程与前面的介绍相同。使用该种控制方式后，每格滤池冲洗一次便可节约待滤水数十吨。

这种虹吸滤池控制装置具有以下的特点：

（1）采用了可编程序控制器，功能丰富，工作可靠，维修方便，使用简单；

（2）可塑性强，在生产过程中可根据工艺需要，调整运行状态及各控制参数；

（3）能对 12 格以下（含 12 格）的虹吸滤池组进行控制；

（4）为了保证冲洗强度，每次仅冲洗一格滤池；

（5）可根据各格滤池发出的反冲洗信号的先后次序进行排队，依先到先冲的原则，依次对各格滤池进行反冲洗；

(6) 反冲洗时间可在5～7min范围内设定；

(7) 有报警系统，能判断运行中出现的一些事故，如滤池水位到达溢流水位、大虹吸未形成等，并发出相应的声、光信号；

(8) 以手动控制方式运行时，在手动输入反冲洗信号后，对应信号灯闪光，以便操作人员观察；在达到一定反冲洗强度后，发出音响信号，以提醒操作人员停止反冲洗。

4.3.3 V型滤池监控系统

4.3.3.1 工艺实例简介

某水厂改扩建工程新建滤池处理能力为$13\times10^4m^3/d$。滤池设计滤速为8.0m/h，滤格10个。滤料采用均质石英砂滤料，滤料粒径0.95～1.35mm，$K_{80}=1.6$，滤床厚度1.2m。采用气水反冲洗，反冲洗气冲强度为14～16L/(s·m^2)，水冲强度为3～6L/(s·m^2)。要求计算机监控系统能够全自动控制滤池的恒水位过滤、根据反冲条件进行气水反冲洗。

4.3.3.2 监控系统布局

滤池计算机监控系统硬件采用美国OPTO公司提供的带局部控制器、开放式结构、前端I/O高度智能、分布式控制系统DCS。系统硬件配件如图4.30所示。计算机与受控设备之间采用OPTO SNAP系列带控制器的分布式智能I/O产品。共设2台控制器，控制器1监控10个滤格，控制器2监控4台风机、4台反冲洗水泵、130个排泥阀。

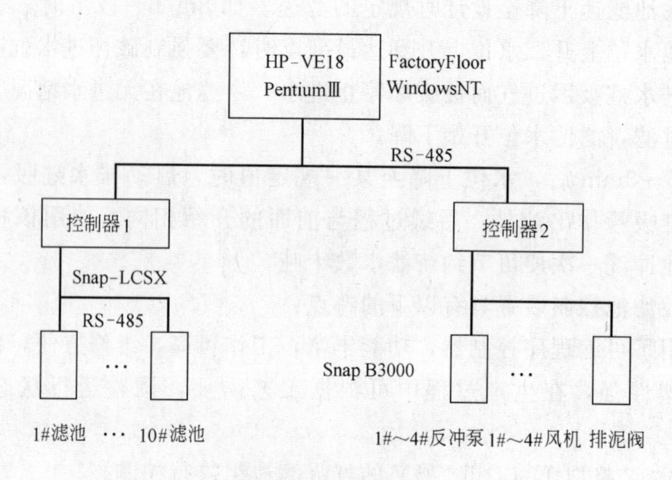

图4.30　新滤池监控系统硬件配置

4.3.3.3 监控应用软件包

监控应用软件由三大部分组成：控制程序、监控画面、数据服务器。

(1) 监控逻辑模型的建立

监控逻辑模型的建立是编制监控应用软件的必要前提。而建立的依据，则是对象设备的控制原理及生产工艺要求。首先根据滤池监控系统设计要求及硬件布线图，对 Snap I/O 定义模板地址及通道变量。建立数据字典后即可按照设备、功能划分设计控制逻辑。本新系统配置 2 台控制器，每个控制器编制一套程序进行实时监控。任务分配如下：控制器 1 监控滤池 1＃～10＃，控制器 2 监控反冲洗水泵 1＃～4＃（含变频器）、风机 1＃～4＃（含变频器）、絮凝沉淀池排泥阀五组共 130 个。

(2) 策略的组织与分布

每个控制器设计一套控制程序（称之为策略），每个策略由多个流程表 (Flow Chart) 分时执行。其中启动表（Power up）是系统必备的。设计时按设备及任务功能的划分定义若干流程表。策略下载至控制器后，控制器上电时由启动表启动各个设备表、功能表；设备运行过程中发生故障则由报警表停止设备表，进行故障处理。

(3) 控制器 1 的运行

控制器 1 监控 10 个滤格的恒水位过滤、根据反冲洗条件进行气水反冲洗。过滤过程主要是控制进水阀全开、出水阀开度可调，以保持滤池水位恒定。

滤池 4 种工作状态：过滤（状态标志 1），等待（状态标志 2），反冲（状态标志 3)；停止（状态标志 4）。4 种状态的含义是：过滤，恒水位控制（3.25 米)；等待，进入反冲等待队列，在等待过程中仍进行恒水位控制；反冲，反冲等待队列的第一个，进行“气—气水—水”反冲洗；停止，关闭进水阀、出水阀及其他所有阀门（气冲阀、水冲阀、排水阀，排气阀)，若该池原来正在反冲，还要关风机、关反冲泵。4 种状态的转换过程如下：控制器系统上电时，10 个滤池设置的初始状态为过滤态（标志 1），按 3.25m 恒水位控制的目标进行出水阀开度控制。当某个池到达其反冲条件之一，即定时冲洗信号（初值 48 小时），或水头损失信号（初值 2.5m），或手动强冲信号（操作员在控制面板上按强冲键），则将该池转为等待态，其池号进入等待反冲队列中排队。将等待反冲队列中的第一个设为反冲态，进行反冲洗，其他处于等待状态的滤格仍进行恒水位控制过滤。该功能由“状态表”实现。滤池处于以上三种状态的任一种时，若操作员按动监控画面的“停止”键，则该池退出原有状态，进入停止态；滤池处于停止态时，若操作员按动监控画面的“启动”键，则该池退出停止状态，重新回到过滤态。该功能由“报警表”实现。

恒水位控制。控制器系统上电时，10 个滤池设置的初始状态为过滤态，每个池分别按3.25米恒水位控制的目标进行出水阀控制。出水阀为气动阀，只有开、关阀数字信号，无阀位值控制信号，故采取软件离散PID算法，计算出水阀开、关的变化量，由时间长短控制阀门的实际位置。具体参数如下：给定值3.25（可调），反馈值为滤池当前水位，采样周期 $T=5s$，$G=40$ $I=0.4$ $D=0.02$（可调）。离散PID算法的公式：$outp=G^*[(e_2-e_1)+I^*T^*e_1+D^*(e_2-2e_1+e_0)/T]$。outp：本次扫描时间 T 输出的阀门改变值；G：增益；I：积分常数；D：微分常数；T：时间常数；e：Input-Setp（实际水位—设定水位）；e_2：当前的 e；e_1：时间 T 前的 e；e_0：时间 $2T$ 前的 e。在实际控制中，考虑到气动出水阀动作有0.1的机械死区，程序对太短的开、关时间暂时给予存储，累积超过0.2秒才一次性地输出。为防止出水阀过于频繁的调节，对水位偏差小于0.02米且输出量小于0.08秒的输出放弃。

队列表。本表启动队列中第一个池的反冲，反冲完毕后从反冲队列出列，以及过滤状态设置。进入反冲等待队列（队列元素变量名为queue1～queue10）的滤池，若某池处在反冲等待队列中的第一个（queue1），则启动该池对应的“反冲表”进行“气—气水—水”反冲洗。等到“反冲表”已停止（表示已成功冲洗完毕或中途因故障，操作员按动“停止”键而退出该池的反冲），将该池号从反冲队列中出列，该池进入过滤状态。反冲等待队列中其他成员则相应往前移动一个位置（queue2→queuq1，queue3→queuq2，…，queue10→queuq9），然后重复以上的任务。该功能由“队列表”实现。

出水阀保护表。本表是过滤表的辅助表。由于过滤表运用离散PID算法不断计算并控制10个池出水阀的开、关，而阀门全开后必须禁开，全关后必须禁关。为简化保护程序，专门设置出水阀保护表，一直轮流检测10个池出水阀的状态，全开后禁止发开命令、全关后禁止发关命令。

等待表。前面提到，对处于等待状态的各格滤池仍然进行恒水位控制，目的是尽量不影响供水生产。为节省滤池进入反冲状态后等待水位从过滤水位降至反冲水位所需的时间，考虑设置了本表，对处于反冲等待队列的第二个池（queue2）进行降水位预处理：全关电动进水阀，水位高于2.85米则全开出水阀、水位低于2.80米则全关出水阀（防止水位过低，露出滤沙）。

报警表。10个池的故障信号由各自池的反冲表产生，由本报警表处理。首先判断是否阀门有故障，若有，则设置处于非停止态的池为过滤态；其次判断用户有无按停止键，若有，则设置该池为停止态，关闭所有阀门，包括进水阀、出水阀、气冲阀、水冲阀、排水阀、排气阀，若该池原来正在反冲，还要关风机、关反冲泵；接着判断该池是否为停止态且用户按启动键，若有，则设置该池为过滤态，设置出水阀自动方式；最后判断用户有无按清故障键，若有，则清除故障报警信息。

反冲表。每个池均有一个反冲表，控制滤池“气—气水—水”三段式反冲。10个池的反冲表程序是相同的。以1#池为例作说明。该表在滤池需要反冲时由队列表调用。反冲洗流程见表4.2。

滤池反冲洗流程 表4.2

步骤	条件	操　　作
1	该反冲表被启动	进水阀停止进水；全开出水阀，定时1min
2	滤池水位降至2.8m或定时时间到	全关出水阀，停止出水；排水阀开始排水
3	排水阀全开30s后	开气冲阀；气冲阀全开后按设定的风机频率申请开两台风机进行气冲
4	气冲3min后	开水冲阀；水冲阀全开后按设定的反冲泵频率申请开一台反冲泵进行气水反冲
5	气水反冲4.5min后	申请停两台风机；开排气阀，关气冲阀；申请加开一台反冲泵进行水冲
6	水冲4.5min后	申请停两台反冲泵；关水冲阀；关排气阀
7	水冲阀关到位	排水阀停止排水；进水阀开始进水；出水阀根据滤池水位，全自动调节阀门开度；将该滤池标志置为过滤态；过滤周期计时器开始计时

(2) 控制器2的运行

控制器2监控1#～4#反冲泵及1#～4#配套变频器，1#～4#风机及配套1#～4#变频器，五组共130个排泥阀。控制策略包括如下各表（charts）。

上电表（Powerup）。它启动以下表：反冲泵报警表1～4（共4个）、风机报警表1～4（共4个）、反冲泵选择表、风机选择表、反冲泵控制表（共4个）、风机控制表（共4个）、反冲泵/风机自动态选择表、排泥阀选择表。同时启动排泥定时器。

反冲泵报警表1～4（共4个）。每台反冲泵均有一个变量接收开、停反冲泵运行状态中发生的报警信息。以1#反冲泵为例，变量名bp1 _ alm，各bit代表的含义如图4.31所示。这些故障信号由风机控制表产生，由风机报警表处理（故障则停机），并提示用户按复位键应答。

风机报警表1～4（共4个）。每台风机均有一个变量接收开、停风机运行状态中发生的报警信息。以1#风机为例，变量名fj1 _ alm，各bit代表的含义如图4.32所示。这些故障信号由风机控制表产生，由风机报警表处理（故障则停机），并提示用户按复位键应答。

反冲泵选择表。全自动方式下，4台反冲泵的开、停泵命令由本表发出。其开启顺序为1#→2#→3#→4#→1#→…，每发生一次开停事件，轮流1个

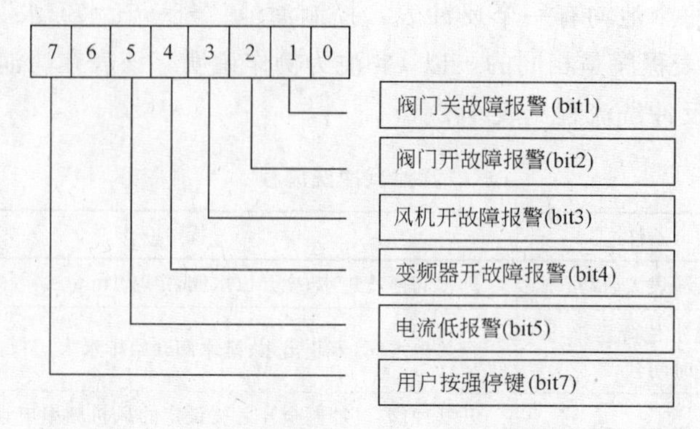

图 4.31　反冲泵变量 bp1 _ alm 各位代表的含义

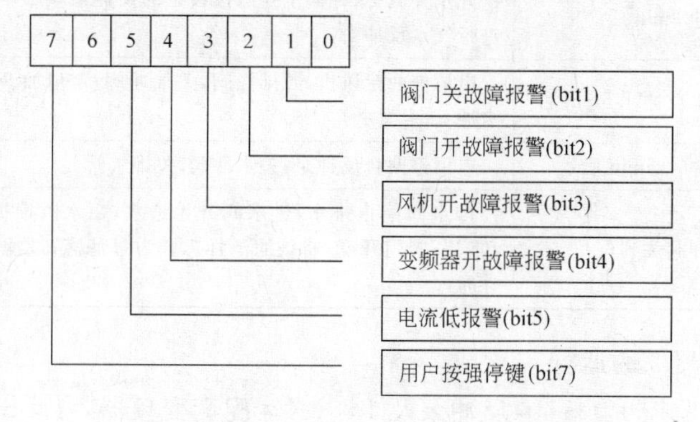

图 4.32　风机变量 fj1 _ alm 各位代表的含义

编号；若该台设备故障，则继续开下一台。本表同时根据滤池来的水冲频率、水泵台数的要求开停反冲泵设备。

风机选择表。全自动方式下，4台风机的开、停泵命令由本表发出。其开启顺序为1#→2#→3#→4#→1#→…，每开停一次，轮流1个编号；若该台设备故障，则继续开下一台。本表同时根据滤池来的气冲频率、风机台数的要求开停风机设备。

反冲泵控制表（共4个）。反冲泵有两种工作方式：1）全自动（全自动—开、停某台泵的命令来自滤池分系统的滤池反冲进程。这种方式是反冲泵缺省的工作方式）；2）自动（自动—由操作员在监控画面上用鼠标单击控制键发出开、停某台泵的命令。这种方式一般是单机调试时用）。反冲泵控制表接收这两种方式发来的开、停泵命令后，执行相应泵及其变频器的控制操作。总之，4台反冲泵的开、停泵命令由反冲泵选择表（全自动方式）、反冲泵、风机自动态选择表（自动方式）发出。4台反冲泵的控制逻辑相同，以1#反冲泵为例，其控制逻辑如下：反冲泵开泵流程，开泵命令到→阀门全关→开泵，延时2秒→开变频器→

20 秒后变频器电流＞20A（约为正常运行值的一半）→开阀门→40 秒定时时间内阀门全开→开泵过程结束；反冲泵停泵流程，停泵命令到→关阀门→40 秒定时时间内阀门全关→停变频器→30 秒定时时间内电流＜1A→延时 3 秒→停泵电机，停泵过程结束。

风机控制表（共 4 个）。风机有两种工作方式：1）全自动（全自动—开、停某台风机的命令，来自滤池分系统的滤池反冲进程。这种方式是风机缺省的工作方式）；2）自动（自动—由操作员在监控画面上用鼠标单击控制键发出开、停某台风机的命令。这种方式一般是单机调试时用）。风机控制表接收这两种方式发来的开、停风机命令后，执行相应风机及其变频器的控制操作。总之，4 台风机的开、停机命令由风机选择表（全自动方式）和反冲泵、风机自动态选择表（自动方式）发出。4 台风机的控制逻辑相同，以 1＃风机为例，其控制逻辑如下：风机开机流程，开机命令到→阀门全关→开风机，延时 2s→开变频器→20s 后变频器电流＞20A（约为正常运行值的一半）→开阀门→40s 定时时间内阀门全开→开机过程结束；风机停机流程，停机命令到→关阀门→40s 定时时间内阀门全关→停变频器→30s 定时时间内电流＜1A→延时 3s→停风机，停机过程结束。

反冲泵、风机自动态选择表。自动态下，4 台反冲泵的开、停泵命令由本表发出。由操作员在反冲泵监控画面上用鼠标单击控制键发出开、停某台反冲泵的命令，整个开泵、停泵过程由程序自动完成（由“反冲泵控制表”实现）。自动态下，4 台风机的开、停机令由本表发出。由操作员在风机监控画面上用鼠标单击控制键发出开、停某台风机的命令，整个开风机、停风机过程由程序自动完成（由“风机控制表”实现）。

排泥阀选择表。该表的作用是一直循环检测是否排泥周期到，或者用户在排泥阀监控画面上用鼠标单击“排泥”键，若是，则由该表启动排泥阀控制表，进行排泥阀自动排泥。在排泥过程中用户在监控画面上按“强停”则可以由该表停止排泥阀控制表，中止排泥。

排泥阀控制表。排泥阀共 5 组 K1～K5，每组 26 个（编号 I＝1～26），一个排泥周期共开关 26 次，第 I 次为 5 组的第 I 个，即每次同时开/关 5 个阀门。排泥阀排泥周期（初值，可在监控画面上更改）：1＃～6＃排泥阀 T1：60s，7＃～17＃排泥阀 T2：90s，18＃～26＃排泥阀 T3：60s。在规定时间内，若 5 个排泥阀中的任一个没有全开信号，则提示故障，用户可以根据监控画面上的故障信号对相应排泥阀进行维修，并在监控画面上按“清故障”键。

（3）显示画面的组织

用户图形界面包括新滤池系统总图、1＃～10＃滤池监控图（共 10 幅）、1＃～4＃反冲泵监控图、1＃～4＃风机监控图、排泥阀监控图。每幅图均含监测画面和控制按键。控制功能分全自动和自动两种。该人机界面是操作人员与监控系统的接口。

计算机监控系统启动后，首先出现的是滤池全貌图，该图对整个滤池车间的主要状态和参数进行监测，包括：滤池状态，风机状态，反冲泵状态，等待反冲队列。滤池状态如滤池控制方式，滤池工作状态（过滤、等待、反冲、停止），滤池水位，过滤时间。风机状态如风机控制方式，风机启运行状态，风机故障报警灯。反冲泵状态如反冲泵控制方式，反冲泵启运行状态，反冲泵故障报警灯。

4.4　氯气的自动投加与控制技术

加氯是现行常规水处理过程中确保水质不可缺少的重要环节。水处理的氯气投加分为前加氯和后加氯。前加氯在原水的管路上进行投加，其主要目的在于杀死原水中的微生物或氧化分解有机物；而后加氯则一般在滤后水的管路上投加，其主要目的是起消毒作用。

正确选择和使用可靠的加氯设备，是保证加氯安全和计量准确的关键。为了满足不断提高的城市供水水质标准的要求，提高加氯系统的安全可靠性，降低操作工人的劳动强度，提高水中余氯的合格率，应积极采用先进的氯投加设备与控制技术。

4.4.1　氯投加系统与设备

在水处理过程中，一般都用液态氯作为消毒剂，氯气的投加方式主要可分为两种形式：即正压投加和负压投加。传统的加氯方式多采用正压投加。采用正压投加时，由于所有的投加管线都处于正压状态，一旦发生故障或者管线破裂，容易出现氯气泄漏事故，安全可靠性低、设备维护量大。而负压投加，由于所有的投加管线都处于负压状态，即使管道出现破裂，也不会出现泄氯现象，具有很好的安全可靠性。

以某水厂为例，整个加氯系统的投加工艺为：液氯分装在8个约半吨重的氯瓶中，分为两组，每4个氯瓶连接成一组，一用一备，采用自然蒸发和电阻加热丝辅助加热的方式向系统供气。在氯瓶压力下，氯由某一组工作气源流出，流经氯瓶的出口管道时，由管道上缠着的电阻加热丝加热，以提高液态氯气化的速度，并经过气液分离器，将液氯中杂质分离出来。加氯时，依靠水射器所产生的真空作用，氯气通过真空调节器、自动切换装置进入加氯机，加氯机控制器给出的控制信号调节输氯量，使氯气顺着水射器形成的负压管路输送到投加点，在投加点处与水形成氯溶液注入管道中。当工作气源气压降低到一定程度时，自动切换装置动作，同时关闭工作气源，启用备用气源，以保证供气的连续性。整个加氯系统如图 4.33 所示。

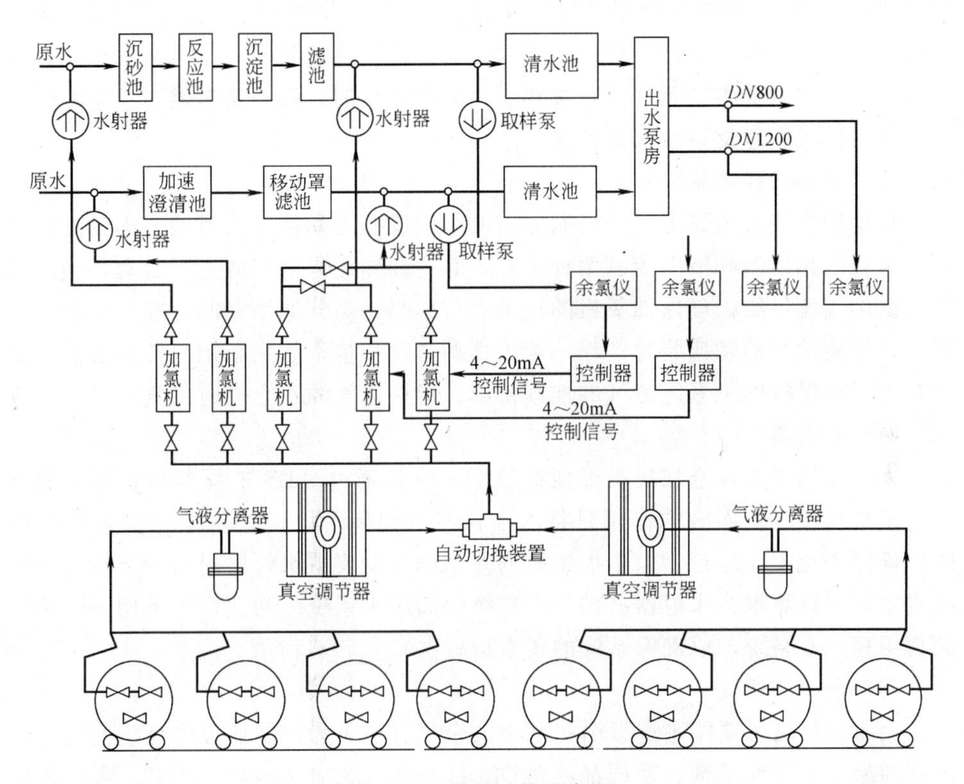

图 4.33 加氯系统示意图

根据负压投加的原理，真空加氯机加氯系统由气液分离器、真空调节器、加氯机、取样泵、余氯分析仪、水射器、漏氯检测仪等组成。

(1) 真空加氯机

加氯机主要是对氯气投加的流量大小进行调节和控制，氯气流量大小的调节一般采用差动调节方式。

差动调节根据的原理是只要通过测量孔的压降不变，通过测量孔的气体流量只是孔面积的函数。利用这个原理，加氯机将一个可以把容器内压力减小到所需的负压水平的真空调节器和一个能保持测量孔压降恒定的差压稳压器相连，使通过测量孔的压降与系统内的其他任何压力降或压力变化无关。这种调节方式容易实现，可以进行非常准确的控制。

(2) 真空调节器

真空调节器是一种由弹簧驱动的装置。其内部的真空节流阀调节进气阀，将气源送出的氯气进行由正压到负压的转换，使氯气在负压状态下被安全输送到投加点，并减少供气管路中氯气液化的可能性。根据氯气的液化特性，当氯气的压力为0.7MPa、温度低于27℃时将发生液化；而当压力为0.2MPa时，液化要在温度低于2℃时才发生。所以当设备性能受氯气压力影响时，真空调节器将可以有效地达到减少液化结冰的目的。同时，真空调节器还具有一个电阻加热器，可以对流入真空调节器的氯气进行加热。使用和安装时，真空调节器应尽量靠近气源，以对供气管道提供最大量的保护。

(3) 自动切换装置

自动切换装置内部由一个控制器、两个隔膜压力切换开关及两个电动球阀组成，可分气相控制和液相控制两种方式，其主要作用是对气源进行自动切换，保持气源的连续供给，确保加氯机的连续运行。当一组气源用完时，氯气压力达到某一设定值，自动切换装置动作，两组气源自动切换，使用备用气源为加氯机提供氯气，以保持整个系统氯气的连续供给。但两组气源不会同时供气。

(4) 水射器

水射器用于为真空加氯机形成高真空，它们通过ABS工程塑料管和止回阀与加氯机相接。止回阀的作用是将水与供气管路隔开，防止水流入加氯系统管路，确保系统安全运行。由于加氯机的差动调节需要由水射器提供一个较为稳定的真空，这就要求为水射器提供一个连续的高压水系统。为此，可采用一个独立的自用高压水系统，以确保系统的正常运行。

(5) 余氯分析仪

余氯分析仪主要用来连续测量水中的余氯含量，为控制器提供余氯信号。采用冰醋酸作为缓冲试剂，使样品溶液的pH值保持在4.0～4.5之间，测量范围可根据用户需要选择。样品溶液由取样泵以大约500mL/s的速率送到水样过滤器（多余通过溢流器排出），到达测量室，与余氯分析仪测量室的金电极、铜电极形成一个敏感的电解槽。在水样通过两个电极之间的环状空间时，就会在两个电极间形成一个与余氯值成线性关系的小电流，这个小电流经过仪器电路的放大和温度补偿被还原成余氯值，通过LCD显示出来，同时输出一个与余氯含量成正比的4～20mA直流信号。余氯分析仪测量室里填充许多小球，由一个小电机带动转轮转动，使小球在金属铜和金电极表面摩擦，以保持两个电极表面的清洁，消除余氯测量中出现的漂移和振荡，确保仪表测量的准确性。

(6) 气液分离器

气液分离器主要用来分离从气源中带出的未蒸发的液态氯和水，并过滤其中所含有的杂质，确保进入真空调节器的都是气体氯，使真空调节器能可靠的工作。

4.4.2　氯气投加的自动控制

对于氯气的自动投加控制，按控制系统的形式划分，可以有以下几种。

（1）流量比例前馈控制：即控制投加量与水流量成一定比例。

（2）余氯反馈控制：按照投加以后水中的余氯进行反馈控制。

（3）复合环控制：即按照水流量和余氯进行的复合控制，或双重余氯串级控制等。

（4）其他控制方式，如以 pH 值和氧化还原电势为参数进行控制等。

根据具体情况，对于前加氯和后加氯，宜采用不同的控制方式。

前加氯系统主要目的是杀死水中的微生物或氧化有机物，对投加量准确性要求不高，以采用原水流量进行比例投加为好。投加量按下式确定：

$$Y=1000KQ \tag{4.39}$$

式中 Y——前加氯的投加量（mg/s）；

K——单位原水投氯量（mg/L）；

Q——与投加点对应的原水进水量（m^3/s）。

如果已知 K、Q，则可以计算出前加氯的投加量，调节加氯机的投加量从而实现前馈比例投加（图 4.34）。

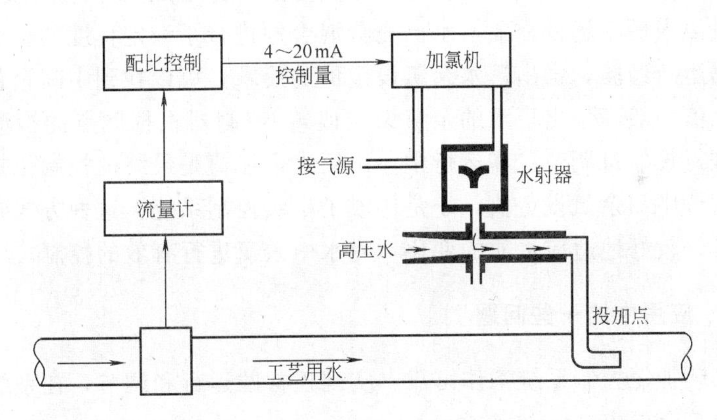

图 4.34 前加氯比例投加控制系统图

后加氯系统主要目的是对水进行消毒，并使管网水中保持一定的余氯量。这是保证出厂水满足卫生学指标要求的把关环节，必须严格控制。由于要求水中的余氯量值比较恒定，而滤后水的需氯量是个变值，采用流量比例控制很难达到要求。因此，可采用投氯后水余氯简单反馈控制、复合环控制等方式。

余氯简单反馈控制就是在处理后水出厂前，检测水中余氯，该值被反馈到控制系统中、并与余氯设定值比较，控制系统根据二者的偏差情况、采用 PID 调节方式调节投氯量，使滤后水余氯稳定在设定值附近。这种控制方式从滤后投氯点到余氯检测点要经过清水池，系统滞后较大，通常在 30min 以上，控制系统的调节特性不好，尤其是当水质水量变化较大时问题就更为突出。一般这种方式较少采用。

前馈反馈复合环控制就是按前馈流量比例和余氯反馈进行复合调节。前馈比例调节可以迅速地调整由于处理水量变化产生的氯需求变化；反馈调节可以对余氯偏差进行更精确的修正，调节特性较简单反馈控制有所改善（图4.35）。但是这种调节方式仍不能解决水质迅速变化所产生的问题。

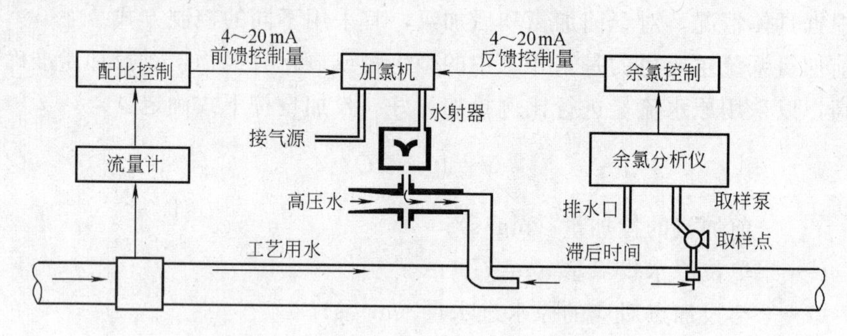

图4.35　后加氯前馈反馈复合控制系统图

串级复合环控制是在简单反馈控制系统中，再增加一个中间余氯检测点。该点设于投氯点后不远处，氯与水已充分混合并进行了一定程度的反应，滞后则较小。根据运行经验，由出厂水余氯设定值的要求，可以找到中间余氯检测点的设定值（该值一般高于出厂水的余氯设定值），控制器根据此点的检测值与设定值的偏差进行投氯量调节。在运行中，出厂水余氯值是最终的控制依据，控制系统据此来调节中间余氯设定值，于是构成了串级控制系统。这种方式减小了系统的滞后，可以较好地适应水质的变化，对水中余氯进行有效的控制。

4.4.3　应用中的一些问题

为了保证加氯控制系统工作可靠、实现正常的运行和调节，在系统设计及设备安装上应符合要求。

投加点和取样点的选择相当重要。可以根据工艺要求选择确定氯气投加点，而选择取样点时必须保证氯溶液与待处理水能充分混合，又不产生过长的滞后时间，以便控制器能及时地对加氯工艺进行控制。为了保证充分混合，可以采用机械搅拌、弯头混合、喷撒扩散器等方式。一般说来，对于饮用水系统，取样点与加氯注入点之间的距离应十倍于管道的直径。已知管道尺寸和水流量的情况下，可以作更精确的计算，使此两点间留有4～6s以上的质点运动时间，以求得最为灵敏的控制。

余氯检测是实现控制调节的重要环节，为了加氯及控制系统的正常工作，必须保证余氯检测的精确可靠性，这就需要采用质量良好的余氯检测设备，并配备有一定专业技能的专门人才，定期监测和维护加氯与控制设备。

由于氯气危害性很大，因此设计加氯及控制系统时，对整个系统的安全性能必须引起足够的重视。

实际使用经验表明，采用自动加氯，能随时根据水量和水质的变化对加氯量进行调节，出厂水余氯合格率可达到99.9%以上，比传统方式有明显提高，并且使液氯的耗量有所降低。

4.5 供水企业监视控制和数据采集（SCADA）系统

4.5.1 供水企业SCADA系统概述

对自来水公司而言，采用现代电子信息技术及综合自动化技术来改造生产各个部门和进行企业管理是极其重要的。为了安全、稳定、可靠地管理好遍布全城的供水管网，要有一个满足企业特点的、现代化的、先进的企业综合自动化系统（SAS）。

城市自来水综合自动化系统（SAS）的组成如图4.36所示，它是建立在Internet网基础之上的，具有完全开放式的结构。系统主要包括：

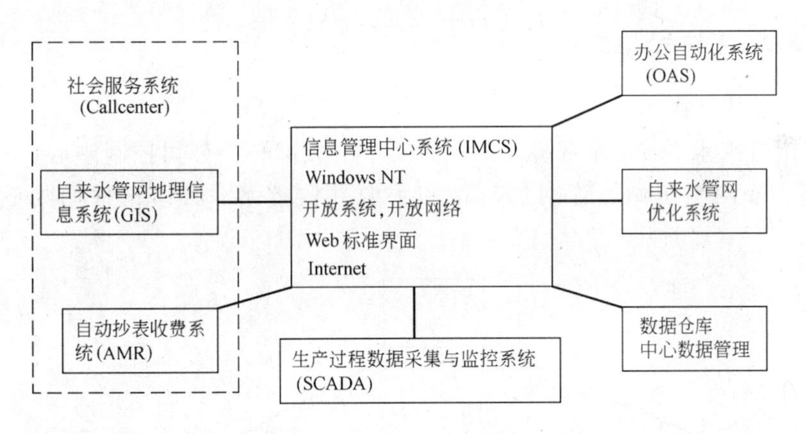

图4.36 城市自来水综合自动化系统组成框图

· 信息管理中心系统（IMCS——Information Management Center System）

· 企业管理与经理决策支持系统（MIS/DSS），或称：公司办公自动化系统（OAS——Office Automatic System）

· 企业社会服务系统（Callcenter），它包含管网地理信息系统（GIS）和自动抄表收费系统（AMR——Automatic Meter Reading）

· 自来水管网优化系统

· 数据仓库

·生产过程实时数据采集与监控系统（SCADA——Supervisory Control And Data Acquisition）

企业综合自动化系统（SAS）的基础是企业生产过程实时数据采集与监控系统（SCADA——Supervisory Control And Data Acquisition）。为了解决企业生产过程自下而上的信号采集、传输和实现自上而下的控制与管理，就必须要有一个可靠的SCADA系统来支撑。而一个完善的SCADA系统的建立，又依托于高精度、智能化的一次仪表获取信息，准确无误的通讯手段传输数据和高效快捷的计算机处理能力。CADA系统的应用，使得企业实现生产过程自动化、全厂信息集成以及企业上网等均变得更加方便、灵活、容易和经济。

自来水企业的SCADA系统一般由公司生产调度指挥中心、分厂测控站、管网测压点等组成。它所具有的功能一般包括：数据采集控制功能，数据传输功能，数据显示及分析功能，报警功能，历史数据的存储、检索、查询功能，报表显示及打印功能，遥控功能，网络功能等。

SCADA系统的基本组成单元是远程测控终端（RTU）。它完成对现场数据的采集、传输和对现场设备的控制。SCADA系统所涉及到的技术比较广泛，有仪表技术、检测技术、通讯技术、网络技术等等。

4.5.2　系统总体结构

（1）总体结构

城市自来水SCADA系统可划分为5个组成部分：公司控制中心、水厂分控中心、管网测压站、管网加压站和水源井监控站。其结构框图如图4.37所示。

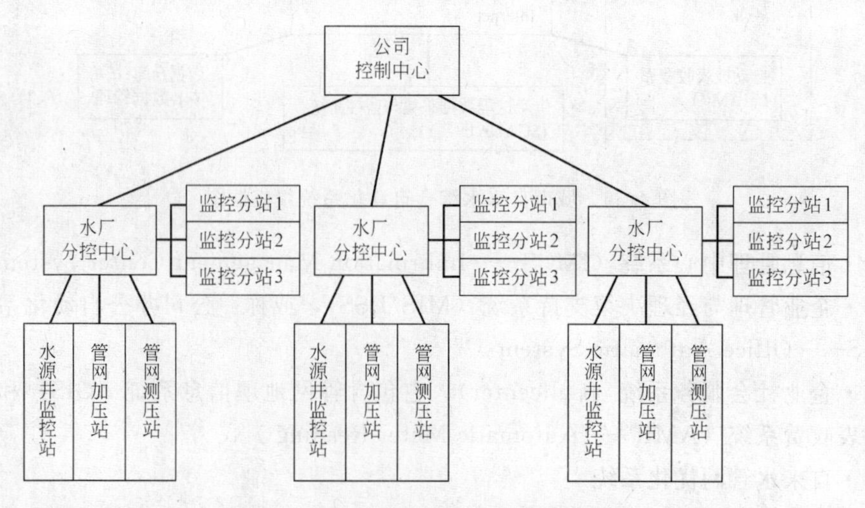

图4.37　自来水SCADA系统结构框图

一个自来水公司下属可能有多个水厂，一个自来水厂又有多个工艺过程，同时又负责多个管网测压站、管网加压站和水源井监控站的管理。如果将系统的所有信息都直接传送到公司控制中心，由公司完成整个系统的控制是不合理的。因此就需要建立多个水厂分控中心，在水厂内建立多个监控分站和取水、管网监控站点，以实现信息的逐级传输和系统的分级控制。

水厂分控中心对水厂的生产及各站点进行实时监控，它是系统的信息采集和控制中心。水厂分控中心采集各站点的数据信息，并对这些信息进行存储、分析汇总或打印等处理。通过数据分析，及时给出报警信息或向站点发出控制命令，控制站点设备的运行。水厂分控中心还需将汇总数据传送到公司控制中心，以实现整个系统的调度和管理。

在水厂内部根据生产管理的要求、生产工艺流程的复杂程度、信息量的大小和控制设备的多少来划分水厂监控分站，如：取水泵房分站、絮凝沉淀池分站、滤站、送水泵房分站或水厂配电室分站等。每一个监控分站采集现场数据信息并上传至水厂分控中心，同时接受水厂分控中心发出的控制命令，控制现场的各种工业设备。除此之外，每一个监控分站都具有独立的操作系统，它们既可由水厂分控中心控制，也可独立工作脱离系统运行。系统的取水和供水管网监控站点也是如此。

由于系统可实现信息的逐级传输和系统的逐级控制，各个站点又具有独立的工作能力，因此系统的灵活性和可靠性将大大提高。同时这种方式也适合于自来水行业现行的管理模式。

(2) 通信方式

SCADA 系统一般采用无线传输方式来完成整个系统的数据采集和传输，使用的设备为无线电台。无线传输一般采用主从应答方式，即主站利用无线网络下达命令，从站接收到命令后，执行相应操作，产生回应。回应可以为数据，也可以为系统信息。

如前所述，自来水公司生产过程自动化监控系统（SCADA）包括：公司控制中心、多个水厂分控中心、多个水厂监控分站、多个水源井监控站、多个管网加压站和多个管网测压站。除一个水厂内各监控分站较为集中外，其他监控站点散布在城市的各个区域。因此通讯系统应考虑城市地形、地貌的影响。正是由于自来水 SCADA 系统既有集中，又有分散的特点，在实际应用中亦采用划分区域、有线无线结合的通信策略。具体做法是：以一个水厂为一个通信区域，水厂分控中心为通信控制中心；水厂内部各监控站点与水厂分控中心采用有线通信方式（RS485），也可以采用无线通讯方式（电台）；水厂管辖下的取水、供水管网监控站点与水厂分控中心采用无线通信方式（电台）；水厂分控中心与公司控制中心之间采用联网通信方式（微波、光缆、卫星、无线电、租用电话线等）。系统通讯方式示意图如图 4.38 所示。

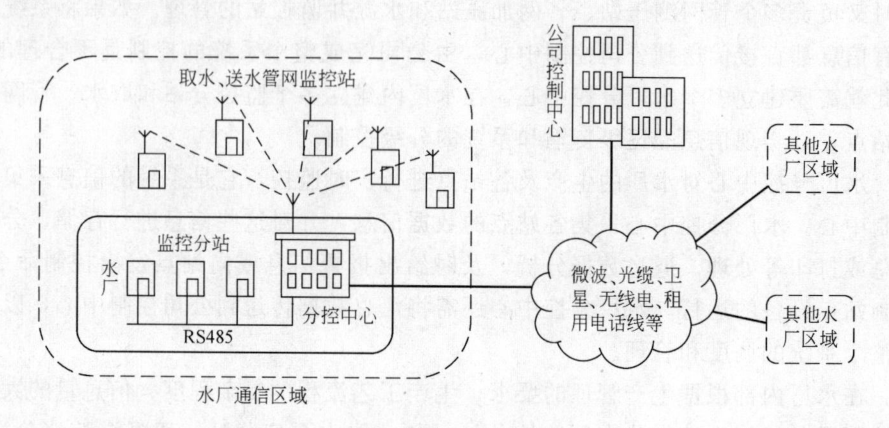

图 4.38　系统通讯方式示意

（3）基本组成单元

RTU（远程测控终端）是 SCADA 系统的基本组成单元，采集、控制和通信是它所具有的基本功能。

对于具有分布式、集散型、网络化特点的企业，其 SAS/SCADA 系统的建立，离不开承上启下的 RTU 产品。随着应用领域的不同，RTU 也有不同的构成形式与特点。

城市供水综合自动化系统中的 SCADA 系统，必须具备并且非常重要的一个功能就是：实时、准确地监测遍布于全市的自来水管网的压力变化情况，另外还可能监测流量、余氯和浊度等数据信息。应用于管网测压的 RTU 产品就是为此目的而设计的。由于管网测压工艺简单、无须控制、散布广泛，因此就要求此类 RTU 产品具有结构简单、性能可靠、价格便宜等特点。

水厂生产工艺较为复杂，采集控制点较多，因此也需要有功能较为强大 RTU 产品来支持。一般来说，此类 RTU 产品应具有多种类型的信号输入，具有强大的软件支持，具有梯形图、C 语言等编程能力，可支持 PID 等多种控制算法，可实现有线或无线通信方式。在很多场合还需要它具有监视和操作功能。只有这样，才能够满足不同水厂、不同工艺、不同用户的要求。

（4）数据库

自来水 SCADA 系统数据以公司控制中心数据库和水厂分控中心数据库为核心，它们包含：水厂生产实时数据，水源、管网实时数据，报警、控制数据，统计、报表数据，历史数据，系统信息数据等多种类型的数据信息。两个数据库结构类似，只是侧重点不同。公司控制中心数据库侧重于统计、报表和历史数据，水厂分控中心数据库侧重于实时和报警、控制数据。数据库结构如图 4.39 所示。

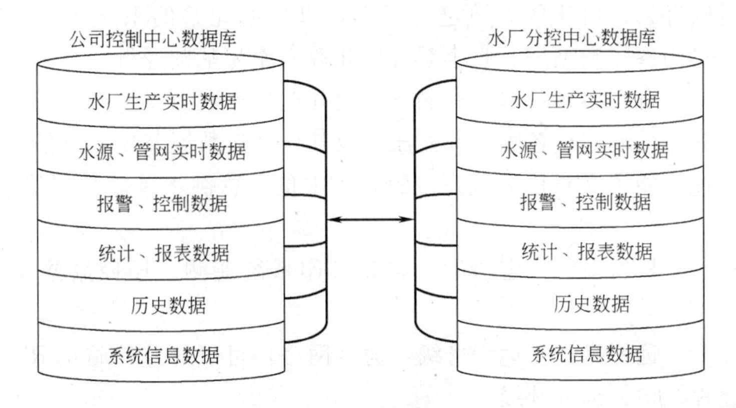

图 4.39　系统数据库结构图

（5）软件

自来水 SCADA 系统需有一个软件系统支持。此软件系统不但要有行业特征，还要具有灵活的组态功能。它一般是在通用组态软件的基础上开发而成。

自来水 SCADA 系统软件分为两大部分：公司控制中心软件系统软件和水厂分控中心系统软件。它们结构类似，只是侧重点不同。前者侧重于统计、查询，后者侧重于报警和控制。它们的结构如图 4.40 所示。

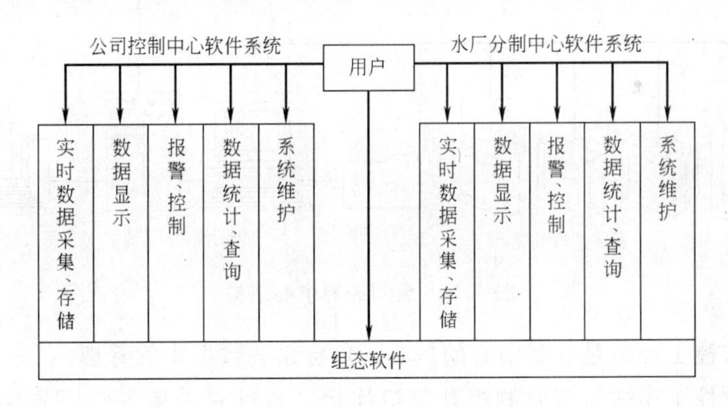

图 4.40　系统软件结构图

（6）功能

自来水 SCADA 系统可实现以下主要功能：

遥测：根据系统设定参数，遥测水厂和不同站点 RTU 的监测数据（特别是管网压力监测数据），形成系统运行历史数据库。

遥控：控制各水厂内污水泵房、絮凝沉淀池、滤池、送水泵房的设备运行。

报警：监测数据量的上、下限报警，报警记录。

参数输入及组态：输入系统参数，如巡检周期、控制参数、报警限、计算公式、系统时间等，并对这些参数进行组态，以形成完整的系统操作、控制、统计、显示、打印参数数据库。整个系统以此数据库为基础运行。

自动巡检：自动巡检各水厂和测压站及其他站点数据及生产设备工作情况。

手动采集：手动巡检各水厂和测压站及其他站点数据及生产设备工作情况。

数据统计：能实现对自来水公司的总用水量、总供水量等数据信息的统计，生成报表。

数据打印：根据系统设定参数，自动打印系统遥测、遥控数据及统计报表数据。

远程诊断、远程维护、远程升级：通过网络，可以对监控站点 RTU 进行远程诊断、远程维护、远程升级。

4.5.3　系统站点组成

(1) 公司控制中心

公司控制中心包括：中央监控工作站、实时测控计算机、打印机、监视系统、UPS 电源等几个部分。其系统结构如图 4.41 所示。

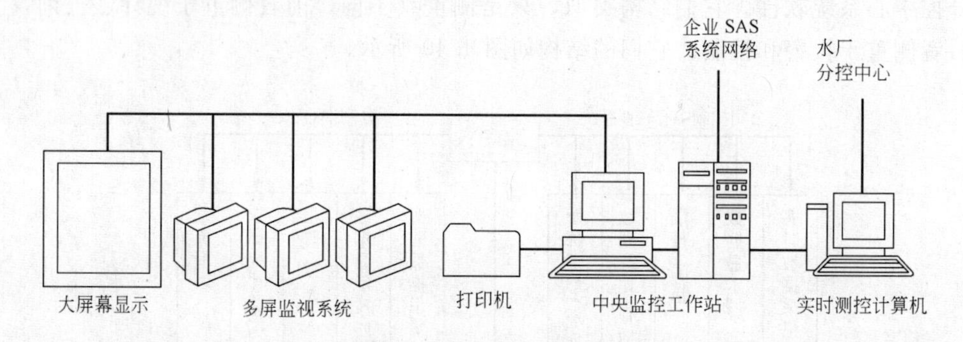

图 4.41　公司控制中心结构

中央监控工作站是控制中心的核心，负责系统数据库的管理。

中央监控工作站与实时测控计算机连接，通过它采集各水厂分控中心的数据，并将其存储到系统数据库，以备显示查询。

中央监控工作站挂接在企业 SAS 系统网络上，以实现系统数据库的共享。

大屏幕显示和多屏显示系统可显示多类系统数据，可使系统操作人员及时了解整个系统的运行状况。

打印机用于打印系统数据或输出报表。

UPS 电源为系统提供可靠的电源支持。

(2) 水厂分控中心

水厂分控中心包括：服务器、供水调度工作站、企管工作站、打印机、集线器、网关、电台、UPS电源等几个部分。其系统结构如图4.42所示。

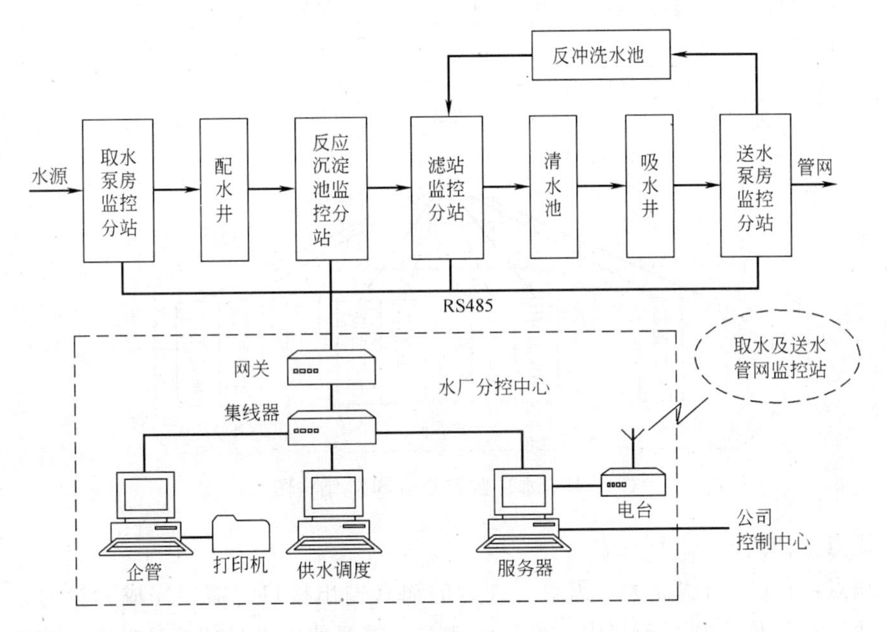

图4.42　水厂分控中心结构

水厂分控中心通过RS458连线和网关采集水厂监控分站的数据，通过无线电台采集取水和管网监控站的数据，这些数据都存储到服务器上的实时数据库内。通过集线器将企管工作站、供水调度工作站和服务器连接在一起，共享服务器上的数据库。服务器通过通讯媒体以联网的方式与公司控制中心连接，实现数据的上传。

供水调度工作站可实时显示水厂监控分站及取水、供水管网监控站的数据，通过分析判断及时给出报警信息，并可发出报警控制命令。供水调度工作站还可获取各水厂监控分站的控制权，直接对监控分站的设备进行控制。

企管工作站可进行数据统计工作，产生汇总信息存储到数据库，以供公司控制中心享用。也可产生报表数据打印。

UPS电源为水厂分控中心系统提供可靠的电源支持。

(3) 水厂监控分站

水厂监控分站有：单RTU（SRC）、多RTU（SRRC）、多RTU级连（SR-TRC）等多种组成形式。它们各有优缺点，需根据实际情况和用户要求选择。

1) 单RTU方式（SRC）

此种组成方式是：信号（Signal）→RTU→分控中心（Center）的结构形式。即监控分站的所有采集及控制信号全部连接到一个RTU上，再通过RS485线将采集数据传送到水厂分控中心。监控分站的全部采集控制工作由一个RTU

来完成。其结构图如图4.43所示。

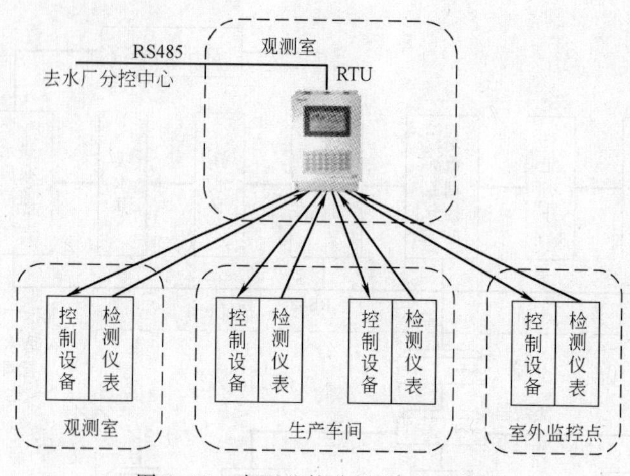

图4.43　水厂监控分站SRC结构图

优点：使用的RTU少。

缺点：RTU结构庞大，需要有大量的输入输出接口，需要完成大量的采集控制功能；采集控制过于集中，可靠较性差；需要使用大量的信号电缆，施工较为困难。

此方式适用于规模较小、采集控制现场距离观测室较近、不需要现场监视的监控分站。

2）多RTU方式（SRRC）

此种组成方式是：信号（Signal）→多个RTU→分控中心（Center）的结构形式。即对监控分站的采集控制信号加以分类，并分别连接到不同的RTU上，

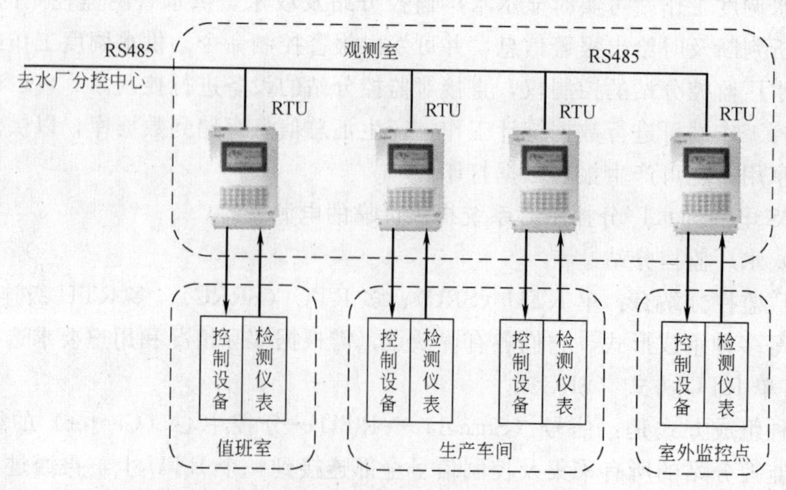

图4.44　水厂监控分站SRRC结构图

再通过 RS485 线将采集数据传送到水厂分控中心。监控分站的采集控制工作由多个 RTU 来完成。其结构如图 4.44 所示。

优点：每个 RTU 的规模较小；采集控制功能分散到不同的 RTU 上，可靠性高。

缺点：使用的 RTU 较多；需要使用大量的信号电缆，施工较为困难。

此方式适用于易划分功能，规模较小，采集控制现场距离观测室较近，不需要现场监视的监控分站。

3）多 RTU 级连方式（SRTRC）

此种组成方式是：信号（Signal）→多个 RTU→RTU→分控中心（Center）的结构形式。即将监控分站的采集控制信号加以分类，在不同的采集控制现场分别放置不同的 RTU，通过 RS485 线将这些 RTU 连接到观测室 RTU，再通过 RS485 线连接到水厂分控中心。各现场 RTU 分别采集现场数据，并将数据传送到观测室 RTU 上，然后再传送到水厂分控中心。监控分站的采集控制工作按功能和区域划分，由多个 RTU 来完成。其结构如图 4.45 所示。

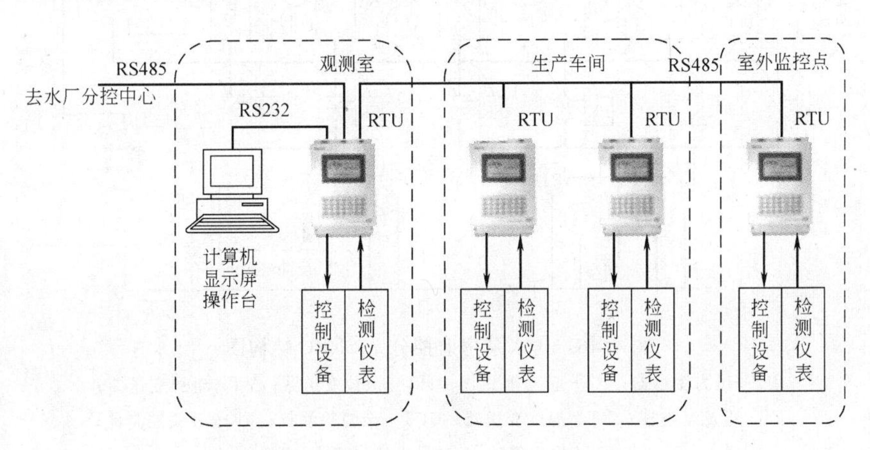

图 4.45　水厂监控分站 SRTRC 结构图

优点：每个 RTU 的规模较小；采集控制功能分散到不同的 RTU 上，可靠性较高。RTU 可直接安装在测控现场，可节约大量信号电缆，施工较为容易，同时可进行现场监控；观测室可方便地安装监控计算机、大型显示器或操作工作台。

缺点：使用的 RTU 较多；观测室 RTU 需具有多个通信接口。

此方式适用于易划分功能，规模较大，采集控制现场散布范围较广，需要现场操作的监控分站。当水厂监控分站与水厂分控中心之间采用无线方式通信时，可选择监控区域内某一 RTU 作为数据与电台连接，由它提供数据通信通道。

在以上各种结构中，观测室可以是无人职守的。

图4.46给出了一个送水泵房监控分站的SRRC结构示例图。在此系统中选用了三个RTU，分别监控清水池、送水泵、送水管线、反冲洗水泵、反冲洗水池等区域。

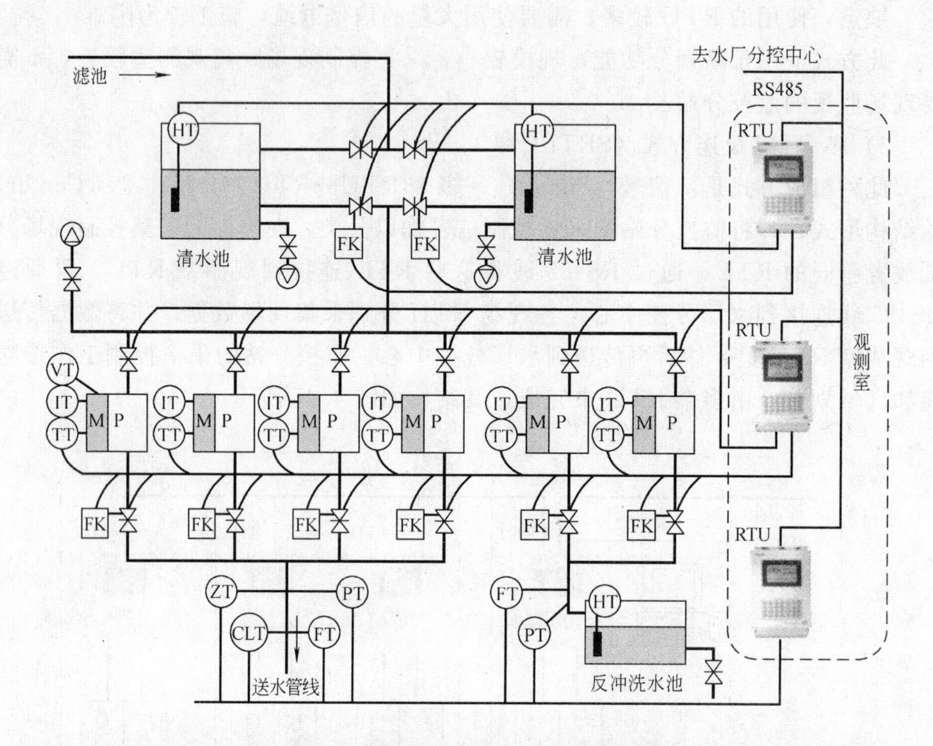

图4.46　送水泵房监控分站SRRC结构图

PT—压力变送器；FT—流量变送器；HT—液位变送器；VT—电压变送器；IT—电流变送器；TT—温度变送器；CLT—余氯检测仪；FK—开关控制器；——取水管线；——电缆；阀门

（4）供水管网压力监控站

此分站结构较为简单，主要以管线压力检测为主。检测RTU可留有备份检测接口，用于流量、余氯和浊度等信息的采集。站点结构如图4.47所示。

（5）供水管网中途加压监控分站

供水管网中途加压监控分站结构与水厂送水泵房监控分站结构类似。

（6）水源井监控分站

水源井监控分站包括采集和控制两部分内容。RTU通过变送器采集信号，通过启动箱控制潜水泵的启停，通过三通阀控制水流流向。其结构如图4.48所示。

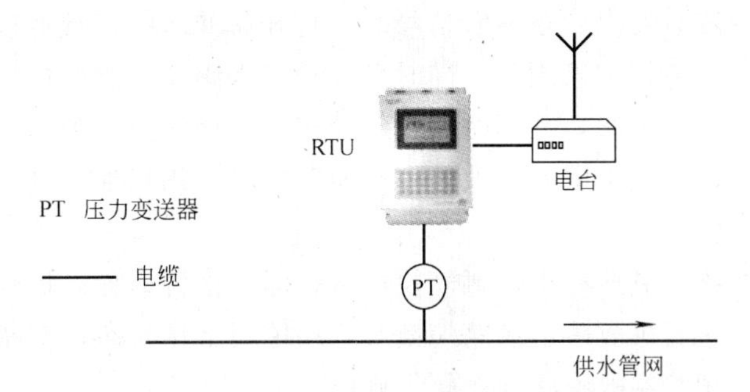

图 4.47 供水管网压力监测分站结构图

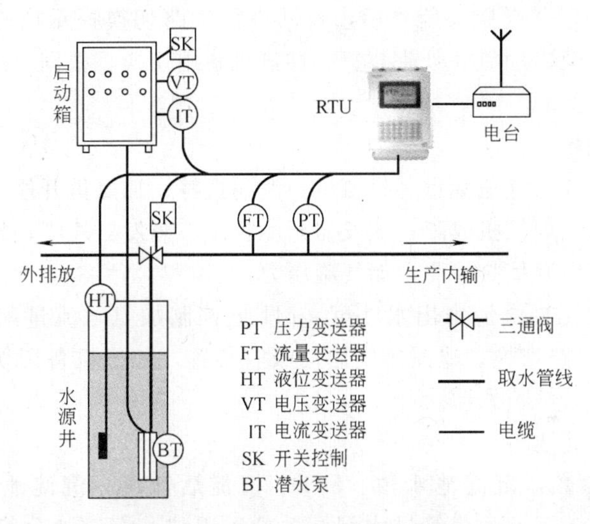

图 4.48 水源井监控分站结构图

4.5.4 系统检测及控制功能

（1）取水泵房

主要检测参数：原水 pH、流量、温度、浊度、前加氯余氯；原水进水阀开度、原水进水阀超限位报警、原水进水阀限位开关、原水进水阀故障报警。

主要控制功能：根据原水流量控制原水阀开度，流量可调，可画面设置。

（2）加药间

主要检测参数：溶解池、溶液池液位连续检测、高低位、超高位报警；计量泵开停、计量泵手动或自动、计量泵故障、计量泵冲程检测、计量泵变频装置频率检测、计量泵变频装置故障检测、计量泵变频装置手动或自动；搅拌器开停故障、稀释水阀开关状态；进出液阀开关状态、搅拌程序控制。

主要控制功能：根据 SCD，后浊度和流量补偿控制计量泵冲程及设置变频装置频率；当溶液池发出“空池”信号时，打开需冲溶的溶液池进液阀；当液位达到冲溶液位后，关闭进液阀门，同时打开稀释水阀和搅拌机进行搅拌；当液位至上限后，关闭稀释水阀，并延时关闭搅拌机；在该池得到加药指令后，打开该池出液阀；在液位降到下限时，发出“空池”信号。累积加药量。

(3) 加氯现场

主要检测参数：氯瓶称重、氯气投加量、漏氯报警、加氯机开停状态、加氯机手动或自动、加氯机故障、氯路切换及电动球阀工作状态；空瓶信号检测；蒸发器开停状态、蒸发器故障状态；储气罐压力。

主要控制功能：前加氯根据流量比例投加。后加氯根据流量比例检测、余氯复合控制。当接到“空瓶”信号后，自动进行气路切换提示换瓶。当氯气泄漏时，打开排气扇及启动氯气吸收装置。加氯机备用切换。根据生产需要远方或就地启停蒸发器。

(4) 加氨现场

主要检测参数：氨瓶称重、投氨量、泄漏报警、加氨机开停状态、加氨、加氨机手动或自动、加氨机故障；蒸发器开停状态、蒸发器故障；气路切换和电动球阀工作状态，空瓶信号检测；储气罐压力。

主要控制功能：由清水出水浊度、pH值控制加氨（流量配比比例控制）。“空瓶”报警、气路切换。泄漏排气启动吸收装置。加氨机备用切换。根据生产需要远方或就地启停蒸发器。

(5) 絮凝沉淀池

主要检测参数：沉淀池水位、SCD、沉淀后浊度、沉淀池污泥浓度开关（前、中、尾部）、沉淀池分管进水阀开关位置限位、沉淀池分管进水阀开关状态、沉淀池分管进水阀手动或自动状态、沉淀池分管进水阀故障状态；排泥机运行或停止状态、排泥机前进或后退、排泥机手动或自动、排泥机故障、排泥阀开关状态、真空泵开停、排泥机行程头尾极限限位、排泥机行程分段限位。

主要控制功能：根据生产需要启用或停用沉淀池，根据污泥浓度开关或时间周期进行排泥控制。

(6) 滤池

主要检测参数：每个滤池的水位连续检测及显示、水头损失检测、浑水阀、清水阀、反冲洗阀、排污阀、反冲气阀、排气阀等设备工作状态和故障状态，手动或自动状态；清水阀阀门开度、开关限位、超开或超关状态报警。

主要控制功能：滤池的恒水位控制，滤池的反冲及运行。

1) 滤池的恒水位过滤控制

RTU根据每个滤池的液位计（可设定高低限报警）给出的信号，控制滤池出水阀门的开度，以保证滤池的水位恒定。

2）滤池的反冲洗控制

RTU 对每个滤池的反冲洗控制有 3 个条件。

过滤周期：工作人员根据工艺上提出的要求，设定滤池的最大过滤时间。在滤池开始过滤时，滤池 RTU 开始计时，并与设定值比较。当两者相等时，滤池 RTU 发出反冲洗请求。

压差值：在滤池 RTU 上设定滤池的最大阻塞压差值。当过滤时阻塞压差传感器连续测定滤料的阻塞压差值，RTU 将此值与设定值进行比较。当两者相等时，滤池 RTU 发出反冲洗请求。

强制方式：由工作人员根据现场需要，在滤池控制器上进行功能操作，强制滤池 RTU 工作。

（7）反冲洗现场

主要检测参数：反冲洗水泵开停、故障、手动或自动；反冲洗水泵电流、有功功率；出口阀开关状态、故障状态、手动或自动；反冲洗鼓风机开停、故障、手动或自动；出口阀开关、故障、手动或自动；出口旁路阀开关、故障、手动或自动；反冲洗水流量、压力；反冲洗气量、流量开关；储气罐压力。

主要控制功能：旁路阀控制，冲洗控制，保护设备停车控制，反冲洗水泵备用切换，鼓风机备用切换。

1）鼓风机开停，相关阀开关。

当滤池 RTU 接到发出的反冲洗请求后，鼓风机开始工作，相关的阀门打开。反冲洗完成后，鼓风机停止工作，相关的阀门关闭。

2）水泵的开停，相关阀的开关。

当滤池 RTU 接到发出的反冲洗请求后，水泵开始工作，相关的阀门打开。反冲洗完成后水泵停止工作，相关的阀门关闭。

（8）送水泵房

主要检测参数：清水池 pH、液位、浊度、余氯；出厂水阀开度、流量、超开超关限位、报警、出厂水阀开关限位；水泵电机电压、电流、温度。

主要控制功能：根据接触池余氯值去控制后加氯机；出厂水流量控制出厂水阀门开度，流量可调，可画面设置；以 pH 值控制加氨机。

（9）水厂配电室

主要检测参数：变电所总电流、有功功率、电压、总电路开关；分路电流、有功功率、分路开关运行状态；时间记录。

主要控制功能：人工合闸或自动合闸或分闸。

（10）供水管网测压点

主要检测参数：压力、浊度、余氯及压力下限报警。

（11）供水管网中途加压站

可参照送水泵房。

(12) 水源井

主要检测参数：原水流量、压力、原水液位、水泵故障报警、原水压力高限、故障报警。

主要控制功能：根据原水流量控制原水泵启停，控制参数显示、可画面设置。

思考题与习题

1. 混凝控制的目的与意义是什么？

2. 混凝控制技术有哪些类型？

3. 数学模型法混凝控制技术的特点是什么？数学模型是如何建立的？

4. 流动电流混凝控制技术有什么特点？其基本组成是什么？

5. 流动电流的基本原理与检测原理是什么？流动电流参数有哪些基本特性？

6. 透光率脉动的产生与检测仪的原理是什么？

7. 高浊度水混凝控制有哪些技术？各有什么特点？

8. 絮体影像混凝投药控制技术有什么特点？

9. 对比分析现有混凝投药控制技术各有什么优缺点？

10. 混凝投药智能复合控制技术特点是什么？

11. 沉淀池控制主要有哪些内容？

12. 沉淀池排泥控制有哪些方法？

13. 滤池控制的基本内容是什么？

14. 滤池反冲洗的开始与结束各有哪些控制参数？如何应用这些参数实施控制？

15. 氯气的投加控制系统如何组成？有哪些控制形式？

16. 供水企业监视控制和数据采集系统的总体结构是什么？

17. 供水企业监视控制和数据采集系统各单元检测及控制功能是什么？

第5章　污水处理厂的检测仪表与ICA技术

目前，污水处理可采用的单元工艺达几十种之多，某一污水处理系统正是由若干个单元工艺组合而成的。污水中污染物质的成分与性质是决定其处理工艺的最主要因素，因而不同的污水所采用的工艺流程是多种多样的。本书不可能对采用各种工艺的污水处理厂的自动检测与控制一一介绍。但是，迄今为止，国内外90%左右的城市污水和50%左右的工业废水都采用或部分采用活性污泥法处理，而且其运行管理与过程控制正朝着精密化与自动化的方向发展。因此，本书着重介绍城市污水活性污泥法处理厂的检测、仪表设备与过程控制系统。污水处理厂的检测与仪表设备都大同小异，自动控制系统也有许多相同之处，例如，污水提升泵、格栅、沉砂池、初次沉淀池、浓缩池等单元工艺设施几乎是所有污水处理厂都必须采用的；而加氯消毒、污泥厌氧消化处理与污泥脱水等单元工艺也是污水生物处理普遍采用的。上述单元工艺也都是城市污水活性污泥法处理厂中的重要组成部分。由此可见，活性污泥法污水处理系统不仅是应用最广泛的，其过程控制的原理与方法也具有普遍意义。

5.1　概　　述

在污水处理厂中，为了能使处理系统的运行安全可靠，获得合格的处理水，或者运行中出现故障处理水质恶化时，能采取有效的措施，管理人员必须始终掌握流经各处理设施的污水与污泥的质与量等信息。无论污水处理厂是否实现自动控制，把握上述信息都是必要的。显然，各种测定与检测是提供这些信息的重要手段。在对检测的意义充分理解的基础上，还应当考虑检测哪些项目，何时、何地检测与检测频度、得到数据具有什么意义，以及怎样利用这些数据等问题。

检测的目的还包括遵照有关法规对处理厂排出物的检测与记录，以及为了在扩建与改造时提供有用的资料和统计值等。应当说，污水与污泥的量与质的检测是污水处理厂运行管理与控制所必需的，而某些项目的自动连续在线检测是污水处理厂自动控制所必需的。当然，限于运行管理人员数和检测器材与仪表的数量与质量，还应当对检测项目和频度加以选择。

随着科学技术的飞速发展，检测仪表与控制设备在污水处理厂的运行管理中发挥越来越大的作用。为了有效利用仪表设备，除应当结合处理厂的规模、处理方法之外，还应当根据选址条件、污水流入条件和操作人员的技术水平等因素来设计和安装仪表设备。此外，还应当考虑设施的运行管理方法、设施的特性、将

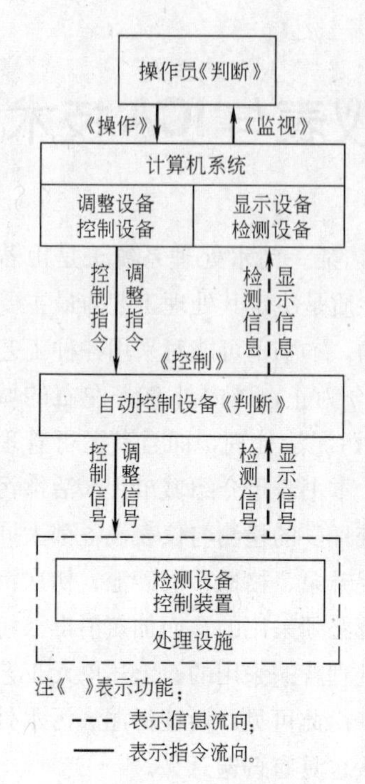

图5.1　检测与控制设备

来的扩建计划、运行费用等因素。仪表的安装如图5.1所示，它是指操作人员通过显示设备与检测设备（检测功能）掌握（监视功能）设施的物理的与数量的状态，经过判断后，操作人员直接或者通过控制设备及调节设备改变设施的状态，为保持设定值或处于给定的范围而进行必要的操作（控制功能）的设备与技术。在设施中仪表安装以计量仪表为主。

近十几年来，污水处理厂的自动控制技术发展很快，开始是在某些个别设施中检测、监视与简单控制；后来采用将监视控制用的仪表集中在控制室进行集中监视控制方式；进而采用集中监视、分散控制方式的自动化控制；最近，又有向自适应控制或最优控制的方向发展的趋势。小型的排水泵站、中途泵站及处理厂，应当尽可能实行无人管理的自动控制运行。

5.1.1　安装仪表设备的目的

仪表设备具有多方面的良好功能，可以说，检测设备相当于人的“眼睛”，控制设备相当于人的“脑”和“手”，它们都对设施的运行管理具有至关重要的作用。因此，安装仪表设备的目的是通过监测与控制的准确性，来提高处理系统的稳定性、可靠性与处理效率，节省人力与改善操作环境，进而达到在保证处理水质量的前提下，尽可能节省运行费用。

5.1.2　设计与安装仪表设备的要点

在安装仪表设备时，除了充分掌握处理工艺过程及其规模、操作内容、各处理设施的特点及相互关系之外，还要对它们之间的协调工作进行必要的探讨，以期达到各检测设备与控制设备之间的协调工作，以至于整体的处理系统的稳定与可靠运行。因此，在仪表设备的设计与安装时应注意以下几个方面的问题。

(1) 技术经济分析

在污水处理厂中可以安装各种各样的仪表设备，大量地安装仪表固然可以提高操作的准确性，减少故障的发生，提高处理效率，但是，过多的仪表设备不仅增加了建设费用，而且也使维护管理费用增高。因此，应当根据处理设施的各种具体情况，可以实现的自动控制水平与安装仪表设备的目的，通过技术经济分析之后，再进行设计与安装仪表设备的工作。

（2）仪表设备的可靠性与稳定性

在选择仪表设备时，必须考虑到处理设施的多种特殊条件，例如，被动性的入流条件、各种干扰因素、污水及污泥的性状与腐蚀性等。所以，在设计时应注意选择适合这些条件的仪表设备及其安装方式，尽可能提高仪表设备运行的可靠性。由于污水处理厂的进水水质水量通常随时间剧烈地变化，采用高精度的仪表往往影响其稳定性，但是对某些测定项目又必须考虑其较高的精度。因此，应根据仪表设备的使用目的、现场条件、要求的精度与响应时间，以及控制回路选择的方法，来选择稳定性好的仪表设备。

（3）仪表的功能与工作性能

在设计仪表设备时，充分利用其具有的功能，使之能代替人的功能与扩大人的功能，能在有危险的恶劣环境条件下，进行连续、大量、迅速、适当与准确地工作。根据技术水平、安全管理与维护管理体制等因素，全面考虑仪表设备的功能与工作性质的协调性。应充分注意到，过分的仪表化不仅会给操作人员带来不必要的心理上和技术上的负担，而且还会降低费用效益。

（4）注意处理系统的分阶段施工或变更的情况

在设计和安装仪表设备时，必须充分注意到随着处理系统的分阶段施工带来功能的阶段性增强，以及处理设施与设备的变更，仪表设备也要更换。应按照在这些情况下不会发生障碍来设计或安装仪表设备。

（5）充分考虑处理系统自动控制的发展

同其他工业过程一样，污水处理系统的自动控制也必然不断朝先进方式与更高层次的方向发展。在我国，对于尚不具备自动控制或较高层次自动控制的条件，或者资金暂时短缺等情况下，也应当为以后实现自动控制考虑，妥善地进行仪表设备设计，为以后安装仪表设备留有充分的余地。即使在进行处理设施的工艺设计时，也应充分考虑上述问题。

应当认识到，仪表设备的设计、选择与安装，也是一项系统工程，它与处理系统的工艺流程与规模、污水水质水量特点、管理体制与操作人员的技术素质、排放标准与费用效益等多方面因素有关。在设计之前应当进行技术经济方面的可行性研究，认真听取专家的意见。

5.2 污水处理厂的检测项目与取样

5.2.1 常规检测项目

5.2.1.1 流量与其他有关量

在污水处理厂的检测项目中，可以分为量与质的两大类检测。没有量也谈不上质，从某种意义上来说，正确地检测处理设施中的量，不断地掌握它的数值变化比其质的检测更为重要。因为各种量的检测与控制往往决定其质的变化。污水处理厂中流量与其他有关量的主要检测项目如下。

（1）各处理设施的进水流量（m^3/d，m^3/h）；

（2）沉砂池水位（m）；

（3）沉砂量、筛渣量（0.005～0.02$m^3/1000m^3$ 污水）；

（4）初次沉淀池的排泥量（m^3/d，m^3/h）；

（5）供气量，气水比，单位曝气池容积的供气量（m^3/d，m^3/m^3 污水，$m^3/m^3/\cdot h$）；

（6）回流污泥量，回流比（m^3/d，m^3/h，%）；

（7）剩余污泥量（m^3/d）；

（8）浓缩污泥量（m^3/d）；

（9）消化气产量、循环气量（m^3/d，m^3/投入污泥干重kg）；

（10）投药量（混凝剂等）、投药率（kg/d，kg/sskg，%）；

（11）滤饼或脱水污泥重量（kg/d）；

（12）其他杂用水量（m^3/d，m^3/h）；

（13）各种设施与设备的耗电量（kWh）；

（14）燃料用量（重油、消化气等）（kL，m^3）；

（15）焚烧的灰分量（kg/d）。

除了以上这些标准检测之外，一些活性污泥法的新工艺，如AB法，A/O法，A/A/O法，氧化沟法等，还应增加一些检测项目。在上述检测项目中，第（1）、（4）、（5）、（6）、（7）、（8）、（9）、（13）项是重要的必须的。为了实现处理系统的自动控制，应当通过仪表设备自动连续地测定某些项目。通常在处理厂中心监视控制室的流量管理图上，能观察到这些量的变化情况。

5.2.1.2　污水与污泥的质

表5.1和表5.2分别给出了污水处理厂中各个单元设施需要检测的项目。

为了实现污水处理系统的自动控制，必须经常或连续地检测水温、pH值、SS、VSS、DO、BOD、COD、有机氮、总磷、污泥沉降比等指标，应用仪表设备连续在线检测某些指标是非常必要的。为了实现污泥处理系统的自动控制，必须经常或连续地检测温度、有机酸、碱度、pH值等指标。

5.2.2　检测的取样

一般来说，在选择检测设备和人工分析测定时，都很注意尽可能提高检测的精度。但是，应当看到，即使分析测定的精度很高，其检测值是正确的，而取样位置或方法有问题，得到的数值不仅不能反映出管理与运行状态，而且会给出错

与水质有关的检测项目与取样位置　表 5.1

项目 \ 取样口	沉砂池入口	初次沉淀池入口	初次沉淀池出口	二次沉淀池出口	排放口	曝气池中各处或出口
水温	◎	—	—	—	—	◎
外观	◎	◎	◎	◎	◎	◎
浊度	◎	◎	◎	◎	◎	—
臭味	◎	◎	◎	◎	◎	◎
pH	◎	◎	◎	◎	◎△	◎
SS	◎	◎	◎	◎	◎△	◎
VSS	—	—	—	—	—	◎
溶解性物质	○	—	—	—	—	—
DO	—	—	○	○	○	◎
BOD	◎	◎	◎	◎	△	○*
COD	◎	◎	◎	◎	△	○*
NH_4^+-N	○	—	○	○	—	—
NO_3^--N	○	—	—	○	—	—
有机氮	○	—	○	○	—	—
总磷	○	—	○	—	○	—
Cl^-	○	—	—	—	—	—
各种毒物	○	—	—	—	△	—
大肠杆菌	—	—	—	◎	◎△	—
30 分钟污泥沉降比	—	—	—	—	—	◎
物生相	—	—	—	—	—	◎

◎通常检测　○适当检测　△法定检测　※过滤后检测

与污泥管理有关的检测项目与取样位置　表 5.2

项目		浓缩池	消化池	淘洗池	投药池	脱水池	焚　烧	处置或回水
污泥	温度	◎	◎	—	—	—	◎	—
	pH	◎	◎	—	◎	—	—	○
	固形物	◎	◎	◎	◎	◎	—	◎△
	有机物	◎	◎	◎	—	—	◎	◎△
	有机酸	○	○	—	—	—	—	—
	碱度	◎	◎	◎	◎	—	—	—
	毒物类	—	○	—	—	—	—	○△
	过滤性	—	—	—	—	○	—	—
	沉降性	○	○	○	—	—	—	—
	发热量	—	—	—	—	—	○	—
废液等	pH	◎	◎	—	—	◎	○	◎
	总固体	○	○	○	—	◎	○	◎回
	SS	◎	◎	◎	—	—	○	◎水
	BOD	○	○	○	—	—	—	◎
	COD	—	—	—	—	—	—	◎
	有机酸	○	○	—	—	—	—	—
	气体类	—	◎	—	—	—	◎	—
	营养盐	—	○	—	—	—	—	○

符号同表 5.1

误的结论，进而对控制设备产生误导作用，造成运行事故。因此，检测的取样方法与位置也是绝不能忽视的问题。

5.2.2.1　取样方法

根据检测项目的特点，在取样时应区别对待或作些特殊的处理。例如，进行DO和微生物等检测时，应准备特殊的专用容器；对于易变质的项目，要预先在容器内加入防腐剂；而对于易受物理性冲击的活性污泥混合液来说，应静置于容器中，避免强烈的搅拌；对于含有易沉淀物质的试样，应当用采样器取样少许，然后迅速移至试样容器。取样的频度或间隔时间与检测项目种类的管理严格程度有关。

(1) 常规定时取样（每日—常规检测）

除星期日和节假日外，在每日的某一时间（13时为好）选择对运行管理起重要作用的位置取样，测定其浊度、pH值、COD、MLDO（混合液溶解氧）、SV（污泥沉降比）、污泥浓度、污泥滤饼的含水率等。但是，还有必要了解这些检测值与一日的平均值之间的关系。不能用这些检测值直接计算去除率等。

(2) 非常规定时取样（适当日—全面检测）

除了每日常规检测项目外，表5.1和表5.2中的某些项目也要在每周或隔周精确地测定一次。取样时选择对运行管理起重要作用的位置或取样口。

(3) 整日连续取样

一般每月进行一次这样的检测为好，至少每年进行4次。

在不降雨的日子，从上午9时到第二日凌晨2时每隔2～3小时取样一次，每次取样都分析测定pH、浊度、COD、BOD、SS、SV、MLSS（混合液污泥浓度）、回流污泥浓度等项目，求出1日的浓度变化。有时除上述项目外，也检测大肠杆菌数、滤后的COD和BOD等项目。

根据处理水量的逐时变化，通过加权平均法用各时刻的水样混合后，得到一日的混合水样，进行测定分析，或作为精密检测项目的水样。

在操作人员连续工作24小时以上有困难时，可以使用自动采水器。目前的自动采水器不仅能每隔一定时间取一定的水样，而且能根据流量的变化加权平均自动配成1日的混合水样。

如果想知道不同时刻的水质，必须将不同时刻的水样测定分析完毕后，再配成1日的混合水样。但是应当将取的水样放在冷藏室或冰箱中保存以防变质。

通过对应上述方法得到的水样进行检测，得到的分析数据对准确全面地掌握处理设施管理状态是非常重要的，也可以用来计算出处理设施的负荷量和处理效率等。

(4) 短时间内取混合试样

由于沉淀池和污泥处理设施排放污泥时在很短时间内其污泥浓度发生剧烈的

变化，所以应在短时间内多次取样，然后将这些试样等量混合，尽可能使其具有代表性。

5.2.2.2 取样位置

表5.1和表5.2给出了污水处理厂在运行管理与控制上必要的检测项目与取样地点。在此进一步介绍具体的取样位置与注意事项。

（1）沉砂池（进入处理厂的污水）

这里是了解进入污水处理厂污染物质总量的最重要场所。由于其他处理设施的排水大都返回到沉砂池，取水时应当避开这些返回废水。此外，为了避开大块的漂浮物，应当从水面以下50cm左右处取样，并迅速移至试样瓶。

（2）初次沉淀池入口（进入初次沉淀池污水）

因为有时污泥处理设施的排水和二次沉淀池的剩余活性污泥直接进入初次沉淀池，所以它的进口处浓度比沉砂池还要高。显然其浓度变化受其他处理设施排水泵的运行时间的影响很大，因而应当增加取样次数。当初次沉淀池的数目多于1座时，还应当在各沉淀池入口取样后，再混合起来作为检测水样。

（3）初次沉淀池出口（经沉淀的污水）

这是对曝气池的运行管理起重要作用的取样场所。当设有1座以上初次沉淀池时，从沉淀池出口流经曝气池进水渠的过程中，沉淀后的污水能较好地混合，所以可以说曝气池入口是取样的最好位置。

（4）曝气池内（活性污泥混合液＝ML）

在曝气池不同位置的水样检测值大不相同，应当依次从其进口至出口几个位置取样。鼓风曝气时，在扩散器释放气泡的位置附近取样；机械搅拌时，在稍微远离搅拌叶片处取样。测定MLDO时，应预先向DO瓶中加入硫酸铜，但是最好用DO测定仪来检测。

（5）回流污泥泵（回流污泥）

由于回流污泥浓度在短时间可能变化很大，可按5.2.2.1节中介绍的短时间内取混合试样的方法取样。

（6）二次沉淀池出口或排放口（处理水）

由于每个二次沉淀池出水SS浓度不同，应当在汇集各二次沉淀池出水的渠道或排放口前的计量槽上取样。当设有加氯消毒设施时可以在消毒之后取样。

（7）初次沉淀池的排泥管或泵（初次沉淀池污泥）

由于初次沉淀池间歇排放污泥，其浓度在排泥期间逐渐减小，也应按5.2.2.1节中介绍的短时间内取混合试样的方法取样。

（8）浓缩池、消化池、投药池（各设施的排泥、排水和上清液）

污泥在这些反应器中的停留时间比污水处理设施的要长，因此只在白天取样就能得到代表性的试样。而投配或排放污泥也是间歇操作，其取样方法同上。

(9) 脱水设备（脱水滤饼、脱水滤液、滤布冲洗水）

在每日连续进行脱水运行时，应当昼夜数次取样，然后充分混合后作为试样。间歇运行时，由于运行初期污泥中固形物浓度高，影响其脱水性能，应当在运行一段时间进入稳定状态后再取样。

无论对于污水处理厂的人工手动控制，还是对于其自动控制，本节介绍的检测项目，以及取样方法和取样位置的基本要求或注意事项都是适用的。当然，对于自动控制而言，很多需要检测的项目必须用在线检测设备和监视控制设备，进行连续在线地监视、测定、记录与控制。（例如：MLDO、MLSS、进水流量、回流污泥量、供气量、消化池中的温度与pH值等必须连续检测与记录），这些仪表设备的安装场所也有不同的要求。

5.3 检测仪表与方法的选择

5.3.1 仪表的安装位置与检测对象

为了使检测数据能准确地反映处理设施的运行状态，将检测信息传递给控制设备，提高操作的准确性，应根据处理设施的处理方法、特性和规模，以及自动控制系统的水平等情况，来决定检测设备的安装场所。表5.3和表5.4中给出了活性污泥法污水处理厂中需要安装检测设备的各处理设施与检测项目。图5.2和图5.3分别表示污水处理系统与污泥处理系统中典型的仪表安装示意图。

所谓检测设备的检测性能良好是指被检测的项目或要素的计量化容易实现、精度高和稳定性好；而管理性能好是指对于管理对象确实能按照要求与目的，进行科学与技术的管理，而且易于实现。为了提高检测性能与管理性能，除了对检测方法和检测设备的质量与可靠性进行必要了解之外，在选择检测场所时，还要考虑湿度、腐蚀气体、可燃性气体、振动等周围环境，传送距离，产生误差的可能性等影响因素，来确定合适的场所。此外，还应注意不同检测设备对环境条件与场所的特殊要求，以及检测设备与控制设备的接口对检测场所的要求等。总之，检测场所的选择是一个涉及处理系统自动控制成败的重要问题。

5.3.2 检测仪表与方法的选择

从前面谈到的安装仪表设备的目的来看，检测仪表在污水处理厂的运行管理中起着重要作用，对其自动控制而言更是必不可少。关于污水与污泥的量的检测仪表，如温度计、压力表、流量计、液位计等，大多数都有较高的可靠性与精度，但是，在污水与污泥的质的检测仪表中，还有相当多的仪表可靠性较差或很差，有的则价格昂贵，有些仪表还要依赖于进口。因此，在设计与安装检测仪表

检测仪表设备的安装位置与检测项目 **表 5.3**

设施名称	检测项目	
	量的检测	质的检测
沉砂池	进水管渠的水位、闸门的开启度，格栅前后的水位差，沉砂池斗的贮砂量	pH
雨水泵房、污水泵房	水泵集水井水位、泵的流量、出水后的水位、出水管闸阀的开启度，泵的出水压力、泵的转速（调速控制的数据）、水泵与电机的轴承温度、各机械与电机部分的温度、冷却水量	
污水调节池	进水流量、出水流量、水位、闸门开启度	
预曝气池	空气量、污泥调节阀的开启度	
初次沉淀池	进水流量、排泥量	排泥浓度、污泥界面高
曝气池	进水流量、回流污泥量、供气量、污泥调节阀开启度、活动堰的开启度	DO、MLSS、pH、温度
鼓风机房	进气阀开启度、空气量、空气出口压力、鼓风机与电机轴承温度、鼓风机转速	
二次沉淀池	处理水量、剩余污泥量、污泥井的液位、泵的转速（用来控制调节转速的数据）、污泥调节阀开启度	回流污泥浓度、污泥界面
消毒设备	氯瓶重量、氯瓶室的温度、氯的泄漏浓度、氯或次氯酸钠投加量、稀释水的用量、次氯酸钠的液位或生成量	
排放管渠	排放水量、排放口的水位	浊度、COD、pH、UV
污泥输送	送泥量、污泥贮存池的液位	
污泥浓缩池	进泥量、池中液位、排泥量、加压水量、加压罐的压力	排泥浓度、污泥界面高
污泥消化池	污泥投配量、池中液位、排放污泥量、排除上清液量、产生消化气量、消化气体压力、搅拌用气量、阀开启度	池内温度、pH
储气柜	贮存气体量、气体压力（球形）	
锅炉设备	给水量、重油量、燃料气体量、剩余气体量、加热蒸气的压力、加温锅炉中的水位、锅炉内压	
消化污泥贮存池	液位	
污泥脱水设备	供给污泥量、溶解（稀释）池的液位、储药池液位、药品投加量、凝聚混合池液位、真空过滤机液位、油压、水压、空气压、脱水泥饼量	供给污泥浓度
变配电设备等	电压、电流、电功率、电量、功率因数、频率、变压器温度	
发电设备	电压、电流、电功率、电量、功率因数、频率、燃料贮存量、发电机、电机各部分温度、冷却水量	
其他	降雨量、风向、风速、气压、气温	

注：1. 不包括机器的检测；

2. 此表给出的检测项目并不是必须用仪表检测，也不都是绝对的必需的。

运行时检测项目与对象　　**表 5.4**

设施名称	检测对象	设施名称	检测对象
沉砂池	除砂设备、机械格栅	污泥浓缩池与污泥洗涤池	排泥泵
水泵设备	污水泵、雨水泵	污泥消化池	排泥泵、污泥搅拌机
自备发电设备	发电机	锅炉设备	锅炉
初次沉淀池	排泥泵	污泥脱水设备	污泥输送泵、过滤机或脱水机
鼓风机设备	鼓风机	污泥焚烧设备	送风机、排风机
二次沉淀池	回流污泥泵、剩余污泥泵		

时，应当选用仪表的规格、说明书与操作方法明确，易于维护管理的产品。除此之外，还要根据以下各项内容与要求来选择。

(1) 检测的目的

随着仪器仪表工业的不断发展，其产品也日趋多样化。即使是同类产品，也因其各自的原理、结构、测定范围、信号、特性、形式、形状大小等而有多种类型或型号，并且各具优缺点与特色，因此，首先应当根据其检测目的进行选择。

(2) 检测的环境条件

在污水与污泥处理系统中，检测对象往往处于温度变化、潮湿、腐蚀性气体、强烈振动与噪声等环境条件恶劣的场所，即使在通常情况下工作正常的仪表设备，在这样的条件也可能得不到同样的效果。因此应当注意使用可靠又耐久的仪表，更应当结合检测对象所处的环境条件，选择与之相适应的仪表设备。

(3) 检测精度、重现性与响应性

为了满足运行管理或自动控制的需要，选择仪表设备时首先应当考虑其检测精度、重现性与响应性满足要求。但也并不是选择上述性能越好的仪表才越好。近年来，国产的计量表的检测精度与响应性能也不断提高，多数能满足要求。对于检测对象物的变化很缓慢或均匀性较差的情况，不必选用响应性很高的仪表；当检测对象仅作为大致标准或只要求知道其大致的变化范围时，可选用精度不十分高的仪表。从这点意义上来说，检测目的、效果与经济性是选择仪表设备的重要因素。

(4) 维护管理性

毫无疑问，从维护管理方面来看，希望仪表型号尽可能统一，具有互换性，维护、检修与调试校正都相对容易。此外，追求较低的运行费用与维护费用也是必要的。

(5) 检测对象的特殊性

还应注意检测对象的某些特殊情况，例如，悬浮物造成的堵塞、附着物附着

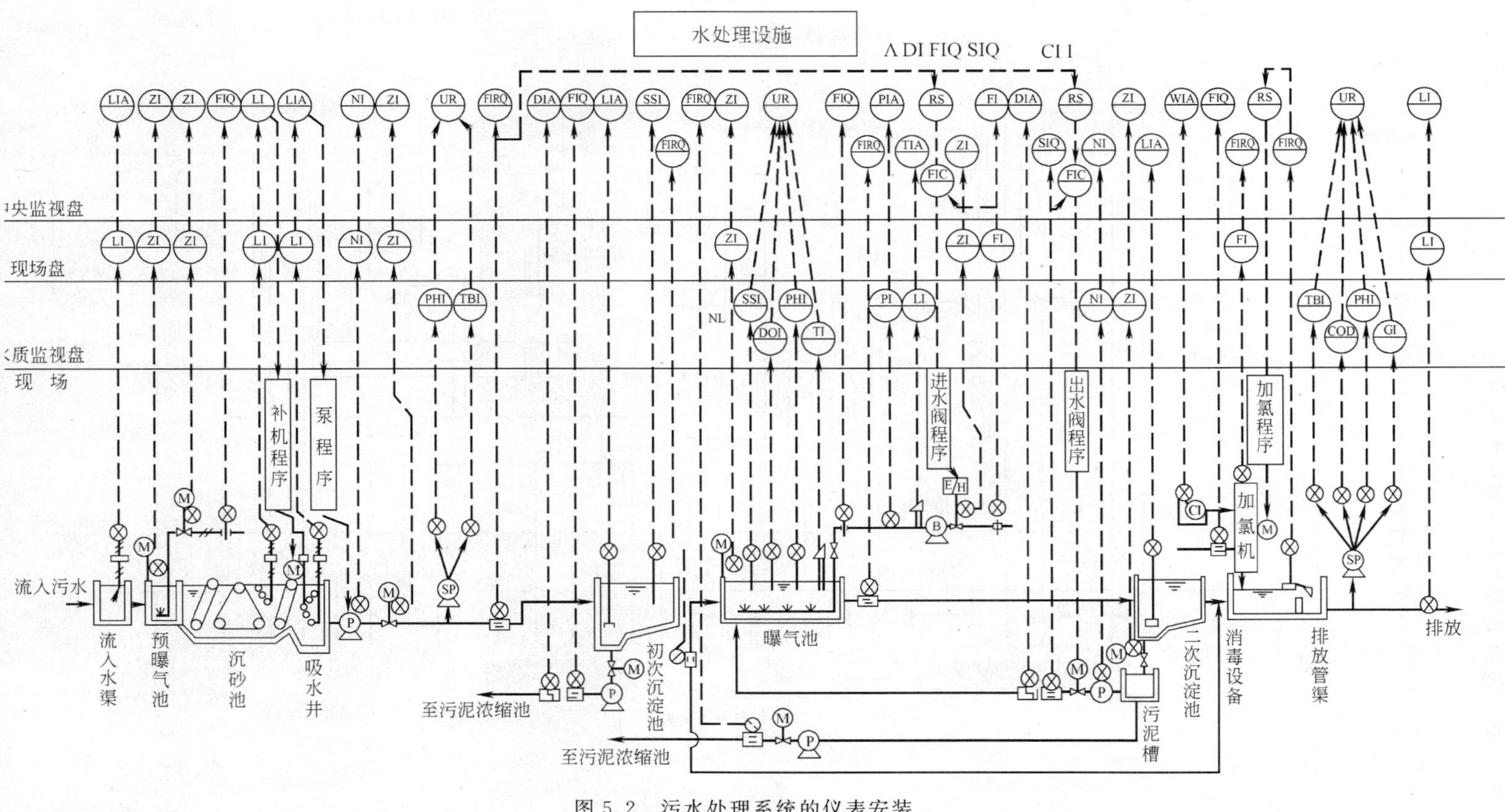

图 5.2 污水处理系统的仪表安装

注：图中仪表的符号见表 5.5

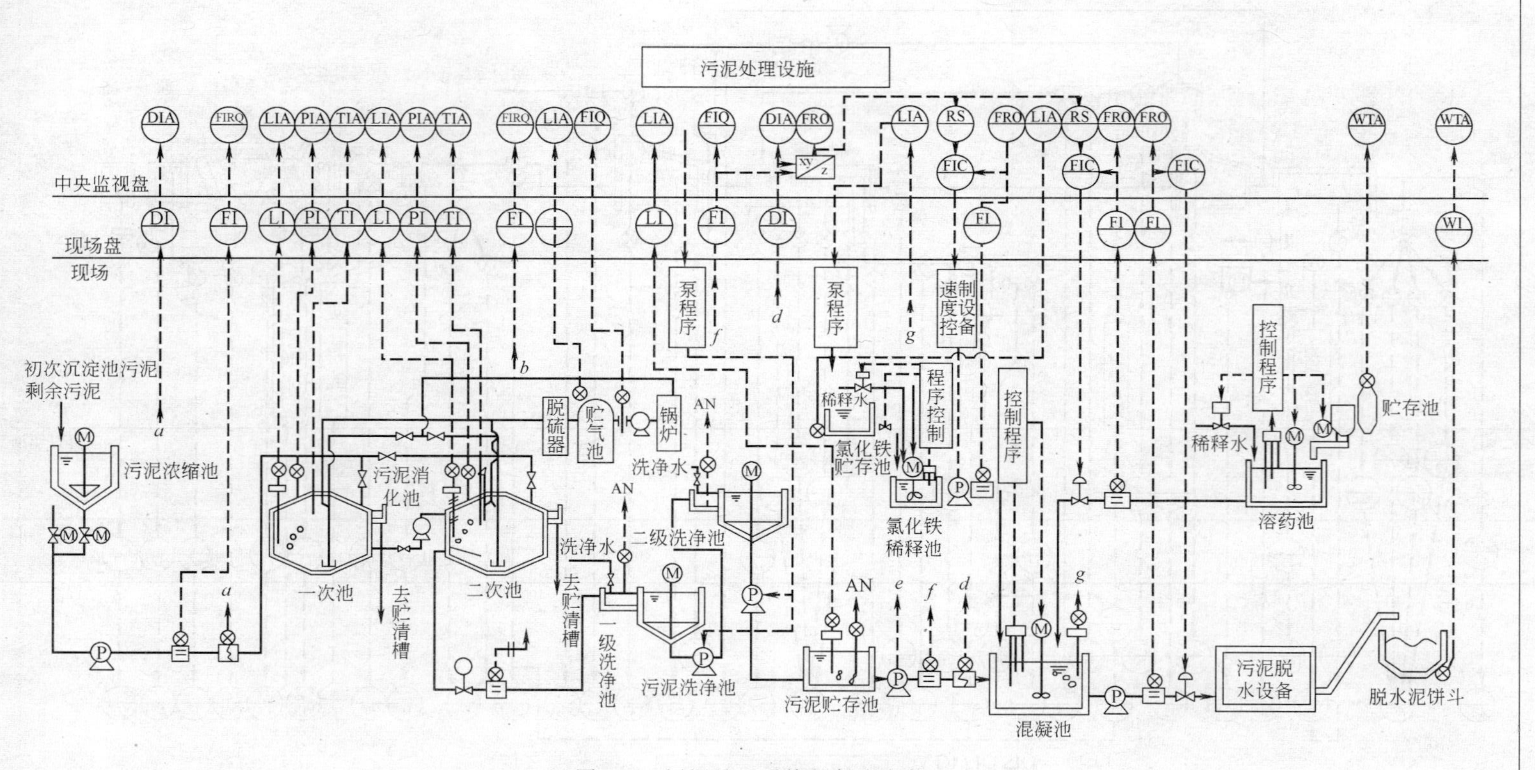

图5.3　污泥处理系统的仪表安装

注：图中仪表的符号见表5.5

仪表符号一览表 **表 5.5**

种类	仪表	图例符号	种类	仪表	图例符号
检测仪 流量	电磁流量计		检测仪 成分	pH 计	⊗pH
	孔板			DO 计	⊗DO
	堰式流量计			MLSS 计	⊗MLSS
	容积式流量计			浊度计	⊗TB
				余氯计	⊗Cl
液位	浮子水位计				
	压差式液位变送器		仪表盘仪表	液位指示仪	LI
	排气式液位计			液位指示报警器	LI
	电极式液位开关			流量指示报警调节器	LICA
	摩阻式液位开关			流量指示仪	FI
	浆叶式液位开关			流量指示调节器	FIC
	电容式液位计			流量指示积算器	FIQ
压力	压力变送器			流量记录积算器	FRQ
	压差变送器	⊗		流量指示记录积算器	FIRQ
温度	温度检测器			压力指示仪	PI
成分	超声波式污泥浓度计			压力记录仪	PR
	污泥界面计			压力指示警报器	PIA

续表

种类	仪　表	图例符号	种类	仪　表	图例符号
仪表盘仪表	压力指示调节器	PIC	仪表盘仪表	DO 指示计	DOI
	温度指示仪	TI		MLSS 指示计	MLSSI
	温度指示调节仪	TIC		余氯计	CLI
	温度记录仪	TR		COD 指示计	CODI
	温度指示报警器	TIA		浓度指示报警器	DIA
	温度指示手动调节器	TIHC		O_2 指示计	O_2I
				O_2 记录计	O_2R
	开度指示仪	ZI			
	转速表	NI		SO_2 指示计	SO_2I
	重量指示报警器	WIA		SO_2 记录仪	SO_2R
	重量指示调节器	WIC		点式记录仪	UR
	重量积算器	WQ			
	重量记录仪	WR		比率定值器	RS
				比率流量定值器	SelTr
	pH 指示计	PHI		信号选择器	SelHr
	浊度指示计	TBI			
	电导率计	CI		取样泵	SP

在传感器上，其他混入物造成的摩耗与破损等，都会造成计量仪表不能正常工作或产生较大误差，因此，在选用仪表设备时也考虑检测对象的某些特殊性。

(6) 各种信号的特征

信号是传递检测与控制信息的手段。信号可根据其构造原理与安装方式分为电气式、油压式或气压式等几种类型。在电气式中，又可分为交流和直流的电压、电流与脉冲信号等。应尽可能选用信号水平高，不受外部噪声影响的仪表。在考虑运行效果、管理与经济性的同时，也要对远期的计划进行充分研究，使它们尽可能统一起来。

对于电气式信号的仪表，为了使在检测端测出的变量能以模拟量或数字量表示，或者作为控制信号，无论其大小，各制造厂家都规定了一定的范围的直流和交流的电压与电流的过程信号，并且可转换成调节器的输出信号。作为积分、记忆、远方检测与控制的信号，可转换成脉冲信号。但是，当与信号接收端距离较远时，电压信号存在着电压降低的问题，这时采用电流信号更好。

一般来说，由于交流电信号会产生电磁感应，故应当使用屏蔽线，同时应尽可能缩短传送距离。为了避免这一问题，也可使检测信号先转变成其他信号，然后再转换成电流或电压信号。

(7) 检测范围

在污水处理厂的运行初期阶段，污水流量与有机负荷都很低，以后才逐渐增高。这时若按最终设计量确定检测范围，则可能发生仪表设备不动作或误差大等问题，对此应予以充分注意。在处理系统的负荷变化幅度大时，可分为两个阶段，使之在低负荷运行也不降低检测精度。

表 5.6 和表 5.7 中列出了污水处理厂各处理设施中主要的检测设备。但是，这些仪表设备不一定都是必要的，可以根据前面所介绍的仪表设备的设计与安装的基本原则与注意事项，来选用最合适的检测方法必要的最小限度的仪表设备，

量的主要检测仪表 **表 5.6**

检测对象	仪表种类		适用条件
流量	堰式流量计		处理水
	节流装置	文丘里管	污水、处理水、空气
		喷嘴	清水、空气
		孔板	气体、空气
	计量槽	巴氏计量槽	污水、处理水
		P-B 计量槽	污水
	电磁流量计		污水、污泥、药液
	超声波流量计		污水、处理水

续表

检测对象	仪表种类		适用条件
液位	浮子式液位计		污水、处理水、油池
	排气式液位计		污泥消化池、污泥贮存池、污水、污泥、三氯化铁
	压力式液位计	浸没式	污水、处理水
		压差式	污水、处理水、药液、油池
	电容式液位计		几乎所有液体都可使用
	超声波液位计		几乎所有液体都可使用
	电极式液位计		小型水槽，主要作控制用
	倒转式液位计		污水、处理水、污泥
物料面等	机械式物位计		各种料斗
	超声波式物位计		
	电容式物位计		
压力	弹簧管式压力计		锅炉蒸气压，泵压（清水、处理水等）
	膜片式压力计		气压、泵压（清水、污水、污泥），鼓风机压力
	环状天平式压力计		较低压力、气压
	波纹管式压力计		较低压力
转速	电机式转速计		泵（污水、雨水、回流污泥）
开启度	电位式开度计		进水闸门、泵的出水阀（污水、雨水）、曝气池进水闸门、简单处理水排放阀门、鼓风机吸气阀、二次沉淀池排泥阀、加氯机阀
重量	张力重量计（力传感器）		储药池、泥饼储斗

质的主要检测仪表　　表5.7

检测对象	仪表种类	适用条件
温度	电阻温度计	曝气池、污泥消化池、催化燃烧式脱臭装置
	热电耦温度计	锅炉、直接燃烧式脱臭装置、内燃机的排气、污泥焚燃烧炉
pH	玻璃电极式pH计	污水、处理水、药液
DO	极谱仪式DO计 电极式DO计	控制曝气池鼓风量
浊度	表面散射光式浊度计	污水、处理水
	透射光散射光比较式浊度计	

续表

检测对象	仪表种类	适用条件
污泥浓度	光学式浓度计	污水的SS浓度、排泥及回流污泥浓度
	超声波式浓度计	
MLSS	透光式MLSS计	活性污泥的浓度
	散射光式MLSS计	
污泥界面	光学式污泥界面计	初次沉淀池、二次沉淀池、污泥浓缩池
	超声波式污泥界面计	
COD	COD计	污水、处理水
UV	UV计	处理水

使之既能满足工艺设计与自动控制提出的检测要求，又尽可能降低建设与运行费用。

5.4 污水处理厂常用的检测方法与仪表设备

检测设备与检测方法是否得当，对检测精度、可靠性与经济性都有不可忽视的影响。检测方法应当与其检测目的、设备的使用条件以及安装位置的环境相适应，并便于维护管理。首先，检测方法应因其检测对象不同而异，因检测仪表的传感器大都安装在现场，所以要对其腐蚀、温度、天气、悬浮物的附着与沉积，以及其他因素等外部条件予以充分注意。在校正仪表设备时，应尽可能对实际使用的信号接收端进行实际的联合测试，即使这样做有困难，也希望利用其他可靠方法进行验证，以确保检测方法可靠。

与给水处理厂相比，污水处理厂的处理方法、工艺流程、污水和污泥的指标等都有很大不同，其检测项目与方法也有很多特殊性。本节主要介绍一些活性污泥法污水处理厂中最常用的检测方法及其仪表设备。

5.4.1 流量的检测方法与设备

流量检测仪表设备主要有：堰板、文丘里管、喷嘴、孔板流量计、转子流量计、靶式流量计、容积式流量计、涡轮式流量计、冲量式流量计、管式流量计、巴氏计量槽、P-B计量槽、电磁流量计、超声波流量计等。为了减小检测误差，各种流量计都有其最合适的安装位置、安装方式和方法。表5.8给出了污水处理厂中常用的流量计在安装时所需要的最小限度的直线长度。

在污水处理厂的流量检测中，通常采用堰板、巴式计量槽、电磁流量计和超声波流量计。后两者在本书第二章已作了介绍。本节着重介绍在重力流污水处理

安装各种流量计所需的直线段长度　表 5.8

流量计种类	直线段长度	流量计种类	直线段长度
堰板式	上游(4～5)B	巴氏计量槽	上游节流宽度的10～15倍
文丘里管	上游(5～10)D，下游(3～5)D	P-B计量槽	10D
喷嘴	上游(10D)，下游(5D)	电磁流量计	上游(5D)，下游(2D)
孔板	上游(10D)，下游(5D)	超声波流量计	上游(10D)，下游(5D)

注：B为堰宽，D为管内径。

流程中最常用的堰板式流量计和巴氏计量槽。前者常用于各并联处理设施流量的检测，以便使流量均匀分配；后者主要设置在最终出水的管渠中，检测总出水流量。

5.4.1.1　堰板式流量计

通过测定出堰板上游的溢流水深，用式（5.1）～式（5.3）计算出流量，其缺点是水头损失较大，不能检测压力流的水量。

（1）全宽矩形堰（如图5.4所示）

$$\begin{cases} Q=KBh^{3/2} \\ K=107.1+\left(\dfrac{0.177}{h}+14.2\dfrac{h}{D}\right)(1+\varepsilon) \end{cases} \tag{5.1}$$

式中　Q——流量（m^3/min）；

K——流量系数；

B——堰板宽（m）；

h——溢流水深（m）；

D——从水渠（槽）底部至堰缘的高度（m）；

ε——校正系数，$D\leqslant 1m$ 时 $\varepsilon=0$；$D>1m$ 时 $\varepsilon=0.55(D-1)$。

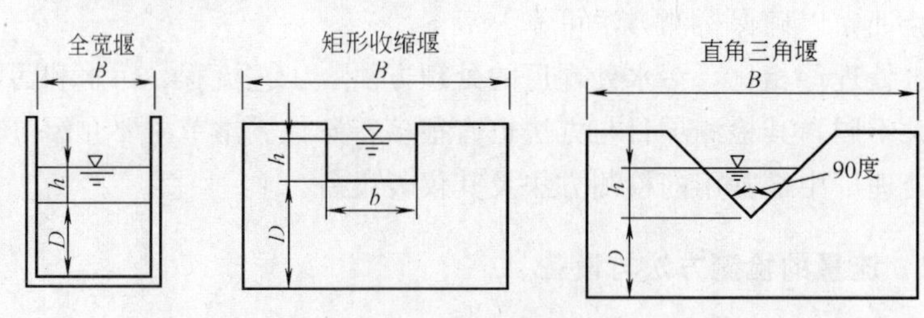

图5.4　堰的种类

（2）收缩矩形堰（如图5.4所示）

$$\begin{cases} Q=Kbh^{3/2} \\ K=107.1+\dfrac{0.177}{h}+14.2\dfrac{h}{D}-25.7\sqrt{\dfrac{h(B-b)}{DB}}+2.04\sqrt{\dfrac{B}{D}} \end{cases} \tag{5.2}$$

式中　b——凹口堰宽（m）。

（3）直角三角堰（如图5.4所示）

$$\begin{cases} Q = Kh^{5/2} \\ K = 81.2 + \dfrac{0.24}{h} + \left(8.4 + \dfrac{12}{\sqrt{D}}\right)\left(\dfrac{h}{B} - 0.09\right)^2 \end{cases} \tag{5.3}$$

(4) 堰及其测定方法的注意事项

1) 堰缘形状如图 5.5 所示，内面要平滑，边缘 10cm 以内应特别平滑。

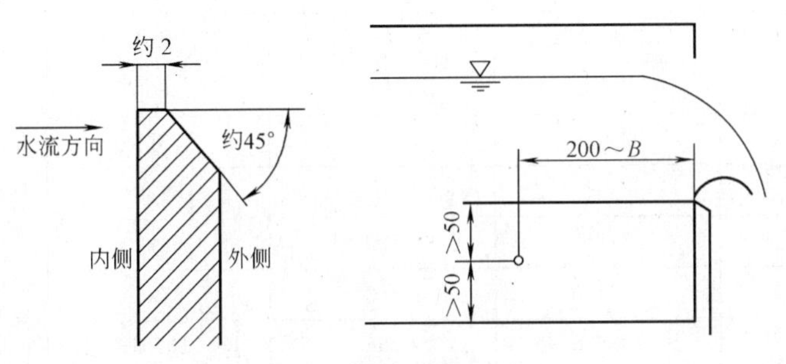

图 5.5 堰缘形状示意

2) 堰板的内壁面与水渠成直角，且要垂直。直角三角堰凹口的角分线应垂直于水渠，并与水渠宽度 B 的中心一致。

3) 在水渠上设置整流板。

4) 水头测定位置如图 5.6 所示。

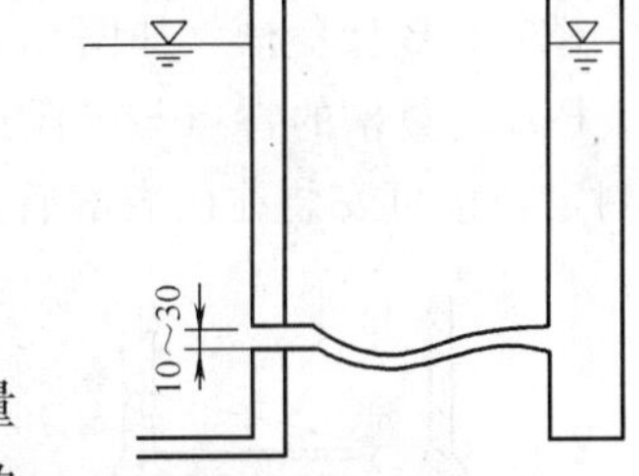

图 5.6 水位测定位置示意

5.4.1.2 水槽式流量计

(1) 巴氏计量槽（如图 5.7 所示）

是有收缩喉道的明渠，根据水渠推算其流量（见表 5.9）。它具有水头损失小，由 SS 造成堵塞的可能性小，运行管理简单、费用不昂贵，因此，污水处理厂的最终出水经常采用巴氏计量槽来计量其总处理水量。这时巴氏计量槽可设置在地面上，管理方便，也可实现在线检测与记录。

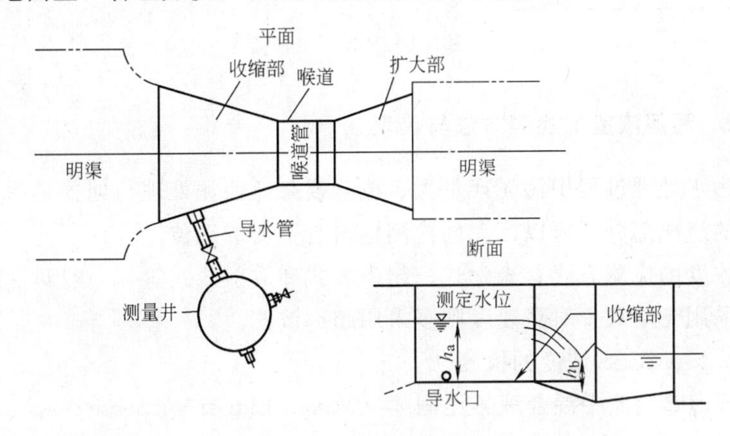

图 5.7 巴氏计量槽

巴氏计量槽的流量测定范围　　**表 5.9**

名　称	喉道宽度(mm)	最小流量(m^3/h)	最大流量(m^3/h)	潜没度(h_b/h_a)
PF—03	76.2	3	193	0.6 以下
PF—06	152.4	5	398	
PF—09	228.6	9	907	
PF—10	304.8	11	1641	0.7 以下
PF—15	457.2	15	2508	
PF—20	609.6	43	3374	
PF—30	914.4	62	5138	
PF—40	1219.2	133	6922	
PF—50	1524.0	163	8726	
PF—60	1828.8	265	10551	
PF—70	2133.6	306	12376	
PF—80	2438.4	357	14221	

（2）P-B计量槽（如图5.8所示）

P-B计量槽的特点与巴氏计量槽大致相同。不过它更适用于圆形管道内的流量测定，也可安装在已有的管道中。

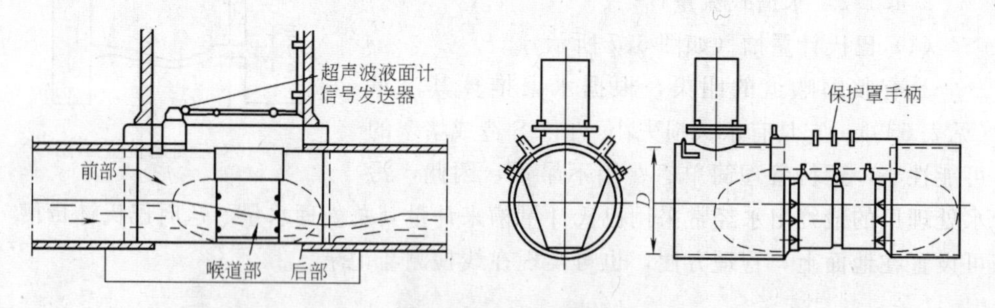

图5.8　P-B计量槽

5.4.2　污泥浓度的检测方法与仪表

由于污水处理过程中污泥产量大、成分复杂，污泥处理与处置是污水处理系统中重要的组成部分，所以污泥的检测也占有重要的地位。

污泥浓度的检测方式有光学式、超声波式和放射线式等，一般对低浓度污泥的检测多采用光学式，对高浊度则多采用超声波式。

5.4.2.1　MLSS浓度的检测

MLSS即曝气池中混合液悬浮固体（Mixed Liquor suspended solids），其浓度一般在1500～4000mg/L之间，属于低浓度污泥，常采用光学式检测仪MLSS

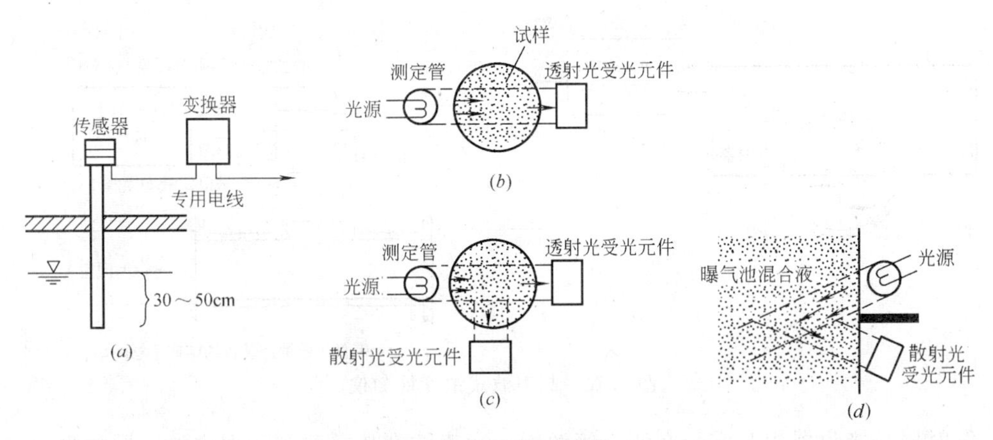

图 5.9　MLSS 检测仪

(a) 检测方法示意；(b) 透射光式；(c) 透光散射光式；(d) 散射光式

计（如图 5.9 所示）来检测。

光学式检测仪又分为透射光式、散射光式和透光散射光式三种。如图 5.9 所示，透射光式检测仪将装有试样的测定管夹在对置的一对光源和受光器中间，照射在试样上的光被 SS 吸收并散射，到达受光器的透射量发生衰减。根据受光器得到的透光量与 SS 浓度的相关关系检测 MLSS 浓度。试样中的气泡将对检测精度产生影响，因此应当按测定管内气泡无法存在的方向来设置。检视窗口需要定期清洗，或者附设自动清洗装置。散射光式检测仪从光源发射到试样的光因 SS 存在而形成散射，根据受光器接收的散射光量与 SS 浓度的相关关系，检测 MLSS 浓度。气泡的存在与检视窗口的污染都会引起误差。透光散射光式检测仪根据受光器得到的透光量和接收的散射光量两者与 SS 浓度的相关关系来检测 MLSS 浓度。在使用 MLSS 检测仪时应注意以下事项。

(1) 为了避免由于检视窗口的污染引起的检测误差，应当定期清洗。

(2) 为了避免由于来自上方直射日光等强光的射入引起的误差，检测仪的传感器部分常常放置在水面以下 30～50cm 处。

(3) 由于 MLSS 检测仪是根据光学原理测定 MLSS 浓度，当被检测的混合液颜色变化影响透光率变化时，宜使用受其影响较小的透光散射光式检测仪。

(4) 在对 MLSS 检测仪进行校正时，将 MLSS 的手分析值和 MLSS 检测仪的测定值进行比较，并作成表示相关关系的曲线图，用来校正检测仪。手分析某一被检测试样后，依次稀释该试样，并求出与 MLSS 检测仪测定值之间的相关关系，来校正 MLSS 检测仪。

5.4.2.2　污泥浓度检测仪

污泥浓度较高时常采用超波式浓度检测仪。如图 5.10 所示，将一对超声波

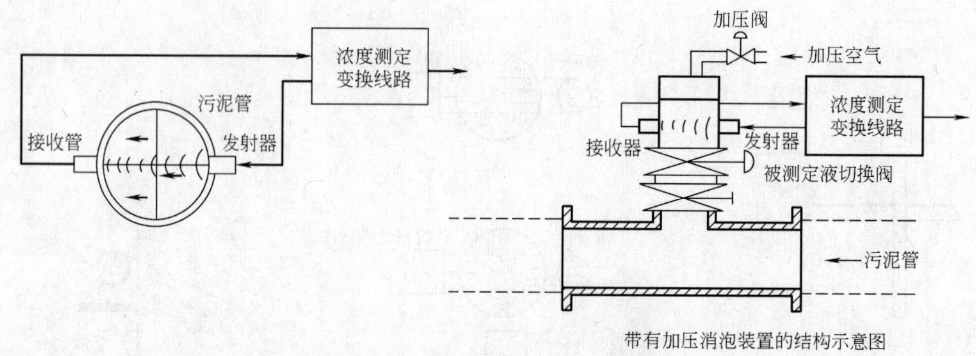

图5.10　超声波式浓度检测仪

发射器与接收器相对安装在测定管两侧，超声波在传播时被污泥中的固形物吸收和分散而发生衰减，其衰减量与污泥浓度成正比，通过测定超声波的衰减量来检测污泥浓度。试样中的气泡也会引起检测误差。它的优点是受污染的影响较小，缺点是间歇式检测。使用时应注意的事项如下：

(1) 试样中的气泡将异常地增大超声波的衰减量而引起检测误差。若气泡较多时，应当采用带有加压消泡装置的检测仪，消泡后再检测。另外，也要注意由于污泥的腐败或搅拌后空气卷入污泥中，使消泡困难，难于去除气泡对检测值影响的情况。

(2) 当有加压消泡装置时，应定期检查加压机构和空气压缩机，排出空气罐中的水。

(3) 当由于季节变化而引起污泥颗粒形状的变化，或者由于污泥混合后不均质的情况，应用正常的污泥检测结果来校正。

(4) 有加压消泡装置时，由于其检测是按更换污泥→加压→检测的程序进行，每检测一次约需要5min左右。因此，当泵是间歇运行时，如果随着泵的启动开始检测的话，能够顺利地更换需要检测的污泥。

5.4.3　污泥界面的检测方法与仪表

为了进行必要的污泥管理必须设置污泥界面计，它也是利用光学和超声波的原理来检测。在设置和检测时，还应注意藻类与气泡的影响，以及污泥界面的凹凸不平等引起的误差。

(1) 光学式

其检测原理与MLSS检测仪基本相同（如图5.11所示），气泡与检视窗口的污染也会引起误差。

(2) 超声波式

与超声波污泥浓度的检测原理相同（如图5.11所示），污泥界面的检测分为

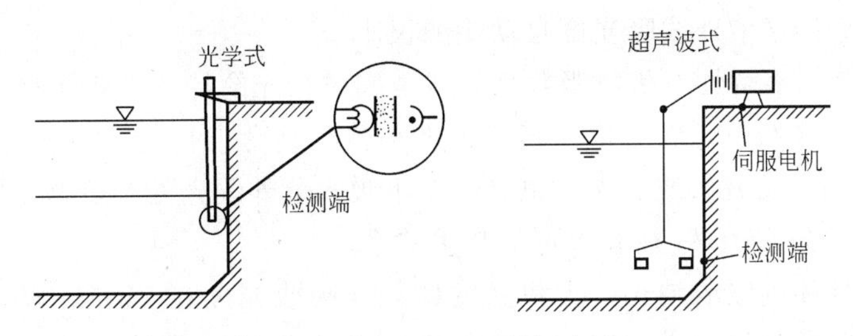

图 5.11 污泥界面的检测方式

用伺服机构跟踪检测器方式和固定检测方式。

5.4.4 有机物的检测方法与仪表

在污水处理中，COD 主要用来表示有机物被强氧化剂氧化时消耗的强氧化剂的量，根据当量关系换算成氧的量，用 mg/L 来表示，即化学耗氧量。UV 计、TOC 计与 TOD 计的检测值都与 COD 计的检测值相关。随着水质的污染物排放总量限制的实施，用于与 COD 计同样的目的，并作为推算 COD 值的计量仪表。

(1) COD 计（COD 自动检测仪）

如图 5.12 所示，COD 自动检测仪是将指定的检测步骤自动化了的仪器，每隔 1～2h 间歇自动检测，根据氧化分解的条件有酸性法检测仪和碱性法检测仪。通过更换试剂，也有酸性法和碱性法两种方法交替使用的仪表。酸性法适用于水样中含微量氯离子或不含氯离子的检测，而碱性法受氯离子影响不大，所以可用于含有大量氯离子水样的检测。

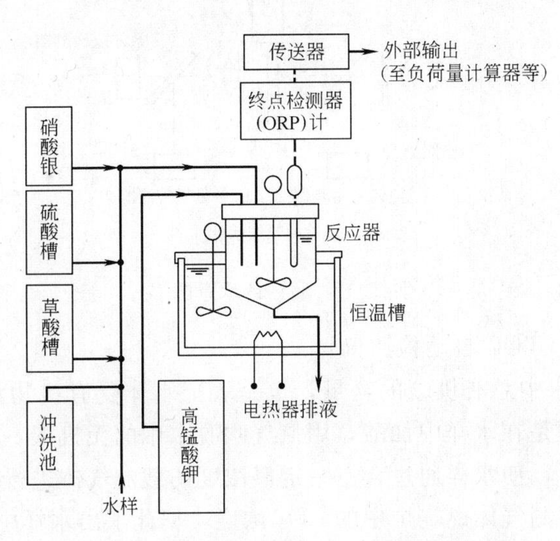

图 5.12 酸性法 COD 自动检测仪的系统图

（2）UV计（紫外线吸光度自动检测仪）

UV计利用溶解性有机物吸收紫外线范围波长光的特性，将水样连续送进测定瓶，用紫外线照射，然后根据其吸光度来检测其污染程度。在各种有机物中，有的不吸收紫外线最大波长光，也有完全不吸收紫外线光的有机物。但是，二级处理水的UV与COD往往有很好的相关关系。

关于紫外线的吸收波长，无机物的紫外线吸收光度在250nm以上时就可以忽略不计。吸收的波长为250～260nm可作为有机物含量的大致标准使用，因此，UV计能使用250nm左右波长的光。特别是250nm，可以从低压汞灯的光线（2537nm）得到，便于连续检测，因此一般广泛应用。不过有机碳的浓度与吸光度的比值还因有机物的性质而有所不同。

同时对可见光的吸光度进行检测，将这一部分从紫外光的吸光度中减去，往往可以消除SS造成的散射光的影响，如图5.13所示。吸光度与COD的相关关系还与污染物成分和水温有关，因而有必要考虑不同季节的相关关系。检测窗口的污染也会产生误差，一般在检测窗的水样侧面附设转动刷等间歇式自动清洗装置。用COD计和UV计检测工业废水时，应当根据流入的工业废水性质验证与COD的相关关系之后再使用。

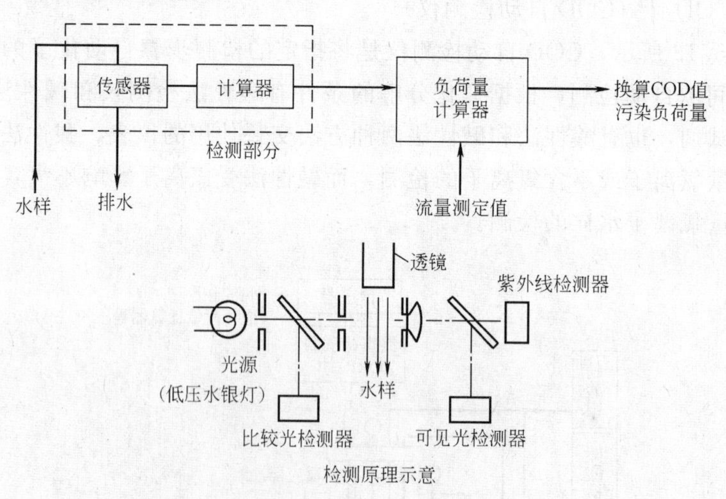

图5.13　UV计示意图

（3）TOC计（TOC自动检测仪）

TOC表示污水中总有机碳的含量，也是表征水体受有机物污染程度的一个指标。其检测原理是在水样中加酸，用氮气吹脱水中的无机碳，然后在高温与催化剂存在的条件下，使水样通过含有一定氧浓度的载流气体进行燃烧，用非分散型红外线分析仪检测气体燃烧炉中的CO_2浓度，据此求出水样中有机碳浓度。

在TOC的检测中有两种方式，一是首先利用低温加热催化剂检测无机碳，然后把无机碳的值从总碳中减去的检测方式，称双通道方式；二是预先将水样用盐酸调至酸性，然后用氮气吹脱水样中的无机碳后，再送入高温催化剂填充管进行检测的方式，称为单通道方式，如图 5.14 所示。

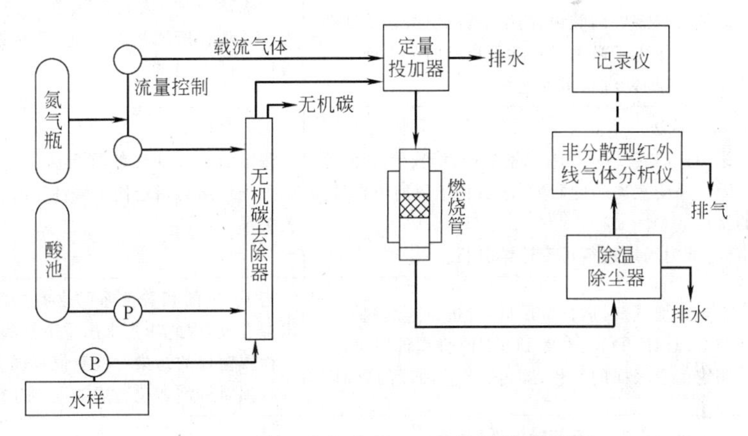

图 5.14 单通道方式的 TOC 检测仪系统图

(4) TOD（TOD 自动检测仪）

TOD 表示水样中化学元素都形成其最稳定的氧化态化合物所需要的氧气量，以 mg/L 计。TOD 也是表示水体受有机物污染程度的一项指标。TOD 的检测原理是将水样和含有一定量氧的载流气体一起，送入高温加热后的催化剂填充燃烧管中，使水样中的有机物氧化分解，然后测定消耗的氧量，如图 5.15 所示。

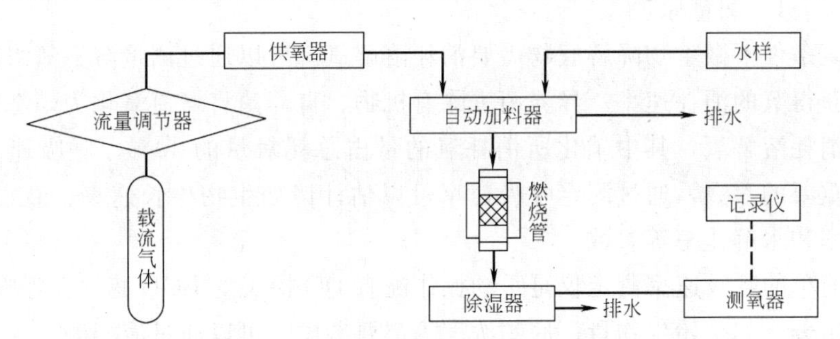

图 5.15 TOD 检测仪的系统图

表 5.10 给出了几种有机物自动检测仪的特点与注意事项。

5.4.5 呼吸仪的检测原理及其测量方法

呼吸仪可以测定活性污泥的呼吸速率，呼吸速率是单位时间单位体积的微生物所消耗的溶解氧的量。呼吸速率反映了活性污泥最重要的两个生化过程：微生物的生长和底物的消耗。呼吸仪也可称为 BOD 监测仪，但不要与 BOD_5 相混淆，因为呼吸仪是在几分钟内使用适应废水性质的微生物来测定其所消耗的溶解氧的量。

有机物自动检测仪的特点与注意事项　**表 5.10**

名称	特点	注意事项
COD计	1. 酸性法 添加试剂需要硝酸银、高锰酸钾、草酸钠等。 适用于氯离子微量或不含氯离子时的水样。 以1h为周期进行可变连续分析	含氯离子时，需投加银剂以去除氯离子。由于要消耗所添加的银剂（硝酸银），因此比碱性法的费用高
	2. 碱性法 添加试剂需要苛性钠、高锰酸钾、草酸钠、硫酸等。 因不易受氯离子的影响，故适用于氯离子含量多的水样。 以1h为周期进行可变连续分析	测定值与酸性法的测定值不一致，故有必要预先求出与指定使用酸性法时检测值的相关关系
UV计	不要添加试剂，运行费用低，可进行连续测定。 与COD计、TOC计及TOD计比较，价格便宜。 测定值受水样的性状、颜色、SS及浊度的影响。	与COD的相关关系与含有的污染成分和水温有关，因此应当求出季节性的相关关系 检视窗口的污染对检测值有很大影响 必须对灯泡劣化造成的误差进行校正
TOC计	添加试剂需要微量的酸溶液（盐酸等）。 短时间内可得到分析结果（以4～5min为周期进行可变连续分析）	与COD的相关关系与所含污染成分有关
TOD计	短时间内可得分析结果（以3～4min为周期进行可变连续分析）	与COD的相关关系与所含污染物成分有关。水样中有溶解氧共存时，特别是总耗氧量少时（TOD值低时）DO的影响大，因此应校正

5.4.5.1　测量原理

好氧条件下微生物降解底物需要消耗溶解氧。可以通过测量溶解氧浓度或氧分压来获得氧的消耗速率。异养菌去除有机物、自养菌将氨氮氧化为硝态氮的过程都会消耗溶解氧，其中硝化所消耗氧的量占总耗氧量的40%。呼吸速率是好氧系统重要的参数，通过测定呼吸速率可以估计诸如生物生长速率、衰亡速率、硝化速率和水解速率等参数。

最简单的呼吸速率测定仪是手动操作配有DO探头的BOD瓶。在呼吸仪中，不同的组分，如初始生物量、底物浓度等都要考虑。可以通过液相测定或气相测定来判定溶解氧的消耗量。

呼吸速率的测定原理基于液体中DO浓度的测定以及呼吸仪内溶解氧的质量守恒，方程如下：

$$\frac{\mathrm{d}}{\mathrm{d}t}(V_L S_O)=Q_{L,in}S_{O,in}-Q_{L,out}S_{O,out}+r_o V_L+(K_L a)_L(S_{O,out}-S_o)V_L \quad (5.4)$$

式中，L用于表示体积，$Q_{L,in}$和$Q_{L,out}$表示进水、出水流量，V_L表示呼吸仪的液相体积。K_{La}表示氧总转移系数，通过测量各种参数，可以比较容易地计算出呼吸速率。

在比较简单的呼吸仪中，一般对液体曝气使DO浓度达到较高值，然后停止曝气。由下式来确定呼吸速率：

$$\frac{d}{dt}S_o = r_o \tag{5.5}$$

若DO浓度太低，呼吸速率受到氧缺乏的限制，此时DO浓度呈现直线关系。有一些呼吸仪是建立在气相氧测量的基础上，须考虑气相中氧的质量守恒。在考察液相中溶解氧的质量守恒之外，气相中溶解氧的质量守恒如下：

$$\frac{d}{dt}(V_G S_G) = Q_{G,in}C_{G,in} - Q_{G,out}C_{G,out} - (K_L a)_L(S_{O,out} - S_o)V_L \tag{5.6}$$

式中，V_G为气相体积；C_G为气相中氧的浓度；Q_G为流进和流出呼吸仪气相室的气体流量；最后一项是气相到液相的氧转移量。有一些呼吸仪不是测量DO浓度，而是测量压力变化，由于生化反应还会产生CO_2，因此，须对其进行化学吸收。

5.4.5.2　常用的呼吸测量方法

虽然呼吸测量方法较为复杂，但是它能直接反映污水处理厂污泥中活性微生物的比例及其生物活性，能反映生化反应实际的氧消耗，是污水处理厂重要的控制参数。这类仪器已经在污水处理厂长时间应用，可靠性较高，常采用的呼吸测量方法有如下几种：

（1）Merit 20呼吸测定仪。它可以离线测定污泥系统的耗氧速率（OUR）。其测量原理是：每个测量单元有1个试样瓶，其容积大约为50ml，与差压传感器相连。在试样瓶中注入10ml污泥试样，利用电磁搅拌。污泥试样的上方有一个小托盘，内放氢氧化钠固体。污泥在试样瓶中被密封，发生生化反应，消耗氧而产生二氧化碳，后者被氢氧化钠吸收，使瓶中气压下降。另有一个电解单元与试样瓶连接，它可产生氧，补充被消耗的氧，维持试样瓶中的气压。计量电解单元产生的氧，就能计算污泥试样的OUR变化曲线。

（2）脱氧型呼吸测定仪。其测量原理是：仪器具有一个密封的、不断搅拌的反应容器，其中加入适量的活性污泥。容器里安装有曝气设备和溶解氧传感器。测量时，容器中加入活性污泥，然后进行曝气，当溶解氧浓度上升到适当值后停止曝气，由于容器是密封的，在呼吸作用下，其中的溶解氧浓度不断下降。计算溶解氧浓度对时间的一次微分，就得到污泥的OUR变化曲线。

（3）RODTOX呼吸测量仪。RODTOX（Rapid Oxygen Demand and TOXicity tester）呼吸测量仪由比利时Gent大学的Microbial Ecology实验室开发，是一个开放的、不断曝气的小型生物反应器。反应器中，安装有曝气设备、搅拌设备、溶解氧测量仪。反应器中活性污泥的溶解氧浓度维持不变以后，瞬时加入少量反应底物。反应底物被降解，使得溶解氧浓度下降。记录溶解氧浓度的变化，再根据活性污泥的氧传质系数 K_{La}，可以计算出OUR变化曲线。

(4) RA—1000呼吸测量仪。由荷兰Wageningen农业大学环境技术系开发，主体是一个封闭并且完全混合的呼吸室。呼吸室用2条管路与一个由4个阀门构成的直流—交流系统相连，直流—交流系统可以周期性改变呼吸室内活性污泥的流向。在呼吸室与直流—交流系统相连的1条管路上，安装有1个溶解氧探头，它不停地测量经过活性污泥的溶解氧浓度，在一个流向改变周期中可以先测定流入呼吸室的溶解氧浓度，再测定流出呼吸室的活性污泥溶解氧浓度。计算溶解氧浓度在流入和流出呼吸室时的差值，再根据活性污泥在呼吸室的停留时间，即可以计算出OUR。

5.4.6　营养物在线传感器

近年来，虽然我国污水处理率不断提高，但是由氮磷污染引起的水体富营养问题不仅没有解决，而且有日益严重的趋势。我国在2002年新颁布的《城镇污水处理厂污染物排放标准》中增加了总氮、总磷最高允许排放浓度，同时也对出水氨氮提出了更严格的要求。可见，污水处理的主要矛盾已逐渐由有机污染物的去除转变为氮、磷污染物的去除。然而，目前我国污水处理厂脱氮除磷普遍存在着能耗高、效率低以及运行不稳定的缺点，提高污水处理厂过程控制水平是提高其运行效率、降低运行费用最有效的方法。因此对污水处理厂检测水平的要求也大大提高，在过去由于缺乏有效的传感器或传感器不稳定，导致污水处理厂的运行和控制基本上以手动控制为主，进入20世纪90年代中期，大部分污水处理厂安装了监控和数据获取（SCADA）系统，但未实现系统的在线控制和运行优化。今天仪表已不是污水处理厂控制的瓶颈，表5.11是一些常用的传感器，在一些污水处理厂的高级控制中它们的应用逐渐增加，从而提高了系统的稳定性并降低了运行费用。

污水处理厂常用的测定仪表　　表5.11

流　量	电导率	溶解性营养物浓度(氮和磷)
水位、水压	DO	总氮和总磷
温度	浊度	BOD、COD、TOC
pH	污泥浓度	呼吸仪
ORP	污泥层高度	气体成分测定

氮和磷排放标准的逐渐严格，极大的促进了营养物在线传感器（氨氮、硝酸氮和溶解性正磷酸盐）的开发和市场化，它们的开发大部分基于已建立的试验方法（表5.12），基本采用比色法。测量进出水中总氮和总磷的浓度对在线监测也有重要意义，但是至今为止，只有很少的厂商生产，并且极其昂贵。而氨氮、硝

氨氮、硝酸氮和磷酸盐的在线传感器/分析仪的测定原理 表 5.12

测定指标	比色法	替代方法
氨氮	indophenol blue 靛酚蓝	增加 pH，应用 NH_3 气体传感器或离子选择电极
硝酸氮＋亚硝酸氮	被还原为亚硝酸氮，采用 N—(1—萘基)—乙二胺光度法	在 205nm 吸收或离子选择电极
正磷酸盐	钼蓝方法	无

酸氮和可溶性正磷酸盐在线传感器已在国外城市污水处理厂获得一定的应用。

营养物传感器需要预处理采样液，在仪器箱中安装泵单元、光度计、控制单元、化学药品。因此包括采样系统和分析仪，然而它的缺陷是不能自动测定，仪器在设计时，需要考虑这些因素，减少采样时间以及反应时间，另外还需降低化学药品的消耗量。随着对在线信息的要求，开发出了体积小、可以直接测定的传感器，最出名的当属 Danfoss Eviat 系列分析仪制造商基于比色法开发的氨氮、硝酸氮和磷酸盐现场（in-situ）传感器，以及 WTW 基于离子选择电极方法的硝酸氮和氨氮在线传感器。这些传感器可以节约采样和预处理系统的费用。在线传感器逐步发展，设计越小、响应时间越快且具有直接测定功能的传感器是未来发展的趋势。

下面介绍一下营养物传感器的设计。

评价和使用营养物传感器需要考虑以下因素：校验、清洗、响应时间、化学药剂、样品流量、物理尺寸、测定组分的性质以及使用友好性。

校验和清洗可以人工进行也可以自动进行。每次自动清洗和校验时间可能在 1～60min 之间，其频率可能是每 5min 一次也可以是每天 1 次。很明显，进行清洗和校验的时间越短越好，因为在这段时间我们无法获得任何有用的信息。

对自动控制而言，营养物传感器的响应时间是个很重要的参数。在间歇运行系统中该参数尤为重要，响应时间在 5～15min 是可以接受的。一般而言，响应时间在 1～30min 之间，样品前处理额外需要 1～20min，因此，在 SBR 法中很多仪器无法使用。如果使用这些仪器记录历史数据，那么响应时间就没有非常严格的要求。

化学药剂消耗量是传感器运行费用的主要组成部分。可以购买配制好的化学药剂，也可以买回药剂在实验室自行配制。购买使用已经配制好的药剂比较昂贵，但是可以保证测量精度，并且不需要对实验室人员进行培训，还节省了很多时间。更换药剂的间隔时间一般是每周一次至每 12 周一次。

传感器的形状千差万别。一些结构紧凑的传感器一般都设计成壁挂式的，宽×高在 150mm×300mm 左右。大一些的传感器悬挂安放在从底板至天花板之间的小柜中，宽×高在1m×2m左右，质量超过100kg。大多数传感器其宽×高在0.5m×1m左右，设计成壁挂式的。传感器的质量也非常重要，因为它要夜以继日地工作。早期的传感器一般应用于实验室废水分析检验，常出现故障。现在，传感器的质量已经大幅度提高。如果测量生活污水，以下是这些参数的测量精度（标准偏差）。氨氮：0.3mg/L（测量范围在0～10mg/L）；硝酸氮：0.5mg/L（测量范围在0～10mg/L）；可溶性正磷酸盐：0.2mg/L（测量范围在0～4mg/L）。

5.4.7 采样系统

任何传感器在进行测定之前需对样品进行前处理，这样才能保证测定的准确性，另外也可延长传感器的使用期限。包含采样系统最典型的传感器是新型的氨氮、硝酸氮和正磷酸盐营养物测定仪。样品前处理的目的是去除悬浮物质，以防止其堵塞、弄碎测量仪器的管道、泵或测量单元，或者防止电极污染。

在线分析测定仪都期望能够尽量减少化学药剂的消耗量，因此，使用断面面积尽量小的管路，尽量使用光学测量组件，而且测定单元的体积也要尽量小。为了防止测量仪器被堵塞，污水样品必须要进行前处理，去掉其中的悬浮物质。在大多数污水处理厂中，使用超滤（UF）工艺来完成这一功能。一般膜孔径为20μm。管状膜组件一般沿其轴向放置，液体放射状透过超滤膜。液体以较高的流速通过滤膜可以防止形成滤饼，并具备自清洗作用。

一般用潜水泵将样品（一般在5～10m^3/h范围内）送到测量室，在此按照交叉流动原则，超滤系统将样品定量（0.5～30L/h）过滤。过滤后得到的样品被送到内嵌传感器。

采样流量的量程一般在1～2000ml/h的范围内。采样量较小的系统其优点之一就是化学药剂消耗量较小，并且可安装较小的超滤膜组件。而采样量较大的系统可以只进行简单的过滤而不必进行超滤，或者对未经过滤的样品进行测量时，可以保持较大的流速而避免堵塞管路、泵和阀。

另一种在生物技术以及水质监测系统中已经得到应用的采样系统是流动性注射分析系统（FIA）。在废水水质分析中FIA的应用日渐增多，其优点是化学药剂的消耗量更小。样品作为一个区域以流动载体的形式进入测量系统。当样品区域流经多个管区时，可以进行多种前处理或与投加的化学药剂进行化学反应，然后流经传感器，测量一些指标。在FIA系统中经常使用分光光度法、荧光分析法以及电化学法进行指标检测。对于某种废水或难处理废水，采样系统要经常进行清洗。

5.4.8 检测信号的变换方法

信号变换器是为了把传感器输出的流量、液位、浓度与温度等检测值，转变成电信号、空气压力或油压信号（第一次转换），达到对于指示、记录、调节等都方便的标准，保持原样或再转换成其他信号（第二次转换）的仪表。根据其用途与转换方式不同信号转换有多种形式，如电流—电压、电压—电流、电流—电流、压力（空气或油压）—电流等。但其输出信号的种类、标准与信号的取值范围等应尽可能保持统一，精度也应当与处理设施的要求相协调。通常使用DC4～20mA、1～5V 的电信号。如果可能有噪声干扰时，应当使用直流电信号。常用的信号变换器如下。

(1) 电气式变换器

电气式变换器是根据需要将检测信号作用于放大、同期整流、加减乘除、去除噪声、反馈、定值电压等电路转换成优良信号的装置。变换元件使用硅、IC（集成电路）等半导体，变换器部件应具有耐久性、可靠性且小型化。表 5.13 和表 5.14 列出了污水处理厂中常用的变换器与检测器。电气式变换器工作原理如图 5.16 所示。

量的检测项目与检测方式 **表 5.13**

项　目	仪表安装目的	变换器	检测器	信号接收仪表		
				指示	积算	记录
进水管渠水位	水泵运转台数及速度控制指标	差压传送器	排气式	○		
沉砂池进水闸门开启度	用于池数控制	R/I 变换器	电位计	○		
水泵集水井水位	水泵运转台数及速度控制指标	差压传送器	排气式	○		
进水量	控制曝气量及回流污泥流量	流量变换器	电磁式	○	○	○
预曝气池空气量	控制曝气风量	差压传送器	孔　口	○		
排泥量	掌握污泥负荷	流量变换器	电磁式	○	○	
曝气池空气量	控制曝气风量	差压传送器	孔　口	○		
回流污泥量	控制回流污泥流量	流量变换器	电磁式	○	○	
剩余污泥量	控制剩余污泥流量	流量变换器	电磁式	○	○	
排放水量	排放管理	流量传送器	堰　式	○	○	○
排放浓缩污泥量	管理控制排泥量	流量变换器	电磁式	○	○	○
排放消化污泥量	管理控制排泥量	流量变换器	电磁式	○	○	○
消化气体压力	管理污泥消化池	传 送 器	压力（压差式）	○		
污泥贮存池液位	管理污泥贮存池	差压传送器	排气式	○		
供给污泥量	控制加药量	流量变换器	电磁式	○		

质的检测项目与检测方式　　**表5.14**

项　目	仪表安装目的	变换器	检测器	信号接收仪表		
				指示	积算	记录
排泥浓度	掌握与调节污泥负荷	浓度变换器	超声波式	○		
初次沉淀池出口浊度	回流、剩余污泥控制信息	浊度变换器	光学式	○		○
曝气池DO	监视处理水质、控制DO	DO变换器	电解槽式	○		○
回流污泥浓度	回流、剩余污泥控制信息	浓度变换器	超声波式	○		
排放水浊度	水质监视(代替SS检测)	浊度变换器	光学式	○		○
排放浓缩污泥浓度	污泥管理	浓度变换器	超声波式	○		
污泥消化池温度	污泥消化池管理	温度变换器	测温电阻	○		
供给污泥的浓度	控制加药量	浓度变换器	超声波式	○		

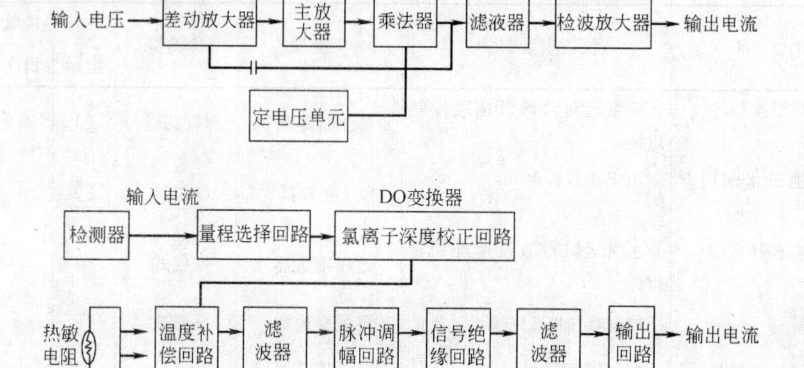

图5.16　电气式变换器工作原理

(2) 力平衡式变换器

从排气式流量计、液位计、孔口流量计、巴氏计量槽等压差式的检测部分得到的压差信号作用于检测隔膜等，把与检测压差成比例的力加在横梁上，将其变位放大之后，变成输出信号。另外，使输出信号的一部分与反馈的力相平衡，如图5.17所示。

(3) 变位平衡式变换器

把波纹管等的压力变位，由堰流量产生的变位和由浮子式液位计得到的变位等作为旋转变位，使磁路中磁铁发生变位，将空穴发送器产生的信号经过放大得到输出信号。输出的一部分作为反馈，由磁道平衡产生变位相平衡（如图5.18所示）。

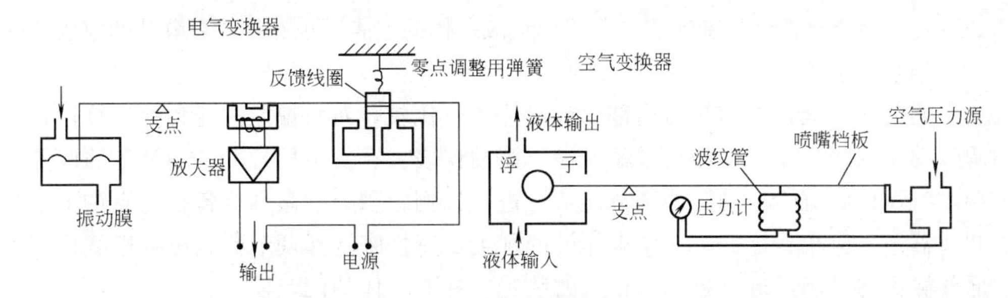

图 5.17 力平衡式变换器

除上述三种变换器之外，还有在检测部分使用扩散形半导体压敏元件，以及利用在硅板的受压膜上形成压敏扩散效果的变换器等。

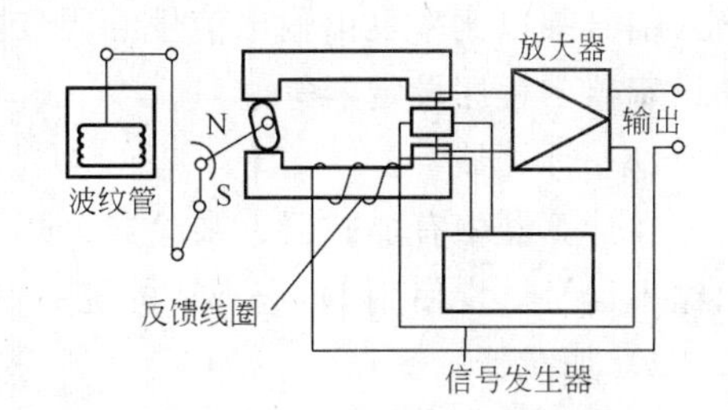

图 5.18 变位平衡式电气变换器

5.4.9 信号的接收及其仪表设备

应采用适合于监视、记录等使用目的，容易维护管理的信号接收方式。

信号接收器是接收来自变换器和传送器的信号，并对其进行定量指示、记录、显示、报警等的装置。有同时具有调节和计算功能的；也有能接收来自调节及计算装置的信号；还有在接收的同时能进行操作的，像 CRT（阴极射线管）显示器那样的装置。有关在计算机系统中使用 CRT 显示器进行接收的诸功能，可参考计算机控制系统的有关资料。

（1） 指示仪

通常使用动圈式的模拟指示计。有广角形指示计、带形指示计、条形指示计等，一般安装在仪表盘上。近来由于读取数据容易、精度高等优点，广泛使用数字式指示计。

（2） 记录仪

使用记录仪来记录处理过程的检测值，进行数据管理。记录仪是由用于指示仪的记录纸传送机构、用于记录的数个笔尖移动机构或打点机构和定值报警机构等组成。

记录纸的传送速度有固定速度的，也有用 2～4 级可变速度的，应当选择能够辨别处理过程变化的速度。传送速度应当根据数据管理目的需要来选择。记录用纸的更换虽然取决于记录纸速度，但多数仪表为每 1 个月或半个月更换一次记录纸。

（3） 积算仪

因为积算仪是把输入信号变换成脉冲信号，对数字式的积算值进行计数显示的装置，因此有将信号变换器与积算器组成一体的仪表，也有将二者分开的仪表。

(4) 调节器

调节器是把检测信号与内部的设定值进行比较，对其偏差进行各种计算，将调节动作的输出作为操作信号输入操作端的仪表。有发出信号ON－OFF的调节器，有发出脉宽输出的脉冲调节器，有进行比例、积分、微分等各种计算的PID调节器等。应根据被调节对象操作端的种类及特性来选择调节器。还有把从检测部分测得的控制量进行显示和记录的装置合并成一体的调节器。

(5) 设定器

除了有把输入信号与内部设定值相比较发出报警信号的报警设定器，以及将输入信号乘以比率发出输出信号给调节器作为设定信号的比率设定器外，还有手动设定器、程序设定器等。

(6) 计算器

在计算器中有加减器、乘除器、开方器等，计算器对输入信号进行运算，发出输出信号。常使用DC1～5V的统一信号。

1) 加减器

对2～4点的输入信号乘以加法比率后，再进行加法或减法运算。

2) 乘除器

对2或3点输入进行乘除运算或恒定倍数混合运算。

3) 开方器

对输入信号进行开平方运算得到输出信号，主要用于压差式流量计。

5.4.10　仪表设备的设置

在设置仪表设备时，为了充分发挥仪表设备的总体功能，要适当照顾到安装、配线和配管方面的工作。即使仪表设备的检测部分、变换部分、操作部分、接收部分等各部分的功能良好，若设置不适当，也会直接影响设备总体的性能、操作性、安全性及维护性，也涉及到使用寿命，因此在设计与安装检测仪表设备时，应考虑如下问题。

(1) 仪表的安装

安装仪表时，在了解各仪表的特性之后，还应当考虑维护性，并对场所的选定、布置、照明、空调、振动、环境条件等进行充分考察，按照各种仪表最合适的方法进行安装。

(2) 配线及配管

1) 配线

无论仪表设备的性能怎样好，但是如果检测部分和接收部分的连接电缆很差，因静电感应、电磁感应而造成噪声干扰、信号紊乱等因素，都不能达到精确检测的目的。因而，应当按照仪表的信号种类、标准、周围条件等对选择电缆、对配线方法、构筑物（电缆处理室、电缆井、电缆槽等）及穿越墙壁部分的布置都要充分考虑。

2）配管

配管大致分为压力管、仪表用空气管及采样管。这些配管对仪表正常运转起到重要的作用，要熟悉其检测对象的状态及环境条件，并要考虑配管的方法及材料。特别在质的检测采样中，关于采样位置、采样装置、预处理装置及采样管等，要分别对其采用的方法和材料进行充分考察选定，并且应做到易于维护及检查。

(3) 仪表间的协调

设置各种仪表时，按照能提高性能及操作性，容易监视的要求，在配置仪表时使有关仪表能达到良好平衡。

(4) 将来的扩建

当污水处理厂按多系列并联运行来设计时，应按照后期工程的施工和维护管理方便来设置仪表设备，仪表配线与配管应留有必要的空间。

5.5 污水处理系统ICA技术及其现状

随着我国水体富营养化污染程度的加深，以及我国社会经济的飞速发展，对于环境污染的治理加大了投入，到2000年底，我国已建设城市污水处理厂427座，污水处理设计规模达到1475万m^3/d；目前在建的污水处理厂还有300余座。根据国务院2000年36号文，到2010年，所有设市的城市污水处理率应不低于60%，预计未来五年内我国城市污水处理设计规模将超过5000万m^3/d。然而大部分污水厂虽然建立起来，由于运行费用不足处于半运行或停运状态。目前我国污水处理厂普遍面临着管理水平较低的问题，以至于国内污水处理厂运行和管理费用大约是国外的2倍，国内至今未考虑污水处理厂的过程控制和运行优化问题。污水处理控制系统规模庞大，控制规律复杂，其设计、运行和维护必须按系统工程来对待。而且先进的仪表和设备的大量应用对控制系统的稳定性和可靠性提出了越来越高的要求，我国传统的人工手动操作已远远不能获得很好的控制品质，这严重影响了城市污水处理的质量，带来了不可预料的后果。因此加强我国污水处理系统过程控制和运行优化的研究与应用具有重要的科学意义与应用价值。污水处理系统的仪表、控制和自动化技术（简称为ICA技术）是当前污水处理系统的重要组成部分，国际水质协会也建立了污水系统的运行优化和控制小组，在未来10～20年为提高污水处理厂的运行优化控制水平所需费用将占污水厂总投资的20%～50%。下面对ICA技术、ICA技术应用的限制性和促进性因素以及发展现状进行简单的介绍。

5.5.1　ICA技术及其运行目标

ICA（Instrumentation，control and automation）技术即是仪表、控制和自动化技术，应用于污水处理系统已经将近30年，但它仍然不是传统市政工程或环境工程的一部分，但可以认为是污水处理的一个特殊部分。ICA技术在污水处理领域发展迅速，“国际水质协会”（IWA，前身为IAWQ/IWPRC）从1973年起每4年召开一次污水处理系统ICA技术会议，进入21世纪已经召开两次，分别于2001年、2005年在瑞典和韩国召开。

大量事实证明应用ICA技术可以提高营养物去除污水处理厂的处理负荷，大约可以提高10%～30%。随着对营养物去除机理以及工艺过程的逐渐了解，实现过程控制已经成为可能。另外应用ICA技术也可以对系统的运行参数和微生物种群、生化反应、系统处理性能之间的复杂相关性加深理解。

ICA技术并不是一个黑箱。理想的ICA系统包括以下4部分：一个高素质的团体，具有较好的专业知识和运行经验，对系统具有较深的理解，从而不断促进系统的发展；一个数据收集、加工和显示系统，可以发现系统异常运行现象，并具有分析能力；一个满足运行目标的控制系统，它可以代替处理系统内低水平的本地控制系统或污水处理厂内部不同过程和排水系统的耦合系统；一个可以收集大量过程变量信息的仪器化系统（也就是具有先进的传感器系统）。

ICA技术已经在污水处理系统获得广泛应用，如今已是污水处理的一个重要分支。ICA技术的发展得益于以下因素：首先是仪表技术变得更加成熟，一些复杂的仪表现在已经应用，如在线营养物传感器和呼吸仪，但是仅仅一部分传感器可以应用或已经应用于闭环控制系统；控制器已经大大发展，今天可变频泵和空气压缩机已经广泛应用，因此可以更好的控制污水处理厂；计算机功能大大发展。其次，控制理论和自动化技术获得飞速发展，为ICA技术提供了功能强大的工具，例如已可以识别不同控制方法的基准，已经开发一些评价不同控制策略性能的新型工具；数据收集已经不是控制系统的瓶颈，已经应用数据获取和污水处理厂监控软件包，一些污水处理厂已经设计或安装了第二代甚至第三代SCADA和过程控制系统；可以应用多变量统计和软计算方法（如神经网络和模糊系统）开发数据加工工具；已经开发许多单元的高级动态模型，并有商业化的模拟器来简化污水处理厂动态特性知识，从而获取有效信息。再次，运行操作员和过程工程师具有更好的仪表、计算机和控制方面的知识。另外，污水处理厂越来越复杂也是提高ICA技术的主要促进因素。

ICA技术已经作为污水处理厂设计的一个重要标准。虽然ICA技术获得广泛的应用和接受，但仍需深入的应用ICA技术，调查表明将近50%的控制环路当前仍然使用手动控制模式。在线传感器已经不是在线过程控制的主要限制因素，而提高污水处理厂的设计灵活性、为未来处理系统实现过程控制留有余地已变为主要因素。ICA技术优先确定的控制目标有：（1）维持污水厂连续运行；（2）满足排放标准；（3）降低运行费用；（4）实现污水处理厂的综合运行，通过耦合几个过程来降低污水处理厂的干扰，工艺的综合运行将使得最优化利用反应器体积和系统总体优化成为可能。

5.5.2 ICA技术的限制性和促进性因素

使用ICA技术的主要目的是实现污水厂高效运行，在出水水质满足排放标准的情况下使运行费用尽可能的低。然而ICA技术并没有在污水处理厂获得广泛应用，其主要原因可以概括如下：（1）行业和国家立法较差或要求较松；（2）不完善的教育—培训—理解体系；（3）对污水处理工业缺乏信赖和接受度；（4）风险投资者或组织机构之间缺乏合作；（5）缺乏应用ICA技术带来的经济利益的认识；（6）测量工具不可靠、不稳定；（7）污水处理厂设计存在限制性因素，排水收集系统不完善；（8）ICA技术缺乏一定的透明度；（9）缺乏软件和仪器的行业规范。

很明显，上述的一些限制性因素也可能是ICA技术发展的激励因素，ICA技术发展的主要激励因素有：（1）逐渐严格的污水排放标准；（2）对降低污泥产量的要求；（3）经济的驱动力；（4）降低能量消耗和（或）增加能量产出的要求；（5）污水处理厂逐渐复杂化的要求；（6）新处理思想的出现（节约用地、污水回用）；（7）新型、高科技技术的出现（如计算机、传感器、通讯技术和网络）。

污水处理厂的主要运行费用与人工费、污泥处理费、化学药品消耗费用有关，而ICA技术具有降低这些费用的潜力。如果污水处理厂需要扩充，那么应用ICA技术可在现有污水处理厂不需要扩充的情况下即可实现，经济利益是巨大的，和传统的扩建相比可节省5到20倍的费用。普遍认为传感器是污水处理厂实施在线控制的最薄弱环节，然而在过去10年在线传感器的性能和可靠性已大大提高，今天可以直接应用于许多控制策略中。应用这些在线传感器可以降低污水处理厂设计安全系数，从而提高污水处理厂运行效率和灵活性。限制新型控制策略广泛应用的最大障碍是现有污水处理厂设计并没有考虑过程控制的需要，缺乏灵活的控制装置。

污水处理厂的最初设计是在不应用控制策略的情况下保证出水水质达标，因此造成污水处理厂体积较大，大大增加基建费用。随着污水排放标准的逐渐严格、进水负荷的增加以及污泥减量的要求，使用ICA技术是在不增加反应器体积而仍然保证出水水质最有效的方法。为了满足逐渐严格的污水排放标准，污水处理厂的设计和结构不断复杂，因此对ICA技术的需求越来越显著。应用ICA技术的另外1个重要因素是出水水质必须在规定的时间内完成。假如排放标准基于2h的随机取样，那么污水处理厂的运行必须克服外界干扰和系统的动态性，而基于月或年排放标准是不需要的。在极少的欧洲国家（如比利时和丹麦）以排放的有机物和营养物总量来收排污费，而不是以超过某排放标准的数量交费，这些规定必然促进ICA技术，从而可降低排污费。

5.5.3　ICA技术在国外的应用现状

下面系统分析ICA技术在欧洲发达国家，也是ICA技术应用最多区域的应用现状和特点，从而对ICA技术的应用水平以及存在的问题有个初步的了解，这对提高我国ICA技术也具有一定的借鉴意义。很明显ICA技术在欧洲不同国家的应用程度不同，表5.15是11个欧洲国家ICA技术的调查情况。由表5.15可得传统的在线传感器基本应用在所有污水处理厂，但在控制中应用很有限，常用的传感器有温度、水位计、水量和DO，另外传感器pH、气量和SS也很普遍。但是对于在线传感器，不同国家差别很大。丹麦、爱尔兰、德国、荷兰、瑞典和瑞士应用高级在线传感器较多，常用的在线传感器有营养类型传感器，如氨氮和硝酸氮在线传感器。表5.15中那些价格昂贵和维护繁琐的在线传感器仅用作监测。这说明这些传感器并没有充分的应用到高级控制策略中。前馈控制的应用也很有限，仅仅应用于流量的控制（例如控制污泥回流比恒定），因此实现当前污水处理厂的在线控制还有很长的路。很明显应用传感器的数量和污水出水水质及其处理率有很好的相关性，相关性并不仅仅是应用ICA技术的结果还是国家政策、经济因素、公众意识的反映。然而应用ICA技术的数量可以作为一个国家污水处理状态的标准。当污水处理厂复杂到一定程度，ICA技术的作用也越来越重要。根据调查可知当前普遍应用的实时控制是DO设定值控制（反馈控制）和不同类型的流量控制。不同类型的实时控制见表5.16。需要说明的是，除丹麦外（应用的主要工艺是交替式工艺）其他国家应用的主要脱氮工艺是前置反硝化工艺，国家间的差别很大，表5.15和表5.16应结合在一起，假如不应用对应类型的传感器，那么所建议的控制策略也不可能应用。

控制的分类可以基于不同原则，表5.16是其中一个原则，不同的测量可以相互结合，例如应用污水流量和浓度可以计算负荷，因此可以应用负荷作为控制信息。通常，几个控制器同时应用并建立基于规则的监控控制。大部分常用控制结构是PID控制，高级控制也在逐渐发展，例如模糊控制、神经网络和基于模型的预测控制。而基于污水处理厂所有单元的控制或综合性控制（包括污水管网）很少见。

欧洲污水处理厂仪器化水平和测定的主要目的 **表5.15**

	奥地利		比利时		捷克斯洛伐克		丹麦	
In-line传感器	用法	目的	用法	目的	用法	目的	用法	目的
温度	+++	M	+++	M	+++	M	+++	M
电导率	+++	M	+	M	+	M	+	M
pH	+++	M	++	M	++	M	++	M
ORP	+	M,(B)	+	M,B	+++	M,(B)	+	M,B
气压	++		+	M	+		++	M,B
水界面	+++	M	+++	M,B	++		+++	M,B
流量	+++	M,B	+++	M,F	+++	M,(B)	+++	M,B,F
气量	++	M,B	++	M	++	M,(B)	++	M,B
DO	+++	M,B	+++	M,B	+++	M,B,(F)	+++	M,B
浊度	+	M,B	+	M	+	M	++	M,B
TSS	+	M,B	+	M,B,F	++	M	+++	M,B
污泥层	+++	M,(B)	+	M,B	+	(M)	+	M,B
On-line传感器	用法	目的	用法	目的	用法	目的	用法	目的
BOD			+	M	+			
COD					+		+	M,B
TOC			+	M,B,F	+			
氨氮	++	M,B	+	M	+	(M)	+++	M,B,F
硝酸氮	+	M,(B)	+	M,B	+	(M)	+++	M,B,F
总氮					+		+	
磷酸盐	+	M,(B)	+	M,B	+		+++	M,B
总磷					+	(M)	+	M,B
呼吸计	+++	M,B			+		+	M,B
毒性			++	M,F	+		+	M
SVI			+	M,F	+		+	M,B

	爱尔兰		法国		德国		荷兰	
In-line传感器	用法	目的	用法	目的	用法	目的	用法	目的
温度	+++	M	+++	M	+++	M	+++	M
电导率	+++				+++	M	+	M
pH	+++	M,B	++	M	++	M,B	++	M,B
ORP	+++	M	++	M,B	++	M,B	+	M
气压			+++	M	+++	B	+	
水界面	+++	M,B	+++	M	+++	M,B	++	M,B
流量	+++	M,F	+++	M,F	+++	M,F	+++	M,F
气量	+	M,B	+++	M	+++	M,B	+++	M,B
DO	+++	M,B	++	M,B	+++	M,B	+++	M,B,F
浊度	++	M	+	M	++	M	++	M
TSS	+++	M	++	M	++	M,(B)	++	M,B
污泥层	++	M,B	++	M	+	M,(B)	+	M,B

续表

	爱尔兰		法国		德国		荷兰	
On-line 传感器	用法	目的	用法	目的	用法	目的	用法	目的
BOD	+++	M			++	M,(F)	+	M,(F)
COD	+	M			+	M	+	M,(F)
TOC					++	M	+	M,(F)
氨氮	++	M,B	+	M	++	M,B,(F)	+++	M,B
硝酸氮	++	M,B			++	M,B	+++	M,B
总氮					+	M	+	M
磷酸盐	+	M			++	M,B,(F)	+	M
总磷	+++	M			+	M	+	M
呼吸计			+	M	+	M	+	M,(B)
毒性					+	M	+	M
SVI	+++	M,B			+	M	+	M

	西班牙		瑞典		瑞士		总结	
In-line 传感器	用法	目的	用法	目的	用法	目的	总数	平均
温度	+++	M	+++	M,B	+++		39+	3+
电导率	++	M	+++	M	+++	M	21+	1.6+
pH	+++	M	+++	M,B	+++	M	30+	2.3+
ORP	++	M	+	M	++		19+	1.5+
气压	++	M	+++	M,B	+++	M,B	22+	1.7+
水界面	++	M	+++	M,B	+++	M,B,F	36+	2.8+
流量	+++	M,B,F	+++	M,B,F	+++	M,B,F	39+	3+
气量	+++	M,B	+++	M,B	++	M,B	28+	2.2+
DO	+++	M,B	+++	M,B,F	+++	M,B	37+	2.8+
浊度	+++	M	++	M	+++	M	20+	1.5+
TSS	++	M	+++	M,B,F	+++	M,B	25+	1.9+
污泥层	+		+	M,(B)	+	M	17+	1.3+
On-line 传感器	用法	目的	用法	目的	用法	目的	总数	平均
BOD	+	M	+	M	+	M	11+	0.8+
COD	+	M	+	M	+	M	8+	0.6+
TOC	+	M	+	M	+	M	9+	0.7+
氨氮	+	M	+++	M,(B,F)	++	M,B	21+	1.6+
硝酸氮	+	M	+++	M,B	++	M	19+	1.5+
总氮			+	M	+	M	5+	0.4+
磷酸盐	+	M,B	++	M,B,F	++	M	15+	1.2+
总磷			++	M,(B)	+	M	10+	0.8+
呼吸计	+	M	+	M	+		11+	0.8+
毒性	+	M	+	M	+		9+	0.7+
SVI			+	M	+		9+	0.7+

欧洲污水处理厂普遍应用的实时控制类型 表5.16

曝气测量	控制变量	控制类型和应用
DO(一个或多个传感器)	气量和(或)压力	恒定设定值(+++,B)
气体压力	气量和(或)压力	气体需求设定值(+++,B)
DO(多个传感器)	气量和(或)压力	DO曲线控制(++,B)
氧化还原电位	气量和(或)压力	主要在SBR反应器(++,B)
呼吸计	气量和(或)压力	在奥地利比较普遍(+,B)
硝化反应测量		
好氧区末端氨氮浓度	DO设定值	可以间歇曝气,on/off(+,B)
好氧区始端氨氮浓度	DO曲线	根据氨氮负荷调整(+,F)
反硝化测定		
进水流量	内循环回流量	(++,F)
反应器末端硝酸氮	内循环回流量	应用反硝化容量(++,B)
缺氧区硝酸氮	内循环回流量	应用反硝化容量(++,B)
缺氧区硝酸氮	外碳源投加量	提高反硝化(+,B或F)
污泥的测定		
进水量	回流污泥量	比例控制(+++,F)
反应器内的SS	回流污泥量	经常恒定MLSS(++,B)
反应器内的SS	污泥排放量	经常恒定MLSS(++,B)
污泥层高度	回流污泥量	爱尔兰标准(+,B)
污泥龄	污泥排放量	通常手动(+,B)
化学物质投加测定		
流量	聚合物、P-沉淀物	(++,F)
磷酸盐	P-沉淀物	基于负荷(+,B或F)
SS	P-沉淀物	(+,F)
pH	石灰投加	厌氧消化(++,B或F)
其他测定		
进水量	内部流量分配	分步进水方法(+,F)
流量,水位,雨量测定	进水缓冲,暴雨池等等	包括排水系统,均化进水(+,F)
磷酸盐	流量,醋酸投加等等	在生物磷过程(+,B或F)

由以上内容可以看出ICA技术在欧洲的应用较普遍，为了有效降低系统的运行费用，提高处理系统的过程控制水平，ICA技术是当前最有效的方法，未来ICA技术在污水处理系统中所占的比重会越来越大，因此在现有情况下，应尽可能提高我国污水处理系统ICA技术水平，从而提高系统处理效率和污水厂运行管理水平。

思考题与习题

1. 为什么要进行污水处理厂水质水量的检测？
2. 污水处理厂中的常规检测项目有哪些？这些检测项目对污水处理厂的运

行与控制有何意义？

3. 取样位置对检测结果有什么影响？举例说明。

4. 仪表设备的安装位置取决于哪些因素？你认为本书图5.2和图5.3给出的污水和污泥处理系统典型的仪表安装示意图中的仪表安装在将来还应当如何改进与完善？

5. 在选择仪表类型与检测方法时，应综合考虑哪些因素与条件？当有些因素相互矛盾时，应如何考虑？

6. 你认为本书表5.3和表5.4给出的不同处理设施的各种检测项目中，哪些是必需的？哪些不是绝对必需的？

7. 流量的检测在污水处理厂的管理中有何重要意义？在各种流量计中，选择最适宜的流量计应当综合考虑哪些因素？

8. 简述巴氏计量槽的工作原理，为什么在污水处理厂的最终出水管渠中经常采用巴氏计量槽来计量其总处理水量？

9. 在污泥浓度的检测方式中，光学式检测仪和超声波式检测仪的各自工作原理是什么？在使用中分别应注意哪些事项？

10. 简述COD自动检测仪，UV计、TOC自动检测仪和TOD自动检测仪的工作原理。

11. 简述呼吸仪的测定原理和主要测定方法。

12. 简述上述几种有机物自动检测仪的主要特点与选择及使用时的注意事项。

13. 为什么要在检测过程中进行其信号的变换？简述电气式变换器的工作原理和信号接收器的功能及组成。

14. 简述ICA技术的运行目标、ICA技术发展的限制性因素和促进性因素。

第6章　污水处理厂的监视控制与自动控制

6.1　监视控制方式与项目的选择

6.1.1　监视控制方式

污水处理厂的监视控制方式应当考虑污水与污泥处理设施规模、布置、形式、扩建、维护管理体制、经济性等方面的问题来选择。如图6.1所示，监视控制方式可分为以下几种。

(1) 个别监视操作方式

在对主要设备和处理过程进行直接监视的同时，一般又在现场进行操作的方式。

(2) 集中监视个别操作方式

与方式(1)相比，这种控制方式由于具有能够在中央监视室监视整个处理系统运行状态的功能。所以根据监视情况的反馈，可进行整体合理的管理。

(3) 集中监视控制(操作)方式

建立一个对设施整体进行监视及操作的中央监视室，进行集中监视控制。所谓集中控制，是把控制机构的硬件，无论功能还是位置，都集中设置在一个地方。

(4) 分区监视分散控制方式

将有关设施分成几个系统，或者分成子系统(泵站、水处理设施、污泥处理设施等)，分别建立分区监视室，进行集中监视和操作的方式。所谓分散控制，是控制机构硬件功能分散，而且由于分散设置，可避免一个故障波及全体的危险，是提高系统整体的可靠性的一种控制方式。

(5) 集中监视分散控制方式

这是一种监视操作与方式(3)相同，在中央监视室一个地方集中进行，控制功能与方式4相同，分散进行布置的方式。

(6) 集中管理式分区监视分散控制方式

这是一种在方式(4)上，增加能够指挥设施总体运转的总管理功能(中央管理室)的方式。在这种方式中的分区监视室(局部监视室)的集中监视控制功能只在中央的总管理功能不能实现时作为备用监视控制系统考虑，平时不进行监视。

在方式4中，设置了二个分区集中化管理，分区监视室与方式(6)相同，具

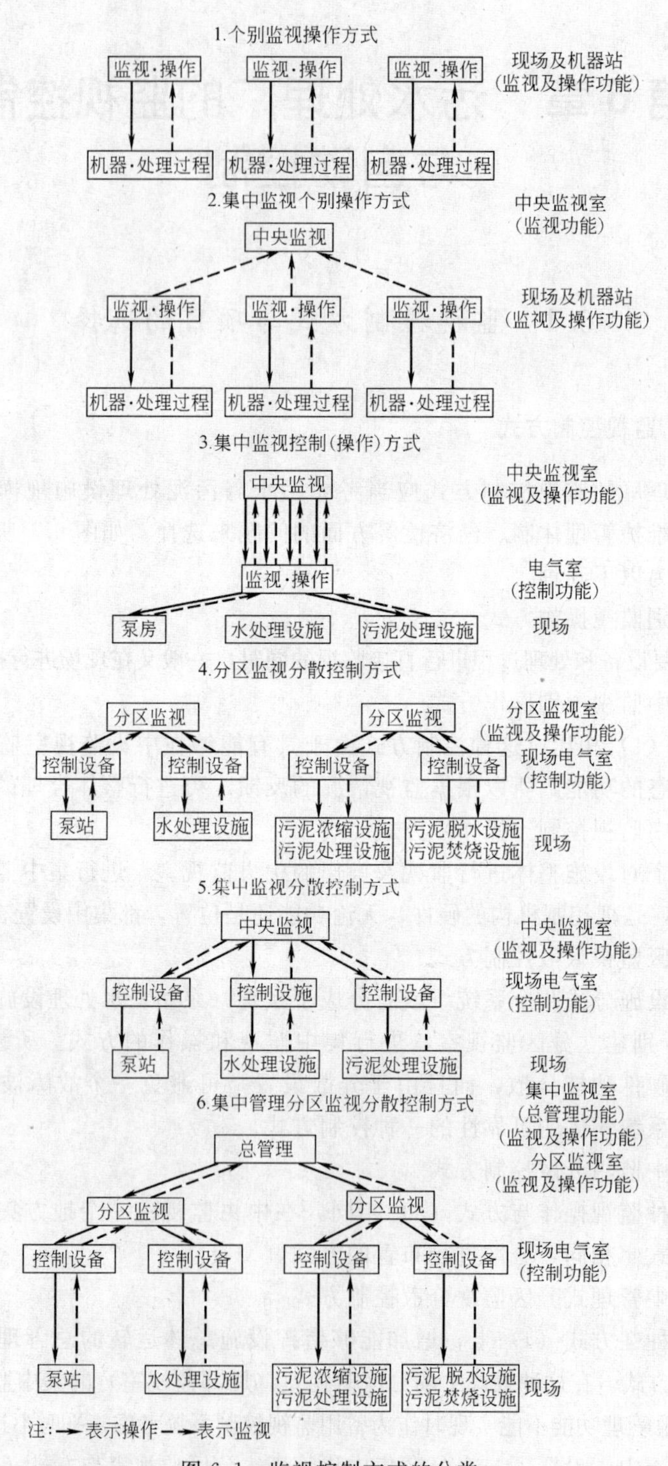

图6.1　监视控制方式的分类

有总管理功能的方式。

泵站及处理厂内的监视控制功能是对设施总体的运转进行行之有效的管理，根据检测和显示等掌握设备和机器及处理过程的状态，使之沿着期望的方向操作或动作。在选定监视控制方式时，除了具备这些监视控制功能的同时，还应考虑运转开始初期的对策以及将来检测仪表技术的进步，选择适合于各个设施固有特性的方式，以提高其运行控制的可靠性。

为了提高效率，在小型污水处理厂中，应当引进远距离监视和自动控制方式。但考虑建设费及维护管理体制，应尽可能选用简单的监视控制方式。

在选择监视控制方式时，应考虑如下事项：

(1) 处理厂的规模

在选择监视控制方式考虑处理规模时，除了处理能力还应根据处理厂的面积、设备以及控制对象来确定。根据这些条件，适合于不同处理厂规模的监视控制方式见表6.1。

不同规模处理厂的监视控制方式 **表6.1**

处理厂规模	监视控制方式
小型处理厂	分别监视操作方式 集中监视分别操作方式 集中监视控制(操作)方式
中型处理厂	集中监视控制(操作)方式 分区监视分散控制方式 集中监视分散控制方式
大型处理厂	分区监视分散控制方式 集中监视分散控制方式 集中管理式分区监视分散控制方式

(2) 处理厂的工艺布置

即使设施规模相同，由于污水处理厂所处地形不同，建筑物的布置也会有各种形态，监视控制方式也要随之改变。

正常建筑物为综合式，在这样的综合楼内有管理主楼、沉砂池和泵站及污泥处理间等，仅水处理设施用地分开，或者距离中央控制室较远。根据这种特性考虑监视控制的频率和紧急性，以采用集中监视分散控制方式为宜。

如果处理设施整体被道路或河流分隔，以及因狭长地带而使管理主楼、沉砂池和泵站或污泥处理间相距很远时，宜采用分区监视分散控制方式。

(3) 工艺流程

即使处理能力相同，但由于水处理方式（标准活性污泥法、生物转盘、氧化沟等），污泥处理方式（直接脱水、污泥消化、污泥焚烧、堆肥处理等），同一设施系列的划分方法，有无沼气发电、脱臭、排热利用设备等各种不同情况，设施的复杂程度也有差别，因此，在选择监视控制方式时，应全面考虑上述情况。

(4) 扩建可能性

处理厂按设计一次完成施工的情况不多，往往是根据流入污水量的增加，分阶段施工。这时，应当尽可能避免已建好的设施停止运行。迫不得已停止时，也要采用短时间内可能切换的监视控制方式。

随着仪表技术的发展，应当使用容易变更控制方式、采用信息处理系统等相适应的方式。为此，希望采用因功能的追加和修正带来的影响少的、监视控制功能的分区分散化的方式。在运转开始初期流入污水量少的状态持续时间很长时，以及第一期的处理设施规模很小或简易处理设施的情况下，可考虑不进行集中监视，暂时采用个别监视操作方式。

(5) 管理体制

对于小型污水处理厂，宜采用夜间无人运转或平时无人运转的远距离监视的方式。当委托其他单位或部门管理污泥处理设施、污泥焚烧设备或堆肥设施时，一般采用分区监视分散控制方式。

(6) 经济因素

在选择监视控制方式时，应当采用建设和维护管理费用低的方式。这时，以减少建设费为主要目的，或者在维护管理中节省资源和能源，或者为了省力，根据不同目的选用不同的监视控制方式。为降低建设费，大型污水处理厂通常采用集中监视分散控制方式。与数据方式的组合是有必要的。因此，在重视经济性选用监视控制方式时，要充分明确其目的，认真研究后再选用合适的监视控制方式。

6.1.2　监视控制项目

在选择监视控制项目时，首先应当考虑处理厂的规模、管理体制、节省人力和自动化的程度、运行管理合理化的程度等，在明确设计思想之后，确实掌握设施、设备与处理的状况，并为有效地实施来选择必要的监视控制项目。

监视控制项目见表6.2，除可参考此表选择监视控制项目之外，还应就

监视控制项目一览表　　**表6.2**

大分类	中分类	个别项目
运行状态显示	机器运行和停止状态	运行或停止，开或闭
	操作地点的切换状态	中央或现场，常用或机旁
	控制方式等的切换状态	自动或手动，联动或单动
	运行指标	时间、流量、水位、浓度的设定等
	机器等的故障与异常	机器故障以及处理过程状态异常
处理过程检测值显示	输配电、水处理等的检测(量的)	电压、电流、电功率、电能、功率因数、液位、压力、处理水量、污泥量、药剂量等
	水质监视等的检测(质的)	浊度、浓度、DO、pH、MLSS、COD等
报表与记录	输配电、水处理等量的和质的项目记录	日报表、月报表和年报表以及趋势记录等用记录仪记录
	故障及运转状态	打印出故障原因与经过以及运行情况等
控制与操作	操作项目	主要机器的运行和停止，事故时紧急停止以及控制方式的选择
	设定项目	处理过程机器运行指标的设定、变化等(调节控制目标值、运行时间、运行顺序、各种控制参数、报警设定值等)

如下内容对其必要性和重要性等进行研究。

(1) 监视控制技术内容和运转管理合理化的程度；

(2) 在中央或分区监视室，作为必要的处理过程或远距离控制的泵站等的信息量、对这些信息的监视、正常操作或事故操作、指令以及设定的程度；

(3) 采用中央控制室和现场电气室的监视功能和控制功能的划分范围；

(4) 对于将来扩建、改造等扩建工作的可行性；

(5) 对可靠性、维护性、操作性等的重视程度；

(6) 在中央监视室和现场电气室是否有进行信息数据加工微控制器；

(7) 设备费、维护管理费等的经济性。

如果从可靠性和经济性等方面出发选择监视控制项目时，要具体给予注意的问题如下：

(1) 掌握整体性和个体性的显示内容的程度；

(2) 选择总体显示、个体显示、分组显示、集中显示、矩阵显示等显示方法；

(3) 选择多动作操作或单动作操作的操作方式；

(4) 选择趋势记录或模拟记录的检测值记录方式；

(5) 是否采用 CRT 显示、图解盘和投影屏等；

(6) 有无 ITV 声音监控器等。

6.2 监视控制仪表设备的选择

监视控制仪表设备具有两个主要功能：一是把处理过程的状态迅速准确地传达给操作人员；二是将操作人员的意图迅速准确地传达给处理过程。它一般可分为监视盘、操作盘、检测仪表盘、变换器盘、继电器盘、微控制器、程序控制器和现场盘等构成。引进计算机时，还要增加计算机与外部设备以及相应的软件。因而在选择监视控制仪表类时，应当选择在维护管理上最合适的仪表，应当根据处理厂的规模及其他实际情况与需要来确定自动化程度。由此决定是采用模拟仪表，还是采用具有高级功能的计算机，应从费用和效率等方面进行多方面探讨。还要根据自动化的重点是放在信息的记录上，还是放在监视记录的自动化上，或是放在包括控制在内的自动化上，由此所选定的计算机和监视控制仪表设备的结构和形式也有所不同。

如果处理厂规模大、设备复杂，那么人的判断及作业范围扩大了，应当采用计算机系统；而在规模小、设备简单时，可以采用相应的仪表。近年来，随着计算机科学与应用的迅速发展，无论处理厂的规模大小，都较普遍地采用计算机系统。

监视盘、检测仪表盘和操作盘是处理过程的中枢，可安装各种仪表。由于操作人员经常通过它们进行监视和操作活动，为减轻操作人员的疲劳防止误操作，提高运行管理水平，选用时要考虑形式、布置以及色彩。

控制仪表具有传达操作人员的指令，使处理过程经常处于期望状态的功能。因此，按照使设备和仪表运转合理、安全、经济的要求，应选用适合于处理的特性和使用目的、可靠性高的仪表设备。

6.2.1　监视操作仪表设备

监视控制方式及其使用的监视操作盘都有多种类型。对常用的监视操作盘类型进行大致区分，见表6.3～6.5。有以监视为主体的配电盘，以操作为主体的操作盘和兼具监视与操作功能的监视操作盘等三种类型。它们可组合使用，又能单独使用。为使监视操作方便，处理厂中监视盘的监视显示部分一般采用图解盘方式。

监视操作盘类型　　表6.3

用途	形　式	特　点
监视盘	单面屏式	以监视为主体的仪表盘，盘面上有指示仪和显示器，根据需要制成图解盘，下部安装工业仪表。监视控制项目少时，也可安装控制设备，也有作为监视控制盘使用的
	双面屏式	以监视为主体的仪表盘，一般在侧面开门，中间设置检查通路，前面为监视盘，后面装辅助继电器，把台数控制设备、选择控制设备、远距离监视控制设备等组成盘使用。与操作盘对面布置。前面监视仪表与后面控制仪表之间的连接，用屋内配线处理
	嵌入式	在监视室的墙壁上设置的图解盘或投影屏
操作盘	台式	以操作为主体的仪表盘，控制项目较少，一般作为单动作操作用。盘上设置直接用于控制的设备（切换、操作和按钮开关）以及与操作有关的显示器
	控制台式	与台式基本相同，也有在上部斜面上设置作为负荷状态监视用的指示仪表。直接在监视室对操作对象设备进行监视，同时又可作为操作盘使用，比台式优越。操作方式有单动作和两动作的
	小型控制台式	以操作为主体的仪表盘，属小型台式。控制项目数增多时，不能像在台式和控制台式中那样有对应的间隔，操作为两动作或多动作，操作设备也使用小型的。在设计中也作为计算机操作台ITV以及操作用的工作台使用
监视操作盘	单面框架式	是具有台式操作盘和单面垂直屏式监视盘两种功能的仪表盘。由于上部垂直部分的高度增大，可使整体尺寸缩小。特别适合于因安装场地紧张需要小型盘的情况
	双面框架式	是具有台式操作盘和单面屏式监视盘两种功能的仪表盘。监视室内的配线均作为室内配线处理
	附带有CRT显示的控制台	当集中监视的项目数目太多，不能用图解盘系统进行充分监视时，可用CRT显示进行监视。 因在CRT显示的1个画面中的项目受到限制，所以把所有设备按系统、分区、功能进行分类显示。根据操作员或自动信号显示需要的图象。因此，为了日常监视和CRT的备用，通常与简易图解盘或小型图解盘组合使用

监视盘和操作盘的组合应用 表 6.4

监视盘形式	操作盘形式	应用举例
单面屏式	台　式	泵站和小型处理厂
双面屏式	控制台式 小型控制台	中小型处理厂和现场盘 大中型处理厂
嵌入式	小型控制台	大中型处理厂

监视盘与操作盘一体化应用举例 表 6.5

监视操作盘形式	应用举例
单面框架式 双面框架式	泵站及小型处理厂
附带 CRT 显示的控制台	计算机系统

(1) 图解盘

按盘面结构来看，图解盘有嵌入式、直立屏式、框架式等几种类型。由于在图解盘盘面简明直观地画有主要电气设备的模拟接线图和处理系统等主要设备流程图，易于把握处理过程总体情况。此外，由于对检测值与检测位置以及检测值相互间的关系也能明确掌握，因此能进行可靠的监视控制，而且也利于避免误操作。

按形状与仪表的配置对图解盘进行分类，有利于用整个表面作为图解盘，把检测仪表布置在中间的全图解盘；有把图解集中在正面，而把检测仪表和调节器分开设置的半图解盘；还有进一步将图解盘小型化，集中布置在台上斜面部分的小图解盘。

全图解盘盘幅大，监测室也必须大，改建处理厂时改建盘面困难。在图解盘上的流程图和模拟接线图的主要设备上，设置易于辨别的表示运转、停止及故障的指示灯。有的把流程图全系列都描绘出来，也有用 1 个系列作代表，其他采用集中显示。还有，利用计算机系统进行监视控制时用图解盘进行宏观监视，通过 CRT 显示的详图进行微观监视，同时，把图解盘作为系统故障时的备用。

(2) 检测仪表盘

检测仪表可分为有关电气的检测仪和工业方面的检测仪。

1) 电力检测仪一般配置在图解盘的模拟接线图中。

2) 工业检测仪有指示仪、记录仪、积算器等盘面仪表，有变换器、计算器和报警定值器等辅助仪表，其配置方法如下。

a. 盘面仪表安装在图解盘下部，内部容纳辅助仪表的方法。这种方法基本能够随着处理过程配置仪表，故便于监视。但由于图解盘下部的空间有限，安装台数受到限制，所以，只能安装在维护管理上重要的仪表。

b. 检测仪表盘独立设置，在盘表面安装盘面仪表，盘内容纳辅助仪表的方法。这种方法不受 *a*. 中那样的盘面制约，但因独立设置必须要有足够的空间。

c. 只把盘面仪表作为检测仪表盘设置在监视盘和操作盘的中间，辅助仪表放在图解盘内部的方法。这种方法随处理过程配置仪表，监视距离近，且仪表能小型化。仪表盘的设置地点和高度应当使图解盘容易被观测。此外，如果增设信息处理设备时，应当使检测器的设置和检测项目与 CRT 检测显示不重复。

(3) 操作盘

应当根据如下条件来选择操作盘：与监视盘一起作为设备运转控制的起点，应当易于观察操作方便，不致发生误操作，可直接了解操作结果等。其具体措施如下：

1) 原则上由1人进行操作；

2) 尽可能根据多动作来选择操作；

3) 利用按钮选择操作时，应使按钮指示灯与监视盘流程图中的选择仪表指示灯同时闪亮；

4) 应使选择用按钮的排列与图解盘中流程图相对应，并在操作盘上绘出小型流程图。在主要设备旁边设置运转方式的切换。

(4) CRT 监视操作盘

CRT 监视操作的设备小型化，具有很强的显示功能。CRT 显示比图解盘显示的点多，使处理设施和过程信号可视化，直接或用符号等将文字、数字和图像一同显示。此外，还可将一个画面分成几个画面，或在同一画面中显示几种图像。

CRT 操作的输入方法有触摸式、光笔式、鼠标式和键盘式等。CRT 的监视操作具有占地小、功能强、变换画面容易等优点，也可在小型处理厂中采用。它具有以下监视操作功能。

1) 监视功能

使操作人员掌握处理设施运行状态的功能如下：

a. 能显示出各机器的运行、停止（开、闭）和运行类型（自动、手动）等；

b. 能显示机器设备的故障和处理过程的异常情况，并给予适当的提示和报警；

c. 能实时地显示各处理过程数据。

2) 操作设定功能

具有对各种机器的运行、停止（开、闭）、控制类型的选择和替换，各种设定值（时间、计数、目标值）进行设定操作的功能。

3) 显示数据变化趋势功能

能显示过程值从过去到现在的连续变化趋势和当前值的实时变化趋势，以及机器的运行、停止、故障、过程值异常履历等功能。

在非正常情况下，有一个人操作 CRT 就够了。对于大型污水处理厂、泵站的远距离控制以及合流制的设施或要求快速响应的设备，应当配置多台 CRT，考虑其可视性、操作性、响应性和安全性等。这时应注意 CRT 的相互连接和操作的优先顺序等。在设定响应特性时，应根据处理厂的规模和设备的重要程度来决定。

6.2.2 控制设备

根据控制水平和控制种类来选择合适的控制设备。控制方式基本有如下三种。

(1) 顺序控制

顺序控制是按照预先确定的顺序，依次完成控制的各阶段的控制方式。

(2) 反馈控制

用反馈的信息将控制量与目标值进行比较，然后按照使它们保持一致的要求，进行修正操作的控制。

(3) 前馈控制

前馈控制是指在外部干扰的影响出现在控制系统之前，就进行必要的修正操作的控制方式。

此外，还有将这些方式组合在一起的复合控制、模糊控制、神经控制和专家系统等控制方式。

1) 模糊控制 (Fuzzy control)

模糊控制是以模糊集合论、模糊语言变量及模糊逻辑推理为基础的一种计算机数字控制。在控制投加混凝剂量和控制泵的运行台数等实际运行中，都有应用模糊控制的实例。

2) 神经控制 (Neurocontrol)

它是基于人类的神经网络的控制，也称神经网络控制，它能模拟人的思考方式来思考、学习和判断的一种控制方式。基于神经网络的智能模拟用于控制，是实现智能控制的一种重要形式，近年来获得迅速发展。

3) 专家系统

它是应用以专家的知识和经验为基础的专家系统的控制方式。可以认为，专家系统是一个具有大量专门知识与经验的程序系统。它应用人工智能技术，根据一个或多个人类专家提供的特殊领域知识和经验进行推理和判断，模拟人类专家做决策的过程来解决那些需要专家才能决定的复杂问题。简言之，专家系统是一种计算机程序，它能以专家的水平完成专门的而一般又是困难的专业任务，这当然包括控制问题。

控制设备有从接点继电器式到应用计算机技术的程序控制器和微型控制器的各种类型，见表6.6。另外，对于进行复杂运算控制的情况，还有应用将工作站或微型计算机组合起来的信息处理系统。

控制设备类型　　**表6.6**

<table>
<tr><th rowspan="2">控制方式</th><th colspan="2">控制设备分类</th><th rowspan="2">备　注</th></tr>
<tr><th>大分类</th><th>小分类</th></tr>
<tr><td rowspan="5">顺序控制</td><td rowspan="2">有线逻辑控制盘</td><td>有接点继电器式</td><td rowspan="5">定性控制</td></tr>
<tr><td>无接点式(逻辑程序式)</td></tr>
<tr><td rowspan="3">固定程序</td><td>插接式(也包括旋转鼓式)</td></tr>
<tr><td>顺序控制器</td></tr>
<tr><td>微型控制器</td></tr>
<tr><td rowspan="2">反馈控制</td><td>模拟控制器</td><td>PID调节器</td><td rowspan="3">定量控制</td></tr>
<tr><td>数字控制器</td><td>一环路控制器
微型控制器</td></tr>
<tr><td>前馈控制</td><td>数字控制器</td><td>一环路控制器
微型控制器</td></tr>
</table>

顺序控制设备有如下几种方式。

(1) 有接点继电器式

有接点继电器式的控制设备很早以前就被广泛使用了，至今仍然如此。它具有能目视观察内部、维护管理方便、容易发现故障、抗干扰性能良好等优点，但也有难于避免的缺点，如：接触面磨损而造成故障、寿命取决于开关动作的次数、响应慢、耗电多、体积大占据空间大、因其可动接点会因地震等振动造成误动作等。

(2) 无接点继电器式（逻辑顺序式）

显然无接点继电器式不存在有接点继电器式接触不良的问题，而且信号能量减小了，信号传递速度快，体积小。在顺序控制设备的设计和维修中，由于用印刷板作为单元模块而能实现标准化，因此作业容易进行。可是，在把晶体管、IC适当组合进行连接时，与有接点继电器式相同。

(3) 插接式

它是根据时间或输入条件按步进行和把复杂的条件判断组合在一起的控制设备。用插接板可任意进行输入条件、时限以及输出点数的设定。硬件能实现标准化并作为通用顺序控制设备使用。它适用于传输机的顺序动作和排泥等比较简单的顺序控制。此外用传送信号的端子把多台装置以串联或并联方式连接起来，可构成大型控制系统。

(4) 程序控制器（存储顺序式）

它是以计算机技术为基础开发的控制设备。其顺序内容是以程序表的形式储存在IC等记忆装置中，计算设备周期性地取出程序表，用对输入信息反复进行理论计算的循环处理方式。它具备有判断、分支和插入等各种功能。也就是说，顺序控制器是仅保留计算机功能中在顺序控制方面所必要的功能，排除其他多余功能的设备，设备的回路结构通常是同一的，对于控制对象的动作，都可通过已写入程序储存器中的内容的变化来进行。输入输出部分分别用数字、模拟从数点到数十点的卡片式，成为能够扩大的结构。总之，在构成控制回路时，具有无接线等优点。多用于污泥脱水、污泥焚烧等复杂的顺序控制。

在反馈和前馈控制中主要有以下三种方式。

(1) PID调节器

用PID调节器可以进行模拟控制，它具有适合于表示各过程变量间的相互关系、能定性把握变量随时间的变化趋势、故障对设备的影响范围小等优点。

(2) 一环形控制器

是内装微处理器的DDC（直接数字控制）专用的控制器，可进行一环路控制。控制多环路的数字仪表发生故障时对设备的影响大，而在一环路控制器中，因为将控制划分作为一个环路，因此具有与模拟仪表同等的危险程度。

环路控制往往构成二重三重的串级环路，而1台1环路控制器包含各种控制和计算功能，故可利用简单程序表实现这些功能。

(3) 微型控制器

微型控制器是作为下位计算机开发的装置，在中央处理装置上增加记忆装置和输入输出仪表用的接口控制回路，能完成最基本的计算机功能的装置。微型控制器体积小消耗电力少，但功能较强使用方便。

微型控制器的利用除了作为包括DDC和顺序控制的计算控制，由上位计算机计划的设备控制和远距离的末端设备外，还要考虑将来处理厂扩建和改造后，仍能用作控制和信息处理。

6.3 污水处理厂的计算机控制系统

当今城市污水处理厂正朝着大型化、现代化和精密化的方向发展，处理工艺过程也日趋复杂，对处理水质也提出了更高的要求，所有这些都对其运行管理与过程控制提出了越来越高的要求，传统的控制方式已不能满足现代化处理厂的控制要求。由于计算机具有运算速度快、精度高、存储量大、编程灵活以及有很强的通信能力等优点，近年来，计算机在污水处理厂的运行管理与过程控制中发挥越来越大的作用。污水处理厂中的计算机控制系统就是利用计算机高速处理信息和信息存储量极大的优异功能，对处理过程的信息进行记录、监视和控制等设备的总称。它一般是由中央处理单元（即 CPU，包括存储器、运算器和控制器）、接口与输入输出通道，通用外部设备以及各种传感器、变送器与执行机构等硬件和各种系统软件与控制软件等构成。

70 年代以来，随着大规模集成电路的开发，微型计算机得到了迅速发展。它不仅在数据处理和科学计算中得到了广泛的应用，而且在工业过程控制中发挥越来越重要的作用。微型计算机具有如下优点。

(1) 随着电子技术的发展，集成电路的集成度越来越高，微型计算机的性能越来越好，其外部接线越来越少，因而，使系统的可靠性大大提高了。

(2) 采用模块式结构，系统可大可小，扩展非常方便。

(3) 控制精度高，系统功能强、控制算法灵活。

(4) 速度快、实时性强、可实现一机控制多个回路。

(5) 能耗低、价格便宜。

由于微型计算机的上述优点，以及它仍以高速度发展，其性能与功能也日益加强，大多数的工业过程控制都可以通过微型计算机来完成，污水处理厂的管理与过程控制也不例外。

6.3.1　计算机控制系统的基本组成与特点

6.3.1.1　计算机控制系统及基本组成

简单地说，含有计算机并且由计算机完成部分或全部控制功能的控制系统，就叫计算机控制系统。严格地讲，计算机控制系统是建立在计算机控制理论基础上的一种以计算机为手段的控制系统。若计算机是微型机，则称微型计算机控制系统。计算机控制系统的简单示意图如 6.2 所示。

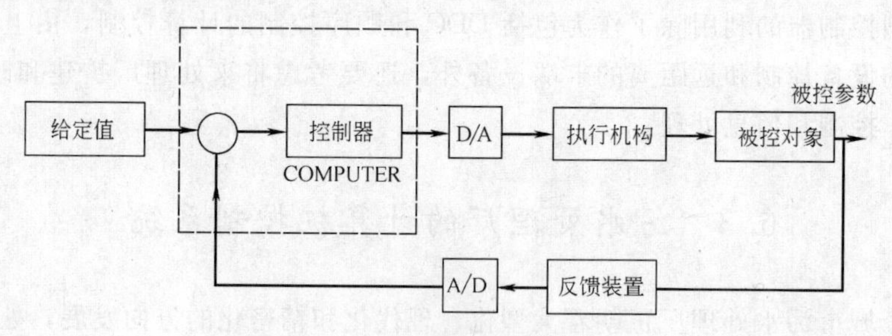

图 6.2　计算机控制系统

计算机控制系统是由计算机和被控制对象组成，其基本的组成与控制原理如图 6.3 所示。而其中的计算机又由硬件和软件组成，硬件包括主机，通用外部设备、接口与输入输出通道。软件包括各种系统软件和应用软件。被控对象包括生产过程、检测元件和执行机构。

(1) 主机

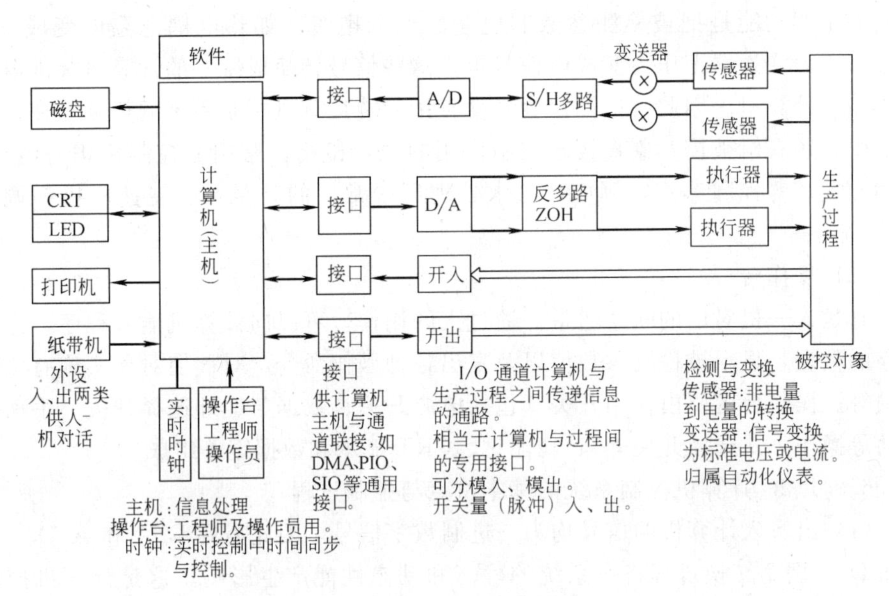

图 6.3 计算机控制系统的基本组成

主机是整个控制系统的指挥部，通过接口可向系统的各个部分发出各种命令，同时对系统的各参数进行巡回检测、数据处理、控制运算、报警处理、逻辑判断等，它犹如计算机的“大脑”。

（2）通用外部设备

它主要是为了扩大主机的功能而设置的，用来显示、打印、存储和传递数据等，如电传打印机、CRT 显示终端、纸带机、磁带录音机和磁盘驱动器、光盘驱动器、声光报警器等。这些设备就像计算机的“眼、耳、鼻、舌和四肢”一样，有力地增强了计算机的控制功能。

（3）接口

它是主机与被控对象进行信息交换的纽带。主机输入数据或者向外部发布命令都是通过接口进行的。根据功能及传送数据的方法可分为：1）并行接口，如 PIO；2）串行接口，如 SIO；3）直接数据传送，如 DMA；4）实时时钟，如 CTC。

（4）输入输出通道

它是计算机与被控制对象之间信息传递的通道，也相当于计算机与过程间的专用接口。由于计算机只能接收数字量，而一般被控对象的连续化过程大都是以模拟量为主，因此，为了实现计算机控制，还必须把模拟量变成数字量或把数字量再转换成模拟量，如 A/D，D/A 转换器。还有开关量（脉冲）输入和输出。

（5）检测仪表和执行机构

为了收集和测量各种参数，必须使用各种传感器、变换器等检测仪表设备。

它们的主要功能是把被检测参数非电量转变为电量，如热电耦把温度变成mV信号。压力变送器把压力变成电信号等。这些信号转换成统一的计算机标准电平后再输入计算机。因此，检测仪表精度直接影响计算机控制系统的精度。在控制系统中，还有对被控对象直接起控制作用的执行机构，常用的控制机构有电动、液动和气动等控制形式，例如，污水处理厂中常用的计量泵、变速电机和调节阀等。

（6）操作台

它是人—机对话的联系纽带。通过人的操作，可以向计算机输入程序，修改内存的数据，显示被检测参数值以及发出各种操作命令，对被控对象实施有效的控制等。操作台主要由作用开关（包括电源开关、数据与地址选择开关、手动或自动等操作方式选择开关等）、功能键、CRT显示和数据键等组成。

6.3.1.2　计算机控制系统的基本特点与控制过程

（1）出、入计算机的信号均为二进制数字信号，因此需要D/A和A/D。A/D和D/A两个转换过程将对系统的静态和动态性能产生影响。这是计算机控制系统碰到的一个特殊问题。

（2）控制信号通过软件加工处理，充分利用了计算机的运算、逻辑判断和记忆功能，因而改变控制算法只要改编程序而不必改动硬件电路。

由于上述两个基本特点，给计算机控制系统带来了一些崭新的设计方法。

控制用的计算机主要对被控制对象的生产过程进行实时控制，一般是连续的，且现场条件远不如实验室，计算机故障对整个系统有重大影响，因此，与一般科学计算或数据处理计算机相比，对控制计算机有以下特殊要求：

（1）可靠性高；

（2）环境适应性强；

（3）实时性好；

（4）有较完善的I/O通道设备；

（5）有完善的软件系统；

（6）有较强的中断处理功能；

（7）对字长、速度和内存容量要求不算太高。

从信息转化与使用角度看，计算机控制系统的控制过程可归纳为以下三个方面：

（1）实时数据采集：即对被控制量的瞬时值进行检测和输入。

（2）实时决策：对实时的设定值和被控制的数值进行已定的控制规律运算，决定下一步的控制过程。

（3）实时控制：根据决策，适时地对执行机构发出控制信号。

上述的实时概念，是指信号的输入、计算和输出都要在一定的时间（采样间隔）内完成。越过了这个时间就失去了控制的时机，控制也就失去了意义。实时的概念也不能脱离具体过程，例如对炉温和液位控制，在几秒之内完成一个上述周期，仍认为是实时的，而对一个火炮控制系统，当目标状态变化时，必须在几毫秒之内及时控制，否则就不能击中目标了。对城市污水处理厂为代表的生物处理过程的控制，在几秒甚至更长时间内完成一个上述周期，也是实时的。

虽然被控制对象、被控制参数和控制计算机的硬件设备千差万别，种类繁多，但从计算机控制系统的结构来说，主要有以下两种形式：输出反馈型和状态反馈型。前者适用于经典控制理论为基础的控制方法，后者适用于现代控制理论为基础的控制方法。

6.3.2 计算机控制系统的分类

计算机控制系统与被控制对象密切相关。计算机控制系统有若干类型，其采用的类型主要取决于被控制对象的复杂程度、控制要求和现实条件等。计算机控制系统一般可按系统的功能分类，也可按控制规律来分类，按功能分类的计算机控制系统如下。

(1) 操作指导控制系统

该系统又称数据处理系统（DPS-Data Processing System）或数据采集与处理，也叫巡回检测与数据处理系统。

1）结构：如图 6.4 所示。

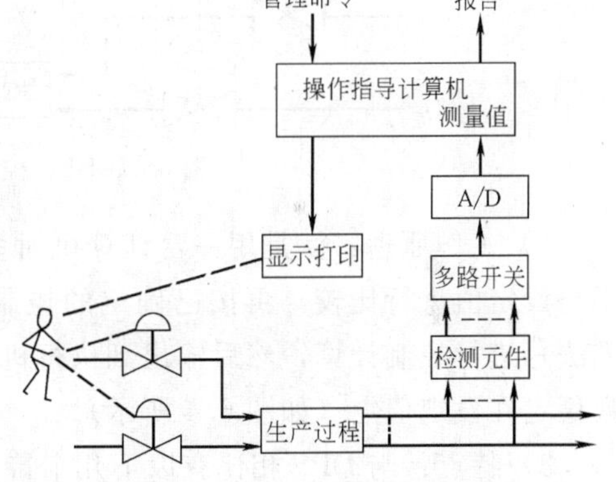

图 6.4 操作指导控制系统原理图

2）工作原理：在计算机的指挥下，定期地对生产过程的参数做巡回检测，并对其进行处理、分析、记录及参数越限报警等。

3）特点：计算机不直接参与过程控制，而是有操作人员（或别的控制装置）根据测量结果改变设定值或进行必要的操作。计算机的结果可以帮助、指导人的操作。

4）优点：操作指导控制系统有如下优点：

a. 一台计算机可代替大量常规显示和记录仪表，从而对整个被控制对象过程进行集中监视。

b. 对大量数据集中进行综合加工处理，得到更精确更需要的结果，对指导生产过程有利。

c. 在计算机控制系统设计的初始阶段，尚无法构成闭环系统，可用 DPS 来

摸清系统的数学模型、控制规律和调试控制程序。

（2）直接数字控制系统

直接数字控制系统简称 DDC（Direct Digital control）系统。

1）结构：如图 6.5 所示，它是由被控制对象（过程或装置）、检测仪表、执行机构（通常为调节阀）和计算机组成。

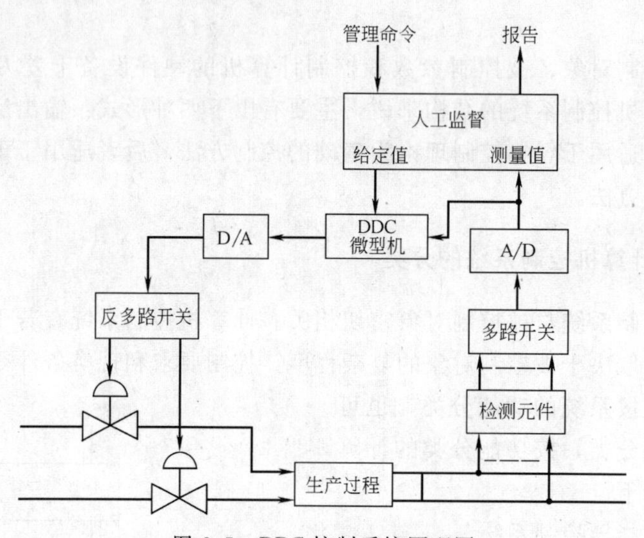

图 6.5　DDC 控制系统原理图

2）工作原理：就是用一台计算机对多个被控制参数进行巡回检测，检测结果与设定值进行比较，再按已确定的控制规律（例如 PID 规律或直接数字控制方法）进行控制计算，然后输出到执行机构对被控制对象进行控制，使被控制参数稳定在设定值上（如图 6.4 所示）。

3）特点：与 DPS 相比有以下几个特点。

a. 计算机参与了直接控制，系统经计算机构成了闭环，而 DPS 中是通过人工或别的装置来控制，计算机与对象未形成闭环。

b. 设定值是预先设定好后送给或存入计算机内的，控制过程中不变化。

4）优点：

a. 一台计算机可以取代多个模拟调节器，非常经济。这利用了计算机的分时能力。

b. 不必更换硬件，只要改变程序（或调用不同子程序）就可以实现各种复杂的控制规律（如串级、前馈、解耦、大滞后补偿等）。

c. 灵活性大，可靠性高，用它可以实现各种比较复杂的控制规律，如串级控制、前馈控制、自动选择控制以及大滞后控制等。正因如此，DDC 系统得到了广泛地应用。

(3) 计算机监督控制系统简称 SCC (Supervisory Computer Control) 系统，又称设定值控制 (SPC—Set Point Control)。

1) 结构：其结构有两种形式，一种是 SCC+模拟调节器，另一种是 SCC+DDC 控制系统，分别如图 6.6 和图 6.7 所示。

管理命令
报告
SCC计算机
设定值
测量值
T
T
A/D
多路开关
检测元件
生产过程

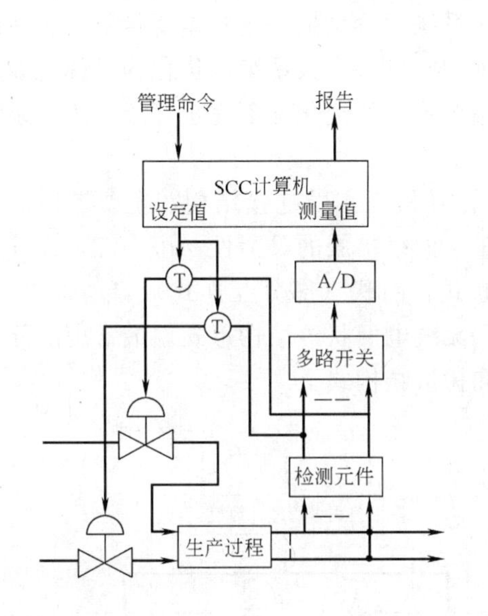

图 6.6 SCC+模拟调节器控制系统原理图

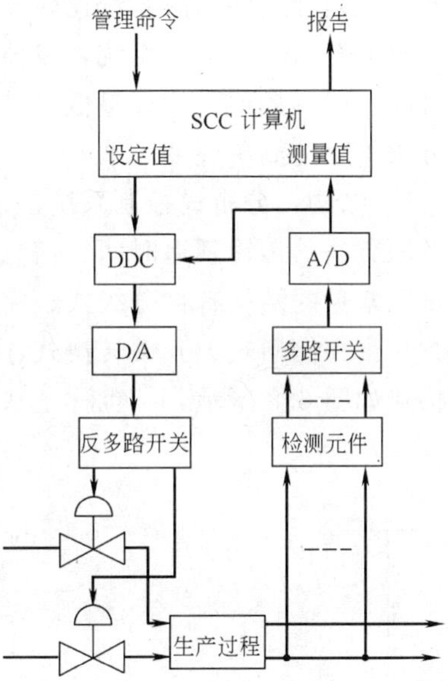

管理命令
报告
SCC 计算机
设定值
测量值
DDC
A/D
D/A
多路开关
反多路开关
检测元件
生产过程

图 6.7 SCC+DDC 控制系统原理图

2) 工作原理：在计算机监督系统中，不断检测被控制对象的参数，计算机根据给定的工艺数据、管理命令和控制规律（例如过程的数学模型），计算出最优设定值送给模拟调节器或 DDC 计算机，最后由模拟调节器或 DDC 计算机控制生产过程。从而使生产过程处于最优工作情况。

3) 特点：SCC 系统较 DDC 系统更接近被控制过程变化的实际情况，它不仅可以进行设定值控制，同时还可以进行顺序控制、最优控制与自适应控制等。但是，由于被控制过程的复杂性，其数学模型的建立比较困难，所以，如果此时根据数学模型计算最优设定值，很难实现 SCC 系统。

4) 优点：

a. 能根据工况变化，改变给定值，以实现最优控制。

b. SCC+模拟调节器法适合于老企业改造，既用上了原来的模拟调节器，又用计算机实现了最佳给定值控制。

c. 可靠性好。SCC 故障时可用 DDC 或模拟调节器工作，或 DDC 故障时用 SCC 代之。

d. 仍有 DDC 的优点。

（4）分布式控制系统

分布式控制（Distributed control）又称综合—分散控制系统，简称集散系统，是70年代发展起来的大系统理论，也有人称为第三代控制理论。由于有的被控制过程很复杂，设备分布又很广，其中各工序、各设备同时并行地工作，而且基本上是独立的，故系统比较复杂。大系统理论是把一个状态变量数目很多的大系统分解为若干个子系统，以便于处理。它以整个大系统的优化为目标，如产量最高、成本最低、能耗最低等。因为整个系统的优化并不完全等于各个子系统的分别优化的简单叠加。

1）结构：分布式控制系统是以微型计算机为主的连接结构，主要考虑信息的存取方法、传输延迟时间、信息吞吐量、网络扩展的灵活性、可靠性与投资等因素。常见的结构有：分级式、完全互联式、网状（部分互连式）、星状、总线式、共享存储器式、开关转换式、环形、无线电网状等结构形式。最常用的分级结构式如图6.8所示，它也称主从结构和树形结构式。

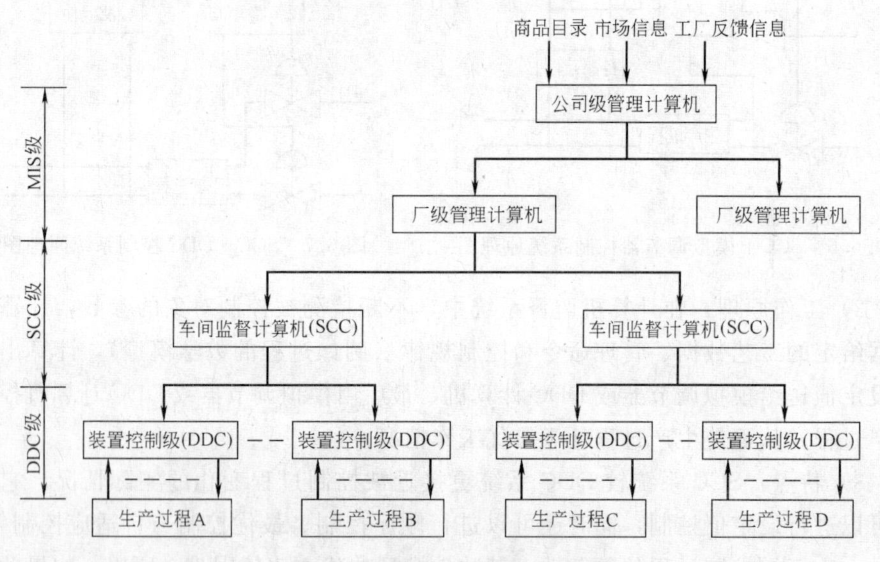

图6.8　分级计算机控制系统图

这种结构一般分为三级，即生产管理级MIS级、监督控制级SCC级以及直接数字控制级DDC级。在城市污水处理厂中MIS级就是整个污水处理厂的管理级，SCC级可作为泵站、污水处理系统、污泥处理与处置系统的监督控制系统，它的主要任务是用来实现最优控制和自适应控制的计算，调整下一级DDC控制的设定值，以及给操作人员发出指示等。MIS级和SCC级一般选用中小型计算机。DDC级用来对单体处理设施和设备进行巡回检测和数字控制。

2）特点

a. 分散性。这有两层含义，一是控制功能上的分散，各基本控制器控制不

同的参数或对象；二是地理位置上的分散，各控制单元可分散在现场。因此，这种系统结构灵活，可采用积木式，即组合组装式，以便于扩展；另外可靠性高，现场某一控制单元出现问题不致影响其他单元，将单一计算机集中控制中“危险集中”化为“危险分散”，而且备用控制单元可随时切入。

b. 集中性。用集中监视和操作，代替庞大的仪表屏，故而灵活方便。

c. 有通讯功能。

国际上流行的TDCS有：TDC-2000，TDC-3000，New Centum，Yewpark，Septrum等。

3）优点：

a. 有很高的可靠性。由于各种控制功能分散，每台微机的任务相应减少，功能更明确，可靠性提高。

b. 系统模块化，组成灵活，设计、开发和维护简便。这是由分布式控制系统的结构特点决定的。

c. 功能强、速度快。它能控制传感器和执行机构，实现控制算法，实现人—机对话，有通讯功能进行信息交流，打印与显示数据，能进行自诊和错误检测等。

分布式控制系统是目前国际上出现的最好的控制方式。

6.3.3 计算机控制系统的规划与设置

在进行污水处理厂计算机系统的设计与规划时，应当充分考虑处理厂规模与总体规划、平面布置、工艺特点、管理体制、操作人员的技术水平、投资、监视控制方式、投资与分期建设设施等各方面的情况。然后再研究选择什么样的控制系统最合适，什么样的控制方式及设备最好。在这里，首先应明确应用计算机系统的目的和作用。

6.3.3.1 目的和作用

将信息处理作为在线实时处理时，应当达到以下目的。

(1) 改善工作条件，减轻劳动强度和提高工作效率与质量；

(2) 节省能源和劳动力，减少运行管理费；

(3) 提高处理效率和可靠性；

(4) 通过收集正确的资料及对其分析，掌握处理特性；

(5) 有利于技术改造和设施的扩建与改造。

计划采用计算机控制时，应从上述内容中确定重点目标，充分论证，为达到预期目的，选择必要的合适的控制系统。此后的硬件与软件的维护管理，软件补充与完善等工作也是必不可少的，因此，必须全面考虑操作人员的技术培训等方面的问题。

6.3.3.2 系统的结构与组成

系统结构的分类方法有若干种，但是，对于污水处理厂的计算机控制系统来说，主要有以下几种。

(1) 按功能分类的系统结构

1) 只利用计算机记录功能的系统

仅仅是为了节省人力，为了从单纯操作到开放充分利用收集的数据。这时利用工业用的微型计算机构成系统是经济的。

2) 开始仅用记录功能，随着污水流量的增加和扩建计划的实施，逐渐完善计算机的监视和控制系统。

这是由于污水处理厂建成通水后，往往进水量很少，供控制用的数据不足，而不得不采用数据记录系统。此后，为了开发与完善控制软件，尽可能多收集数据，以备以后扩充计算机控制系统用。

3) 一开始就具备记录、监视和控制功能

对于具备记录、监视和控制等全部功能的计算机控制系统，当污水处理厂建成通水的初期，可以减少一些控制功能，而随着污水量的增加，再增加水质的控制、设备管理和诊断等功能。尽管有污水处理厂仅规划了量的控制内容，但也应当考虑今后随着控制技术和水质传感器的开发，必须实现质的控制。在这种情况下，尤其要考虑当初规划的计算机软件与硬件很容易扩展。

(2) 按可靠性分类的系统结构

采用计算机控制系统时，为了提高系统整体的可靠性，必须有备用系统。备用系统的分类如下：

1) 利用手动操作的备用系统；

2) 利用其他工业仪表设备来完成记录和控制的备用系统；

3) 具有备用装置的备用系统；

4) 联合使用上述备用系统。

在由一台计算机构成的单一系统中，一般用手动操作或模拟工业仪表作备用。与此相反，使用多台计算机作为备用系统时，有并联系统或待机系统。对于城市污水处理厂，为了减少系统故障时的影响范围，按功能将计算机分散设置，这又分为横向分散系统和纵向分散系统，见表6.7。

6.3.3.3 系统的设置条件

为了充分发挥计算机系统的功能，应当在计算机室安装空调设备。在设计与布置计算机及其附属设备时，在研究了每台机器的具体布置之后，还要注意以下问题。

(1) 温度范围、温度梯度和温度差；

(2) 湿度范围；

城市污水处理厂中常用的计算机系统 表 6.7

分类	名称	结构图	特点
集中式系统	单机系统	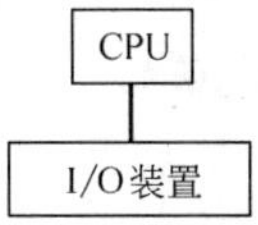 CPU I/O装置	由一台计算机构成，是一种最简单的计算机系统。整个系统虽然简单经济，但系统中哪一个部分发生故障整个系统都要停止工作，因此必须研究故障时应采取怎样的措施
	双机系统（并联系统）	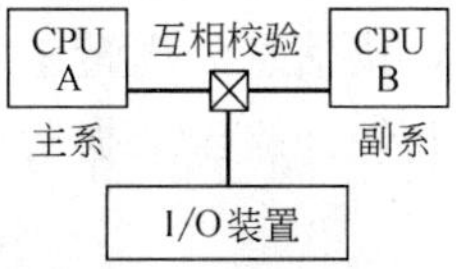 CPU A 主系；互相校验；CPU B 副系 I/O装置	双重化结构设备是指它们分别同时处理同一项工作，又同时相互进行校验的系统。哪个部分发生故障时，发生故障的系统可以停机，另一系统可以继续工作。由于其可利用率很高，常用于重要的在线监视控制系统
	待机系统	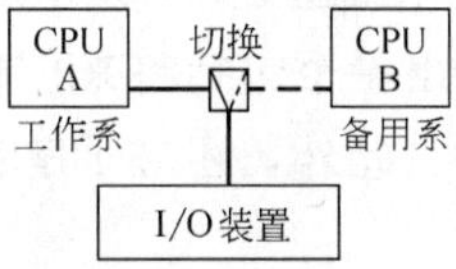 CPU A 工作系；切换；CPU B 备用系 I/O装置	在两个系列中，其中之一承担在线检测控制等主要工作，当某一部分发生故障时，通过切换让另一待机系列承担主要工作。平时待机系列可承担其他工作，因此它比双机系统的性能更好一些。但是，由于发生故障难于查出及切换需要时间，它的可利用率不如双机系统
	负荷分配系统	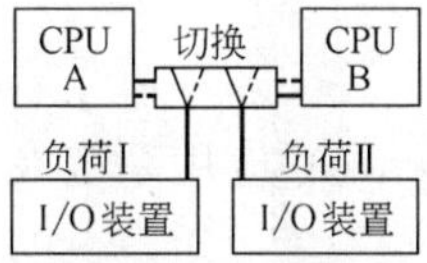 CPU A；切换；CPU B 负荷Ⅰ I/O装置；负荷Ⅱ I/O装置	当一台计算机处理能力不足时，输入数据的部分工作让另一台计算机承担的系统方式。因为在故障时，发生故障计算机的负荷要由另一台正常工作的计算机来承担，所以其信息处理能力要减弱。正常工作时，该系统具有两台计算机的处理能力
分布式系统	纵向分散系统	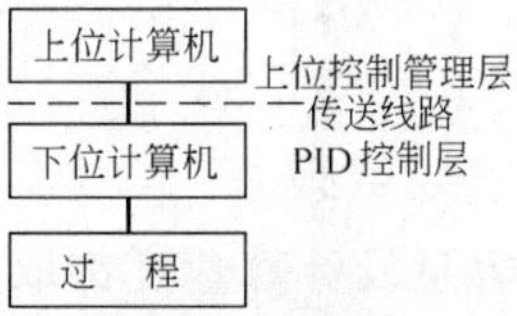 上位计算机 上位控制管理层 传送线路 下位计算机 PID控制层 过 程	将计算机按层次纵向分层设置，上位计算机主要负责全局性的管理性工作，下位计算机主要进行现场的或具体设备的检测和控制等工作。是按层次将功能分散的系统。一般来说，它更适用于大型污水处理厂和在区域性分散的污水处理厂。它还可以分为各种不同的结构方式
	横向分散系统	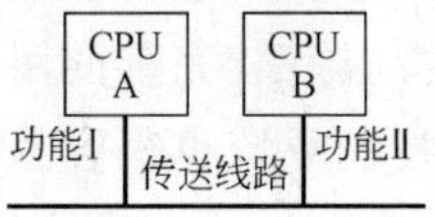 CPU A 功能Ⅰ；CPU B 功能Ⅱ 传送线路	在同一层次上将不同工作分散进行的系统。由于每个计算机都构成了单一系统，应当考虑故障时的备用问题。另外，发生故障时其余计算机作为备用系统也是提高其可靠性的一种方式
	多机系统	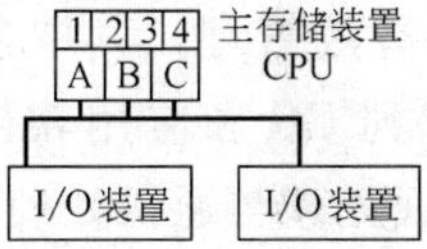 1 2 3 4 主存储装置 A B C CPU I/O装置；I/O装置	是单机系统的发展，多台中央处理装置共用一个主存储器，在一个管理程序下将负荷均等地分配给各中央处理装置的系统。它在不牺牲可靠性的前提下，提高各资源的利用率

（3）防止尘埃和腐蚀性气体的进入；

（4）防振范围。

在设计空调设备时，应当考虑到空调设备出现故障时采用其他空调设施作为备用。此外，在满足计算机电源规定的同时，在与其他用电器共用电源的情况下，应设法避免产生高频噪声等影响。计算机房所要求的环境条件如下。

（1）室温　　　5～40℃（不包括外部设备）；

(2) 相对温度　　20%～80%（不包括外部设备）；

(3) 粉尘　　　<0.3mg/m³；

(4) 腐蚀性气体　H_2S 检不出；

(5) 振动　　　<0.2G 以下（不包括外围设备）。

6.3.4 计算机控制系统的设备选择

用于污水处理厂作为监视控制的计算机中，按信息处理量来划分有小型机和微型机，从利用方式来看有个人计算机和工作站等。应当根据所要求的使用目的和功能选择最合适的机种。

(1) 满足监视、记录和控制等方面要求的存储能力和计算速度。

为了确定合适的存储容量和计算速度，画出一个包括将来扩建内容的工艺流程图，据此来研究和确定计算机的种类与规格。此外，还应了解在将来扩建计划中有无以下项目。

1) 扩大其监视报警范围；

2) 增加和改变制表项目与内容；

3) 提高包括模拟和 AI (Artificial Intelligence) 应用系统在内的控制功能和增加控制项目；

4) 采用设备管理和诊断系统；

5) 建立污水处理厂内的网络。

(2) 与计算机相适应的软件数量和内容

一般来说计算机类型的限定范围和存储容量及计算速度都取决于其使用目的。如果根据硬件限定计算机类型，那么用这种计算机进行监视、记录和控制等使用目的的相适应的软件系统应当完备。如果选择具有较完善的污水处理检测、监视和控制等应用软件的计算机，那么建立监视控制系统也很容易。

软件大致可分为操作系统（OS：Operating System）、系统软件和应用软件。OS 的功能主要是对计算机及其外围设备进行有效管理，其中包括对硬件的管理、文件、程序和数据的管理等。系统软件起到 OS 和应用软件之间的界面作用，其功能是为了便于程序设计、进行各种界面处理与通讯处理等。应用软件是为了解决用户的问题而开发的软件，在这里，污水处理厂与泵站的监视控制与各种制表等软件都属于应用软件。

作为控制用的计算机操作系统，当一边进行数据处理，一边还要进行输入输出处理等和来自过程外部的数据处理的情况下，应当具有快速响应的实时控制功能。

信息处理系统应当对污水处理厂工艺过程及其检测与控制等方面的业务变化有较强的适应能力。因而应用软件也应当符合结构化程序化设计的原则，具有单纯化、模块化和表格化的结构，以适应输入输出和计算方法等变化时需要修改程序的要求。另外，有时需要增加或改变 CRT 图像和表格等，为了适应上述变化，也应当准备好有效的软件工具。

如果对于将来增加和更新系统而言，考虑到作为资源的软件的经济性，最好尽可能开发具有通用性和互换性的应用软件。

（3）外部设备的使用目的和对系统功能的适应性

毫无疑问，计算机外部设备应当为达到信息处理系统的目的服务，但也同时应当尽可能简化这些设备，以便充分利用它们，而且也应当注意有利于其维护管理。因此，在设计与安装这些设备时，应当考虑输入输出设备的使用目的和对整个计算机系统的适应性。

6.4 污水泵站的自动控制及其设备

污水泵站的运行控制也可分为手动控制和自动控制两大类，手动控制是根据运行操作人员的判断用手动方式进行的，而自动控制是指操作人员不介入的状态下自动完成的。手动运行控制又可分为个别控制、一人控制和远距离控制等三种不同方式。一般来说，这三种方式也经常组合起来应用。泵的控制设备在有关的机械设备与装置中占有重要的地位，如果它的某一部分出现故障会导致某一台泵或整个泵站运行的瘫痪。因此，有关管理与操作人员不仅要熟悉与掌握所有控制设备的构造与特性，而且平时要定期地进行检查与维修，以确保污水泵站的连续与可靠运行。

6.4.1 污水泵站的自动控制

为了保证污水泵站的安全可靠运行。无论是手动控制还是自动控制，都应当有完善的控制设备。一人控制时，由人来决定泵的运行和停止，仅用开关就可按一定的顺序对包括辅助设备在内的有关泵的设备进行启动或停止的联动操作；通过闸阀调节压水管上闸阀的开启度，此外，还应设置各种保护与报警装置对泵站的运行监视。这种控制方式一般用于污水泵站与污水处理厂设在同一地点的情况下，当不在同一地点时，应当应用远距离自动控制。

6.4.1.1 检查与维护

图 6.9 给出了污水泵的有关控制设备与仪表，它们的检查与维护有以下几项。

（1）日常检查。

日常检查的项目、内容和周期可参考表 6.8，更详细的检查可参照有关的使用说明书。

（2）定期检查。

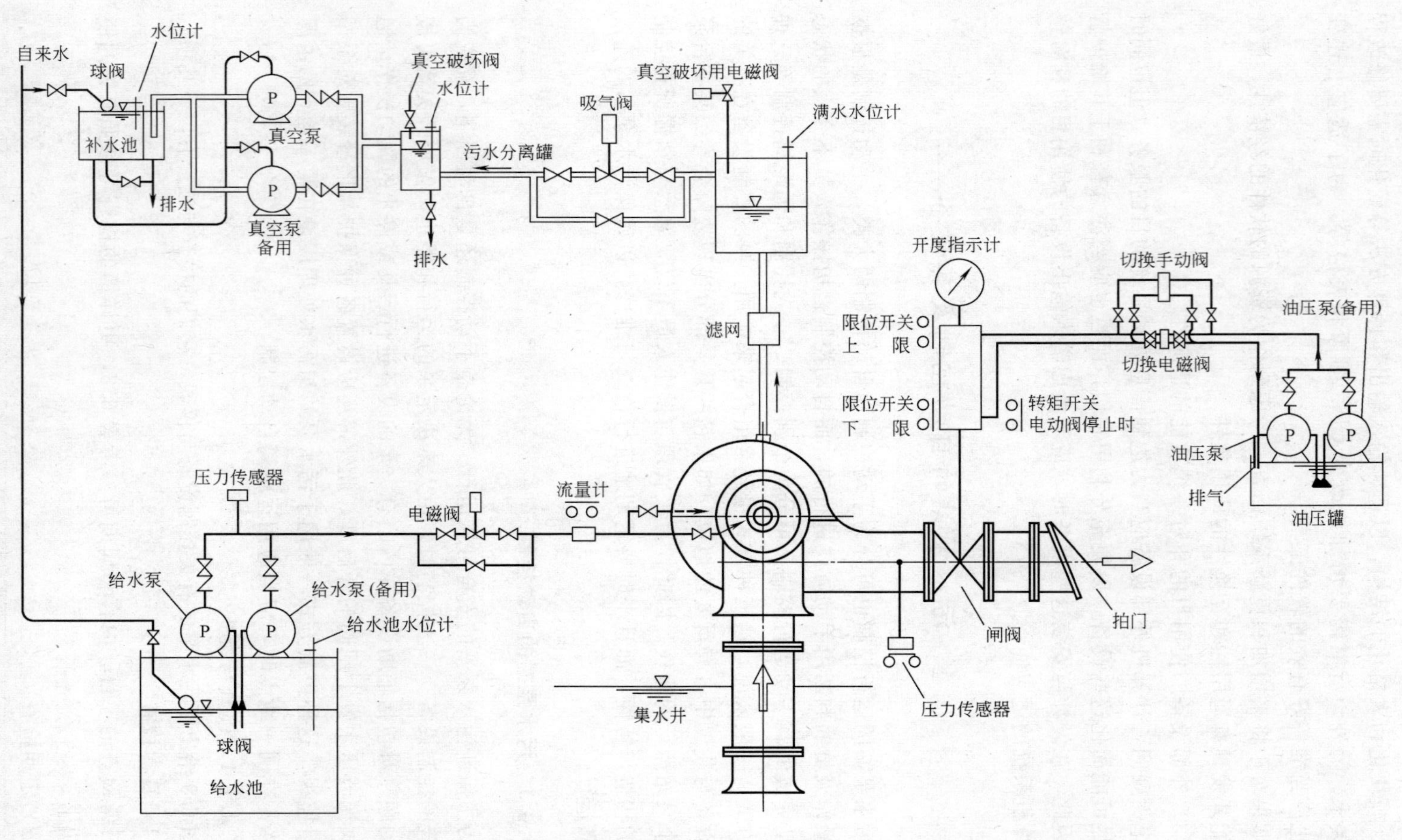

图 6.9　吸入式污水泵启动时的控制设备与仪表

污水泵站中日常检查的项目、内容和周期 **表 6.8**

检查项目	检查内容	检查周期
1. 操作盘、监视盘和控制盘上的指示灯	是否断路,明亮度是否异常,检查指示灯是否损坏	1日～1周
2. 控制设备的异常声音	敲击后声音是否正常,运行时有无异常现象和声音	
3. 各种线圈的变色和异味	有无变色或异味。	
4. 各种机械设备的损坏	有无外部损坏,并注意周围情况的变化。	
5. 室温	测定室温(0～40℃),要避免日光直射电子线路	

定期检查的项目、内容和周期可参考表 6.9 来进行。根据具体情况，依照某些机器设备的使用说明书，制成检查项目内容表将便于检查。另外，应当保证定期检查所必要的测定仪表、操作工具和备用物品等齐备。

定期检查的项目、内容和周期 **表 6.9**

检查项目	检查内容	检查周期
1. 电磁阀	(1)拆卸后清洗内部 (2)比较清洗前后的运行状况 (3)检查有无杂音和异常情况	适当
2. 和污水有关的闸阀和电动阀	(1)拆卸后清洗内部 (2)检查隔膜式闸阀的隔膜是否损坏 (3)检查电动阀的腐蚀和摩耗状况,适当加油	
3. 限位开关	(1)检查限位开关的工作与开启度之间的关系 (2)检查接点是否脏污,若脏污,用干布擦拭	
4. 滑板阀、制动阀、油压式切换电磁阀	检查工作情况,闸阀开启与闭合情况	
5. 污水分离罐、补充水池、油罐等的液位计	(1)确认设定的液面 (2)确认在设定液面的动作状况 (3)清洗有关部件	
6. 压力继电器、压力开关	(1)校正工作压力和设定值一致 (2)确认在设定压力下的工作情况	
7. 流量继电器	(1)确认设定值 (2)调节水流、确认工作状况	
8. 温度继电器	(1)校正工作值与设定值一致 (2)提高水温、确认工作状况	
9. 高速、低速、定速继电器、电气转速计	(1)校正工作值与设定值一致 (2)根据电动机的实际运转情况,确认各设定的工作状况	不定期(备用发电设备一年)
10. 终端台、连接器	(1)清除灰尘,使线路编号容易辨认 (2)检查线路是否接好,接线柱是否松动 (3)检查连接器是否腐蚀,变形,松动及变色等	1年
11. 定时器	(1)校正设定值 (2)对照标准时间测定工作时间 (3)用干布擦拭接点的污垢	不定期

应当说明的是表6.9是针对用自来水作为水封和冷却水的情况。如果使用含有细小悬浮物的井水或污水处理厂处理水，其检查周期应当适当缩短，还要定期清洗各种给水排水池等。此外，不仅要检查每个仪器和设备，还要进行包括控制电路在内的保护联动试验，以确认电路是否异常。

(3) 由于控制电路只要在启动、停止和增减负荷时就动作，很容易发现其故障。而保护电路只有在发生故障时才动作，不易发现其存在的隐患。因此，有必要认真检查保护电路。

(4) 高压与低压动力电路，控制电路和仪表电路的绝缘电阻的测定应分别进行。

6.4.1.2 启动

启动应注意以下事项。

(1) 在启动泵时，既要确认泵本身也要通过操作盘的指示灯等，确认有关联动机构是否处于启动状态，然后打开操作开关。

(2) 图6.10是泵的启动指令发出后，泵轴水封、冷却、润滑、有关吸水辅助设备和有关联动机构的动作，电动机的启动、压水管闸阀开启状态等一系列过程的流程图。用电流表、指示灯和经过时间等依次检查上述过程是否顺利进行。

(3) 进入正常运转时，记录电流、功率、转数、压水管闸阀的开启度、运转启动时间等必要事项。

(4) 由于有关联动机构的故障，泵在启动过程中停止时，假如又正在下雨，必须尽快启动泵，而且又没有足够的时间来修复的情况，将控制方式改为单个手动控制，然后重新启动。

(5) 由于吸入式泵启动时需要几分钟的吸水时间，应当考虑到吸水所需的时间，提前开始启动的准备工作。

(6) 一般来说，正常的运转控制方式都是联动运行的，发生故障时很难迅速地改变控制方式。因此，应当有备无患，特别是对于水泵电机的启动，即使在电气系统发生故障时，机械部分也能运转，这一点应充分认识到。

6.4.1.3 运转

运转时应注意以下事项。

(1) 运转时在一定的时间周期或适当时候，除了通过监视盘掌握联动机构的运行状况之外，还应当巡视泵的运转现场、检查并记录电流、压力、流量、压水管闸阀的开启度、转数、振动、温度、水封、冷却水、润滑水等有关位置的状况或有无异常现象。

(2) 对于雨水泵的运转，应当密切注视雨量计、沉砂池及干管水位计的指针变化，注意天气预报，经常维持在低水位运转。

6.4.1.4 停泵

停泵时应注意以下事项。

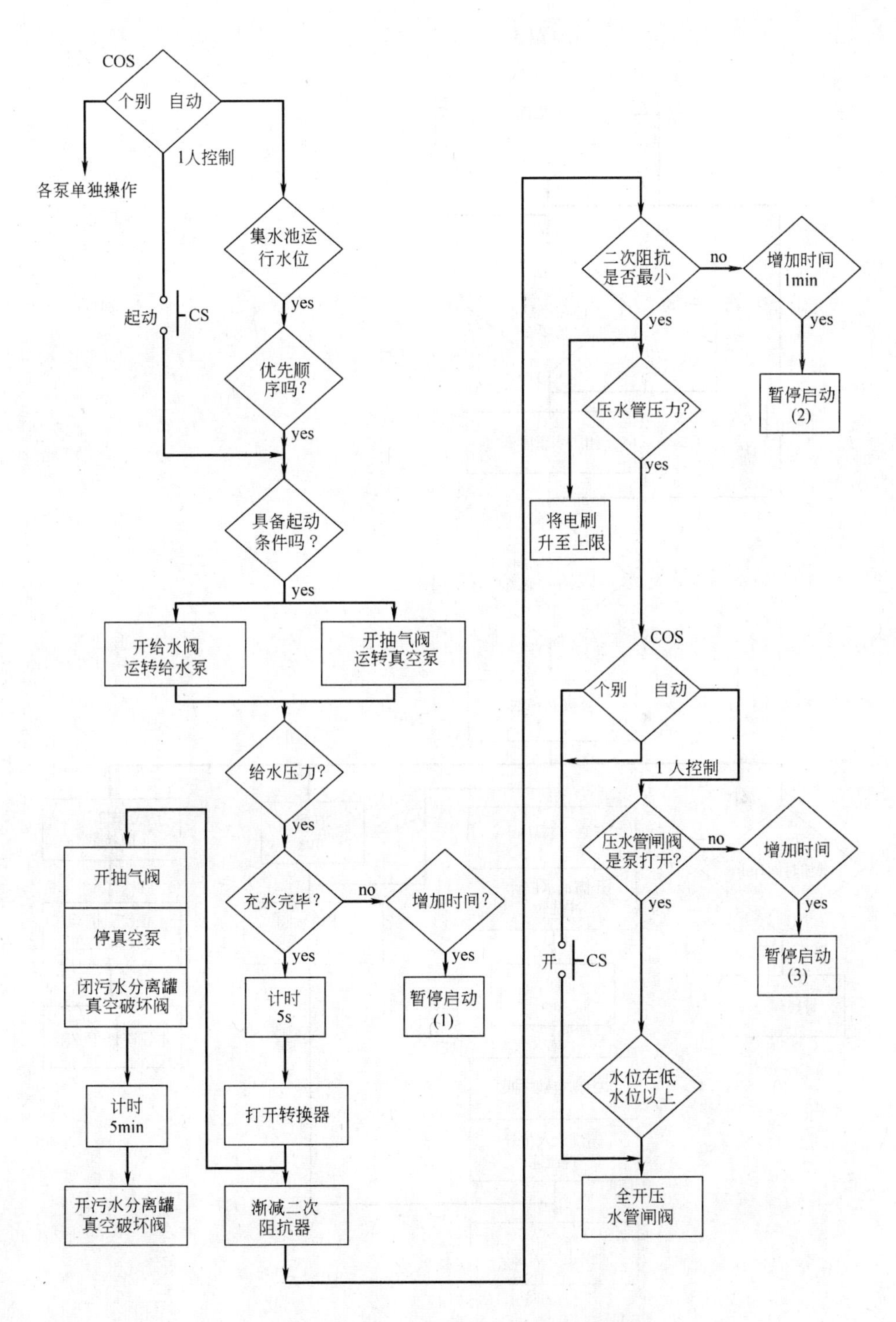

图 6.10 吸入式污水泵启动过程流程图

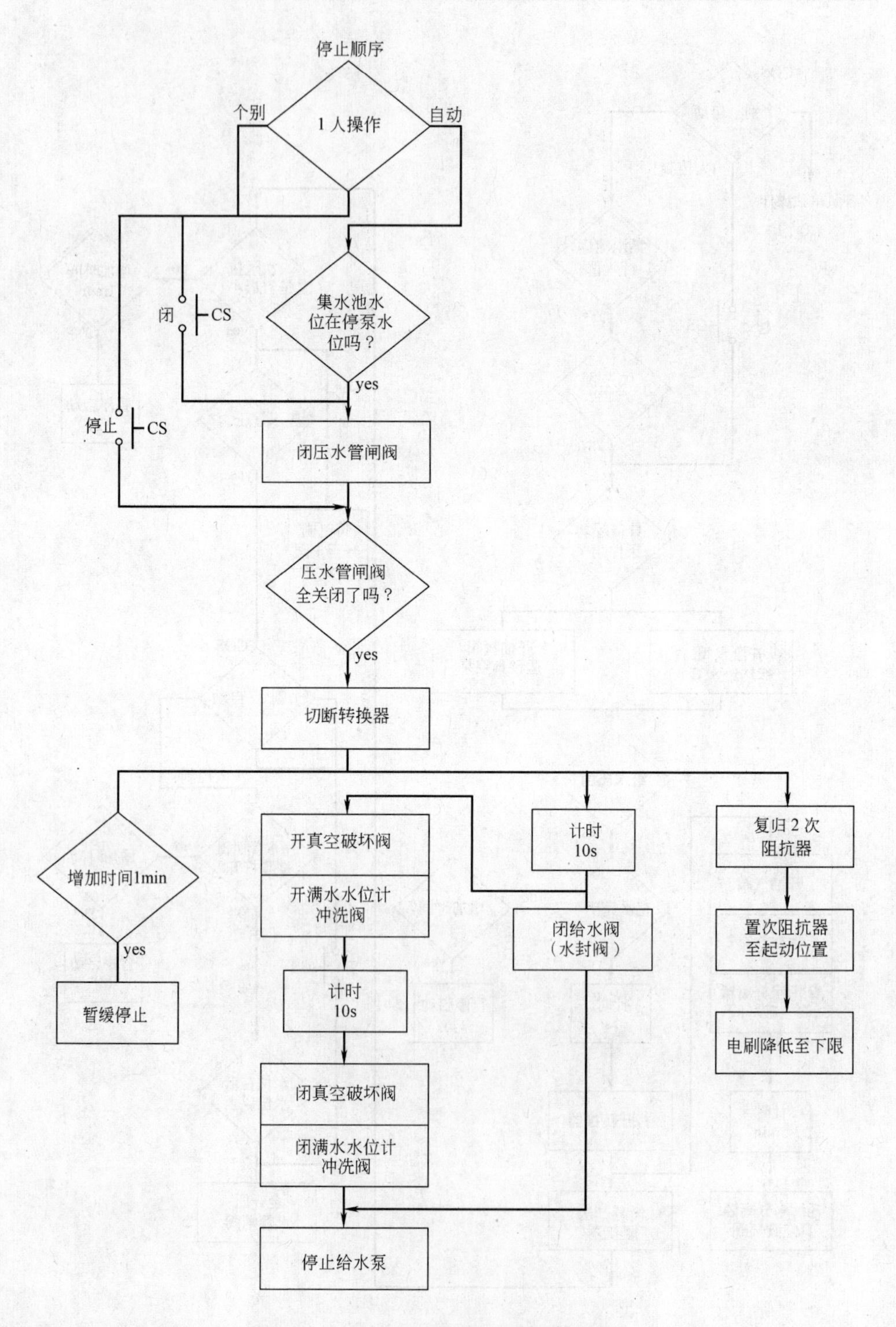

图6.11 吸入式污水泵停泵过程流程图

(1) 图6.11表示从发出停泵指令到泵停止运转的联动机构动作顺序流程图，应当检查是否按上述顺序停泵。

(2) 停泵后，检查有关联动机构是否处于能够启动的状态。

(3) 对于吸入式启动的污水泵，由于满水水位计的滤网经常被悬浮物堵塞，因而应当到泵的运转现场检查是否有堵塞现象。

污水泵站的自动控制是指以污水泵站集水池的水位和流量为控制指标，并根据由此发出的信号，自动运转污水泵。其控制装置是水位与流量传感器、调节仪表和操作设备等组成。由于水位计和流量计等是污水泵站自动控制系统的“眼睛”，因此，在对它们的维护管理中，最重要的是保持它们的精度并能无故障地长期连续使用。因此不仅应当做到定期检修，而且在认为测定值不可靠时应当及时修理与调试。

再具体地说，污水泵的自动控制是根据污水泵站集水池的水位计给出的测定值，保持某一范围的水位，根据流量计维持设定的流量，来自动进行污水泵的启动、运转、电机转数和压水管闸阀开启度的调节、停泵等一系列操作。由于季节变化或服务面积的增减引起流入污水量变化时，应及时将运转的设定值调到最优。此外，为了使污水泵的运转时间平均化，还应当进行开启的优先顺序和运转机组的选择。当进行自动化记录时，应当经常检查启动和停泵等是否按照设定值动作。

6.4.2 污水泵站的远距离监视控制

远距离监视控制是指通过有线或无线通讯，由设在远处的监视控制盘发出对被控制对象的状态监视和控制所必要的操作指令和动作监视。在这种控制方式中，远距离监视控制设备具有监视、控制和检测等三种功能，因此又称遥感遥测遥控设备。远距离监视设备又分为具有监视和检测两种功能和只具有监视一种功能的设备，一般前者称遥感遥测设备，后者称遥感设备。此外，远距离监视控制方式中，又分为操作人员分别进行监视、判断和操作的方式，和在具备自动控制与自动操作设备基础上操作人员仅作出判断给出设定值的指令的方式，以及具有上述两种功能的方式等不同的控制方式。

除以上功能以外，根据管理方法不同，有的还能给出记录机器的运行、停止和检测值等每日和每月的报表。另外，由于信号及其传送方法的不同，控制场所与被控场所的联络方式也有很多种类型。在这里着重介绍的是最近广泛采用的定时远距离监视控制设备。

6.4.2.1 检查与维护

远距离监视控制设备大都用电子控制线路，其功能的模块化示意图如图6.12所示。它可分为控制设备和被控制设备。在控制设备中，有位于设备外部监视控制盘上的选择开关及控制开关相连接的输入继电器电路、还有将该输入继

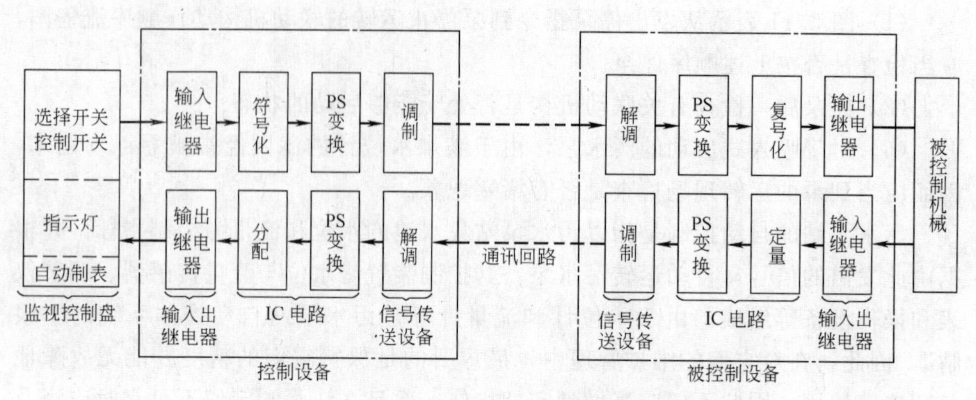

图 6.12　远距离监视控制设备的功能模块图

电器电路的动作进行符号化处理的符号化电路，以及将该符号变换为序列符号的PS变换器，还有将作为序列的脉冲符号进行调制处理的信号传送设备——调制器等。控制设备通过绝缘圈和通讯线路连接。在被控制设备中，有将从通讯线路传送过来的调制信号变为脉冲符号的信号传送装置——解调器、有将序列脉冲变为符号的SP变换器，有将符号变为开关信号的数号化电路，还有接受上述信号的输出继电器电路等。用该继电器来控制污水泵等外部机械。同样，被控制对象的状态从被控制设备通过通讯线路被送到控制设备，然后在监视控制盘中通过仪表等显示出来。

根据各地区的实际情况，远距离监视控制装置的监视控制盘和控制设备等的检查和维护可参考表6.10和表6.11所列举的内容来进行。一般日常检查主要由操作人员来完成，定期检查主要由专门人员来承担。还应当认真作好检查、维修和故障及其处理情况的记录，以便在以后的工作中参考。

远距离监视控制污水泵日常检查的项目、内容和周期　　表 6.10

检查项目	检查内容	检查周期
1. 信号传送装置的状态表示	检查表示装置动作状态的指示灯是否正常，有无异常现象	1日
2. 监视控制盘	见表 6.8	
3. 机器状态的显示	检查被控制机器设备和电机的状态是否正常	
4. 各种仪表的显示值	检查电压、水位和流量等的仪表显示值与当时的运转状态是否一致	
5. 电源电压	用附属电压表检查其规定电压，还要检查蓄电池的电压、电流和液位等，6个月左右均等充电一次	1月
6. 打印设备	(1)检查色带和打印纸是否用完 (2)检查打印结果是否清晰 (3)检查时间是否正确 (4)检查打印机等有无异常声音	适当

定期检查的项目、内容和周期 表 6.11

检查项目		检查内容	检查周期
构造检查	1. 清扫	用于布擦拭清扫信号传送装置和自动制表设备控制盘内部等地方的灰尘	1年
	2. 配线及打印机底板	(1)检查焊接的情况 (2)检查打印机底板的部件的异常颜色,各部件的连接与接触状态等 (3)是否有短路或断路 (4)检查电容器是否变形、有无漏液,5～6年应更换一次	
	3. 开关类	(1)检查调节选择开关 (2)确认各种开关是否松动或不好用	
	4. 打印设备	(1)检查打印机和风机等动作时的异常声音 (2)清扫风机上的过滤器	
功能检查	5. 连接线路的绝缘	用500V的高阻表测定连接线间和对地间的值	
	6. 信号传递装置的检查	(1)测定发送和接受信号的稳定性 (2)测定发送信号稳定性的变动 (3)测定电源装置的输入输出电压	
	7. 显示信号反转试验	使被控制设备的显示信号反转,并送到控制设备,由此检查在逆状态下设备给出的显示和顺序等	
	8. 改变电压试验	使IC、理论电路及其他电路的电压在±(5～10)%变化,在这个变化范围内装置的某一部分发生异常情况时,检查出问题的各部件,或者及时更换。由于IC电路的最大额定电压比较低,试验时要小心	
	9. 迟滞试验 10. 电话装置 11. 有关软件的检查 12. 校正遥测计	模拟产生控制迟滞、显示迟滞,确认没有误操作,迟滞时是否显示和警报。 检查电话的呼叫与通话情况。 (1)检查程序存贮的内容 (2)用测试程序检查软件功能 通过模拟输入进行遥测计校正	
	13. 警报与显示检验 14. 控制机器检验 15. 打印设备检验	对单独状态,选择操作中的状态,试验中的状态变化等进行检验。 对于实行控制时也不出现故障的部件进行机器的实际操作试验。 检查在任意、定时、日报表、故障等各项作表是否正常,检查是否需要更换存贮备用电池等	

硅、半导体和集成电路（IC）等半导体电路的检查与测定等应注意如下事项。

（1）在拔出或插入印刷电路板时，应切断电源，使其电压为零后再进行。

（2）无论集成电路印刷板的导电部分是否有电，都不准用手去触摸。

（3）在焊接电路板时，不仅要把需要焊接的印刷电路板拔下，还应当将其他有关联的印刷电路板拔下。

（4）为了防止输入输出端的错误和其他短路现象，测定时必须使用专用的适配器。

(5) 因为运转中有时会出现误动作，因此不要接测定器。

(6) 由于电泳等波动，IC易于损坏，不要用电铃或其他蜂鸣器等检查IC电路的配线。

在检查和测定故障部位时，特别是对于半导体电路而言，测定精度的要求较高，因此应当使用与被检查设备的性能十分吻合的检查仪器。另外，应当请熟悉设备的专业人员来进行检查和测定。

6.4.2.2 启动

对于远距离监视控制设备的启动，应注意如下事项。

(1) 当接通被控制设备和被控制机器操作盘等电源后，检查其动作是否正常。

(2) 接通控制设备电源后，用附带的电压表检查电源电压是否为规定值。

(3) 检查监视控制设备本身动作状态的指示灯是否正常。

(4) 检查监视控制器的状态和检测值是否正常。

有关污水泵的启动、运转、和停机等注意事项请参阅本章前一节有关内容。

6.4.3 排水泵站计算机控制与管理系统的应用

在我国许多城市中，合流制排水体制以及相应的排水管道和排水泵站仍然大量存在。对合流制排水泵站来说，由于雨季和旱季、雨天和晴天、夏天和冬天、白天和夜间等雨水和污水量及变化速率都不相同，如果采用手动控制和一般的自动控制，势必造成水泵机组的频繁启动与停止，并往往偏离水泵的高效区运行。这不仅增加了操作人员的工作强度、大大增加了耗电量，而且也增大了对机组等设备的损耗，其运行的可靠性也难于保证。因此，对我国各城市中原有的排水泵站的控制系统进行改造，使之实现微机控制，也是一项重要而有意义的工作。本节以H市排水泵站实现微机控制与管理为例，介绍有关内容。

H市某合流制排水泵站的设计排水量为：雨水15m^3/s，污水0.5m^3/s，汇水面积428.8万m^2。现有5台轴流泵和3台立式污水泵，集水池设置2台除污机。采用传统的继电—接触器控制，其控制方式落后，水泵机组启动频繁，运行效率低。经过对其控制系统的改造，实现了微机控制与管理，具有优化自动控制、自动记录机组的运行状态、累计排水量与耗电量，定时打印运行报表等功能。

(1) 水泵机组的控制策略

目前，国内排水泵站水泵机组的控制，多数都根据集水池水位控制水泵投运的台数，水位高时多开泵，水位低时少开泵。显然仅仅根据水池水位来控制水泵是不科学的，因为水位只反映集水池中存贮的水量多少，水位高低不能表示进水量的大小。假如水池水位起始时很高，但进水量很少，多开泵必然很快将池水抽干，造成水泵的频繁启停。而在集水池水位很低、运行的水泵台数很少时，下了暴雨，由于只凭集水池水位决定水泵运行台数，这时集水池水位可能迅速升高而溢出。如果一下雨就盲目增加运行泵的台数，又可能造成水泵的频繁启停。这是因为上述控制策略只考虑了集水池的水位高低，并没考虑其水位变化速率。因此，不仅要根据水位，还应考虑水位的变化率，根据集水池的进水流量 Q_{in} 优化设定投运水泵的台数，使水泵的排水量追随进水量的变化，力求维持两者基本平衡。这样，将水位控制在一个较小的范围内波动，并且避免了水泵的频繁启停。

对于一定的进水量投运几台水泵合理，这是优化问题，即在实现上述控制目标时，寻找一个耗能最少的方案。为此，使控制投运的水泵在高效区运行，并且用高效区的最大流量 $Q_{out,max}$ 计算投运泵的台数 N。

$$N=\left[\frac{Q_{in}}{Q_{out,max}}\right]$$

式中括号表示整量化，即除去计算出 N 值的小数部分，整数部分加 1。

以上控制策略可归纳为，根据进水量控制投运水泵的台数，使水池的进出水量呈现动态平衡，力求维持水泵在高效区工作。

(2) 流量检测

在工程上，实现上述控制策略，流量检测问题必须解决，因为制定控制方案要根据进水流量，另外在计算单耗（耗电量与排水量之比）指示时也要检测流量。对于 H 市这样的排水泵站，采用间接检测流量的方法即可，其一检测精度可以满足要求，其二安装流量计势必增加管路损失，降低效率，且投资估计要高 10 倍。

根据流体力学与泵的理论，可以通过检测泵的扬程 H，然后根据水泵性能曲线，求出该泵的流量 Q_{out}。若几台泵同时并联运行，并计入集水池蓄水量的变化，则集水池的进水量 Q_{in} 为：

$$Q_{in}=\Sigma Q_{out}+\frac{\Delta h}{\Delta t}\cdot S \tag{6.1}$$

式中 Δh——集水池水位在 Δt 时间内的变化高度；

S——集水池面积。

根据扬程的定义，用单位重量的液体，通过水泵后其能量的增量来计算。

$$H=\Delta Z+\frac{P_d+P_v}{r}+\frac{V_2^2-V_1^2}{2g} \tag{6.2}$$

式中 ΔZ——真空表与压力表的高度差（图 6.13）；

P_d——泵出口压力表读数；

P_v——泵入口真空表读数；

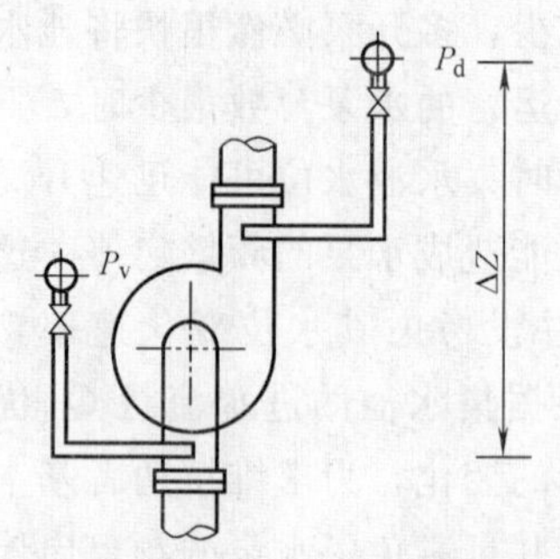

图 6.13　真空表与压力表安装位置

r——污水或雨水的容重；

V_1——吸水管中的流速；

V_2——压水管中的流速。

在实际工程中计算，由于水泵的型号和管径等几何尺寸都是特定的，因此可用下式计算

$$H=\Delta Z+\frac{P_d}{r}+AQ^2 \tag{6.3}$$

式中　ΔZ——水泵出口压力表中心到水池水面的高差；

A——系数，通过实验确定。

上式右侧含有未知量 Q，通过计算机逐次逼近至所要求的精度，最后求出扬程 H。

用最小二乘法拟合水泵特性曲线，分别表达为：

$$Q_{雨}=3326.156+157.118H-30.299H^2 \tag{6.4}$$

$$Q_{污}=542.502-23.220H-0.161H^2 \tag{6.5}$$

存入微机，运行时根据扬程适时计算出流量。

(3) 系统组成与功能

整个系统由三个子系统组成：水泵机组的控制与泵站管理自动化系统；除污机自动控制系统；应用电视系统。

水泵机组的控制与泵站管理自动化系统是整个系统的核心，采用一台 STD 总线工业控制机对运行工况进行监视，优化控制水泵机组的启停、定时与随机打印报表等自动化管理工作。

微机系统的结构框图如图 6.14 所示。

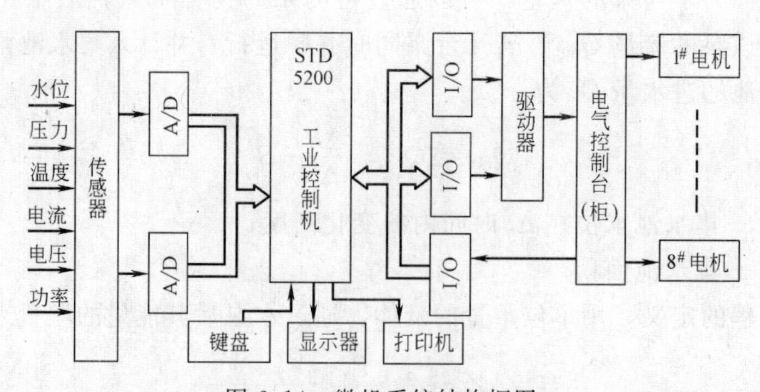

图 6.14　微机系统结构框图

系统设置了检测与控制两种方式。用转换开关切换，开关在任一位置，系统都有故障报警功能。

考虑到个别机组因故障或检修等原因不能投入运行，在集中操作台上每台机组都设置一个操作转换开关。不具备运行条件的机组转换开关置于“手动”档，使该机组与微机系统脱离。运行状态参量在相应的模型图上显示，每隔 1min 刷新 1 次，只要键入相应的命令即可显示所要的画面。

（4）软件设计

软件设计采用了模块化结构，操作指令均为单键置入，为用户提供了尽可能简便的操作方法，对于操作人员的任何误操作，均能保护系统不中断运行，系统运行可靠。

应用软件采用 BASIC 语言和汇编语言相结合的方法，解决了计算精度、执行速度、指令功能以及图形显示的需要。

在机组模型图的设计中，采用了显示汉字的方法。首先，设计了一些基本的图形（16×16 点阵）元素存入汉字库，再调用它们构图。在供电系统图、泵站及水位模拟图的设计中，利用了微机的图形功能，使模拟图形象逼真。图 6.15 为系统主程序流程图，图 6.16 为子程序流程图，图 6.17 为开污水泵子程序流程图。

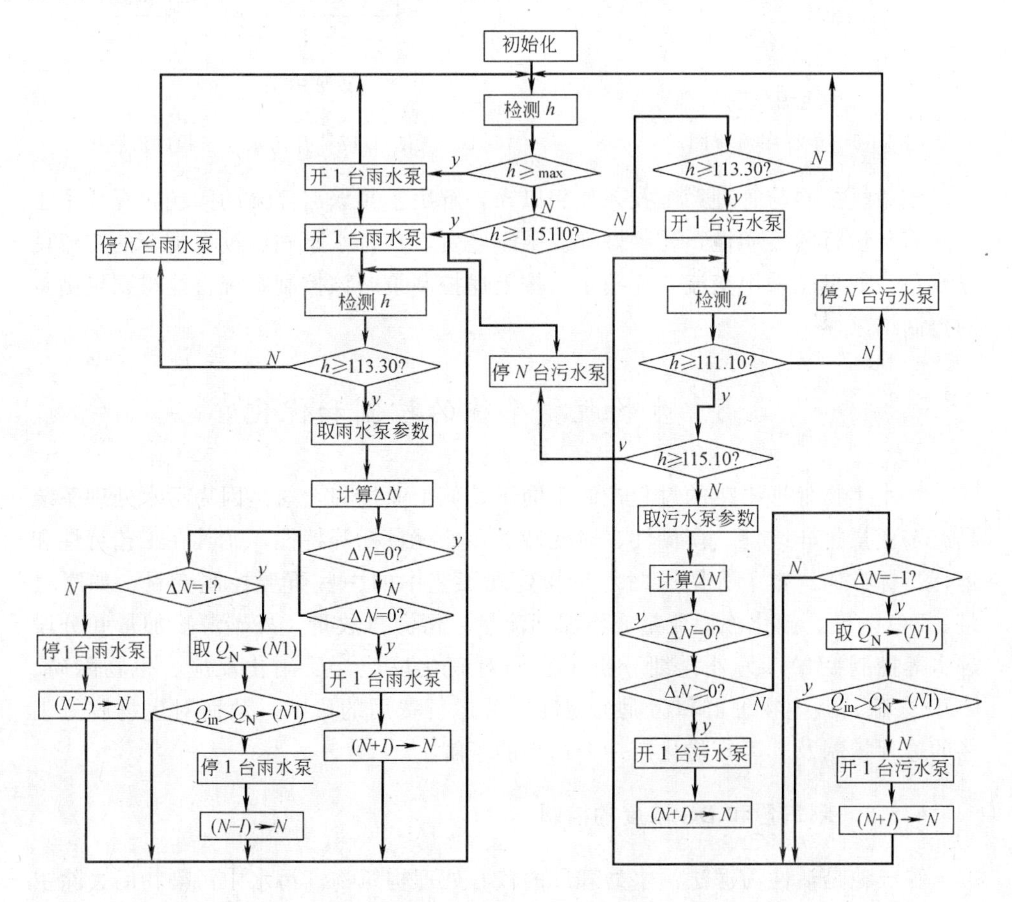

图 6.15　主程序流程图

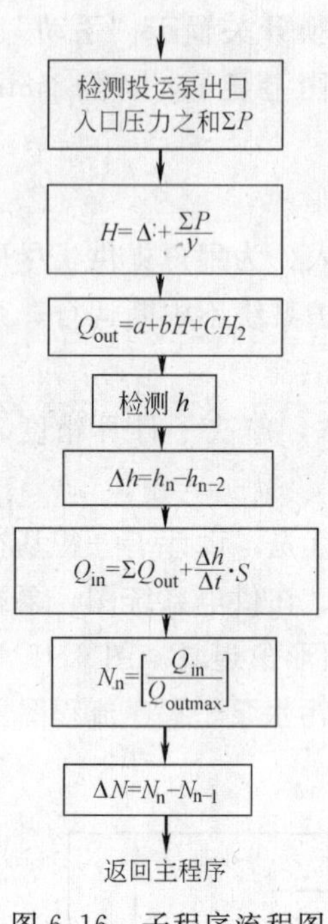

图 6.16　子程序流程图

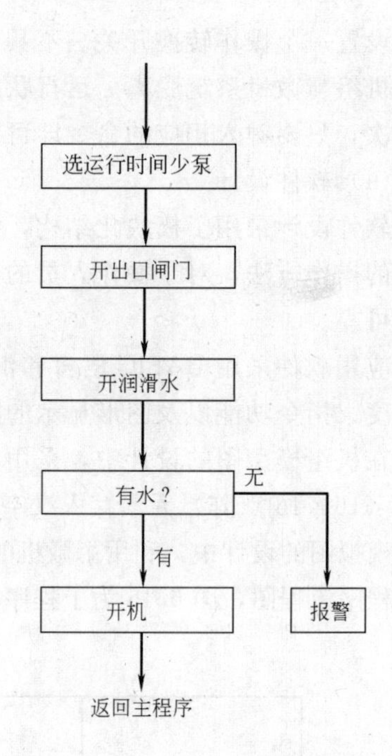

图 6.17　开污水泵子程序流程图

该微机控制与管理系统投入使用以来，解决了频繁启停泵的问题，提高了工作效率和运行的可靠性，受到好评。限于经费，该排水泵站还没有配套的交流调速设备。如果能采用交流调速技术，按上述控制策略该控制系统将能得到更满意的控制结果。

6.5　生物脱氮系统的控制和优化

污水生物处理工艺的过程控制不同于其他工业过程，这是因为污水处理系统具有多变量、非线性、模糊性、时变性、多处理目标等特性，尤其在工艺特性和运行目标方面。本节介绍了污水生物处理工艺中的一些重要控制变量，如曝气量、DO浓度、硝化液回流量、污泥回流量、污泥排放量、外碳源投加量和分段进水等控制变量，另外详细分析了它们对硝化反应、反硝化反应、生物除磷、COD去除、微生物种群和污泥沉淀性以及运行费用的影响，从而对生物脱氮工艺的过程控制及其运行优化有一个初步的了解。

6.5.1　曝气量和DO浓度的控制

曝气池是活性污泥法污水处理厂的核心处理构筑物。污水中污染物的去除主要在曝气池中完成，曝气池的运行状况在某种程度上决定了整个处理系统的处理效果。曝气能耗约占城市污水处理厂所有运行费用的50%或更多。DO浓度控制是活性污泥工艺最重要也是最基本的控制。从20世纪70年代DO传感器具有较好的稳定性和精确性，且可以适于反馈控制时，就有大量关于曝气量控制的研究。尽管实际中由于设备本身的问题（鼓风机可调节幅度小、DO仪损坏），导致DO控制不能满足设定的效果，但是DO设定值控制已是当前比较成熟的技术，也就是应用比例—积分（PI）或比例—积分—微分控制器（PID）通过调节曝气量控制好氧区DO浓度维持在某个设定值。

近年来随着营养物在线传感器的发展，曝气控制已变为在线调整曝气量，对于连续流运行工艺，主要问题在于如何确定合适的DO设定值，而对于间歇运行系统，主要问题在于如何控制曝气时间长短。DO浓度和好氧区体积或曝气时间对污水生物脱氮除磷具有明显的影响：

（1）硝化反应：增加DO浓度可增加系统硝化速率，从而增加系统的硝化容量。活性污泥工艺和生物膜工艺最大DO浓度不同，对于活性污泥工艺，DO浓度在2～3mg/L就可获得足够高的硝化速率，而在生物膜工艺中，硝化速率随DO浓度的增加呈线性增加关系，直到DO浓度达到饱和。增加好氧区体积或增加曝气时间也将增加处理系统的硝化容量。

（2）反硝化反应：增加DO浓度通常会降低“同时”反硝化现象。在好氧区，尤其当DO浓度不太高（小于1mg/L）或易于生物降解COD浓度较高时，通常会发生反硝化，硝酸氮（亚硝酸氮）浓度降低。当DO控制在0.5mg/L时，在实际污水厂和试验中一般会发生同步硝化反硝化现象，且氮的去除有时以短程反硝化为主，这时可节约40%的COD，主要原因是在污泥絮体或生物膜内部，存在着DO浓度的扩散阻力，产生DO梯度，内部为缺氧环境，从而发生反硝化。

（3）生物除磷：溶解氧对厌氧区放磷具有严重的影响，从而导致生物除磷系统的恶化。溶解氧、硝酸氮和亚硝酸氮都将抑制生物放磷的顺利进行，另外，普通异养菌和PAO将竞争有限的碳源。另外还发现在好氧和缺氧环境下存在乙酸盐时也将导致磷酸盐大量释放。所以应尽量减少回流到厌氧区的溶解氧量，最好保持好氧区最后格室低DO浓度。磷可以在好氧环境和缺氧环境吸收，尽管缺氧吸磷速率较低，但实现缺氧吸磷具有“一碳两用”的优势，可以同时脱氮除磷，充分利用有限的碳源。另外好氧区过量曝气将导致PAO细胞内贮存的碳源物质过量消耗，导致在随后的时间或周期内除磷率降低。

（4）COD的去除：在完全硝化的情况下，一般可实现COD的充分氧化去除。另外在缺氧反硝化过程中，也可去除大部分COD。

（5）微生物种群和污泥沉淀性：DO浓度和好氧区体积将影响细菌的种群结

构和细菌的性能。微生物的衰减速率和DO浓度具有相关性，另外DO浓度也将影响絮状污泥和丝状菌的竞争，从而影响污泥的沉淀性能。

(6) 运行费用：曝气能耗约占城市污水处理厂所有运行费用的50%或更多，因此应尽可能维持较低的曝气量，从而节约运行能耗。

以上分析可知曝气量的控制目标为：在满足硝化水平的情况下，尽可能降低曝气量。在硝化满足时，COD的去除一般很容易满足，由于缺氧状态下也可吸磷，所以磷的去除也易于满足。降低曝气量不但提高硝酸氮的去除率，而且可以降低曝气能耗。

6.5.2　内循环回流量的控制

内循环回流量是前置反硝化工艺重要的控制变量，内循环回流量对前置反硝化工艺硝酸氮的去除具有明显的影响，控制内循环回流量可提高氮的去除率并可实现回流量的运行优化，下面分析内循环回流量对系统的影响。

(1) 硝化反应：较高的内循环回流量将加大系统的混合程度，降低系统总硝化速率，但影响很小。

(2) 反硝化反应：较小的内循环回流量将导致缺氧区回流的硝酸氮不充足，从而限制反硝化反应；而较高的内循环回流量将导致大量溶解氧进入缺氧区，同时增加溢流到好氧区的COD量，两种情况都会影响反硝化。因此对于特定水质都存在一个最优的内循环回流量。

(3) 生物除磷：内循环回流主要从好氧区向缺氧区回流硝酸氮。但通过污泥回流，部分硝酸氮回流到厌氧区，硝酸氮反硝化将和厌氧放磷过程竞争有机碳源，从而导致放磷不充分，影响磷的去除，因此需减少进入厌氧区的硝酸氮浓度。

(4) 污泥种群和污泥沉淀性：硝化液回流并不影响微生物的种群结构。但提高系统的反硝化效果，充分发挥缺氧区的选择器功能，将提高污泥的沉淀性能。

(5) 运行费用：随着内循环回流量的增加，泵回流费用增加，但其所需费用只占整个污水处理系统费用的1%，主要是内循环回流所需提升扬程较低，但内循环回流量影响曝气能耗，缺氧区COD去除程度越高，那么在好氧区降解COD的耗氧量将越低。

内循环回流量的控制主要是维持缺氧区末端硝酸氮浓度处于较低的设定值(1～3mg/L)，可以通过PID控制器实现上述控制策略，应用硝酸氮测定仪来测定缺氧区末端硝酸氮浓度，也可以测定回流液中的硝酸氮浓度建立前馈—反馈控制器。

6.5.3 外碳源投加量的控制

外碳源投加控制的宗旨是尽可能降低外碳源投加量（也就是降低运行费用，包括外碳源药剂费用、污泥产量和曝气能耗），并实现硝酸氮的有效去除。然而外碳源的优化并不仅仅取决于外碳源投加量，还需确定外碳源的投加位置和外碳源投加种类。下面分析外碳源投加量对系统的影响。

（1）硝化反应：除非大量外碳源溢流到好氧区，导致硝化反应曝气量不足外，对硝化反应并没有明显的影响。

（2）反硝化反应：向缺氧区投加外碳源将大幅度提高系统反硝化速率，降低出水硝酸氮浓度。

（3）磷的去除：向缺氧区投加碳源将对磷的去除产生影响，普通的异养菌会和反硝化聚磷菌竞争硝酸氮，从而导致缺氧吸磷能力降低。建议在厌氧区投加碳源，这样投加碳源被聚磷菌吸收，在缺氧区同时提高氮和磷的去除。

（4）微生物种群和污泥沉淀性：外投碳源将导致微生物种群的变化，不同外碳源对应的反硝化能力不同。外投碳源并不影响污泥的沉淀性。

（5）运行费用：投加外碳源将增加处理系统的运行费用。

甲醇、乙醇和乙酸钠是提高系统反硝化效果最常用的几种外碳源，每种外碳源对应的微生物种群和污泥反硝化特性不同，在不同的条件下需根据分析来选择最优的外碳源。虽然甲醇较便宜，但甲醇并不是相对最优的外碳源，因为它的反硝化速率较低，响应速度较慢。外碳源投加控制策略一般是维持缺氧区末端的硝酸氮浓度处于一个较低但非零的值来实现，另外在内循环回流量恒定时，需确定一个使平均出水硝酸氮浓度满足要求的内循环回流量，为了最优控制反硝化过程，提高进水 COD 的利用效率，需要综合控制内循环回流量和外碳源投加量。

6.5.4 SRT 和污泥排放量的控制

污泥龄的控制很重要，但是对污泥排放量在线控制的研究很少，主要是系统对该控制的响应很慢（大约数天），因此经常采用手动控制。

当前污泥排放量的控制基本维持恒定的污泥排放量，或者通过手动调节维持恒定的 SRT 或较小的动态变化来满足硝化菌生长速率季节性的变化。通过在线测定出水或好氧反应器的氨氮浓度，或者污泥的硝化能力，实现污泥排放量的自动控制也是可能的。下面分析 SRT 对系统的影响。

（1）硝化反应：通常较长的 SRT，将增加系统硝化菌数量，从而系统具有较高的硝化容量。然而，SRT 影响微生物种群结构，相应影响系统硝化性能，然而，当前还没有 SRT 对硝化菌群结构影响的详细报道。

(2) 反硝化反应：SRT较长易于反硝化，因为硝酸氮可以通过内源呼吸去除，例如，当SRT由10天增加到15天时，硝酸氮的去除率将增加5%～10%。

(3) 磷的去除：磷去除的最优SRT是5～12d，SRT较低导致聚磷菌没有充分增值，而较长的SRT将导致污泥排放不足，因此污泥吸收的磷也不会从系统中有效去除。

(4) COD的去除：只要SRT较长，可满足硝化要求，COD的去除基本没问题。

(5) 微生物种群和污泥沉淀性：改变SRT将导致微生物种群结构变化，增大SRT，慢速生长的微生物将保留在系统中，并成为优势微生物。高SRT系统易于产生污泥膨胀。

(6) 二沉池泥水分离过程：对于给定的反应器，高SRT将导致较高的MLSS浓度，因此将增加二沉池的固体容量。高MLSS将导致出水中SS含量增加，尤其在高水力负荷时，更容易导致出水SS增加。

(7) 运行费用：较短的SRT将增加污泥产量，因此相应增加污泥处理和处置费用。然而较短的SRT对于采用污泥厌氧消化工艺的系统具有优势，可增加甲烷产量。另外较短的SRT污泥沉淀性相对较好，并可降低曝气消耗量。

不管是否需要进行污泥的稳定化处理，SRT应尽可能低，并保证完全硝化(即使在高氮负荷下)。众所周知，SRT的控制响应较慢，但对如何有效控制污泥排放量莫衷一是。对于给定的污水处理厂，合适的控制策略与污水处理厂的特定设计、运行负荷有关，例如，如果一个污水处理厂低负荷运行或需要污泥的稳定化处理，另外MLSS浓度增加并不导致污泥膨胀和沉淀池分离问题时，那么较长的SRT运行也是可行的。需要注意的是SRT是一个平均值，是系统运行负荷的表征，并不能通过简单的污泥排放来实现。

6.5.5　污泥回流量的控制

对于如何控制污泥回流量，并没有明确的方法。一些研究者建议应用污泥回流量控制MLSS或F/M值，但是许多研究者对此表示质疑，因为以污泥回流量作为主要控制目标控制反应器内的污泥浓度是危险的，尤其当二沉池的实际固体容量不确定时更加危险。进水负荷的随机变化性，将导致二沉池水力负荷以及二沉池泥水界面的巨大波动，当二沉池污泥层高度接近出水堰时，可能导致污泥大量流失从而严重影响出水水质。另外当污泥沉淀性能差时，二沉池微小的水力负荷波动，也会导致污泥的流失。以二沉池的污泥层高度作为控制目标实现污泥回流量的控制是一个相对合理的控制策略。下面分析污泥层高度对系统的影响以及污泥回流量的控制：

(1) 硝化反应：较高的污泥层高度（SBH）会使大量硝化菌储存在沉淀

池，因此降低了反应器的硝化容量。然而，硝化容量可以通过降低 SBH 来快速恢复。

(2) 反硝化反应：当存在硝酸氮时，在污泥层中将发生反硝化，因此保持二沉池较高的污泥层高度可维持污泥层内部较好的反硝化环境，从而增加污泥中硝酸氮的去除。另外二沉池污泥的水解，也可提供易于生物降解的物质，进一步增加系统的反硝化速率。然而需避免二沉池污泥的过度反硝化，否则污泥上浮，出水水质变差。

(3) 磷的去除：在生物除磷污水处理厂，当二沉池污泥处于厌氧环境时，将导致磷的二次释放，适当的释放对总体系统磷的去除是有益的，但避免磷的过量释放。

(4) COD 去除：对 COD 的去除没有影响。

(5) 微生物种群和污泥沉淀性：污泥在二沉池积累，微生物处于高有机负荷和低有机负荷交替状态下，在高有机负荷时，将利于污泥对有机物的快速吸附，从而污泥处于“饱和或饥饿”状态，利于污泥的沉淀。

(6) 二沉池泥水分离过程：SBH 对泥水分离的影响具有双重性。一方面如果 SBH 越接近二沉池出水堰，出水 SS 增加的可能性也越高，从而影响出水水质，造成污泥流失，尤其当 SBH 的高度高于二沉池进水口，由于水力负荷的作用导致污泥层波动，从而出水 SS 增加。另外当进水负荷较低，且 SBH 的高度高于二沉池进水口时，由于污泥层可起到过滤的作用，那么出水水质优于 SBH 的高度低于二沉池进水口的情况。

(7) 运行费用：较高的 SBH，将导致污泥在二沉池的停留时间增长，因此二沉池底部的污泥浓度将增加。较高的回流污泥浓度将降低剩余污泥和回流污泥量，因此也就降低污泥处理费用和污泥回流费用。

6.5.6 分段进水的控制

为了均匀分布反应器的运行负荷分段进水运行方式在 20 世纪 30 年代末期提出，现在已成为一种广泛应用的工艺，分段进水的主要目的在于：(1) 在水力负荷高峰期，降低进入沉淀池的固体负荷，从而提高系统的稳定性；(2) 提高氮的去除率。

下面分析分段进水控制对系统的影响：

(1) 生物反应：在高水力负荷下，采用分段进水方式，可以防止污泥流失，但此时系统处理效果较差。当进水口接近反应器末端时，COD 的去除也将是个问题。

(2) 微生物种群和污泥沉淀性：因为分段进水并不经常使用，只是在高进水水力负荷下偶尔使用，它对微生物种群没有明显的影响。

(3) 固液分离问题：进入沉淀池的固体负荷降低，因此降低了污泥流失的危险性，但在高进水水力负荷时，仍然导致出水SS增加。

(4) 硝化反应：假如第二段的F/M值大于第一段的F/M值，那么硝化性能将受到影响，尤其当氮的负荷增加，第二段进水中的氨氮将不会充分硝化，从而导致出水氨氮浓度增加。

(5) 反硝化反应：反硝化效果和对进水中溶解性可生物降解COD的利用以及缺氧区反硝化潜力的充分利用有关。控制分段进水比例同时满足上述两个条件是困难的，因为第2个好氧区生成的硝酸氮只有一部分通过污泥回流进入缺氧区1室。另一方面为了避免出水硝酸氮浓度较高，应降低好氧区2格室生成的硝酸氮，这意味着进入缺氧区2格室的进水比例降低，也就是缺氧区1格室的进水增加。实际上只需要较小的缺氧区体积就可去除污泥回流进入缺氧区1室的硝酸氮，这样大量原水进入较小的缺氧区1室，将导致进水中大量溶解性COD溢流到好氧区，这对反硝化极为不利。当回流的硝酸氮不充足时，增加缺氧区体积不会提高硝酸氮去除率。

(6) COD：分段进水对COD的去除没有明显的影响。

(7) 二沉池固液分离：第二段SS浓度低于第一段SS，并和分段进水比例和两段反应器体积比有关系。因此分段进水脱氮工艺和A/O工艺相比容易克服较高的水力负荷。在高水力负荷时，临时采用分段进水比例将增加A/O工艺的处理能力，但此时分段进水并不是为了提高氮的去除，而是为了降低进入沉淀池的固体负荷，其目的为了避免二沉池污泥的流失。

6.6　厌氧生物处理系统的过程控制

厌氧消化是一个多步骤的过程，它可以在无需电子受体（如氧和硝态氮）的情况下将复杂的有机物转化为简单的有机物。厌氧消化过程由图6.18所示，首先复杂的有机化合物（碳水化合物、蛋白质和脂类）在细胞外水解为简单的糖类和氨基酸，然后它们再被酸化为有机酸和乙醇，再通过产乙酸菌转为为氢和乙酸；通过嗜氢产甲烷菌，把氢和CO_2转化为甲烷，通过嗜乙酸型产甲烷菌，把乙酸转化为甲烷。厌氧消化是大自然普遍存在的现象，是废物和污水处理最古老的一个工艺，在19世纪末期就开始应用于化粪池来处理家庭的废物，它也是垃圾填埋废物降解的主要过程，它的应用的范围很广。厌氧消化的主要优势在于：可高效处理高浓度慢速降解有机物、污泥产量较低（比好氧工艺污泥产量小5～10倍）、可产生有价值的中间代谢物、低能耗、可降低封闭系统的气味、降低病原体、可以产能（如甲烷或氢气）。

然而，厌氧消化工艺具有以下缺点：（1）污泥的生长速率较慢（在35℃时

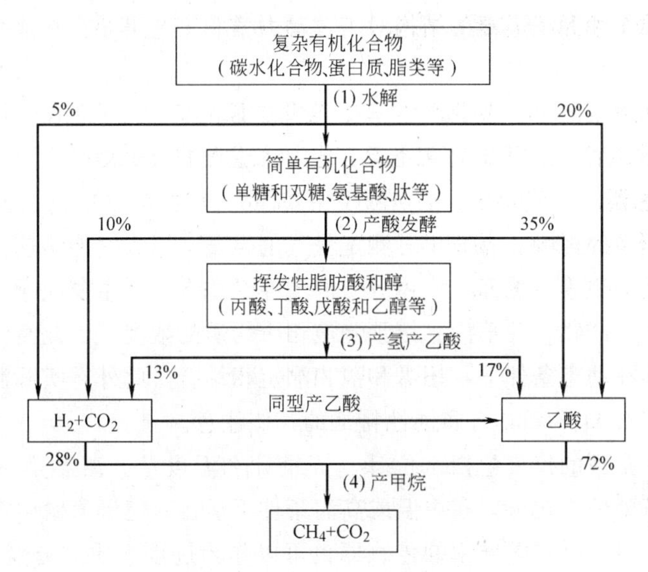

图 6.18 厌氧消化过程示意图

产甲烷菌的世代时间为 3d，而在 10℃时世代时间为 50d），因此厌氧系统的启动时间很漫长，如 UASB 反应器的启动期为 2～4 个月或更长。(2) 厌氧系统微生物对运行高负荷和外界扰动因素高度敏感。例如，当有机酸浓度较高时，产甲烷菌活性将被抑制。在肥料消化池中，不稳定因素是高游离氨浓度的抑制；在初沉池和活性污泥消化池中，由于高负荷、高氨氮和长链脂肪酸将对系统产生抑制；在高负荷消化池中，由于 pH 值或有机酸的抑制也将导致系统不稳定。(3) 厌氧消化是一个复杂的过程，包括多种微生物（大约 140 多种），对其机理仍未完全了解。由于上述原因，虽然 1999 年全世界有将近 1400 个采用厌氧处理工艺的实际工程，2003 年增加到 2000 个，但是许多实际工程仍然不情愿使用厌氧工艺。由于对厌氧消化工艺缺少了解，导致大量厌氧处理工艺由于进水有机物负荷高导致系统崩溃。为了推广厌氧消化工艺更广泛的应用，不但对厌氧消化工艺处理效果进行研究，还需对厌氧消化工艺的优化及其稳定性运行进行研究，以克服外界扰动性因素，维持系统的优化运行。因此采用合适的、高效的控制策略对厌氧消化（AD）工艺是至关重要的。在使用过程控制时要不断对过程的状态或参数（如温度、压力、浓度等）进行测量，并将测量值与设定值进行比较，然后根据一定的控制方案对过程的有关参数进行调整，使该过程按照既定的一组设定值进行，达到确保过程运行稳定、安全、经济的目的。

6.6.1 厌氧处理工艺的控制目标和主要测定变量

由以上可知，厌氧处理工艺最主要的控制目标是维持系统的稳定运行，通常由产气量、出水溶解性 COD 浓度或挥发性脂肪酸来测定。然而从控制角度来看，进水水质特性和反应器的结构对工艺动力学和工艺可获得性能都具有较大的影响。

在厌氧处理工艺中，甲醇产生率在某些方面和好氧工艺的OUR相似，它们都反映微生物的活性。因此厌氧处理工艺中较适合的仪表是对气相和液相成分测定的在线传感器。在气相中，首先测定甲烷量；其次是CO_2量，但是它受液相中酸碱平衡体系的影响。有时也需测定氢气的含量，因为它能快速指示产酸阶段挥发性脂肪酸的积累。然而，气体分析的监控系统有一个主要问题是气体只是生物反应的一个终产物，并不能直接预测液相中物质的浓度。因此需注意气体成分的测定，尤其在动态条件下，还需和液相测定相结合。此外，实际测定气相气体成分时，还需对H_2S和具有腐蚀性特征的气体注意。

在液相，常规的仪表包括水位计、流量计和温度计。温度是重要的控制参数，虽然厌氧处理工艺可以在中温或高温条件下运行，但厌氧微生物对温度的波动很敏感。有时，测定电导率的传感器也可以作为进水水质成分变化的指示器。其中厌氧处理工艺液相最基本的测定仪表是pH计。导致系统运行不稳定、崩溃或失败的主要原因是由于VFA浓度较高所产生的抑制作用，VFA增加导致pH下降。由于pH值信息易于获取，因此广泛的用于厌氧处理工艺的检测和过程控制中。然而，如果污水具有较强的酸碱缓冲能力，pH的测定将不灵敏，此时建议应用碳酸氢盐测定计，它在上世纪90年代提出并应用到过程控制中。

如前所述，VFA是厌氧处理工艺中最重要的中间产物，它的积累造成pH值降低，从而导致系统运行失败，因此VFA浓度很久就作为过程性能的指示参数。

6.6.2 pH值和E_h对厌氧消化过程的影响

厌氧消化的实质是氧化与还原统一的过程，这个过程中有能量的产生和转移，所产生的能量中有一部分变为热量散发掉，有一部分供合成反应和其他活动所需，其余的能量贮存在三磷酸腺苷ATP中，以备生长、运动所用。在有机物的分解和合成过程中都有电子和氢质子的转移，电子经过电子传递体系后需要最终电子受体（最终受氢体）来接受。在厌氧消化过程中，有机物仅发生部分氧化，以其中间代谢产物为最终电子受体，其产物是低分子有机物。在此过程中pH值和氧化还原电位E_h是2个非常关键的控制条件。

（1）厌氧消化过程pH值的影响和控制

厌氧微生物的生命活动、物质代谢与pH值有密切的关系，pH值的变化直接影响着消化过程和消化产物，不同的微生物pH值不同，过高或过低的pH值对微生物是不利的，表现在：1）pH的变化引起微生物体表面电荷的变化，进而影响微生物对营养物的吸收；2）pH 除了对微生物细胞有直接影响外，还影响培养基中有机化合物的离子化作用，从而对微生物有间接的影响，因为多数非离子状态化合物比离子状态化合物更容易渗入细胞；3）酶只有在最适宜的 pH 值时才能发挥最大活性，不适宜的 pH 值使酶的活性降低，进而影响微生物细胞内的生物化学过程。4）过高或过低的 pH 都将降低微生物对高温的抵抗能力。

实际运行经验表明，厌氧消化需要一个相对稳定的 pH 值范围，一般来说，对于以产甲烷为主要目的的厌氧过程来说，pH 为 6.5～7.5。如果生长环境的 pH 值过高（大于 8）或过低（低于 6），产甲烷菌的生长代谢和繁殖就会受到抑制，进而对整个厌氧消化过程产生严重的不利影响。这是因为在厌氧体系中，其他非产甲烷菌如发酵细菌等对 pH 值的变化不如产甲烷菌敏感，在 pH 值发生较大变化时，这些细菌受到的影响较小，它们能继续将进水中的有机物转化为脂肪酸等，导致反应器内有机酸的积累、酸碱平衡失调，使产甲烷菌的活性受到较大的抑制，最终导致反应器运行失败。因此，在厌氧生物处理过程中，应特别注意反应器内 pH 值的控制，一般维持在产甲烷菌的最适宜的范围内，即 6.5～7.5（最佳 6.8～7.2）之间。为了维持这样的 pH 值，在利用厌氧工艺处理某些工业废水时，有时需要投加酸或碱来调节和控制反应器内的 pH 值。研究表明，厌氧消化体系中的 pH 值（或酸碱平衡）是体系中 CO_2、H_2S 在气液两相间的溶解平衡、液相间的酸碱平衡及固液相间离子溶解平衡等综合作用的结果，而这些又与反应器内发生的生化反应直接有关。因此，分析和研究厌氧消化过程中酸碱平衡的实质和 pH 值的控制技术，对于选择和设计废水生物处理工艺、调试和运行厌氧生物处理装置等都有重要的指导意义。

不同的厌氧微生物类群的适宜 pH 值范围实际上是不相同的。厌氧消化体系的 pH 值是由体系中的酸碱平衡所控制的，根据厌氧消化体系的成分分析，可知，与酸碱平衡有关的主要物质有脂肪酸、氨氮、H_2S、CO_2 等，因此存在着脂肪酸的电离平衡、氨氮的电离平衡、CO_2 的溶解及 H_2CO_3 的电离平衡、H_2S 的电离平衡。

（2）厌氧生物处理过程中 pH 值的控制技术

为了保持厌氧反应器中的 pH 值稳定在适宜的范围内，就必须采取一定的措施对反应器的运行状况进行调节和控制。在实际运行中，通过以下几种方法来调节和控制厌氧反应器内的 pH 值。

1）投加酸碱物质。在进水中或直接在反应器中加入致碱或致酸物质，是最直接的调控厌氧反应器内 pH 值的方法。实际运行中所使用的致碱物质主要有 Na_2CO_3、$NaHCO_3$ 以及 $Ca(OH)_2$ 等。这种方法要消耗化学药品，从而增加运行费用。而且，对现场操作人员来说，应在废水中加入多少碱性物质不好掌握。

一般情况下，在废水 pH>8.0 时，则应加酸进行调节。

2）出水回流。一般情况下，厌氧反应器的出水碱度会高于进水碱度，所以可采用出水回流的方法来控制反应器内的 pH 值，同时出水回流还可起到稀释作用。

3）出水吹脱 CO_2 后回流。有研究者发现，出水中的 CO_2 是主要的酸性物质，把出水中的 CO_2 经过吹脱去除后再回流，是一种更好的调控反应器内 pH 值的方法。但在采用该法时，由于一般均采用空气进行吹脱，所以回流中会含有一定的溶解氧。出水回流中可能带入的溶解氧也会对反应器的运行产生一定的不利影响。

厌氧消化环境中的 pH 还会通过对氧化还原电位的影响而影响消化过程，pH 值低时氧化还原电位高；pH 高时氧化还原电位低。由于厌氧消化过程要求的氧化还原电位低，因此，可以向消化液中投加抗坏血酸、硫化氢、铁等还原剂降低消化液的氧化还原电位。

(3) 氧化还原电位（E_h）的影响

众所周知，氧化环境具有正电位，还原环境具有负电位。严格说来，厌氧环境的主要标志是发酵液具有低的氧化还原电位，其值应为负值。一般情况下，氧的溶入是引起厌氧消化系统的氧化还原电位升高的最主要和最直接的原因，除氧以外，一些氧化剂或氧化态物质存在同样能使体系中的氧化还原电位升高，当其浓度达到一定程度时，会危害厌氧消化过程的进行。由此可见，体系中的氧化还原电位比溶解氧浓度能更全面地反映发酵液所处的厌氧状态。

不同的厌氧消化系统和不同的厌氧微生物对氧化还原电位的要求不同。兼性厌氧微生物 E_h 在 100mV 以上时进行好氧呼吸，E_h 为 100mV 以下时进行无氧呼吸；产酸菌对氧化还原电位的要求不甚严格，可以在－100～100mV 的兼性条件下生长繁殖；中温及浮动温度厌氧消化系统要求的氧化还原电位应低于－380～－300mV；高温厌氧消化系统要求适宜的 E_h 为－600～－500mV。厌氧消化体系的氧化还原电位受氧分压的影响，氧分压高、氧化还原电位高；氧分压低、氧化还原电位低。在厌氧消化系统内通常同时含有兼性厌氧微生物和专性厌氧微生物，因为有氧存在时，辅酶 NAD 得到 2 个 H^+ 而生成 $DADH_2$ 和 O_2，反应生成 H_2O_2 和 NAD，专性厌氧微生物不具有过氧化氢酶而被过氧化氢杀死；O_2 还可以产生游离 O_2^-，而专性厌氧微生物不具有破坏 O_2^- 的过氧化物歧化酶而被杀死。当有氧存在时，氧可被兼性厌氧微生物利用而达到厌氧环境，从而保护专性厌氧微生物。

6.6.3 温度对厌氧生物处理的影响

温度是厌氧生物处理工艺重要的影响因素，它的影响主要表现在以下几个方面：（1）温度主要是通过对厌氧微生物细胞内某些酶的活性的影响而影响微生物的生长速率和微生物对基质的代谢速率，这样就会影响到厌氧生物处理工艺中污泥的产量、有机物的去除速率、反应器所能达到的处理负荷；（2）温度还会影响有机物在生化反应中的流向和某些中间产物的形成以及各种物质在水中的溶解度，因而可能会影响到沼气的产量和成分等；（3）另外温度还可能会影响剩余污泥的成分与性状；（4）在厌氧生物处理装置和设备的运行中，要维持一定的反应温度又与能耗和运行成本有关。

厌氧生物处理系统反应温度的选择与控制。由实际运行可知，反应温度对于厌氧生物处理工艺的运行是十分重要的参数，在设计和运行厌氧生物反应器时，反应器温度的选择就显得十分关键。但反应器温度的选择不能仅仅考虑处理效果这一个方面，为了维持合适的反应温度所需要消耗的能量也是我们必须考虑的问题。

高温厌氧消化所能达到的处理负荷高，处理效果好，但为维持较高的反应器温度所需要消耗的能量也相对较高，因此，只有在原废水温度较高（如 48～70℃）可以利用的条件下才可以选用。高温厌氧消化对于废水中致病菌的杀灭效果更好，所以对于某些小水量但必须进行严格消毒后才允许排放的废水或污泥，也可采用高温厌氧消化工艺进行处理。目前绝大多数正在进行的厌氧反应器都是在中温条件运行，这样既可以获得稳定、高效的处理效果，同时为维持反应温度所需要消耗的能量还可以接受或者可以从所产生的沼气中获得，甚至多数情况下，如果废水的有机物浓度足够高时，还可以获得多余的沼气。

厌氧反应器的温度控制主要有以下几种方式：（1）直接在厌氧反应器内进行温度控制，即将蒸汽管直接安装到厌氧反应器内部，再通过温度传感器保证反应器内部的温度处于所需要的温度范围之内，国外多采用这种方式；（2）在国内，则通常只对厌氧反应器本身进行保温处理，而将加热放在进入厌氧反应器之前的调节池中，即将蒸汽管直接安装在调节池中，将其中废水的温度加热至略高于所需要的温度，然后通过进水泵将加热后的废水泵入厌氧反应器；（3）采用热交换器对进水进行间接加热。对于高浓度废水来说，无论温度高低都可以采用厌氧工艺进行处理。因为厌氧工艺在处理废水中有机物的同时，还会产生甲烷，而甲烷燃烧后产生的热量可以用于加热废水。

6.6.4 厌氧生物处理过程中的监测和控制

前已叙述，厌氧过程是一个脆弱的生物反应过程，其中的几大类群微生物之间存在着脆弱的平衡，如果运行控制的不好，这种平衡很可能会遭到破坏，而使系统进入恶性循环，最终导致反应系统的彻底失败。因此，在厌氧反应器的运行过程中，适当的监测和控制手段是十分必要的，它可以防止运行过程中出现的小问题最终变化为大的灾难性问题。因此重点介绍了厌氧反应器的运行过程中一般所需要的监测与控制的方法和策略。

(1) 工艺控制条件

1) HRT。水力停留时间对于厌氧工艺的影响是通过上升流速表现的。一方面，高的液体流速可以增加污水系统内进水区的扰动，因此污泥与进水有机物之间的接触增加，有利于提高去除率。如在UASB反应器内，一般控制反应器内的平均上升流速不低于0.5m/h，这是保证颗粒污泥形成的主要条件之一；另一方面，上升流速也不能过高，因为超过一定值后，反应器中的污泥就可能会被冲刷出反应器，使得反应器内不能保持足够多的生物量，而影响反应器的运行稳定性和高效性，这样就会使反应器的高度受到限制。特别需注意的是，当采用厌氧工艺处理低浓度有机废水时，HRT可能是比有机负荷更为重要的控制条件。

2) 有机容积负荷率 (organic volumetric loading rate, OVLR)。进水有机负荷率反映了基质与微生物之间的供需关系。有机负荷率是影响污泥增长、污泥活性和有机物降解的主要因素，提高有机负荷率可以加快污泥增长和有机物的降解，同时也可以缩小所需要的反应器容积。但是对于厌氧消化过程来说，进水有机负荷率对于有机物去除和工艺的影响十分明显。当进水有机负荷率过高时，可能发生产甲烷反应与产酸反应不平衡的问题。对某种实际有机工业废水，采用厌氧工艺进行处理时，反应器可以采用的进水容积率一般应通过试验来确定，总体来说，进水有机容积负荷率与反应温度、废水的性质和浓度等有关。进水有机负荷率不但是厌氧反应器的一个重要设计参数，同时也是一个重要的控制参数。

3) 有机污泥负荷率 (organic sludge loading rate, OSLR)。当进水容积负荷率和反应器的污泥量已知，进水污泥负荷率可以根据这两个参数计算。采用污泥负荷率比容积负荷率更能从本质上反映微生物代谢与有机物的关系。特别是厌氧反应过程由于存在产甲烷反应和产酸反应的平衡问题，因此在运行过程中将反应器控制在适当的有机负荷下才可以保证上述两种反应过程始终处于良性平衡的状态，因此也就可以消除由于偶然超负荷引起的酸化问题。在处理常规的有机工艺废水时，厌氧工艺采用的进水污泥负荷率一般为0.5～1.0kgBOD_5/(kgMLVSS·d)，而通常好氧工艺的污泥负荷运行在0.1～0.5kgBOD_5/(kgMLVSS·d)。另外，厌氧反应器中的污泥浓度比好氧反应器中的通常可高5～10倍，这样就导致厌氧工艺的容积负荷通常比好氧工艺的要高10倍以上，一般厌氧工艺的进水容积负荷可以达到5～10kgBOD_5/(m^3·d)，而好氧工艺的进水容积负荷一般仅为0.5～1.0kgBOD_5/(m^3·d)。

(2) 厌氧生物处理系统的监测与控制对策

厌氧生物处理系统所需要的监测和控制是与系统的有机负荷率和设计时所采用的安全系数密切相关的。在实际的工程设计中，有时为了尽可能地缩小反应器的体积以节省投资，而采用了很高的设计负荷；另外，也许反应器的设计负荷并不很高，但由于进水水质和流量的波动可能会使反应器在短时间内受到超负荷的冲击，在这些情况下，对厌氧反应器的监测和控制就显得非常关键。

对于在较低负荷下运行的厌氧生物系统，与在高负荷下运行的系统来说，运行管理人员对反应器的监测和控制要少得多。对于一个在中等负荷下运行的厌氧系统，一般认为每周进行一次监测就可以保证其稳定运行了。但是，如果希望达到非常高的运行负荷，就需要经常密切地对反应器内的pH、挥发酸浓度和碱度（当然还包括反应器的温度、进出水的有机物浓度、气体产量等参数）的变化进行监测，并且根据这些监测数据及时调整反应器的运行工况。适当的监测和控制还可以降低运行费用。

甲烷气体的生成量、反应器内的pH值和出水中的VFA浓度是厌氧生物处理系统运行的三个重要指标，它们通常可以揭示系统的运行状况。如果突然发现甲烷气体的产生量降低，说明系统中关键的产甲烷细菌的生长受到了影响，就需要立刻查明原因。在设计时将负荷设计为较低的负荷，可以使得厌氧系统内具有过剩的生物处理能力，能够使系统具有较大的安全系数，这样就可以弥补由于抑制性物质、温度和pH值等变化所带来的不利影响。因此，如果厌氧生物处理系统在较大的安全系数下运行，反应温度和pH值的变化对处理效率的影响会比较小。

6.6.5 厌氧消化过程中硫化氢毒性物质的控制

硫是厌氧微生物生长所必须的微量元素，当废水中没有硫化物存在时，产甲烷菌的生长将受到抑制，产甲烷菌生长最适宜的硫化物浓度一般认为在1～25mg/L，也有学者认为50mg/L硫化物有利于厌氧消化的进行。但在厌氧生物处理造纸、食品加工、化工及抗生素制药工业等生产废水时，由于硫酸盐浓度相当高，如果采取单相厌氧消化，硫酸盐还原菌将与产甲烷菌发生基质竞争，硫酸盐还原菌在竞争中占优势，所以，通常采用两相厌氧消化，这样可以解决硫酸盐还原菌与产甲烷菌对基质的竞争问题。但硫酸盐还原菌在产酸阶段将把硫酸盐作为电子受体，将其还原，生成最终产物H_2S。而H_2S对厌氧细菌特别是产甲烷菌产生抑制作用，对整个消化过程产生不利影响，有时甚至会导致整个厌氧消化反应无法正常运行。因此，一般在采用两相厌氧消化的同时，努力降低产甲烷相中H_2S的浓度，从而减小其对产甲烷菌的毒性，保证厌氧消化正常产气。

在几大类厌氧细菌中，产甲烷菌对硫化物的抑制作用最为敏感，而其他厌氧细菌如发酵性细菌、产氢产乙酸菌以及硫酸盐还原菌本身的敏感程度稍差。

控制H_2S对产甲烷菌的毒性作用，主要是降低厌氧消化过程中产甲烷阶段溶液中H_2S的浓度。主要途径有提高pH值、高温、稀释废水、利用钼酸盐抑制剂、气体吹脱、化学沉淀、两相厌氧消化等。以下仅对气体吹脱法、化学沉淀法和生物除硫法作进一步的探讨。

（1）气体吹脱法。当pH值较低时，溶液中溶解性硫化物的大部分以H_2S的形式存在。利用这一性质，在单相厌氧处理系统中安装循环气体吹脱装置，将硫化物吹脱，减轻对产甲烷过程的抑制作用，改善反应器的运行性能。气体吹脱的工艺主要有两种：反应器内部吹脱法和反应器外部吹脱法。反应器内部吹脱法是指在厌氧反应器中产生的沼气，通过气提作用去除硫化物的方法。反应器外部吹脱法是指只对厌氧反应器出水进行吹脱，去除H_2S后将部分处理过的水回流，可对进水起到稀释作用的方法。

（2）化学沉淀法。化学沉淀法是指以硫化物沉淀形式去除H_2S的方法。研究表明，除铬以外，锌、铜、钙、铁、锰等都可以与硫化氢形成沉淀物，其溶解度都比较小。用来沉淀硫离子的常见重金属是铁。运用化学沉淀法虽然可以大大降低溶液中H_2S的浓度，从而减少其对产甲烷菌的毒性，但是运费增加，因沉淀物在反应器中的沉淀，这使污泥的VSS/TS比值降低，使污泥产量增加。

（3）生物除硫法。生物除硫法是建立在两相厌氧消化基础上的其工艺流程如图6.19所示。第一步是酸化和硫酸盐还原过程，第二步是好氧生物脱硫过程，第三步是产甲烷过程。其机理是：硫酸盐还原作用与产甲烷作用分别在两个反应器内进行，避免了硫酸盐还原菌和产甲烷菌之间的基质竞争，硫酸盐还原作用的终产物H_2S可以被硫细菌在好氧的条件下去除，不与甲烷菌直接接触，不会对产甲烷菌产生毒害作用，保证了整个厌氧消化系统的正常运行。

图6.19　厌氧消化生物脱硫工艺流程

在自然界中有许多微生物都能氧化硫化物，在好氧条件下硫化物主要是通过无色硫细菌来氧化的。无色硫细菌的生活范围极广，在pH值高至9.0，低至1.0，温度在4～95℃都有无色硫细菌的活动。无色硫细菌是体外排硫，便于将产生的单质硫与生物质分离。其氧化能力很高，每产生1g生物质可将20g硫化物氧化为单质硫。生物氧化硫化物是不完全氧化，通过控制供氧量和硫化物负荷等控制操作，硫化物几乎能完全转化为单质硫。

6.6.6　厌氧消化过程控制因素

在厌氧消化过程中，人们总是竭尽所能地寻求能够使反应向着人们所希望的、使消化过程快速高效稳定地进行的控制条件。厌氧消化过程的控制因素很多，这些因素中有的是从微观上影响消化过程，或者说从机理上影响消化过程，有些是从宏观上影响消化过程；还有的是单独影响消化过程，或是几个因素之间相互耦合对消化过程产生影响。影响厌氧消化过程的因素主要有：HRT、SRT、氧化还原电位 E_h、pH 值及酸碱度、温度、厌氧活性污泥、废水成分、负荷率与发酵状态、接触状态和营养元素等。废水中所含污染物是否易于降解、污泥负荷是否合适，都是消化过程中必须考虑的因素。当然，对于一个处理某种废水的反应器，废水成分和活性污泥是相对稳定不变的；负荷率与发酵状态则可以通过 SRT 和 HRT 进行调节。

温度对厌氧消化反应的影响是多方面的，例如，随着温度的升高液体黏度降低，使得污泥具有较好的沉降性；温度升高使气体溶解度降低，出水中溶解较少的氢气、氨气、甲烷等降低了出水的 COD 浓度。但是，温度对微生物生存及生物化学反应的主要影响，是通过对酶活性的影响而对微生物的生长速率与对基质的代谢速率产生影响。在传统厌氧反应器中温度是影响微生物生存及生物化学反应最重要的因素之一，随着各种新型高效厌氧反应器的发展，反应器内的污泥量大大增加，污泥停留时间远大于水力停留时间，温度效应变得不十分显著了。产生这种情况的原因很复杂，主要原因是新型高效厌氧反应器中生物量的提高，使得在一定的范围内温度对厌氧消化过程的影响不是很大。因为温度只是影响厌氧反应器效率的众多因素中的一种，当反应器通过提高厌氧污泥浓度而促进反应时，在很大程度上补偿或缓冲了温度的影响，使得在常温甚至低温下仍然可以保持厌氧消化的有效性和高效性。

基质和污泥之间的接触情况也是厌氧消化中的关键影响因素，因为接触状况直接决定着传质过程和传质效率，而传质过程及传质效率又决定了厌氧消化反应能否顺畅进行，所以，只有实现基质与微生物之间充分而又有效的接触才能最大限度地发挥反应器的处理效率。厌氧反应器的接触方式主要有 3 种：搅拌接触、流动接触和气泡搅动接触。在新型高效厌氧反应器中主要是依靠气泡搅动接触和流动接触，尤其是前者。较少采用搅拌接触是因为搅拌接触需要消耗动力，增加运行成本。而流动接触不需要耗能，让进水以某种方式流过厌氧污泥层或厌氧生物膜，即可实现基质与微生物的接触。厌氧反应器内都有沼气产生，生化反应中产生的气体以分子态排出细胞并溶于水中。当溶解达到饱和后，便会以气泡形式析出，并就近附着于疏水性污泥固体表面。在气泡的浮力作用下，污泥颗粒上下漂浮移动，与水交替接触；大气泡脱离污泥颗粒而升腾时，搅动污泥颗粒与流体的湍动和交混。

营养元素尤其是金属元素对厌氧消化过程的影响在于，有些金属元素对于参与厌氧消化反应的辅酶来说是必需的，如 Fe、Ni 等，缺乏了这些元素，辅酶的功能就不能正常发挥，只有保持这些元素充足，厌氧消化反应才能够高效进行。而有一些金属元素对厌氧微生物具有毒害作用，使它们失去活性，如铬、铅等。此外，金属元素会改变厌氧消化反应环境的氧化还原电位，从而影响了反应的进行。

pH值和E_h则“影响生化反应的进行方向和程度”，目前的研究结果也证实了这一点。对有机废水产酸发酵的研究表明，通过控制pH和E_h可以控制发酵类型，在pH为4.0～4.5、E_h为－350～－200mV时产酸相表现为乙醇型发酵；在pH为5.0～5.8、E_h为－200～－100mV时，产酸相呈现丙酸型发酵；在pH为4.8～5.5和5.8以上，E_h为－330～－180mV时，为丁酸型发酵。在pH为6、E_h为－550～－300mV时，乙酸和乳酸是主要产物，丁酸浓度随E_h的升高而降低，而丙酸和甲酸浓度随E_h升高而增加。当E_h＞－200mV时，除乙醇外的所有产物浓度都急剧下降。在E_h＞－100mV、pH＜3.5的条件下，酵母是主要微生物，而乙醇是主要产物。

6.7　SBR的控制与优化

间歇式活性污泥法（Sequencing Batch Reactor，简称SBR法）又被称做序列间歇式（或序批式）活性污泥法，它实际上并不是一种新工艺，而是活性污泥法初创时期充排水式反应器的复兴与改进，它具有工艺结构与形式简单、处理效率高、运行方式灵活多变、空间上完全混合、时间上理想推流、占地面积少和不易发生污泥膨胀等优点，是经美国环保局和日本下水道协会评估了的为数不多的富有革新意义和较强竞争力的废水生物处理技术之一，已成为包括美国、德国、澳大利亚等许多国家竞相研究和开发的热门工艺。

SBR法适合处理小水量、间歇排放的工业废水与分散点源污染的治理。但是SBR工艺同样存在着一些不足，其最大缺点是操作复杂，难于管理，随着计算机与自动控制技术的发展及各种相关的电动阀、传感器等电气元件的改进与发展，其自动控制一直是该工艺的研究热点之一。目前应用在实际工程中的SBR污水处理自动控制系统往往是按时间设定控制步骤。我们知道，活性污泥法是以微生物处理为主体的动态过程，其影响因素非常多，而且污水生物处理反应器中同时进行着多种复杂的生化反应，单单依靠固定时间很难满足污水处理效果的需要，同时污水生物处理系统往往还伴随着一些随机的和模糊的影响因素，再加上污水的水质水量随时间变化很大，所以，它的自动控制效果一直不十分理想，主要表现在处理水质不稳定和运行费用过高。实践表明实时控制不仅能有效地解决这类问题，而且是解决这类问题的最好方法。

6.7.1　实现SBR法自动控制的必要性

SBR法有机物去除机理与传统的活性污泥法相同，所不同的只是运行方式。典型的SBR系统包括一座或几座反应池及污泥处理设施。反应池可兼有调节池和沉淀池的功能。SBR法一个运行周期的5个运行阶段为：进水阶段、反应阶段、沉淀澄清阶段、排放水阶段和待进水闲置阶段。在一个运行周期内底物浓度、污泥浓度、底物的去除速率和污泥的增长速率等随时间不断变化，因此，间歇式活性污泥法系统属于单一反应器内非稳定状态运行。此外，在反应（曝气或搅拌）阶段基质浓度由高到低，对时间来说是一个理想的推流过程，而在整个反应阶段混合液又都处于完全混合状态。SBR法不仅工艺流程简单，而且为了不同的净化目的，可以通过不同的控制手段，以各种方式灵活地运行。例如为了维持反应器内好氧或厌氧状态，进水时可曝气、不曝气或只是搅拌；反应阶段也可曝气、搅拌或二者交替进行，也可改变曝气强度来改变其DO浓度；还可以调整和改变各运行阶段的时间，来改变污泥龄大小和沉淀效率等。

重要的是，上述不同的运行方式不是在不同的空间（指不同的反应器或同一反应器不同的部位）内进行的，而是在不同的时间内来实现的，这是SBR法的独特优点。显然，这种时间上的控制比空间上的控制，要求的工艺设备更简单、更容易实现、更灵活、达到运行状态更理想。SBR法的这种时间上的灵活控制为其实现脱氮除磷提供了极其有利的条件。它不仅很容易实现生物脱氮除磷所需要的好氧、缺氧与厌氧状态交替的环境条件，而且很容易在好氧条件下通过增大曝气量、反应时间与污泥龄来强化硝化反应与聚磷菌过量摄取磷过程的顺利完成；也可以在缺氧条件下方便地投加原污水（如甲醇等）等方式提供有机碳源作为电子供体使反应过程更快地完成；还可以在进水阶段通过搅拌维持厌氧状态促进聚磷菌充分地释磷。SBR法去除有机物并且同步脱氮除磷的具体操作过程、运行状态与功能可按如下方式进行：进水阶段、搅拌（厌氧状态释放磷）、曝气（好氧状态去除有机物、硝化与吸磷）、排泥（除磷）、搅拌与投加少量有机碳源（缺氧状态反硝化脱氮）、再曝气（好氧状态去除剩余的有机物）、排水阶段、闲置阶段、然后进水进入另一个周期。

SBR法称为序批间歇式活性污泥法有两个含义：(1) 各个SBR的运行操作在空间上按序排列，是间歇的；(2) 每个SBR的运行操作在时间上也是按序进行，是间歇的。由SBR法间歇式的两个含义可见，其运行操作是相当繁琐的，而我国目前应用的SBR法污水处理厂基本都是人工手动操作还没有实现计算机自动控制。这不仅需要更多的运行管理人员、增加运行操作人员的劳动强度，而且也降低了SBR法处理过程的可靠性。还应该看到，传统的SBR法自动控制都预先设定了反应时间、沉淀时间等，根据时间的设定值来决定反应时间等，这种控制方式显然存在着较大的弊端。而应当根据进水或反应器中的有机物、氮和磷的浓度变化情况，灵活地改变反应（指曝气或搅拌）时间。很多工业废水中的有机物、氮和磷的浓度随时间变化很大，有时相差几倍或十几倍。而SBR法的能耗主要集中在反应阶段。针对不同的进水有机物、氮和磷的浓度，恰当地改变反应时间，以便在保证处理水质的同时，尽可能减少运行费用，防止污泥膨胀，这是SBR法更高层次的计算机自动控制。

6.7.2 SBR法自动控制的策略及意义

SBR法计算机自动控制可分为两个层次：第一，普通自动控制，它是根据水量与设定的时间，实现SBR法自动控制；第二，以出水水质为目标的自动控制，它是在普通自动控制的基础上，根据进水和反应器内的有机物、氮和磷的浓度变化来灵活地控制反应时间的自动控制。

（1）普通自动控制（设定时间控制）。这种控制策略的基本思想是将人工手动控制与操作用自动控制来实现。从自动控制理论的角度来看，属于开关型自动控制。通常在一个SBR法的一个运行周期中，就至少需要开启关闭管道与电源等闸阀6次，而废水处理厂是若干个SBR组成，每个SBR每天还要运行若干周期，可见人工手动操作是何等繁琐。SBR法的普通自动控制可以通过水位继电器来控制进水时间，用时间继电器控制反应时间和沉淀时间，用水位继电器或其他方法可控制排放水量与排放时间，时间继电器或其他方法可控制闲置时间等。进出水管与空气管路上可用电磁阀或电动阀与计算机接口通过控制程序来控制开启与关闭。

（2）以处理水质为目标的自动控制（实时控制）。SBR法广泛用于工业废水处理，特别适用于间歇排放的工业废水，而许多这样废水的SBR法以同一反应时间运行，那么当进水有机物、氮和磷的浓度很高时，处理水质可能达不到要求，当进水有机物、氮和磷的浓度很低时，则反应时间可能过长，这既浪费了能量，又易于发生污泥膨胀。显然，在反应阶段根据反应器内有机物、氮和磷的浓度的变化来控制反应时间将避免这一问题。

6.7.3 以DO、pH和ORP作为SBR法的实时控制参数

DO、ORP和pH值由于在线检测响应时间短、精确度高，人们在活性污泥法中围绕它们做了大量研究，实际证明SBR法在有机物降解、硝化和反硝化以及生物除磷过程中DO浓度、ORP和pH值有显著的变化规律，在有机物降解完成、硝化反硝化结束时出现明显的特征点，不同进水氨氮浓度和进水有机物浓度的试验进一步验证了特征点的重现性，可以作为SBR有机物去除、脱氮除磷的过程控制参数，从而实现反应时间的精确控制，既能在进水有机物浓度无规律大幅度变化的情况下，保证其处理水水质，又能避免因曝气时间过长而浪费电能和污泥膨胀，这属于更高层次的过程控制。

（1）DO浓度变化规律及其原因

在厌氧状态生物放磷过程中，DO浓度为零无法给出任何过程信息。

在COD降解过程中，DO浓度出现平台（如图6.20*a*所示）。这是因为在恒定曝气量的条件下，有机污染物被微生物不断地氧化降解，微生物降解有机物过程中好氧速率（OUR）基本不变，所以DO浓度出现平台。当COD降至难降解部分时（图6.20*a*中的点*A*），DO浓度突然迅速大幅上升，这是因为COD降解至难降解部分时，异养菌无法再大量摄取有机物，造成供氧大大高于耗氧，所以会出现DO浓度迅速大幅度上升的现象。

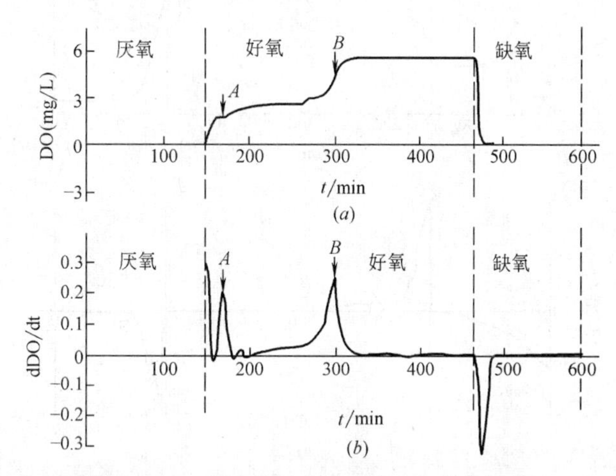

图6.20 SBR法反应过程中DO变化规律

在硝化反应过程中，DO浓度不断上升直至硝化结束，在硝化反应结束时，DO浓度出现第二次跳跃或者上升速率加快（图6.20*a*中的点*B*），然后DO浓度很快接近饱和值，如果继续曝气，DO浓度就在这个高值处维持基本不变。在硝化过程中DO浓度没有出现平台而是不断徐徐上升的原因是：硝化细菌进行硝化反应的速率随着氨氮的降解不断减小，所以耗氧速率小于供氧速率，出现了DO浓度不断上升的现象。DO浓度出现第二次跳跃的原因是自养菌降解氨氮的过程已经结束，不再耗氧，而自养菌、异养菌内源呼吸耗氧又远远小于供氧，所以会出现DO浓度的第二次跳跃。在反应的最后，DO浓度维持恒定基本不变的原因是由于内源呼吸过程的OUR基本不变，供氧与好氧达到平衡。

结束曝气后投加碳源进行搅拌，系统进入反硝化阶段，DO浓度在结束曝气之后就迅速降至零，在反硝化过程中无法给出任何过程信息。

（2）ORP变化规律及其原因

在厌氧搅拌过程中ORP持续下降，无法给出任何过程信息。在COD降解过程中ORP出现平台（如图6.21*a*所示）。这是因为在恒定曝气量的条件下，DO浓度出现平台，由ORP与DO浓度的关系式（$ORP=a+b\ln[O_2]$）可知，在DO浓度出现平台的情况下，ORP也会出现平台，但ORP不只受DO浓度的影响，ORP的平台不如DO浓度的平台那么明显。当COD降至难降解部分时，

ORP大幅上升（图6.21a中的点A），这是因为COD降解至难降解部分时，异养菌无法再大量摄取有机物，造成供氧大大高于耗氧，所以会出现ORP迅速大幅度上升的现象。

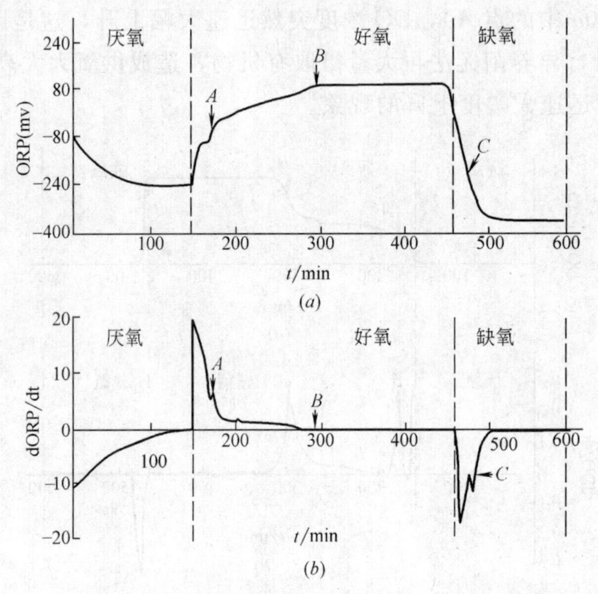

图6.21　SBR法反应过程中OPR变化规律

在硝化反应过程中，ORP不断上升直至硝化结束。在硝化反应结束时，ORP并没有出现跳跃而是出现平台（图6.21a中的点B）。在硝化过程中ORP没有出现平台而是不断徐徐上升的原因则是：硝化细菌进行硝化反应的速率随着氨氮的降解不断减小，所以耗氧速率小于供氧速率，出现了ORP不断上升的现象。ORP在硝化反应的后半程上升得越来越慢以及并未像DO一样出现第二次跳跃的原因是：1）DO浓度绝对值较高，DO浓度的微小变化并不会引起ORP的很大变化，即使DO浓度出现跃升也并不足以引起ORP的再次跳跃。2）硝化反应的不断进行使氨氮不断被氧化，由ORP的定义可知，还原态物质的不断减少，相应产生的氧化态物质也不断减少，这也是引起ORP上升变缓的一个原因。在反应的最后，ORP基本不变的原因同DO。

在缺氧搅拌反硝化反应阶段，ORP先是迅速下降，这是由于DO浓度的迅速耗尽，在反硝化过程中，ORP不断下降（但下降的速度越来越小），这是因为氧化态的硝态氮被还原成氮气，整个反应器中的氧化还原电位不断降低，由于无氧呼吸即反硝化的进行，硝态氮不断减少，整个反应器中氧化还原状态的变化不如反硝化初期的变化幅度大，所以ORP的变化越来越小，当反硝化结束时，ORP迅速下降，表现在曲线上为一拐点（图6.21a中点C），这一拐点指示出系统缺氧呼吸过程的结束，分子态氧和化合态氧硝酸根均消失，系统进入厌氧状态，所以ORP会大幅度下降。ORP在硝化反硝化的全过程都可以给出控制信号。

（3）pH值的变化规律

随着进水阶段的完成，系统进入厌氧搅拌阶段，开始时pH值大幅度下降，这是因为在排水和闲置阶段，沉淀污泥内存在的兼性异养菌产酸发酵产物，由于搅拌的作用使系统混合。随后pH值出现微小的转折点，并开始微微上升，很快达到平衡，这是因为进水阶段引入部分的硝态氮，发生反硝化产生碱度。然后pH值不断下降（但下降的速度越来越小），最后pH值出现平台（图6.22a中的点A_1），这一过程指示生物放磷的完成。因为生物放磷过程是一个产酸过程，起初系统中含有大量的VFA（挥发性脂肪酸），大量的VFA被聚磷菌吸收，因而放磷速度比较快，但随着系统中VFA的减少，放磷速度减慢。

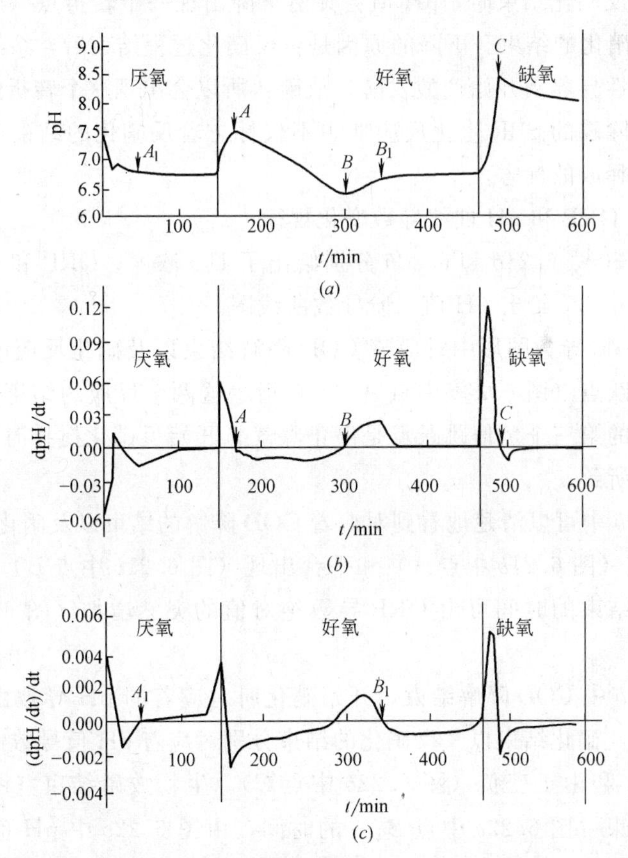

图6.22 SBR法反应过程中pH值变化规律

在COD降解过程中pH值不断大幅度上升，这是因为：1）异养微生物对有机底物的分解代谢和合成代谢的结果都要形成CO_2，CO_2溶解在水中导致pH值下降，但是曝气不断地将产生的CO_2吹脱，这就引起了pH值不断地大幅上升；

2）好氧降解废水中的有机酸也会引起pH值的不断上升。

当COD降解停止时，系统进入硝化反应阶段，pH值曲线出现转折点（图6.22*a*中的点*A*），开始不断下降，这是因为硝化反应过程中产生了酸度（H^+）。pH值的下降一直进行至硝化反应的结束（图6.22*a*中的点*B*）。随后系统进入生物过量吸磷阶段，pH值迅速上升，并且上升速度减慢，最后出现平台指示生物吸磷阶段的完成（图6.22*a*中的点B_1）。pH值迅速上升的原因可能因为系统碱度含量大于硝化所需，曝气吹脱了CO_2，另外生物吸磷过程是一个产生碱度的过程，起初生物吸磷速率很高；pH值上升速度减慢是随着生物吸磷过程的进行，溶液中磷酸盐含量逐渐降低，吸磷速率大大降低。

反硝化过程中，pH值先是持续大幅度上升，这是由于反硝化过程中不断地产生碱度。在反硝化结束时，pH值会突然下降出现一个转折点（图6.22*a*中的点*C*）指示反硝化的结束。下降的原因是：反硝化过程结束后，系统进入厌氧状态，一部分兼性异养菌开始产酸发酵、放磷，所以会出现这个转折点。这个转折点在同时脱氮除磷的SBR生化反应器中不仅标志着反硝化的结束，也是厌氧发酵产酸进行磷释放的标志。

（4）DO、ORP和pH曲线导数变化规律

对应图6.20*b*、6.21*b*和6.22*b*分别给出了DO浓度、ORP和pH值一阶导数曲线图，图6.22*c*给出pH值二阶导数曲线图。

DO浓度一阶导数图形中对应着COD降解结束以及硝化反应的结束可见有两个明显的突跃点（图6.20*b*中点*A*、*B*）指示这两个反应的结束。DO浓度一阶导数图形中的第三个负值跳跃点是停止曝气、开始反硝化搅拌时反应器中DO浓度迅速减少所致。

在图6.21*b*中可以清楚地看到对应着COD降解的结束以及硝化反应的结束，ORP有突跃点（图6.21*b*中点*A*）和平台出现（图6.21*b*中点*B*）；在反硝化过程中，反硝化结束的时间可由ORP导数绝对值的突然增加（图6.21*b*中点*C*）轻松地判断。

在图6.22*b*中COD降解结束，开始硝化时对应着的pH导数由正变负（图6.22*b*中点*A*），硝化结束以及反硝化的结束分别对应着pH值导数由负变正（图6.22*b*中点*B*）和由正变负（图6.22*b*中点*C*）。生物放磷结束（图6.22*c*中点A_1）和吸磷结束（图6.22*c*中点B_1）的时间，由图6.22*c*中pH值二阶导数为零也可以轻松的判断。

通过对上述三个参数的分析，可知由DO、ORP和pH值曲线上的特征点可以轻松获得有机物降解、硝化反硝化以及生物除磷过程完成的时间，从而实现系统的实时控制，不但可以满足出水排放标准，而且可以降低系统运行费用。

6.7.4　SBR 法计算机自动控制系统的研制

根据前述的 SBR 法自动控制策略，可进行计算机控制软件的设计。在此之前必须首先确定出 SBR 法计算机控制程序的算法，设计 SBR 的控制硬件。进水通过 SBR 的水位继电器控制，供气控制同反应时间控制同步进行。排水可以设定固定时间，也可采用新型滗水器，使之始终从反应器表层排水，这既防止污泥流失及减少出水中 SS 浓度，又可适当缩短沉淀时间。在此基础上研制的 SBR 法计算机自动控制系统如图 6.23 所示。

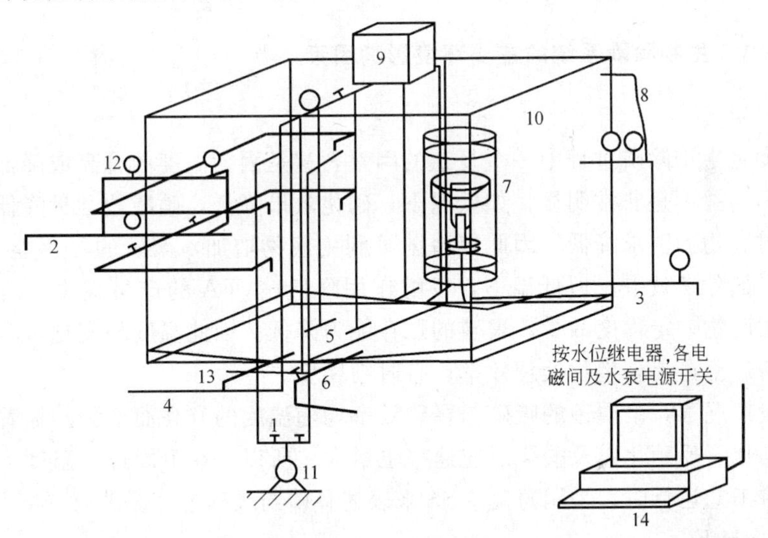

图 6.23　SBR 计算机自动控制系统

1—进水管；2，3—排水管；4—空气管；5—曝气管；6—放空管；7—浮子；8—排气管；9—水位继电器；10—反应器；11—水泵；12—电磁阀；13—手动阀；14—计算机

该系统的运行过程如下：

(1) 打开计算机，输入有关的设定值，如在时间控制方式中，需设定曝气时间、沉淀时间与闲置时间等，而实时控制无需设定时间（只根据 DO、ORP 和 pH 曲线上的特征点来判断反应完成的时间，从而曝气或搅拌）；(2) 开启水泵，开始进水；(3) 待进水至指定水位，计算机得到水位继电器的信号后，关闭水泵、同时开启空气管上的电磁阀开始曝气；(4) 反应时间即曝气时间可以通过时间设定值来控制，也可通过设置在 SBR 中的 DO、pH 或 ORP 传感器给出的停止曝气或搅拌信号来控制，反应结束时，开始进入沉淀阶段；(5) 达到某一设定的沉淀时间后，打开排水管上的电磁阀，结束沉淀阶段，开始进入排水阶段；(6) 排水的结束可以用水位继电器控制，也可以用时间控制，排水结束后即进入闲置阶段；(7) 闲置阶段的时间可长可短，也可没有，可根据废水流量大小决定。闲置结束后进入下一个运行周期，开始再进水。

6.8　生物除磷系统的控制与优化

随着水体富营养化问题的加剧，如何降低污水中磷的含量一直是人们关注的主要问题，为降低出水磷酸盐浓度，需要优化生物除磷的关键性控制因素并采取有效的生物除磷运行控制策略。下面对生物除磷的关键影响因素、除磷系统的设计和运行优化进行了简单介绍，从而对如何实现生物除磷系统的过程控制有一定了解，以期对生产实践有所帮助。

6.8.1　生物除磷系统的主要环境影响因素

（1）温度

温度是生物除磷过程中一个复杂的因素，这是因为温度的升高或降低对除磷过程的影响并不是非常明显，如低温下，硝化效果降低，硝酸盐含量降低，反硝化过程对底物的需求降低。因此聚磷菌可利用底物增加，聚磷的贮存能力增强，相应会增加除磷效果；但低温下，发酵作用降低，VFA的产量减少，所以聚磷菌可利用底物一定程度减少，聚磷的贮存能力降低。因此温度的变化有时会促进生物除磷过程，提高生物处理效率；有时则相反。

一般情况下，聚磷菌的吸磷与释磷效率均随温度的升高而增大。随着温度的升高，硝化、反硝化以及酸化反应速率也增大。所以，在不同过程温度下，比较生物除磷工艺运行时，采用每克VSS来表述释磷与吸磷速率是非常必要的。

（2）pH值

生物除磷过程受pH值的影响比较明显，特别在厌氧释磷阶段。pH值将影响醋酸盐进入细胞的过程。低pH值会导致释磷速率和醋酸盐吸收速率的降低。这意味着在低pH值条件下每释放单位质量的磷酸盐就需要更多的醋酸盐。同时聚磷酸盐分解所释放的能量不是用于将醋酸盐转化为多聚物PHB进行贮存，而是用于将醋酸盐通过细胞膜送入细菌体内。

pH值不仅对生物释磷和吸磷有明显影响，而且还对活性污泥中的化学除磷有明显作用。在高pH值条件下（>7.5），磷酸盐沉淀将生成。在无辅助化学除磷的生物除磷工艺中，采用协同沉淀有助于总磷的去除。而去除量的多少取决于废水中的金属离子浓度和pH值。在生物除磷工艺中，由于在厌氧段金属离子和正磷酸盐浓度较高，因此会促进协同沉淀反应。在活性污泥工艺中相对高的pH值（>7.5）能够以两种方式促进磷酸盐去除率的提高：通过增加聚磷酸盐的吸收和促进化学沉淀。因此为了提高生物除磷效果应维持较高的pH值。

（3）进水组分

进水组分决定着生物除磷工艺的运行效率，一般情况下，在生物除磷工艺中，每去除1毫克磷酸盐，需要20毫克的COD，其中COD是指可快速生物降解COD和可慢速降解COD之和。

1）易生物降解COD、挥发性有机酸

挥发性有机酸，醋酸盐、丙酸盐和丁酸盐，构成了聚磷菌的营养底物。它们是废水COD组分中SS组分。这些挥发性有机酸，部分来自于城市污水中，它可通过以下方法提高。

a. 强化厌氧区可发酵COD组分和部分慢速可生物降解COD的发酵作用；

b. 通过初沉池沉淀可以从污水中去除一部分COD，因此可以对初沉污泥进行发酵，以补充部分挥发性有机酸。

2）BOD：P与BOD：N比值

在无硝酸盐回流到厌氧区的生物处理系统中，BOD∶P比值至少为15～20，为了达到良好的生物脱氮除磷功能，BOD∶N的比值至少为4～5。

3）钾、钙和镁离子

金属离子，例如钾、镁在聚磷酸盐的吸收过程中起非常重要的作用，它们作为磷酸盐的反价态离子。因此在吸磷的同时进行钾（0.33mgK/mgP）和镁（0.26mgMg/mgP）离子的吸收。进水中钾和镁浓度过低会成为生物除磷过程顺利进行的障碍。当镁含量不足时，钙会承担起镁的角色。

（4）硝酸盐和DO

硝酸盐和DO浓度对生物除磷会产生有利和不利的影响。一方面，聚磷菌要在有硝酸盐和氧的条件下在好氧区或缺氧区进行生物吸磷。另一方面，硝酸盐和氧通过进水和回流液进入厌氧区，对生物除磷产生不利影响。在厌氧区，硝酸盐和DO都会被消耗，同时消耗COD。

对于每克DO和硝酸盐，分别消耗掉2mgCOD和4mgCOD。因此，易生物降解COD的量就会不足，从而导致放磷不充分，除磷量降低。硝酸盐和DO对生物除磷产生不利影响的程度不仅与它们在进水和回流液中的浓度有关，而且还与进入厌氧池的流量有关。尽管由于混合液循环所夹带的氧的影响不容忽视，但在实际条件下，生物除磷主要受硝酸盐的影响较大。硝酸盐进入厌氧段会产生两种不利影响：

1）长时间持续地将硝酸盐引入厌氧段会导致反硝化菌、而不是反硝化除磷菌的生长。在COD与硝酸盐同时存在的情况下，它们会更加有效地利用COD；

2）有时会发现在厌氧区测得的释磷量较低。有机物被用于反硝化而聚磷菌能够在硝酸盐存在的情况下吸收磷酸盐；

在具有脱氮功能的生物除磷工艺中，在低负荷条件下（如长时间的暴雨或周末进水浓度较低），由于过量曝气会使高浓度的硝酸盐通过回流液进入到厌氧区，从而影响生物除磷过程。

（5）污泥龄

污泥龄是生物除磷的重要影响因素，污泥龄的长短亦对除磷效果有直接的影响。若污泥龄过长，则会因有机质的不足使污泥发生“自溶”现象，一方面因磷的溶解，另一方面因排泥量减少而降低除磷效果，此外，去除单位重量的磷所消耗的氧将增加。污泥龄短，则单位重量污泥含磷量高，剩余污泥量多，因而除磷效果高。此外，污泥龄短还有利于控制好氧段硝化作用的发生，从而利于厌氧段的充分释磷。因此，在考虑仅以除磷为目的的系统中，宜采用较短的污泥龄。但是，污泥龄的确定还应考虑整个处理系统出水中的BOD或COD以及NH_4^+—N要求，若污泥龄过短，则有可能达不到BOD或COD及NH_4^+—N的出水标准。多方考虑，污水生物除磷脱氮工艺中的泥龄以12～20d为宜。

（6）厌氧停留时间

厌氧环境是聚磷菌快速吸收有机酸合成PHB的必要条件。厌氧停留时间取决于易生物降解COD的量和聚磷菌的最大贮存能力以及所要去除的COD量。厌氧停留过短将导致PHB不充足，放磷不充分，也将导致吸磷过程不充分、不彻底。应合理的确定系统所需要的厌氧停留时间，最大程度的释放磷酸盐，同时避免较大的厌氧区体积。在高负荷A/O除磷工艺厌氧区停留时间很短，通常仅0.5～10h。在UCT或Phoredox工艺中，厌氧区停留时间为0.5～2.5h。在A^2/O工艺中停留时间为2.0～4.0h。

6.8.2　生物除磷工艺系统的优化设计

合理的生物除磷工艺设计是实现污水处理厂运行优化的关键，是获得较好出水水质的基础。生物除磷工艺的设计可分为以下7个步骤。

（1）准确估计进水特性

一般情况下，在生物除磷工艺中，每去除1mg磷酸盐，需要20mgCOD，其中COD是指废水挥发性脂肪酸（S_A）和可发酵物质S_F的组分之和。为了准确估计生物除磷的能力，应首先确定进水中易于生物降解COD的含量，如果无法获取该信息，那么采用生物除磷模型确定生物除磷能力所需的一些条件以及计算厌氧池容积都会受到限制。

（2）估算生物除磷能力

生物除磷能力的估算需在进水和工艺特性已知的基础上应用生物除磷稳态模型来计算，即在选定厌氧池体积的条件下，计算聚磷菌所占比例以及出水正磷酸盐浓度，厌氧池体积的选择应以厌氧停留时间确定，即根据聚磷菌的数量以及VFA的存在量、吸收量来计算厌氧停留时间。

生物除磷能力应重复估算，当计算的出水正磷酸盐浓度无法满足排放标准时，可以采取以下措施来解决。

1）增加 S_A 所占的比例。可以通过在厌氧池进行酸化来完成，特别是 COD 中 S_F 组分，能够成为 PAO 在厌氧区的潜在利用底物。水解酸化同厌氧区水力停留时间有关，试验来证明可通过是否延长厌氧区水力停留时间来提高水解酸化效果。另外可以利用初沉污泥中含有的 VFA。

2）避免 S_A 组分的降解。例如在进入厌氧区时，通过配水分布尽可能降低进水和污泥回流中氧的含量。

3）避免硝酸盐回流到厌氧区。可以通过提高系统反硝化能力来实现，这意味着需要提高系统总氮的去除及其运行控制水平。

4）应用控制策略提高总氮的去除。在实际工程中，采用 UCT 工艺比应用 Phoredox 工艺在避免硝酸氮进入厌氧区更加有效。另外反硝化受温度的影响，在温度高时（夏季）反硝化效果较好，而在温度低（冬季）出水硝酸盐浓度较高(大于 10mg/L)，所以在工艺设计时，应该考虑到温度的影响。一般在冬季运行期间增大化学药剂的投加量，回流污泥进行内源反硝化是保证生物除磷工艺正常运转的重要方法之一（如设置前置反硝化区的除磷工艺）。

5）降低内部磷负荷。

6）辅助化学除磷，在许多情况下，需要向反应器中投加化学药剂，另外也需向污泥处理流程投加化学药剂以减小内部磷负荷，避免化学污泥在处理工艺中的积累。

7）应用测流生物除磷工艺。当进水中 COD：P 比值或 COD：N 比值非常低时，采用生物除磷工艺除磷效果不理想，这时需要辅助化学除磷方法，而采用测流生物除磷工艺具有优势。

（3）确定厌氧池的结构

计算出厌氧池的体积后，还需注意厌氧池结构设计。采用推流结构：可通过厌氧区分格或加大长宽比来实现厌氧池的推流特性；是否添加厌氧选择器：厌氧池前可以添加一个体积很小的厌氧选择器，以避免污泥膨胀。搅拌器关闭的选择：通过选择关闭搅拌器的个数，来延长厌氧区水力停留时间。

（4）促进缺氧吸磷

研究表明，在厌氧、缺氧交替运行的条件下，具有一类兼有反硝化作用和除磷作用的兼性厌氧微生物，即反硝化除磷菌（denitrifying phosphorus removing bacteria 简称 DPB)，能在缺氧环境下吸磷，可使吸磷和反硝化脱氮这两个不同的生物过程借助同一种细菌在同一个环境中完成。反硝化除磷理论的提出无疑可以解决上述矛盾，另外反硝化除磷工艺可将硝化和除磷置于两个相互独立的系统中进行，硝化菌和 DPB 可在自身最佳的生长环境进行生物代谢作用，完成硝化和释磷过程，特别是在缺氧段，DPB 利用硝酸盐来代替氧气作为电子受体，同时完成反硝化和除磷的目的。相对于传统脱氮除磷工艺，DPB 反硝化除磷技术的革新之处在于：1）节省50%COD的消耗量，避免了反硝化菌和聚磷菌之间对有机物的竞争，适合处理高TKN/COD污水；2）减少30%的曝气量，节省了电能。DPB的吸磷由于用硝酸盐代替了氧气，故曝气量得到了节省；3）减少了除磷脱氮运行中产生的污泥量（大约50%），从而减少了污泥处理费用；4）可缩小反应器体积。

当污水中COD(S_A)：P比值较低时，工艺设计时应加强缺氧区吸磷的能力，由于反硝化和吸磷同时实现，所以相对于好氧吸磷可以节省有限的碳源，所以在设计时，在厌氧池后，必须存在一个缺氧段，现在许多生物除磷污水厂的实际结构采用这种方法。如今应用反硝化除磷技术的典型工艺有两种：双污泥系统和BCFS生物、化学除磷工艺。

（5）应用实时控制策略

生物除磷工艺控制的本质实际上是提高总氮的去除率，降低硝酸盐对放磷的影响，因此，脱氮的控制很重要，应加强曝气和内循环硝化液回流量的控制，利用硝酸盐、氨氮和ORP在线仪来优化氮的去除。另外也要保证脱氮过程的稳定性，当运行不稳定时，不可避免导致回流污泥中硝酸氮浓度的增加。除了控制生物除磷过程，对辅助化学药剂的投加也应进行充分控制。在进水浓度变化时，应避免过量曝气或化学药剂投加不足，其控制可以根据污水流量或出水正磷酸盐浓度来确定。

（6）降低内部磷负荷

许多情况下，剩余污泥经历一个或多个处理步骤，如重力浓缩、污泥消化和污泥脱水。因而在生物除磷处理工艺中，由于在污泥处理过程中出现厌氧环境，造成了聚磷菌体内聚磷的释放，另外污泥龄较长时，会造成污泥细胞的衰解，从而产生磷的二次释放，增加内部磷负荷，从而降低除磷效率。

由于重力浓缩过程中经常发生磷的释放，如果采用重力浓缩应尽可能的减少浓缩时间。离心分离和带式压滤的机械浓缩过程中，磷的释放量很小，另外气浮浓缩磷的释放量也很小。在污泥进行好氧或厌氧消化时，由于高温和长时间的停留，也会造成聚磷的大量释放，另外细胞的衰解也会造成磷的释放。只对初沉污泥进行消化，而二沉池生物除磷污泥先机械浓缩后再脱水，可以防止磷的内循环；也可对初沉污泥和二沉池污泥分别进行稳定化，但消化后的二沉池污泥不能进行浓缩或脱水，除非投加化学药剂进行沉淀。

（7）辅助化学除磷

生物除磷依赖于PAO的生长，当进水中COD：P或生物污泥的产量很低时就会使得PAO的含量很低，从而严重影响生物除磷的效率，而投加化学药剂辅助化学除磷可降低出水中磷的含量。相对于生物除磷，化学除磷所产生的污泥不会在污泥处理过程中由于停留时间的较长而发生磷的二次释放，因此不会产生内部磷负荷。另外需要对化学药剂的投量进行控制，当投加过量时，正磷酸盐将生成化学污泥，从而不利于PAO体内聚磷的形成，当聚磷生成量很低时，在厌氧区由于缺少能量，合成的PHB量减少，相应降低生物除磷的能力，因此投加化学药剂时需注意投量，否则造成生物除磷的恶性循环。

在设计时需要注意化学药剂的投加点，实际过程中有两种可选投加点：从沉淀角度看，投加点应选择在正磷酸盐浓度最高的地方，即在厌氧段末端，但选择此处限制好氧区聚磷的形成；在好氧区，例如在进入二沉池中，由于磷浓度较低，相比于厌氧段末端此处的投加量较少，可以根据出水中磷酸盐浓度进行直接控制。无论哪个投加点，都需要保证金属盐与活性污泥的充分混合。为了避免污泥中化学污泥的弊端，可以在污泥处理部分投加化学药剂，例如采用生物除磷测流工艺的phostrip工艺，PAO储存的聚磷以正磷酸盐的形式在污泥释放池中释放，通过投加铁盐或铝盐进行化学除磷。另外可以在厌氧段末端分割一个小区

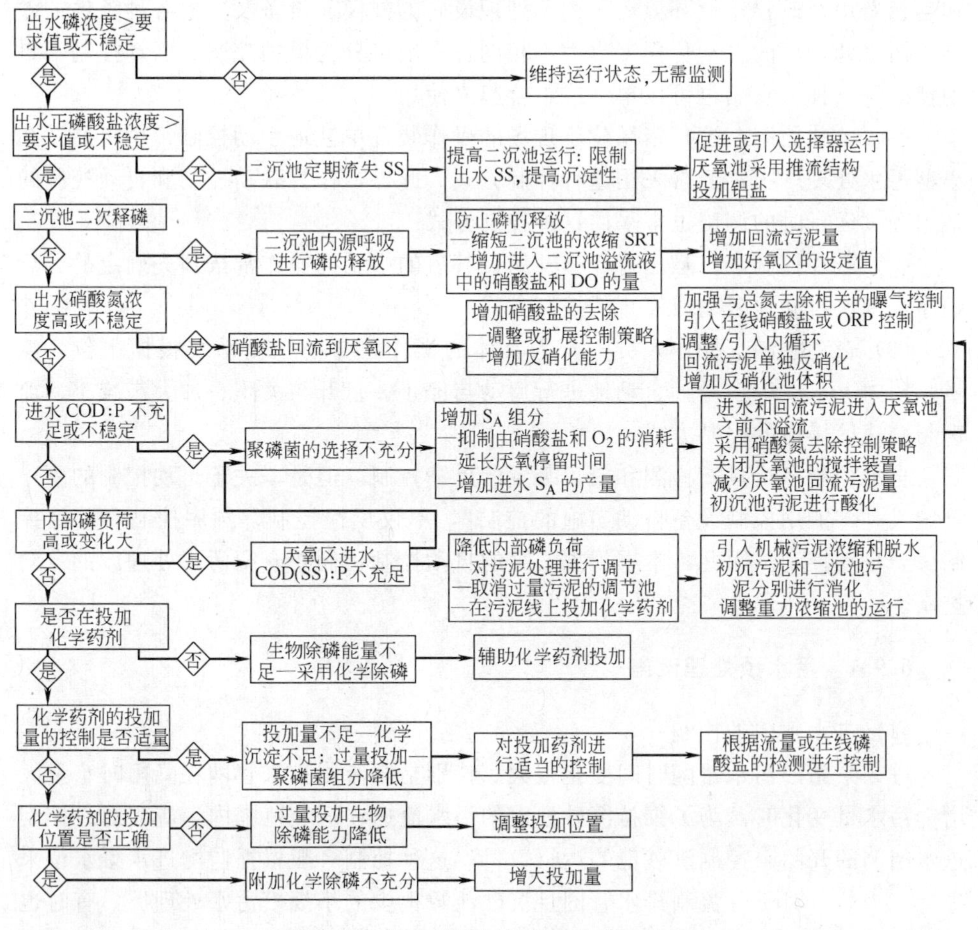

图6.24 生物除磷运行优化流程决策树

域，把这些含有高磷的污泥混合液一部分引入重力浓缩池，并投加化学药剂，通过生物除磷和化学除磷的联合作用，可以明显提高除磷效率，这种辅助投加方法已成功的应用于BCFS工艺。

6.8.3　生物除磷工艺的运行优化

当出水总磷浓度不达标或总磷的除磷不稳定时，可以对生物除磷工艺进行优化控制。利用图6.24所提供的流程图，能够一步一步地检测分析生物除磷效率降低的原因及其解决措施。

6.9　污水处理厂的自动控制及应用

实现污水处理厂自动控制的目的就是为了提高处理效率和可靠性、节省人力和运行费用、改善作业环境等。由于处理设施的规模、设备及其他各种条件的差异，污水处理厂的自动化程度也大不相同，一般可分为单独控制、联动控制和自动控制等三种。它们也可以单独或组合起来使用。

(1) 单独控制。这是指用位于现场的操作装置单独地手动控制每个机器。在小型污水处理厂中，经常采用这种控制方式。此外，作为联动控制和自动控制的备用和试运行时的调试也常采用这种控制方式。

(2) 联动控制。一旦运行操作开始，其后的一系列操作都按预先确定的运行顺序，依次自动地启动或停止的控制方式。

(3) 自动控制。操作人员不介入具体的操作，自动控制系统根据水位、流量、压力、水质等信号，自动地进行启动与停止、打开与关闭、加大与减小、加速与减速等操作的控制方式。

自动控制多指具有检测和校正装置的反馈控制。但是，关于自动控制的更广泛定义是“能用控制设备自动实施的控制”，不仅反馈控制，顺序控制和前馈控制属于自动控制。因此，本书根据广义的自动控制，简要介绍污水处理厂的自动控制。

6.9.1　污水预处理设施

(1) 进水闸门的控制

进入泵站的污水量随时间变化很大。特别是合流制排水管网在降雨时水量大增。污水量变化时，为了维持沉砂池内的污水流速在适当范围内，应当通过控制进水闸门的开闭来控制沉砂池的运行数目，这种控制一般根据监测进水渠水位来进行。当然，对于分流制排水管网且沉砂池数很少的小规模污水处理厂，有时也不控制沉砂池的运行数目。此外，为了防止污水量的突然增大或水泵的故障而引起泵房进水，应当能够实现进水闸门的紧急关闭控制。

(2) 除渣机的控制

粗隔栅一般用手动控制，机械式除渣机也常在现场单独控制。细隔栅一般用自动定时器进行间歇运转控制，最近也有根据监测隔栅前后水位差进行自动除渣控制的。对于雨水沉砂池前的除渣，一般与雨水泵的运行联动来自动除渣是常见的方式。此外，传送带等附属设备也常与除渣机联动运行。

(3) 除砂机的控制

除砂机的种类有链带铲斗式、抽砂泵式、螺旋铲斗式、行车铲斗式和旋臂起吊式等。除了旋臂起吊式除砂机之外，一般都用定时器进行自动控制。可是，雨水沉砂池的排砂多数是与雨水泵的运转相联动，在泵运转期间连续排砂。

6.9.2 初次沉淀池

初次沉淀池的机械设备包括刮泥机、排泥泵、泡沫去除设备等，但作为自动控制对象主要指排泥泵。

(1) 刮泥机和除沫设备的控制

刮泥机的运行方式取决于沉淀池的形状和刮泥机的种类。由于在圆形或方形沉淀池中的刮泥周期长，因而刮泥机连续运行。而长方形沉淀池的链带式刮泥机的刮泥能力很大，没有必要连续运行，可用定时器进行间歇运行的自动控制。间歇运行时，链条和制动部件的磨损减小，可延长机械设备的使用寿命，可是如果间歇运行的间隔时间太长，刮泥机的启动负荷过大，也会损坏刮泥设备。因此，在自动控制时应当确定合理的运行周期时间。

除沫设备常用管式集沫装置，目前又开始采用浮动式泵来除沫。一般都采用定时间歇自动控制。

(2) 排泥泵的控制

排泥泵的常用控制方法包括，只靠定时器来控制其开闭，或者联用定时器与流量计进行控制，用定时器来决定泵的启动，用流量计来控制停泵，每日排放定量的污泥。按这种方法运行时，应当注意若排泥泵的运转时间过长则排除的污泥浓度将降低，若间歇时间太长则可能引起堵塞等故障，因此，应合理地选择间歇自动控制的停泵与运行时间。

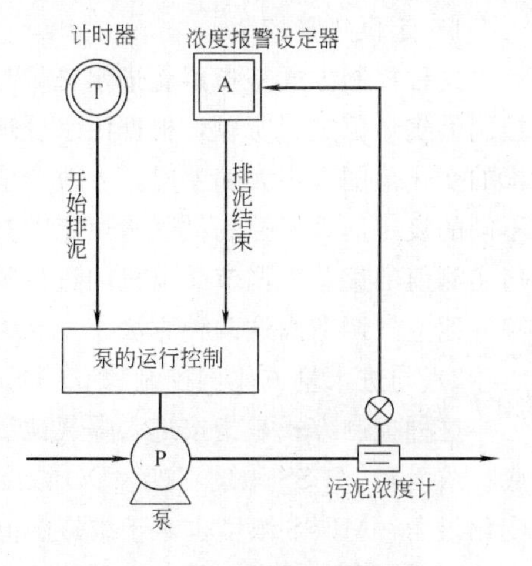

图 6.25 排泥的自动控制

近年来，用定时器控制排泥泵的启动，用污泥浓度测定仪或污泥界面仪的信号来控制停泵的自动控制方法应用得越来越广泛，如图6.25所示。此外，还有同时使用污泥界面计和污泥浓度测定仪来进行自动控制，即用污泥界面计控制排泥泵的启动。这种自动控制方式更先进，可靠性更好，它既能避免污泥积累过多引起的堵塞问题，又能防止排除的污泥浓度过低及含水率高等问题；尤其对于污水量变化很大且难于选择排泥周期的初次沉淀池，更能显示其优越性。

6.9.3　曝气池

曝气池是活性污泥法污水处理厂的核心处理构筑物。污水中污染物的去除主要在曝气池中完成，因此曝气池的运行状况在某种程度上决定了整个处理系统的处理效果。除此之外，向曝气池供氧所需的运行费用也占总运行费用的很大比重。还有，影响曝气池运行的因素很多，如污泥龄，溶解氧（DO）浓度，混合液悬浮固体（MLSS）浓度，污泥回流比和BOD污泥负荷等。合理地控制这些影响因素能有效地提高曝气池的处理效率，所以，曝气池的自动控制对整个处理系统来说是至关重要的。

曝气池的控制参数有供气量、回流污泥量和排泥量（控制污泥龄）等，由于排放污泥通过控制二次沉淀池来实现，故本节着重介绍供气量和回流污泥量的控制。

（1）供气量的控制

在向曝气池供气的控制中，曝气池控制和鼓风机控制是密切相关的。控制鼓风机时可分为定供气量控制、与流入污水量成比例控制、DO控制等。在实施这些控制时，通过曝气池不同部件的空气量调节阀，进行供气量分配的控制。反之，通过控制曝气池来实现上述控制时，则必须控制鼓风机供气管道出口压力为定值。

1）定供气量控制

这种控制方式是指不管进水流量与有机物负荷如何变化，按供气量的设定值控制供气量恒定。所以，根据污水处理厂的日常监测结果，只有当DO浓度与要求的变化范围有很大偏差时，才改变供气量的设定值。通常，白天与夜间按两个不同的设定值，来控制供气量恒定。具体的控制方法又分为，根据供气量设定值与实测值的偏差来调节鼓风机的进口闸阀，以及使鼓风机出口风压为定值而控制曝气池空气调节阀这两种方法。

2）与进水量成比例控制

这种控制方式是指按进入曝气池污水量成一定比例来调节供气量，如果进水底物浓度和MLSS浓度不变，DO浓度也变化不大。可是，由于进水水质随时间变化很大，MLSS浓度也难于维持定值，因此，按这种方式运行时，应当随时测定DO和出水水质，以便适当地改变上述比例的设定值。与定供气量控制一样，它也可分为控制鼓风机与控制曝气池空气调节阀两种控制。

3）定 DO 浓度控制

曝气池中的 DO 浓度是判别供气量是否合适的直接指标。通常 DO 浓度在曝气池进口处为 0.5～1.0mg/L，在出口附近为 2～3mg/L 是比较理想的。但按定供气量或与进水量成比例来控制供气量，不可能维持 DO 浓度为某一个目标值。为此，在曝气池内设置在线的 DO 浓度检测仪，根据反馈的 DO 检测值，按 DO 的检测值与设定值保持一致来调节供气量，维持 DO 浓度为定值。

这种控制方式的核心问题是用于控制的 DO 检测仪的安放位置。对于传统的推流式曝气池而言，沿曝气池中混合液的流向的各处耗氧速率（OUR）不同，DO 浓度也不相同。因而出现了控制和检测曝气池哪个位置中的 DO 浓度为好的问题。可是，从最优控制角度来看，DO 浓度检测仪的安放位置与数量也很难确定。况且定 DO 浓度控制无论如何也算不上最优控制，因此，关于 DO 检测仪的安放位置也没有必要严格精密地来确定。当控制某一位置的 DO 浓度时，能够大致了解其他位置的 DO 浓度就可以了。

图 6.26 和图 6.27 分别表示通过控制鼓风机的空气量和曝气池的供气量来控制 DO 浓度的控制系统图。

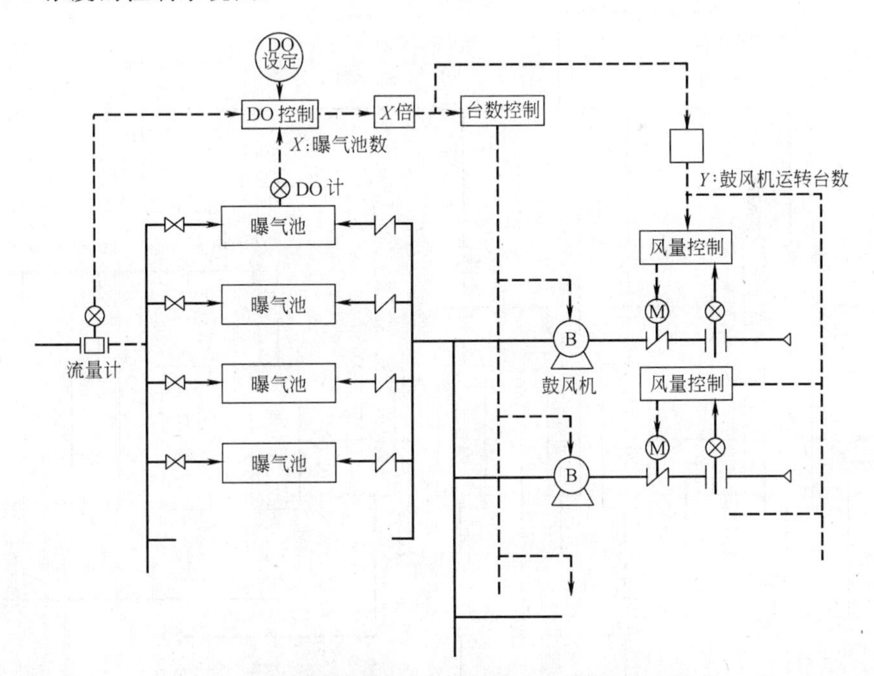

图 6.26 通过控制鼓风机的空气量来控制 DO 浓度

如图 6.26 所示，控制进入各曝气池的污水量、回流污泥量和空气量都相同。根据运行的曝气池数、总污水量、DO 浓度设定值与实测值来控制鼓风机的运行

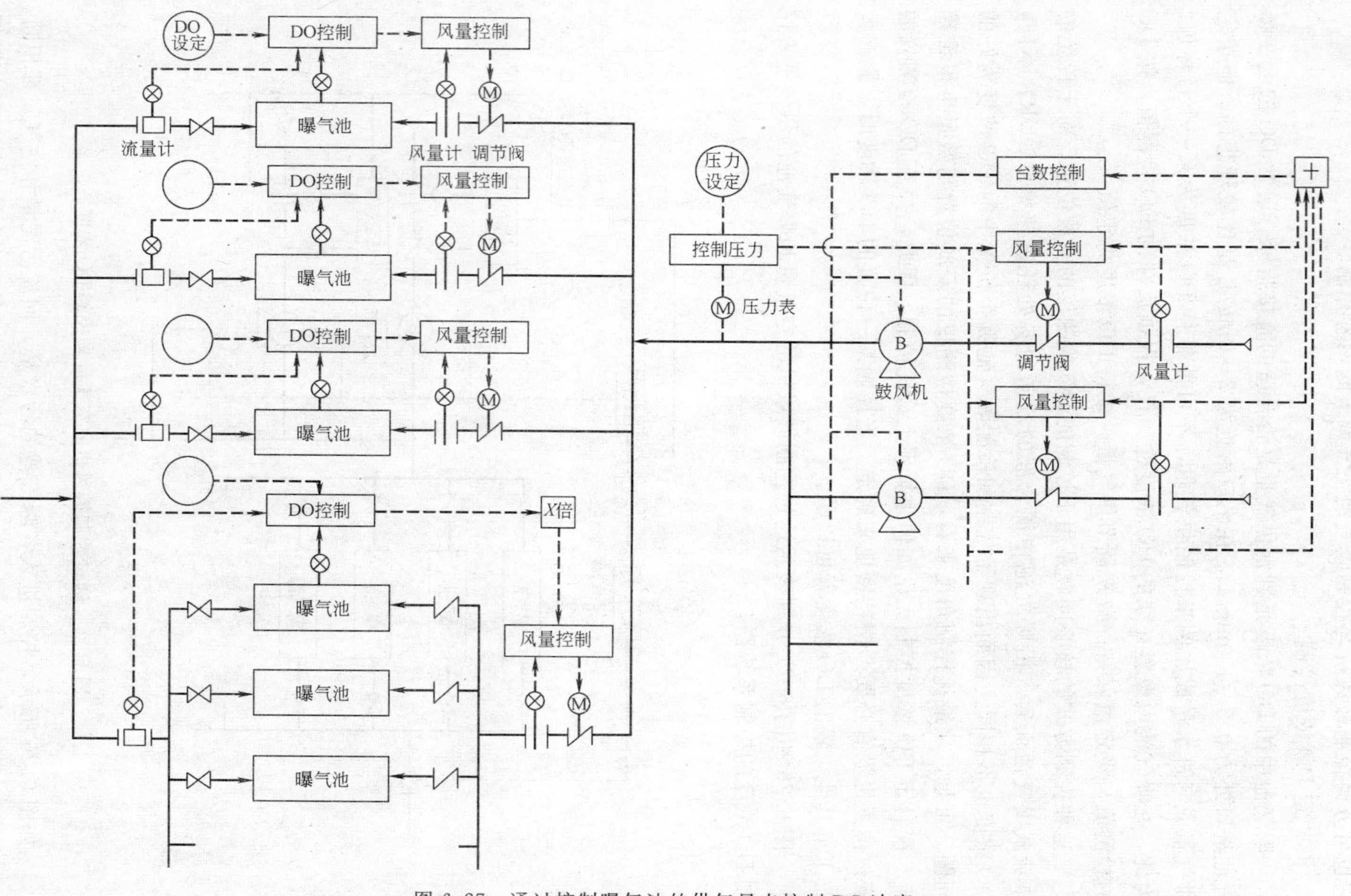

图 6.27　通过控制曝气池的供气量来控制DO浓度

台数，通过调节鼓风机进口管道上的闸阀来控制总空气量。该控制方式是对所有曝气池总的空气量进行控制。

如图6.27所示，在各曝气池或作为各组（系列）代表的曝气池中设置DO浓度检测仪，根据污水量、DO浓度设定值与实测值的偏差等反馈信息来控制进入各个（或各组）曝气池的空气调节阀。按这种方式控制时，必须通过调节鼓风机的进口管道闸阀来控制鼓风机空气出口总管道上的压力一定。

4）最优供气量控制

如上所述，定DO浓度控制是不断使DO浓度的检测值与给定值保持一致来控制空气量，检测的DO浓度也在一定程度上表示了曝气池中活性污泥的活性以及其他各种影响因素的综合结果。在这种控制方式中，影响供气量的因素，例如微生物量及其活性、氧转移效率与速率、底物去除速率和进水水质等都是作为未知（黑箱）因素来处理的。而最优供气量控制是指将上述各影响因素逐一进行分析评价后实施的控制，它也作为包括回流污泥量控制和剩余污泥量控制在内的活性污泥处理系统总体控制的一部分。因此，为了实现这种控制方式，必须建立能定量描述处理系统动态特性的状态方程和表示最优控制目标的性能指标表达式，给出最优控制变量的变化规律及其控制算法与计算机软件，此外，还需要若干在线检测的传感器。目前还不具备实现最优控制的技术条件，但是最优控制是一种先进的控制方式，有待今后进一步研究与开发。

（2）回流污泥量控制

普通活性污泥法与阶段曝气法等工艺的回流污泥量一般占进水流量的30%左右为宜，但是为了提高处理效率，保证处理效果，往往根据进水有机负荷变化来调节回流污泥量。

1）定回流污泥量控制

定回流污泥量控制是最一般最简单的控制方法，它与定供气量控制一样不考虑进水负荷的变化，按一定的流量控制污泥回流，因而这不是理想的控制方法。通常白天与夜间按两个不同的设定值来控制回流污泥量。

2）与进水量成比例控制

是按与进水流量成一定比例来控制回流污泥量，如果回流污泥浓度不变，MLSS浓度也能维持不变。可是，由于回流污泥浓度随着回流污泥量的变化而变化，很难维持MLSS浓度不变。与供气量的比例控制一样，也可以根据水质检测结果适当地修正回流比。

3）定MLSS浓度控制

活性污泥法中的MLSS浓度通常被控制在2000～3000mg/L左右。所谓定MLSS浓度控制是指使MLSS浓度尽可能维持等于某一最优MLSS浓度的控制，该最优MLSS浓度也称最优目标值，也是一个经验数值。实现定MLSS浓度控

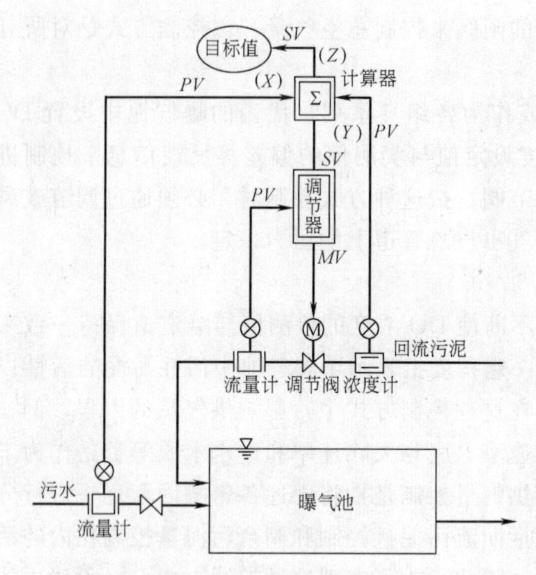

图 6.28　根据回流污泥浓度实现定 MLSS 浓度控制

制有几种方法，常用的控制方式如图 6.28 所示。它属于前馈控制，在回流污泥管道上设置一个在线污泥浓度检测仪，根据进水流量、回流污泥浓度和 MLSS 目标值，计算出使 MLSS 浓度等于 MLSS 目标值所需要的回流量，然后按这个量进行控制。因为进入曝气池的污水中 SS 浓度与回流污泥浓度或 MLSS 浓度相比很低，可以忽略不计。可以根据下式来确定回流比，然后，再用进水流量求出回流污泥量。

$$R=\frac{X}{X_r-X} \tag{6.6}$$

式中　R——污泥回流比（%）；

X_r——回流污泥浓度（mg/L）；

X——MLSS 目标值，即所要控制的最优 MLSS 浓度（mg/L）。

还有两种定 MLSS 浓度控制方法。一种是直接在曝气池中设置在线 MLSS 检测仪，根据 MLSS 目标值与实测值的偏差，直接调节回流污泥量。另一种方法如图 6.29 所示。将设在曝气池中的 MLSS 检测仪输出的 MLSS 实测值与目标值之间的偏差和进水流量信号，输入回流比设定器，然后再由此向回流污泥量调节器输出控制回流污泥量的信号。这两种控制方法与定 DO 浓度控制方式是很相

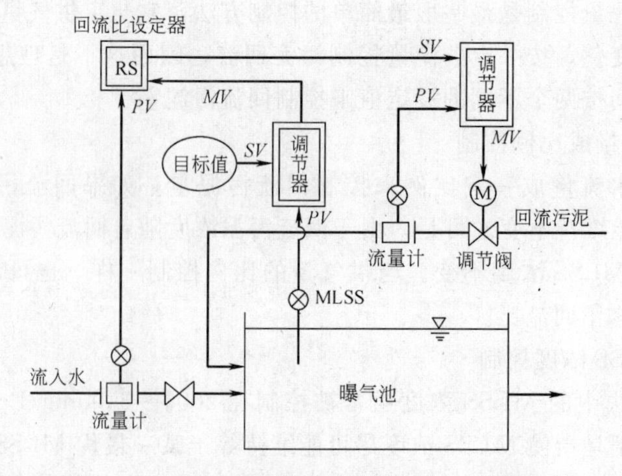

图 6.29　根据 MLSS 浓度实现定 MLSS 浓度控制

似的控制系统，但是与DO浓度控制相比，它的影响时间长，有时得不到理想的控制效果。因此，作为定MLSS浓度控制来说，图6.28所示的前馈控制系统的可靠性与稳定性更好一些。尽管前馈控制本身存在某些缺点，但该前馈控制可以根据经验与控制结果，不断修正计算回流污泥量的公式，使前馈控制结果更准确可靠。

对于定MLSS浓度控制，无论采用哪一种控制方法，其控制范围和有效控制时间都受到二沉池中污泥贮存量的限制。例如，进水量很小时二沉池中污泥停留时间过长可能引起污泥上浮或污泥质量与活性下降；进水流量很大时二次沉淀池又不能提供足够的回流污泥量。因此，只有设置回流污泥贮存池才能实现更严格的定MLSS控制。

4）定F/M控制

经验表明，普通活性污泥法和阶段曝气法的BOD—MLSS负荷为0.2～0.3kg BOD/(kgMLSS·d）为宜。所谓定F/M控制就是使F（Food，即有机物量）和M（Microorganism，即微生物量）的比值保持在上述适宜的BOD—MLSS负荷范围内的控制方法。这种控制方法需要在线检测污水流量、BOD与MLSS浓度。因为BOD的检测时间很长，不能用于过程控制，可以考虑用TOC或TOD来取代它。可是将TOC或TOD检测仪用于污水水质的在线检测尚不十分成熟，因此，这种控制方法的进一步完善，还有赖于选择一种能取代BOD的指标及其传感器的开发。此外，它更需要设置回流污泥贮存池，即使这样，在进水水质水量变化很大时也难以做到定F/M控制。

6.9.4 二次沉淀池

二次沉淀池在活性污泥法处理系统的运行中具有重要作用，其运行情况直接关系到处理水质量。其实它的运行状态如何与曝气池的运行控制密切相关，例如曝气池的BOD—MLSS负荷、DO浓度、回流比，MLSS浓度以及进水水质等都直接或间接地影响二次沉淀池的泥水分离和污泥沉降性能。此外，如果发生了污泥膨胀（Sludge Bulking)，其主要原因还在于曝气池的运行控制。当然，二次沉淀池的运行控制也影响曝气池的运行，如果回流污泥量控制属于曝气池控制的话，那么二次沉淀池的控制因素只有排放剩余污泥了。

（1）定污泥排放量控制

随着在曝气池内有机物的去除，MLSS也不断增加，这主要是由于微生物在降解底物过程中自身的增殖，也称同化作用。此外，流入污水中SS一部分也变为MLSS。为了维持活性污泥法的正常运行，应当排放一部分MLSS，一般将这部分污泥叫做剩余污泥。所谓定污泥排放量控制是指根据计算或经验每日都排放一定量的污泥，在操作时每日可排放一次或数次，以至于可以连续排放。排放时应当用MLSS浓度检测仪和流量计来计量。这种控制方法更适合于设置回流污泥贮存池的定MLSS浓度控制。

(2) 间歇定时排泥控制

这也是一种间歇排放污泥控制。间歇定时排泥控制是指每隔一定的时间t排放污泥一次，使曝气池中的MLSS至某一设定的最小浓度为止，其中两次排泥的间隔时间t为一常数，何时排泥只取决于间隔时间，而与排泥前的MLSS浓度无关。当不设回流污泥贮存池且维持二次沉淀池中贮存的污泥量不变时，由于进水水质水量的变化，污泥增长速率也是变化的，因此，排泥前的MLSS浓度并不相同，每次排放的污泥量也不相同。

(3) 定污泥龄控制

简单地说，定污泥龄控制就是通过连续控制排泥量维持污泥龄不变的控制方法。根据污泥龄的定义，有

$$\theta_c=\frac{VX}{\Delta X}=\frac{VX}{Q_w X_w} \tag{6.7}$$

式中　θ_c——污泥龄，也称污泥（固体）平均停留时间（d）；

X——MLSS浓度（kg/m^3）；

V——曝气池有效容积（m^3）；

Q_w——排放污泥量（m^3/d）；

X_w——排放污泥的浓度，如果从回流管道上排放，则$X_w=X_r$（kg/m^3）；

ΔX——污泥增长速率，在稳定状态下有$\Delta X=Q_w X_w$（kg/d）。

如果在稳定状态下，可根据上式求出满足某一定污泥龄θ_c的排泥量Q_w

$$Q_w=\frac{VX}{\theta_c X_w} \tag{6.8}$$

通过连续排泥可实现定污泥龄控制。然而，在实际污水处理厂中，由于进水水质水量的不断变化，维持稳定状态运行是很困难的。在非稳定状态下，不仅MLSS浓度是变化的，而且式（6.7）表示的污泥龄定义也不适用了。根据劳伦斯—麦卡蒂的活性污泥法动力学理论，污泥比增长速率公式如下

$$\mu=\frac{\Delta X}{VX}=Y\frac{dS}{dt}-K_d \tag{6.9}$$

式中　μ——污泥比增长速率（d^{-1}）；

Y——污泥产率系数；

ds/dt——底物比降解速率（d^{-1}）；

K_d——污泥自身氧化速率常数，也称衰减速率（d^{-1}）。

由式（6.9）可得

$$\theta_c = \frac{1}{\mu} \tag{6.10}$$

可见，污泥龄与污泥比增长速率是互为倒数关系，可以通过控制污泥比增长速率来控制污泥龄。但是，当进水有机物负荷很高时，污泥增长速率 Δx 很大，此时即使完全不排放污泥，其污泥比增长速率 μ 也很大，即难于维持污泥龄 θ_c 不变，尤其在不设回流污泥贮存池时。

如果每日进水水质水量的波动幅度不大，可以实现定污泥龄控制，尤其在设置回流污泥贮存池时，可以通过改变 MLSS 浓度和排泥量 Q_w 来维持定污泥龄。通过这种措施，即使在进水水质水量的波动幅度较大时，也能尽可能减少污泥龄的变化，进而减小处理水底物浓度的变化幅度。定污泥龄控制的主要优点是能在一定程度上稳定出水质量，要实现这一控制，必须将控制排泥量与控制回流污泥量结合起来操作，因为在很大意义上说，定污泥龄控制与定 F/M 控制是等价的。

(4) 随机排泥控制

在理论上，在定 F/M 控制或定污泥龄控制的条件下，可以基本保持处理水底物浓度不变。然而如上所述，在进水水质水量变化幅度很大时，实现定 F/M 或定污泥龄控制是很困难的。其实，在大多数情况并没有必要维持处理水底物浓度不变，而应当使处理水质在满足排放标准的前提下，尽可能减小其变化幅度。在这种背景下，可以采用随机排泥控制，它是指根据进水水质水量的变化情况及出水质量的要求，通过随机地排放污泥有目的地控制 MLSS 浓度的非定量非定时的一种排泥控制方式。例如，由于曝气池的容积是一定的，而当进水有机物负荷较大时，为了缓解冲击负荷的影响尽可能降低出水底物浓度，控制少排泥或不排泥以维持较高的 MLSS 浓度；而当进水有机物负荷较小时，可多排泥同时减少回流污泥量，以节省运行费用。显然这是一种较先进的控制方式，它可以根据进水水质水量变化、MLSS 浓度和 DO 浓度等变化，应用模糊控制原理，实现计算机在线控制。

应当看到，曝气池和二次沉淀池的控制是活性污泥法污水处理系统控制中最主要最复杂的组成部分。目前，无论在理论上还是实践中，这部分控制都存在许多没有解决的问题，其中包括某些传感器的开发。从发展趋势来看，根据最优控制或模糊控制理论，采用计算机在线控制，具有广阔的应用前景。

6.9.5 加氯消毒混合池

加氯消毒混合池的控制主要是氯投加量的控制。二次沉淀池的出水经过加氯消毒处理后，再排入受纳水体，一般按与处理流量成一定比率投加氯，这个比率也是投氯量的设定值。可是，由于原水水质水量的变化幅度很大，生物处理的出水水质也有很大变化，如果只按处理水量决定氯投加量，很容易产生有时投氯量不足消毒效果不好，有时投氯量过多浪费等问题。为了解决这一问题，在加氯消毒混合池出水口处设置余氯检查仪，根据余氯浓度信号，自动改变投氯量比率的设定值，这也是所谓的串级控制。其控制方法与图 6.29 所示的用 MLSS 浓度检测仪进行定 MLSS 浓度控制过程一样。

6.9.6　污泥浓缩池

污泥浓缩池的控制包括进泥量控制和排放浓缩污泥量控制。一般情况下，在浓缩池前都不设污泥贮存池，这样，从污水处理系统中排放污泥直接进入浓缩池，因此，浓缩池的控制主要指排放浓缩污泥的控制。浓缩污泥排放的控制方法主要有以下几种。

(1) 用计时器控制排泥泵的启动与停止；

(2) 用计时器和预置计数器控制每日排出一定量的浓缩污泥；

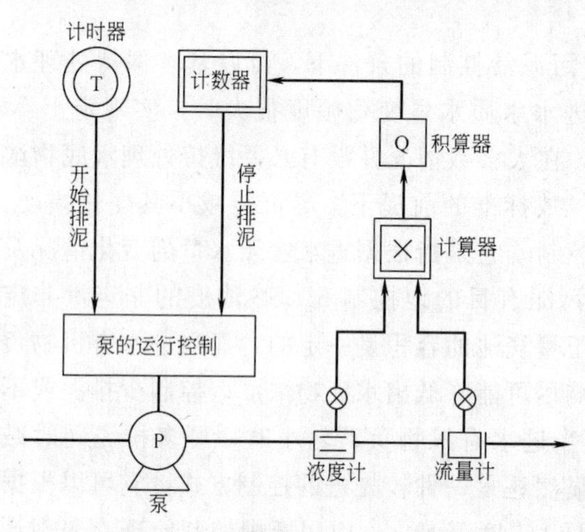

图 6.30　排出浓缩污泥的一种控制方法

(3) 用计时器控制排泥泵的启动，用污泥浓度计检测污泥浓度降低至某一设定浓度时停泵；

(4) 用计时器控制泵的启动，用污泥浓度计、流量计和预置计数器控制每次都排出一定量的固形物（以干污泥质量计）时停泵（如图 6.30 所示）。

大型污水处理厂常采用控制方法 (1)，进行半连续的运行控制；小型污水处理一般采用控制方法 (2)；用污泥浓度检测仪的控制方法 (3) 和 (4) 的控制过程与所需要的硬件设备也并不复杂，但目前来看应用得并不广泛。

6.9.7　厌氧消化池

就厌氧消化池的影响因素来说，除了污泥本身的性质之外，主要有消化池内的温度、污泥的投配和搅拌，它们对污泥厌氧消化过程与质量都有重要影响。

(1) 污泥投配与排出的控制

一般用水位计、流量计与顺序控制器组合的系统，对向消化池投加生污泥、向二级消化池投配熟污泥、排除上清液和排出消化后的熟污泥等，都采用定容积流量控制。例如，投加生污泥的控制是与污泥浓缩池排泥泵联动的，消化污泥的排出是由水位计和计时器来控制的。此外，向二级消化池投放污泥和排放上清液都按推流式控制。

(2) 搅拌控制

归纳起来消化池的搅拌可分为机械搅拌方式与消化气搅拌方式。近年来，消化气搅拌方式已成为厌氧池搅拌的主流。一级消化池常采用连续搅拌，也有时用计时器控制进行间歇搅拌。采用间歇搅拌方式时，在加温或投配污泥过程中必须进行搅拌。在采用消化气来破碎与消除二级消化池中的浮渣时，应当控制通向搅拌用和破碎浮渣用的扩散管的流量。

(3) 温度控制

消化池的加热有热交换式和蒸气直接加热式两种。对于热交换式控制热水量，蒸气直接加热则控制蒸气量，以维持消化池内一定温度。常采用反馈控制方式，根据消化池内温度计的测定值与温度设定值之间的偏差，调节热水量或蒸气量。由于消化池内的温度检测响应速度较慢，建议采用带有滞后时间补偿回路的控制方式。

6.9.8 污泥脱水预处理设施

污泥脱水前均采用预处理，其目的是改善污泥脱水性能，提高脱水设备的处理能力。向污泥中投加混凝剂与助凝剂的化学调节法是最常用的方法。根据脱水机的种类，常用的有熟石灰、铝盐、二价铁盐和高分子混凝剂等。污泥预处理设施包括药品贮存设备、药品溶解池、投药设备和混凝混合池等。

(1) 药品溶解控制

熟石灰溶解的控制是，将贮存在筒仓或加料斗上的熟石灰用传送带送到溶解池，形成溶解浓度为15%～20%的乳状物，溶解方式分为间歇式和连续式。间歇式溶解是用溶解池水位与计时器控制熟石灰的定量加料器和稀释水闸阀，使一定量的熟石灰和稀释水相混合。连续式溶解是控制熟石灰和稀释水按一定的比率进入溶解池。

二价铁盐的控制是，使浓度约为38%的原液自然流入或者用泵送入溶液池，按将其稀释成4倍所需要的水量，控制稀释水的投加量。可根据溶解池的水位实现自动运行控制。

高分子混凝剂又分为固态颗粒状和液态的两种，颗粒状的溶解控制与熟石灰相同，液态的溶解控制与二价铁盐相同。

(2) 投药量控制

一般按污泥量与药品成一定比率控制投药量，如图6.31所示，用污泥流量计和浓度计检测的污泥流量和污泥浓度来计算固形物（干污泥）质量，据此按一定比率控制投药量。

投药方式也可为间歇式和连续式两种。间歇式投药是根据混合池的液位控制

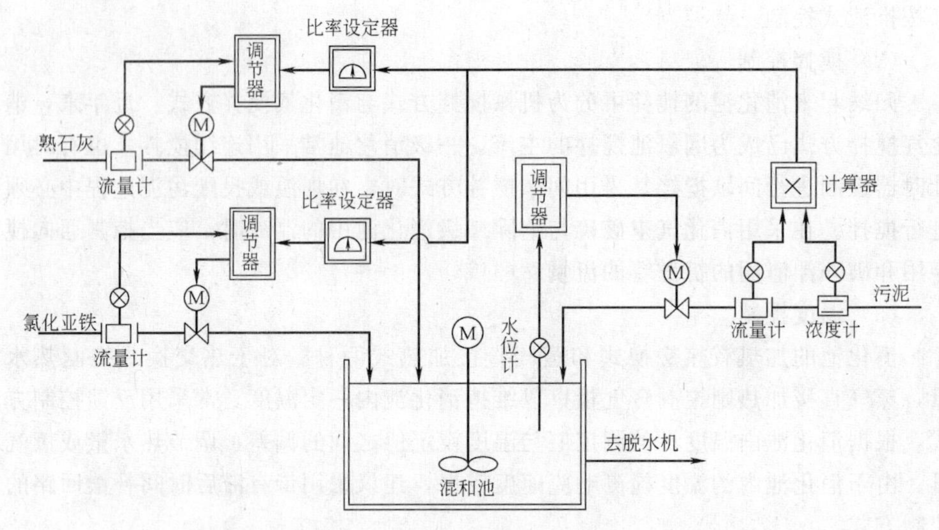

图 6.31　投药量控制系统

投药泵和投污泥泵的运转时间，使污泥量或固形物量按一定比率控制。连续式投药是根据污泥量或固形物量，通过控制投药的计量泵和调节阀按一定比率投药。

应当根据脱水泥饼的状态或脱水试验等结果，随时改变投药量比率的设定值。最近，也有根据滤液量、滤液浊度、污泥的 pH 值等采用反馈控制方式来控制投药量。

（3）投加污泥控制

在连续式投药控制中，最好按一定流量来投加污泥。但是，当混合池较小时，由于其液位的剧烈变化，投加污泥泵的启动与停止次数明显增多，通常通过控制投泥泵的转数来保持混合池的液位不变。这属于一种以混合池液位为目标值经过计算来控制投泥泵流量的串级控制。

6.9.9　脱水机

脱水机的种类有真空滤机、板框压滤机、离心脱水机、带式压滤机等，它们各自的控制方法也有所不同。不同种类的脱水机其脱水效率也有差异，也不能指望通过自动控制来大幅度提高效率。可是，为了使这些复杂的脱水装置稳定运行，尤其在多台脱水机同时工作时，进行适当的管理可提高其可靠性，因此，脱水机的自动控制一直受到高度重视。以前多采用继电器和计时器进行自动控制，近年来，更多地采用容易修改顺序的专用序顺器和微机来控制。单个脱水机的自动控制基本不存在难于解决的问题，但对于性质和浓度变化的污泥控制最优投药量，以便得到含水率更低的滤饼并尽可能节省运行费用的过程控制技术尚在研究阶段。

(1) 真空滤机的控制

为了使真空滤机保持具有额定的过滤能力，应当控制污泥转筒中保持一定的污泥量。一般通过检测转筒中的污泥量和调节进泥管上的闸阀进行控制。在运行中真空过滤机容易出问题的是滤布变形，遇到这样问题时，可用压气缸来修复。如果用这种方法也难于修复时，安全开关将动作，脱水机的运转将自动停止。作为附属设备的真空泵随真空滤机一起联动运转。此外，有人正在研究通过检测滤饼的含水率和厚度，对真空滤机转筒的旋转速度进行反馈控制。

(2) 压滤机的控制

压滤机的脱水程序是过滤（压入污泥）—压滤—干燥（吹入空气）—卸开板框（排出滤饼）—冲洗滤布—合上板框等工序反复进行的间歇运转，基本上是顺序计时器控制。因此，压滤机需要控制的因素是过滤和压滤时间。当污泥压入板框的压力超过设定值时，安全阀自动关闭停止送泥与过滤。可以根据滤饼的含水率或过滤速度的检测结果，适当地修正压滤时间的设定值。此外，还有为了使污泥滤饼含水率保持一定的合适值，通过检测压滤机分离出的滤液量，来控制过滤和压滤时间的控制方法。

思考题与习题

1. 绘图并简要说明污水处理厂常用的监视控制方式及各自特点。

2. 在选择污水处理厂监视控制方式时，应当考虑哪些因素与条件，这些因素对其选择有何影响?

3. 选择污水处理厂监视控制项目时，为什么除了首先考虑处理厂的规模、管理体制、节省人力和自动化程度等因素之外，还要从可靠性和经济性等方面予以充分的注意?

4. 简述监视操作盘的类型及各自特点。

5. 简述三种最基本的控制方式，以及由这些方式组合与发展而成的模糊控制、神经控制和专家系统等控制方式的基本思想与各自特点。

6. 列表说明控制方式与控制设备的关系，如何根据控制方式选择合适的控制设备。

7. 绘图并说明污水处理厂的计算机控制系统，简要说明计算机控制系统的基本组成、特点和控制过程。

8. 简述按功能分类的四种计算机控制系统—操作指导控制系统、直接数字控制系统、计算机监督控制系统的和分布式控制系统的结构、工作原理和特点。

9. 在进行污水处理厂计算机系统的规划与设计时，应当综合考虑哪些因素?为什么?在此基础上如何考虑选择具体的设备。

10. 在污水泵站自动控制的设计与运行时，分别应注意哪些问题?

11. 在什么条件与情况下，宜采用污水泵站的远距离监视控制，在其检查与维护时应注意哪些问题?

12. 你认为在本书中介绍的排水泵站计算机控制与管理系统的应用实例中，还存在哪些问题，应当如何改进和加以完善?

13. 说明曝气量、DO浓度、硝化液回流量、污泥回流量、污泥排放量、外碳源投加量和分段进水等控制变量对硝化反应、反硝化反应、生物除磷、COD去除、微生物种群和污泥沉淀性以及运行费用的影响。

14. 简要说明厌氧消化过程的控制目标、主要控制变量和如何对系统进行优化?

15. 比较SBR法设定时间控制和实时控制的不同，说明实现SBR法实时控制的意义和如何实现SBR法实时控制?

16. 简要说明生物除磷的主要影响因素以及如何实现生物除磷工艺的优化?

17. 绘图说明初次沉淀池排泥的自动控制策略，这种控制策略有什么好处?

18. 比较曝气池供气量控制中几种控制方法的优缺点，再比较两种定DO浓度控制的优缺点。

19. 在几种不同的回流污泥量控制方式中，哪一种方式最容易实现，哪一种方式能使出水水质的波动最小，哪一种或几种方法难于完全实现?

20. 简述几种污泥排放量控制策略的基本思想，排泥控制对出水水质和供气量控制有何影响?为什么?

21. 简述污泥浓缩池的几种控制方法，比较其优缺点。

22. 简述厌氧消化池自动控制的基本思想，除此之外，消化池的控制还受哪些因素的影响?

参 考 文 献

1. 崔福义，李圭白. 流动电流及其在混凝控制中的应用. 哈尔滨：黑龙江科学技术出版社，1995
2. 彭永臻，崔福义. 给水排水工程计算机应用. 北京：中国建筑工业出版社，2002
3. 崔福义，李田，张景成. 水工业设计手册-水资源及给水处理. 北京：中国建筑工业出版社，2001
4. 崔福义，徐勇鹏，赵志伟等. 东北地区水厂沉淀池排泥控制模式探讨. 给水排水，2003
5. 崔福义，李圭白. 流动电流混凝控制技术在我国的应用与发展十年回顾. 水工业与可持续发展. 北京：清华大学出版社，1998
6. 崔福义，李圭白. 我国水处理混凝投药控制技术的研究与发展. 水工业科技与产业化，2000
7. 崔福义，曲久辉，李虹等. 国产流动电流投药控制系统的基本性能与应用评价. 给水排水，1994
8. 崔福义，李圭白. 离心式投药泵的变频调速调节. 给水排水，1995
9. 曲久辉，李圭白，崔福义. 单因子水处理混凝投药在线监控系统的设计原则与综合性能研究. 工业水处理，1996
10. 南军，刘前军，李圭白. 包钢总排水自动控制投药系统. 中国给水排水，2004
11. 南军，李圭白. 新型混凝投药智能复合环控制系统. 中国给水排水，2001
12. 南军，杨基春，王勇等. 攀枝花密地水厂混凝投药自动化改造. 中国给水排水，2003
13. 南军，陈雷. PID调节模式下的流动电流混凝投药自动控制系统. 哈尔滨建筑大学学报，1999
14. 南军，李圭白. 透光率脉动混凝投药自控系统设定值影响因素研究. 哈尔滨建筑大学学报，1999
15. 李星，李虹，李圭白. 一种研究絮凝过程的新方法—透光脉动检测技术. 环境科学学报，1997
16. 孟庆明. 自动控制原理. 北京：高等教育出版社，2003
17. 张爱民等. 自动控制理论. 西安：西安交通大学出版社，2002
18. 严煦世，范瑾初. 给水工程. 北京：中国建筑工业出版社，1999
19. 贾伯年，俞朴. 传感器技术. 南京：东南大学出版社，2000
20. 张琳娜，刘武发. 传感检测技术及应用. 北京：中国计量出版社，1999
21. 姜乃昌. 水泵及水泵站. 北京：中国建筑出版社，1998
22. 丁亚兰. 国内外给水工程设计实例. 北京：化学工业出版社，1999
23. 张自杰主编. 排水工程（下册）. 北京：中国建筑工业出版社，1996
24. 王俊省主编. 微计算机检测技术及应用. 北京：电子工业出版社，1996

25. 江秀汉，周建辉，汤楠．计算机控制原理及其应用．西安：西安电子科技大学出版社，1995
26. 金以慧主编．过程控制．北京：清华大学出版社，1993
27. 日本建设省都市局下水道部．下水道施设计画指针与解说．日本下水道协会，1994
28. 潘新民编著．微型计算机控制技术．北京：人民邮电出版社，1995
29. 李士勇编著．模糊控制・神经控制和智能控制论．哈尔滨：哈尔滨工业大学出版社，1996
30. 彭永臻，崔福义．给水排水工程计算机程序设计．北京：中国建筑工业出版社，1994
31. 彭永臻，王宝贞．活化性污泥法污水处理系统控制策略的研究．中国环境科学，1992，12 (5)
32. 彭永臻．计算机在给水排水中的应用现状与展望．中国给水排水，1993，9 (3)
33. 彭永臻等．利用 ORP 作为 SBR 反应时间的计算机控制参数．中国给水排水，1997，13 (6)
34. 彭永臻等．活化性污泥法多变量最优控制——Ⅰ．基础理论与 DO 浓度对运行费用的影响．环境科学学报，1998，18 (1)
35. 彭永臻等．活性污泥法多变量最优控制——Ⅱ．限制有机物 BOD 的排放总量．环境科学学报，1998，18 (1)
36. 彭永臻等．活性污泥法多变量最优控制——Ⅲ．限制最高和同时限制平均与最高出水 BOD 浓度．环境科学学报，1998，18 (2)
37. Peng Yongzhen et al. Use of ORP for Controlling SBR Aeration Cycle. WEFTEC Asia Singapore，1998
38. 王淑莹等．用溶解氧浓度作为 SBR 法过程控制和反应时间控制参数．中国环境科学，1998，18 (5)
39. 王锡仲，刘永庆．市政排水泵站微机控制与管理系统．中国给水排水，1994，10 (1)
40. 彭永臻等，生物电极脱氮法的在线模糊控制——Ⅰ．模糊控制系统的组成与基本思想．中国给水排水，1999，15 (2)
41. 彭永臻等．生物电极脱氮法的在线模糊控制——Ⅱ．模糊控制器的设计及其计算机算法．中国给水排水，1999，15 (3)
42. Olsson et al. Instrumentation，Control and Automation in Wastewater Systems. IWA Publishing，2005，ISBN 1900222833
43. 胡纪萃等．废水厌氧生物处理理论与技术．北京：中国建筑工业出版社，2002
44. Jeppsson et al. Status and Future Trends of ICA in Wastewater Treatment-A European Perspective. Wat. Sci. Tech. 2002，45 (4/5)：485～494

高等学校给排水科学与工程学科专业指导委员会规划推荐教材

征订号	书　　名	作　者	定价(元)	备　注
22933	高等学校给排水科学与工程本科指导性专业规范	高等学校给水排水工程学科专业指导委员会	15.00	
23036	水质工程学（第二版）(上册)	李圭白、张杰	50.00	土建学科“十二五”规划教材
23037	水质工程学（第二版）(下册)	李圭白、张杰	45.00	土建学科“十二五”规划教材
18804	给排水科学与工程概论(第二版)	李圭白等	25.00	土建学科“十二五”规划教材
24074	水分析化学(第四版)	黄君礼	59.00	土建学科“十二五”规划教材
21592	水处理生物学(第五版)(送课件)	顾夏声、胡洪营	49.00	土建学科“十二五”规划教材
24893	水文学(第五版)	黄廷林	32.00	土建学科“十二五”规划教材
24963	土建工程基础(第三版)	唐兴荣等	58.00	土建学科“十二五”规划教材
25217	给水排水管网系统(第三版)(送课件)	严煦世、刘遂庆	39.00	土建学科“十二五”规划教材
27202	水力学(第二版)(送课件)	张维佳	30.00	土建学科“十二五”规划教材
28129	水资源利用与保护(第三版)	李广贺等	45.00	土建学科“十二五”规划教材
20766	给排水工程仪表与控制(第二版)	崔福义等	43.00	国家级“十二五”规划教材
27380	水处理实验设计与技术(第四版)(含光盘)	吴俊奇等	55.00	国家级“十二五”规划教材
28592	水工艺设备基础(第三版)(含光盘)	黄廷林等	49.00	国家级“十二五”规划教材
16933	水健康循环导论	李冬、张杰	20.00	
19512	建筑给水排水工程(第六版)(含光盘)	王增长等	55.00	国家级“十一五”规划教材
19536	城市水生态与水环境	王超、陈卫	28.00	国家级“十一五”规划教材
20784	泵与泵站(第五版)	姜乃昌等	32.00	土建学科“十一五”规划教材
15247	有机化学(第三版)	蔡素德等	36.00	土建学科“十一五”规划教材
17463	城镇防洪与雨洪利用	张智等	32.00	土建学科“十一五”规划教材
19484	城市水系统运营与管理(第二版)	陈卫、张金松	46.00	土建学科“十五”规划教材
23506	水工程法规	张智等	39.00	土建学科“十五”规划教材
20973	水工程施工	张勤等	49.00	土建学科“十五”规划教材
21646	城市水工程建设监理	王季震等	30.00	土建学科“十五”规划教材
20972	水工程经济	张勤等	43.00	土建学科“十五”规划教材
20113	供水水文地质(第四版)	李广贺等	36.00	
20098	水工艺与工程的计算与模拟	李志华等	28.00	
21397	建筑概论(第三版)	杨永祥等	19.00	
24964	给排水安装工程概预算	张国珍等	37.00	
27559	城市垃圾处理	何品晶等	42.00	
24128	给排水科学与工程专业本科生优秀毕业设计(论文)汇编(含光盘)	本书编委会	54.00	

以上为已出版的指导委员会规划推荐教材。欲了解更多信息，请登录中国建筑工业出版社网站：www.cabp.com.cn查询。在使用本套教材的过程中，若有任何意见或建议，可发Email至：cabpbeijing@126.com。